“十二五”普通高等教育规划教材

数理统计

主编 陈仲堂 赵德平 李彦平 潘东升
编委 （按姓氏笔画排序）
艾 瑛 刘 丹 闫红梅 孙常春
孙海义 徐启程 隋 英

国防工業出版社
·北京·

内 容 简 介

本书是为适应 21 世纪的教学模式及现代科技对数理统计的需求,按照国家对工科研究生"数理统计"课程的基本要求编写的.

全书分为 7 章:概率论的基础知识、数理统计的基本概念、参数估计、假设检验、回归分析、方差分析、实用多元统计分析.各章配有习题,书末附有答案.除了介绍数理统计的经典理论外,各章还配备了欣赏与提高,对其理论与方法做适当的加深和拓广,以满足学有余力的学生进一步学习的需求.本书注重体现现代科技的内涵,适量介绍一些近代数理统计理论的概念和方法,如 P 值检验法、主成分分析法、聚类分析等,附录还介绍了如何用 SPSS、Excel、Mathematica 等软件处理数理统计问题.全书论述严谨、行文深入浅出、注重实用性.

本书可作为高等院校理、工、经济、管理、生物等专业的硕士研究生教材,也可作为本科生为了拓宽和加深概率论与数理统计课所学内容的参考书,还可供科技人员和自学者参考.

图书在版编目(CIP)数据

数理统计/陈仲堂等主编.—北京:国防工业出版社,
2014.8
"十二五"普通高等教育规划教材
ISBN 978-7-118-09575-3

Ⅰ.①数... Ⅱ.①陈... Ⅲ.①数理统计 – 高等
学校 – 教材 Ⅳ.①O212

中国版本图书馆 CIP 数据核字(2014)第 160427 号

※

*国防工业出版社*出版发行
(北京市海淀区紫竹院南路 23 号 邮政编码 100048)
北京市李史山胶印厂
新华书店经售
*
开本 787×1092 1/16 印张 17 字数 380 千字
2014 年 8 月第 1 版第 1 次印刷 印数 1—4000 册 定价 36.00 元

(本书如有印装错误,我社负责调换)

国防书店:(010)88540777   发行邮购:(010)88540776
发行传真:(010)88540755   发行业务:(010)88540717

前　言

“数理统计”是工学、经济学、管理学、生物学等专业研究生的一门重要课程．它既是众多专业的基础，又能直接提供某些实用的数学方法，对提高学生的分析及处理不确定性现象的能力及运用概率统计方法解决实际问题起着重要的作用．随着我国研究生教育的飞速发展，研究生教育的授课模式较以往发生了较大的变化，加之现代科学技术的迅速发展，对“数理统计”这门课提出了更高的要求，以往研究生的教学模式及教学内容已不能完全适应现代科技的需求．如所选用的教材各自为主，缺乏规范；所用的教材内容陈旧，符号、公式与现在的习惯脱节；此外现代科技要求我们增加一些应用环节，并要体现了一些现代科技的内涵．为适应这新情况，我们拟编写此书．

本书是工科类研究生用“数理统计”课程的教材，其目的就是在教材中既要贯彻国家对工科研究生“数理统计”课程教学的基本要求；又要适应工科研究生的特点，侧重实用性，即能在实际问题中灵活应用数理统计知识，解决实际中出现的问题；此外还应体现近代科技的内涵，融入一些近代应用面较广的数理统计方法．

本书力求体现的特色是：

（1）针对工科研究生的特点，以问题为驱动，由直观到抽象、由特殊到一般阐述内容．

对于工科研究生，主要是掌握数理统计的基本概念、基本原理和基本方法，特别是能在实际问题中灵活应用数理统计知识．因此在阐述某一统计概念方法时，我们以问题为驱动，先提出问题的实际背景，通过解决实际问题来引领学生学习概率与统计基本内容，阐述概率与统计的基本思想．在有关材料的处理上，我们着重介绍各种基础的、常用的数理统计方法，特别讲明各种方法的背景、应用条件及数学结论的实际含义，尽量做到由易到难、由具体到抽象，由特殊到一般．

（2）兼顾基础与提高，适合因材施教．

本书共分为7章，每章均有“内容”“习题”“欣赏与提高”三个板块．每章的“内容”与“习题”，保证了国家对工科研究生“数理统计”课程教学基本要求的全面贯彻实施，是发展共性的素材．“欣赏与提高”是理论与方法做适当的加深和拓广，以满足学有余力或感兴趣的学生进一步学习的需求．

（3）介绍如何用数学软件 Mathematica、SPSS、Excel 等处理数理统计问题，使其实用性、应用性更强．

（4）结合建筑特点，注重理论知识在实际中的应用性，强调用身边生活常识阐述概率与统计的理论，用建筑工程的实例来引领学生对内容的学习．

（5）致力于以近代数学思想、观点和语言处理有关题材（如使公式、符号规范化并与现代习惯一致），并使其内容比传统的相应教材有较大的拓宽、充实、更新和提高，尽量体现现代科技的内涵．如编入了现在应用性较强的实用多元统计分析一章，介绍了P值检验法、主成分分析法、聚类分析法等．

全书论述严谨、行文深入浅出、注重实用性．希望学生能够通过本教材的学习，获得数理统计方面比较系统的知识，了解处理非确定现象一些常用的统计方法，为学生后续课程的学习及工作打下基础．

本书由沈阳建筑大学陈仲堂、赵德平，沈阳大学的李彦平、潘东升主编，各章编写人员如下：闫红梅（第1章）、艾瑛（第2章，附表）、隋英（第3章）、陈仲堂（第4章）、李彦平（第5章）、孙海义（第6章）、徐启程（第7章）、孙常春（附录中SPSS部分）、刘丹（附录中Excel Mathematica部分）．全书由陈仲堂组织、构思及统纂，赵德平、潘东升参与编写组织工作．

本书是陈仲堂教授主持的沈阳建筑大学研究生创新项目“《数理统计》课程教学内容、方法和手段的改革与创新研究”（课题编号：YB2012001）的成果之一．

由于编者水平有限，加之时间仓促，疏漏之处在所难免，恳请有关专家、同行及广大读者批评指正．

陈仲堂

2014年5月

目　　录

第1章 概率论的基础知识

概率论是数理统计的理论基础,为了能更好地学习数理统计,本章简要复习概率论的基本概念、定理与公式.

1.1 随机事件及概率

1.1.1 随机现象与随机事件

概率论与数理统计是研究随机现象统计规律性的一门学科. 所谓随机现象是指在一定条件下,可能出现这样的结果,也可能出现那样的结果,而在试验或观察之前不能预知确切的结果. 为了对随机现象的统计规律性进行研究,就需要对随机现象进行重复观察, 我们把对随机现象的观察称为随机试验,简称为试验,记为 E. 随机试验具有下列特点:

(1) 试验可以在相同的条件下重复进行.

(2) 每次试验的可能结果不止一个,并且能事先明确试验的所有可能结果.

(3) 进行一次试验之前不能确定哪一个结果会出现.

随机试验 E 的所有可能结果组成的集合称为 E 的样本空间,记为 S,样本空间的元素,即 E 的每个结果,称为样本点, 记为 e.

试验 E 的样本空间 S 的子集称为 E 的随机事件,简称事件. 常用字母 $A,B,\cdots$ 等表示. 在每次试验中,当且仅当这一子集中的一个样本点出现时,称这一事件发生.

一个样本点组成的单点集,称为基本事件. 样本空间 S 是它自身的子集,它包含所有的样本点,在每次试验中它总是发生的,称为必然事件. 空集 $\varnothing$ 也作为样本空间 S 的子集,它不包含任何样本点,在每次试验中它都不发生,称为不可能事件. 事件是样本空间的一个集合, 故事件之间的关系与运算可按集合之间的关系和运算来处理.

1.1.2 事件的关系与运算

事件间的关系及运算与集合的关系及运算是一致的,为了方便,给出对照表 1-1.

表 1-1 事件间的关系及运算与集合的关系及运算对照表

记号	概率论	集合论
S	样本空间,必然事件	全集
$\varnothing$	不可能事件	空集
e	基本事件	元素
A	事件	子集
$\bar{A}=S-A$	A 的对立事件	A 的余集

（续）

记号	概率论	集合论
$A\subset B$	事件 A 发生导致 B 发生（子事件）	A 是 B 的子集
$A=B$	事件 A 与事件 B 相等	A 与 B 的相等
$A\cup B$	事件 A 与事件 B 至少有一个发生（和事件）	A 与 B 的和集
AB	事件 A 与事件 B 同时发生（积事件）	A 与 B 的交集
$A-B$	事件 A 发生而事件 B 不发生（差事件）	A 与 B 的差集
$AB=\varnothing$	事件 A 和事件 B 互不相容（或互斥）	A 与 B 没有相同的元素

并有下列运算性质：

(1) $\varnothing\subset A\subset S$；$A\subset B, B\subset C\Rightarrow A\subset C$.

(2) $A\overline{A}=\varnothing, A\cup\overline{A}=S, A-B=A-AB=A\overline{B}, \overline{\overline{A}}=A$.

(3) 交换律：$A\cup B=B\cup A, AB=BA$.

(4) 结合律：$A\cup(B\cup C)=(A\cup B)\cup C$，$A\cap(B\cap C)=(A\cap B)\cap C$.

(5) 分配律：$A\cap(B\cup C)=(A\cap B)\cup(A\cap C)$，$A\cup(B\cap C)=(A\cup B)\cap(A\cup C)$.

(6) 德摩根律：$\overline{A\cup B}=\overline{A}\cap\overline{B}, \overline{A\cap B}=\overline{A}\cup\overline{B}, \overline{\bigcup_i A_i}=\bigcap_i\overline{A_i}, \overline{\bigcap_i A_i}=\bigcup_i\overline{A_i}$.

1.1.3 概率

1. 概率的公理化定义

定义1 设 E 是随机试验，S 是它的样本空间，对于 E 的每一个事件 A 赋于一个实数，记为 $P(A)$，称为事件 A 的概率，如果集合函数 $P(\cdot)$ 满足下列条件：

(1) 非负性：对于每一个事件 A，有 $P(A)\geqslant 0$.

(2) 规范性：对于必然事件 S，有 $P(S)=1$.

(3) 可加性：设 $A_1, A_2, \cdots$ 是两两互不相容的事件，即对于 $i\neq j, A_iA_j=\varnothing, i,j=1,2,\cdots$，有

$$P\left(\bigcup_{i=1}^{\infty}A_i\right)=\sum_{i=1}^{\infty}P(A_i).$$

2. 概率的性质

(1) $P(\varnothing)=0$.

(2) 有限可加性：若 $A_1, A_2, \cdots, A_n$ 为有限个两两不相容的事件，则 $P\left(\bigcup_{i=1}^{n}A_i\right)=\sum_{i=1}^{n}P(A_i)$.

(3)（逆事件的概率）：$P(\overline{A})=1-P(A)$.

(4) 减法公式：若 $B\subset A$，则 $P(A-B)=P(A)-P(B)$ 且有 $P(A)\geqslant P(B)$，特别地对任意事件 A，有 $P(A)\leqslant 1$ 成立.

注：$P(A-B)=P(A\overline{B})=P(A)-P(AB)$.

(5) 加法公式：设 A,B 是任意两个事件，则 $P(A\cup B)=P(A)+P(B)-P(AB)$.

上式可以推广到多个事件的情况. 例如，设 A_1, A_2, A_3 为任意三个事件，有

$$P(A_1 \cup A_2 \cup A_3) = P(A_1) + P(A_2) + P(A_3) - P(A_1A_2) - P(A_1A_3) - P(A_2A_3) + P(A_1A_2A_3).$$

一般地,对于任意 n 个事件 $A_1, A_2, \cdots, A_n$,有

$$P\left(\bigcup_{i=1}^{n} A_i\right) = \sum_{i=1}^{n} P(A_i) - \sum_{1 \leqslant i < j \leqslant n} P(A_iA_j) + \sum_{1 \leqslant i < j < k \leqslant n} P(A_iA_jA_k) - \cdots + (-1)^{n-1} P(A_1A_2\cdots A_n).$$

1.1.4 等可能概型

定义 2 设 E 为一随机试验,若它满足以下两个条件:①试验的结果只有有限个;②试验中每个基本事件发生的可能性相同,则称这种试验为等可能概型,也称古典概型.

定理 1 在古典概型中,设样本空间 S 有 n 个样本点,A 是 S 中事件且 A 中有 k 个样本点,则事件 A 发生的概率为

$$P(A) = \frac{A\text{包含的基本事件数}}{S\text{中基本事件的总数}} = \frac{k}{n}.$$

1.1.5 条件概率、乘法公式、全概率公式、贝叶斯公式

定义 3 设 A 与 B 是两个随机事件,若 $P(B) > 0$,则称

$$P(A \mid B) = \frac{P(AB)}{P(B)}$$

为在事件 B 发生的条件下,事件 A 发生的条件概率.

定理 2 设 A 与 B 是两个随机事件,若 $P(B) > 0$,有

$$P(AB) = P(B)P(A \mid B)$$

同理,若 $P(A) > 0$,有

$$P(AB) = P(A)P(B \mid A)$$

上述两式都称为概率乘法公式. 定理 2 称为乘法原理. 它们可以推广如下:

设 $A_1, A_2, \cdots, A_n$ 为 n 个随机事件,且 $P(A_1A_2\cdots A_{n-1}) > 0$,有

$$P(A_1A_2\cdots A_n) = P(A_1)P(A_2 \mid A_1)P(A_3 \mid A_1A_2)\cdots P(A_n \mid A_1\cdots A_{n-1}).$$

定义 4 设 S 为试验 E 的样本空间,$B_1, B_2, \cdots, B_n$ 为 E 的一组事件. 若

(1) $B_iB_j = \varnothing, i \neq j, i, j = 1, 2, \cdots, n$.

(2) $B_1 \cup B_2 \cup \cdots \cup B_n = S$.

则称 $B_1, B_2, \cdots, B_n$ 为样本空间 S 的一个划分.

定理 3 设试验 E 的样本空间为 S,A 为 E 的事件,$B_1, B_2, \cdots, B_n$ 是 S 的一个划分,且 $P(B_i) > 0 (i = 1, 2, \cdots, n)$,则

$$P(A) = P(A \mid B_1)P(B_1) + P(A \mid B_2)P(B_2) + \cdots + P(A \mid B_n)P(B_n).$$

上述公式称为全概率公式.

定理 4 设试验 E 的样本空间为 S,A 为 E 的事件,$B_1, B_2, \cdots, B_n$ 是 S 的一个划分,且 $P(A) > 0, P(B_i) > 0 \quad (i = 1, 2, \cdots, n)$,则

$$P(B_i \mid A) = \frac{P(B_iA)}{P(A)} = \frac{P(A \mid B_i)P(B_i)}{\sum_{j=1}^{n} P(A \mid B_j)P(B_j)}, \quad i = 1, 2, \cdots, n.$$

上述公式称为贝叶斯公式.

注:公式中 $P(B_i)$ 和 $P(B_i|A)$ 分别称为原因的前验概率和后验概率.

1.1.6 独立性

定义 5 设 A,B 是两事件,如果满足等式

$$P(AB)=P(A)P(B),$$

则称事件 A、B 相互独立,简称 A、B 独立.

定理 5 设 A,B 是两事件,且 $P(A)>0$. 若 A,B 相互独立,则 $P(B|A)=P(B)$. 反之亦然.

定理 6 若事件 A 与 B 相互独立,则下列各对事件 A 与 $\overline{B}$,$\overline{A}$ 与 B,$\overline{A}$ 与 $\overline{B}$ 也相互独立.

对于三个或更多个事件,给出下面的定义.

定义 6 设有 n 个事件 $A_1,A_2,\cdots,A_n(n\geqslant 3)$,若对其中任意两个事件 A_i 与 $A_j(1\leqslant i<j\leqslant n)$,有

$$P(A_iA_j)=P(A_i)P(A_j),$$

则称这 n 个事件是两两相互独立的.

定义 7 设有 n 个事件 $A_1,A_2,\cdots,A_n(n\geqslant 3)$,若对其中任意 k 个事件 $A_{i_1},A_{i_2},\cdots,A_{i_k}$ $(2\leqslant k\leqslant n)$,有

$$P(A_{i_1}A_{i_2}\cdots A_{i_k})=P(A_{i_1})P(A_{i_2})\cdots P(A_{i_k}),$$

则称这 n 个事件是相互独立的.

由上述定义,可以得到以下两点推论.

(1) 若事件 $A_1,A_2,\cdots,A_n(n\geqslant 2)$ 相互独立,则其中任意 $k(2\leqslant k\leqslant n)$ 个事件也相互独立的.

(2) 若 n 个事件 $A_1,A_2,\cdots,A_n(n\geqslant 2)$ 相互独立,则将 $A_1,A_2,\cdots,A_n$ 中任意多个事件换成它们的对立事件,所得的 n 个事件仍相互独立.

例 1-1 仪器中有三个元件,它们损坏的概率都是 0.2,并且损坏与否相互独立,当一个元件损坏时,仪器发生故障的概率是 0.25,当两个元件损坏时,仪器发生故障的概率是 0.6,当三个元件损坏时,仪器发生故障的概率是 0.95,当三个元件都不损坏时,仪器不发生故障. 求仪器发生故障的概率.

解 设事件 A 表示仪器故障,B_1,B_2,B_3 分别表示有 1、2、3 个元件损坏,则

$P(B_1)=3\times 0.2\times 0.8^2=0.384$, $P(B_2)=3\times 0.2^2\times 0.8=0.096$, $P(B_3)=0.2^3=0.008$.

已知概率 $P(A|B_i),i=1,2,3$ 分别等于 0.25,0.6,0.95,故

$$P(A)=\sum_{i=1}^{3}P(B_i)\cdot P(A|B_i)=0.384\times 0.25+0.096\times 0.6+0.008\times 0.95=0.1612.$$

1.2 随机变量及其分布

1.2.1 一维随机变量及其分布

1. 随机变量

定义 1 设随机试验的样本空间为 $S=\{e\}$,$X=X(e)$ 是定义在样本空间 S 上的实值

单值函数,称 $X=X(e)$ 为随机变量.

2. 离散型随机变量及其概率分布

有些随机变量,它全部可能取到的值是有限个或可列无限多个,称为离散型随机变量.

定义 2 设离散型随机变量 X 的所有可能取值为 $x_k(k=1,2,\cdots)$, X 取各个可能值的概率 $P\{X=x_k\}$ 为 $p_k,k=1,2,\cdots$,则

$$P\{X = x_k\} = p_k, k = 1,2,\cdots$$

称为离散型随机变量 X 的分布律或概率分布. 其中 p_k 满足两个条件:

(1) $p_k \geqslant 0, k=1,2,\cdots$.

(2) $\sum_{k=1}^{\infty} p_k = 1$.

分布律也可用表格表示为表 1-2.

表 1-2

X	x_1	x_2	$\cdots$	x_n	$\cdots$
p_i	p_1	p_2	$\cdots$	p_n	$\cdots$

3. 常见的离散型随机变量的分布

(0—1)分布或称两点分布:记为 $b(1,p)$,其分布律为

$$P\{X = k\} = p^k (1-p)^{1-k}, k = 0,1; 0 < p < 1.$$

二项分布:记为 $b(n,p)$,其分布律为

$$P\{X = k\} = C_n^k p^k (1-p)^{n-k}, k = 0,1,2,\cdots,n; 0 < p < 1.$$

泊松分布:记为 $\pi(\lambda)$,其分布律为

$$P\{X = k\} = \frac{\lambda^k e^{-\lambda}}{k!}, k = 0,1,2,\cdots; \lambda > 0.$$

几何分布:记为 $G(p)$,其分布律为

$$P\{X = k\} = p(1-p)^{k-1}, k = 1,2,\cdots; 0 < p < 1.$$

超几何分布:记为 $H(N,M,n)$,其分布律为

$$P\{X = k\} = \frac{C_M^k C_{N-M}^{n-k}}{C_N^k}, k \text{ 为整数}; \max\{0, n-N+M\} \leqslant k \leqslant \min(n,M).$$

4. 随机变量的分布函数

定义 3 设 X 是一个随机变量, x 是任意实数,函数

$$F(x) = P(X \leqslant x), \quad -\infty < x < \infty$$

称为 X 的分布函数.

分布函数的性质:

(1) $F(x)$ 是一个单调不减函数. 若 $x_1 < x_2$, 则 $F(x_1) \leqslant F(x_2)$.

(2) $0 \leqslant F(x) \leqslant 1$,且 $F(-\infty) = \lim_{x\to-\infty} F(x) = 0, F(\infty) = \lim_{x\to\infty} F(x) = 1$.

(3) $F(x)$ 是右连续的. 即 $\lim_{x\to x_0^+} F(x) = F(x_0)$.

5. 离散型随机变量的分布函数

设离散型随机变量 X 的概率分布见表 1-2.

X 的分布函数为

$$F(x) = P(X \leqslant x) = \sum_{x_i \leqslant x} P(X = x_i) = \sum_{x_i \leqslant x} p_i.$$

6. 连续型随机变量及其概率密度

定义 4 如果对随机变量 X 的分布函数 $F(x)$,存在非负可积函数 $f(x)$,使得对于任意实数 x,有

$$F(x) = P\{X \leqslant x\} = \int_{-\infty}^{x} f(t)\,\mathrm{d}t,$$

则称 X 为连续型随机变量,$f(x)$ 为 X 的概率密度函数,简称概率密度.

概率密度的性质:

(1) $f(x) \geqslant 0$.

(2) $\int_{-\infty}^{\infty} f(x)\,\mathrm{d}x = 1$.

(3) X 的取值落在任意区间 $(a,b]$ 上的概率为

$$P\{a < X \leqslant b\} = F(b) - F(a) = \int_a^b f(x)\,\mathrm{d}x.$$

(4) 若 $f(x)$ 在点 x 处连续,则 $F'(x) = f(x)$.

(5) 连续型随机变量 X 取任一指定值 $a(a \in R)$ 的概率为 0.

7. 常用连续型随机变量的分布

1) 均匀分布

若连续型随机变量 X 的概率密度为

$$f(x) = \begin{cases} \dfrac{1}{b-a}, & a < x < b, \\ 0, & \text{其他}, \end{cases}$$

则称 X 在区间 (a,b) 上服从均匀分布,记为 $X \sim U(a,b)$.

2) 指数分布

若随机变量 X 的概率密度为

$$f(x) = \begin{cases} \dfrac{1}{\theta}\mathrm{e}^{-x/\theta}, & x > 0, \\ 0, & \text{其他}. \end{cases}$$

其中 $\theta > 0$ 为常数,则称 X 服从参数为 θ 的指数分布.

3) 正态分布

若随机变量 X 的概率密度为

$$f(x) = \frac{1}{\sqrt{2\pi}\sigma}\mathrm{e}^{-\frac{(x-\mu)^2}{2\sigma^2}}, \quad -\infty < x < \infty.$$

其中 μ 和 $\sigma(\sigma > 0)$ 都是常数,则称 X 服从参数为 μ 和 σ^2 的正态分布或高斯(Gauss)分布,记为 $X \sim N(\mu,\sigma^2)$.

特别地,正态分布当 $\mu=0,\sigma=1$ 时称为标准正态分布,此时,其概率密度函数和分布函数常用 $\varphi(x)$ 和 $\Phi(x)$ 表示:

$$\varphi(x)=\frac{1}{\sqrt{2\pi}}e^{-\frac{x^2}{2}},\qquad \Phi(x)=\frac{1}{\sqrt{2\pi}}\int_{-\infty}^{x}e^{-\frac{t^2}{2}}dt.$$

定理1 设 $X\sim N(\mu,\sigma^2)$,则 $Y=\dfrac{X-\mu}{\sigma}\sim N(0,1)$.

标准正态分布表(附表2)的使用:

(1) 表中给出了 $x>0$ 时 $\Phi(x)$ 的数值,当 $x<0$ 时,利用正态分布的对称性,易见有

$$\Phi(-x)=1-\Phi(x).$$

(2) 若 $X\sim N(0,1)$,则

$$P\{a<X\leqslant b\}=\Phi(b)-\Phi(a).$$

(3) 若 $X\sim N(\mu,\sigma^2)$,则 $Y=\dfrac{X-\mu}{\sigma}\sim N(0,1)$,故 X 的分布函数

$$F(x)=P\{X\leqslant x\}=P\left\{\frac{X-\mu}{\sigma}\leqslant\frac{x-\mu}{\sigma}\right\}=\Phi\left(\frac{x-\mu}{\sigma}\right),$$

$$P\{a<X\leqslant b\}=P\left\{\frac{a-\mu}{\sigma}<Y\leqslant\frac{b-\mu}{\sigma}\right\}=\Phi\left(\frac{b-\mu}{\sigma}\right)-\Phi\left(\frac{a-\mu}{\sigma}\right).$$

8. 随机变量的函数的分布

定义5 如果存在一个函数 $g(X)$,使得随机变量 X,Y 满足

$$Y=g(X),$$

其中 $g(\cdot)$ 是已知的连续函数,则称随机变量 Y 是随机变量 X 的函数.

1) 离散型随机变量的函数的分布

设离散型随机变量 X 的分布律为

$$P\{X=x_i\}=p_i,i=1,2,\cdots.$$

易见,X 的函数 $Y=g(X)$ 显然还是离散型随机变量.

$Y=g(X)$ 的分布律为

$$P(Y=y_j)=P(g(x)=y_j)=\sum P(X=x_i)g(x_i)=y_j.$$

2) 连续型随机变量的函数的分布

一般地,连续型随机变量的函数不一定是连续型随机变量,但我们主要讨论连续型随机变量的函数还是连续型随机变量的情形.

设已知 X 的分布函数 $F_X(x)$ 或概率密度函数 $f_X(x)$,则随机变量函数 $Y=g(X)$ 的分布函数可按如下方法求得:

$$F_Y(y)=P\{Y\leqslant y\}=P\{g(X)\leqslant y\}=P\{X\in C_y\}=\int_{C_y}f_X(x)dx.$$

其中 $C_y=\{x|g(x)\leqslant y\}$. 再将分布函数 $F_Y(y)$ 关于 y 求导,一般能得到 Y 的概率密度. 特

别当 $g(\cdot)$ 是严格单调函数时可由以下定理写出 Y 的概率密度.

定理 2 设随机变量 X 具有概率密度 $f_X(x), x \in (-\infty, \infty)$，又设 $y = g(x)$ 处处可导且恒有 $g'(x) > 0$（或恒有 $g'(x) < 0$），则 $Y = g(X)$ 是一个连续型随机变量，其概率密度为

$$f_Y(y) = \begin{cases} f[h(y)] \mid h'(y) \mid, & \alpha < y < \beta, \\ 0, & \text{其他}. \end{cases}$$

其中 $x = h(y)$ 是 $y = g(x)$ 的反函数，且 $\alpha = \min(g(-\infty), g(\infty))$，$\beta = \max(g(-\infty), g(\infty))$.

1.2.2 多维随机变量及其分布

1. 二维随机变量及其分布函数

定义 6 设随机试验 E 的样本空间为 $S = \{e\}$，$e \in S$ 为样本点，而

$$X = X(e), Y = Y(e)$$

是定义在 S 上的两个随机变量，称 (X, Y) 为定义在 S 上的二维随机变量或二维随机向量.

定义 7 设 (X, Y) 是二维随机变量，对任意实数 x, y，二元函数

$$F(x, y) = P\{(X \leqslant x) \cap (Y \leqslant y)\} \xlongequal{\text{记为}} P\{X \leqslant x, Y \leqslant y\}$$

称为二维随机变量 (X, Y) 的分布函数或称为随机变量 X 和 Y 的联合分布函数.

分布函数 $F(x, y)$ 的性质：

(1) $0 \leqslant F(x, y) \leqslant 1$，且对任意固定的 y，$F(-\infty, y) = 0$，对任意固定的 x，$F(x, -\infty) = 0$，$F(-\infty, -\infty) = 0$，$F(\infty, \infty) = 1$.

(2) $F(x, y)$ 是变量 x 和 y 的不减函数，即对任意固定的 y，当 $x_2 > x_1$，$F(x_2, y) \geqslant F(x_1, y)$；对任意固定的 x，当 $y_2 > y_1$，$F(x, y_2) \geqslant F(x, y_1)$.

(3) $F(x^{+0}, y) = F(x, y)$，$F(x, y^{+0}) = F(x, y)$，即 $F(x, y)$ 关于 x 右连续，关于 y 也右连续.

(4) 对于任意 (x_1, y_1)，(x_2, y_2)，$x_1 < x_2$，$y_1 < y_2$，下述不等式成立：

$$F(x_2, y_2) - F(x_2, y_1) + F(x_1, y_1) - F(x_1, y_2) \geqslant 0.$$

2. 二维离散型随机变量及其分布律

定义 8 若二维随机变量 (X, Y) 全部可能取到的不相同的值是有限个或可列无穷多对，则称 (X, Y) 是离散型随机变量.

定义 9 若二维离散型随机变量 (X, Y) 所有可能取的值为 (x_i, y_j) $i, j = 1, 2, \cdots$，记

$$P\{X = x_i, Y = y_j\} = p_{ij}, i, j = 1, 2, \cdots,$$

其中

$$p_{ij} \geqslant 0, \sum_{i=1}^{\infty} \sum_{j=1}^{\infty} p_{ij} = 1,$$

称 $P\{X = x_i, Y = y_j\} = p_{ij}$ $(i, j = 1, 2, \cdots)$ 为二维离散型随机变量 (X, Y) 的分布律，或随机变量 X 与 Y 的联合分布律.

也可用表格来表示 X 与 Y 的联合分布律，如表 1－3 所列。

表 1－3　X 与 Y 的联合分布律

Y \ X	x_1	x_2	$\cdots$	x_i	$\cdots$
y_1	p_{11}	p_{21}	$\cdots$	p_{i1}	$\cdots$
y_2	p_{12}	p_{22}	$\cdots$	p_{i2}	$\cdots$
$\vdots$	$\vdots$	$\vdots$		$\vdots$	
y_j	p_{1j}	p_{2j}	$\cdots$	p_{ij}	$\cdots$
$\vdots$	$\vdots$	$\vdots$		$\vdots$	

其分布函数为

$$F(x,y) = P\{X \leqslant x, Y \leqslant y\} = \sum_{x_i \leqslant x, y_j \leqslant y} p_{ij},$$

其中和式是对一切满足 $x_i \leqslant x, y_j \leqslant y$ 的 i,j 来求和的.

注意：(X,Y) 取值于任何区域 D 上的概率为

$$P\{(X,Y) \in D\} = \sum_{(x_i,y_j) \in D} p_{ij}.$$

3. 二维连续型随机变量及其概率密度

定义 10　设 (X,Y) 为二维随机变量，$F(x,y)$ 为其分布函数，若存在一个非负可积的二元函数 $f(x,y)$，使对任意实数 x,y，有

$$F(x,y) = \int_{-\infty}^{y}\int_{-\infty}^{x} f(u,v)\,\mathrm{d}u\mathrm{d}v,$$

则称 (X,Y) 为连续型的二维随机变量，函数 $f(x,y)$ 称为二维随机变量 (X,Y) 的概率密度或称为 X 与 Y 的联合概率密度.

概率密度函数 $f(x,y)$ 的性质：

(1) $f(x,y) \geqslant 0$.

(2) $\int_{-\infty}^{\infty}\int_{-\infty}^{\infty} f(x,y)\,\mathrm{d}x\mathrm{d}y = F(\infty,\infty) = 1$.

(3) 设 G 是 xOy 平面上的区域，点 (X,Y) 落在 G 内的概率为

$$P\{(x,y) \in G\} = \iint_G f(x,y)\,\mathrm{d}x\mathrm{d}y.$$

(4) 若 $f(x,y)$ 在点 (x,y) 连续，有 $\dfrac{\partial^2 F(x,y)}{\partial x \partial y} = f(x,y)$.

4. 边缘分布

设 $F(x,y)$ 为 (X,Y) 的分布函数，关于 X 和 Y 的边缘分布函数分别记为 $F_X(x)$ 和 $F_Y(y)$，有

$$F_X(x) = P\{X \leqslant x\} = P\{X \leqslant x, Y < \infty\} = F(x,\infty),$$
$$F_Y(y) = P\{Y \leqslant y\} = P\{X < \infty, Y \leqslant y\} = F(\infty,y).$$

对于离散型随机变量,有

$$F_X(x) = F(x,\infty) = \sum_{x_i \leq x} \sum_{j=1}^{\infty} p_{ij},\ F_Y(y) = F(\infty,y) = \sum_{y_j \leq y} \sum_{i=1}^{\infty} p_{ij}.$$

离散型随机变量(X,Y)的分量X和Y的分布律分别称为其边缘分布律,分别记为$P_{i\cdot}$和$P_{\cdot j}$.它与联合分布律的关系为

$$p_{i\cdot} = P\{X = x_i\} = \sum_{j=1}^{\infty} P\{X = x_i, Y = y_j\} = \sum_{j=1}^{\infty} p_{ij}, i = 1,2,\cdots,$$

$$p_{\cdot j} = P\{Y = y_j\} = \sum_{i=1}^{\infty} P\{X = x_i, Y = y_j\} = \sum_{i=1}^{\infty} p_{ij}, j = 1,2,\cdots.$$

对于连续型随机变量(X,Y),设它的概率密度为$f(x,y)$,有

$$F_X(x) = F(x,\infty) = \int_{-\infty}^{x}\left[\int_{-\infty}^{\infty} f(x,y)\,dy\right]dx.$$

上式表明:X是连续型随机变量,且其概率密度为

$$f_X(x) = \int_{-\infty}^{\infty} f(x,y)\,dy.$$

同理,Y是连续型随机变量,且其概率密度为

$$f_Y(y) = \int_{-\infty}^{\infty} f(x,y)\,dx.$$

分别称$f_X(x)$和$f_Y(y)$为(X,Y)关于X和Y的边缘概率密度.

5. 常见的二维连续型随机变量

(1) 二维均匀分布

设G是平面上的有界区域,其面积为A.若二维随机变量(X,Y)具有概率密度

$$f(x,y) = \begin{cases} \dfrac{1}{A}, & (x,y) \in G, \\ 0, & \text{其他}. \end{cases}$$

则称(X,Y)在G上服从均匀分布,常记为$(X,Y) \sim U(G)$.

(2) 二维正态分布

若二维随机变量(X,Y)具有概率密度

$$f(x,y) = \frac{1}{2\pi\sigma_1\sigma_2\sqrt{1-\rho^2}} e^{-\frac{1}{2(1-\rho^2)}\left[\left(\frac{x-\mu_1}{\sigma_1}\right)^2 - 2\rho\left(\frac{x-\mu_1}{\sigma_1}\right)\left(\frac{y-\mu_2}{\sigma_2}\right) + \left(\frac{y-\mu_2}{\sigma_2}\right)^2\right]}.$$

其中$\mu_1,\mu_2,\sigma_1,\sigma_2,\rho$均为常数,且$\sigma_1>0,\sigma_2>0,|\rho|<1$,则称$(X,Y)$服从参数为$\mu_1,\mu_2,\sigma_1,\sigma_2,\rho$的二维正态分布,记为$(X,Y) \sim N(\mu_1,\mu_2,\sigma_1^2,\sigma_2^2,\rho)$.

注:二维正态随机变量的两个边缘分布都是一维正态分布,且都不依赖于参数ρ,亦即对给定的$\mu_1,\mu_2,\sigma_1,\sigma_2$,不同的$\rho$对应不同的二维正态分布,但它们的边缘分布都是相同的,因此仅由关于X和关于Y的边缘分布,一般来说是不能确定二维随机变量X和Y的联合分布的.

6. 条件分布

定义 11 设(X,Y)是二维离散型随机变量,对于固定的j,若$P\{Y=y_j\}>0$,则称

$$P\{X=x_i \mid Y=y_j\}=\frac{P\{X=x_i,Y=y_j\}}{P\{Y=y_j\}}=\frac{p_{ij}}{p_{\cdot j}},i=1,2,\cdots$$

为在 $Y=y_j$ 条件下随机变量 X 的条件分布律.

同样,对于固定的 i,若 $P\{X=x_i\}>0$,则称

$$P\{Y=y_j \mid X=x_i\}=\frac{P\{X=x_i,Y=y_j\}}{P\{X=x_i\}}=\frac{p_{ij}}{p_{i\cdot}},j=1,2,\cdots$$

为在 $X=x_i$ 条件下随机变量 Y 的条件分布律.

定义 12 设二维连续型随机变量(X,Y)的概率密度为$f(x,y)$,(X,Y)关于 Y 的边缘概率密度为$f_Y(y)$. 若对于固定的 y,$f_Y(y)>0$,则称$\frac{f(x,y)}{f_Y(y)}$为在 $Y=y$ 的条件下 X 的条件概率密度,记为

$$f_{X|Y}(x \mid y)=\frac{f(x,y)}{f_Y(y)}.$$

称

$$\int_{-\infty}^{x}f_{X|Y}(x \mid y)\mathrm{d}x=\int_{-\infty}^{x}\frac{f(x,y)}{f_Y(y)}\mathrm{d}x$$

为在 $Y=y$ 的条件下 X 的条件分布函数,记为

$$F_{X|Y}(x \mid y)=P\{X\leqslant x|Y=y\}=\int_{-\infty}^{x}\frac{f(x,y)}{f_Y(y)}\mathrm{d}x.$$

类似地,可以定义在 $X=x$ 的条件下 Y 的条件概率密度为

$$f_{Y|X}(y \mid x)=\frac{f(x,y)}{f_X(x)},$$

在 $X=x$ 的条件下 Y 的条件分布函数为

$$F_{Y|X}(y \mid x)=P\{Y\leqslant y|X=x\}=\int_{-\infty}^{y}\frac{f(x,y)}{f_X(x)}\mathrm{d}y.$$

7. 相互独立的随机变量

定义 13 设随机变量(X,Y)的联合分布函数为 $F(x,y)$,边缘分布函数为 $F_X(x)$,$F_Y(y)$,若对任意实数 x,y,有

$$P\{X\leqslant x,Y\leqslant y\}=P\{X\leqslant x\}P\{Y\leqslant y\},$$

即

$$F(x,y)=F_X(x)F_Y(y),$$

则称随机变量 X 和 Y 相互独立.

当(X,Y)是离散型随机变量时,其独立性的定义等价于:

对于(X,Y)的所有可能取的值(x_i,x_j),有

$$P\{X=x_i,Y=y_j\}=P\{X=x_i\}P\{Y=y_j\},$$

即

$$p_{ij}=p_{i\cdot}p_{\cdot j},i,j=1,2,\cdots,$$

则称 X 和 Y 相互独立.

对 (X,Y) 是二维连续型随机变量,其独立性的定义等价于:

若对任意的 x,y,有

$$f(x,y) = f_X(x)f_Y(y),$$

几乎处处成立,则称 X 和 Y 相互独立.

注:这里“几乎处处成立”的含义是:在平面上除去“面积”为 0 的集合以外,处处成立.

定理 3 随机变量 X 和 Y 相互独立的充要条件是 X 所生成的任何事件与 Y 生成的任何事件独立,即对任意实数集 A、B,有

$$P\{X \in A, Y \in B\} = P\{X \in A\}P\{Y \in B\}.$$

定理 4 如果随机变量 X 和 Y 相互独立,则对任意函数 $g_1(x)$,$g_2(y)$,均有 $g_1(X)$ 和 $g_2(Y)$ 相互独立.

定理 5 对于二维正态随机变量 (X,Y),X 和 Y 相互独立的充分必要条件是参数 $\rho = 0$.

定义 14 设随机变量 $(X_1,X_2,\cdots,X_n)$ 的联合分布函数为 $F(x_1,x_2,\cdots,x_n)$,若对任意实数 $x_1,x_2,\cdots,x_n$,有

$$F(x_1,x_2,\cdots,x_n) = F_{X_1}(x_1)F_{X_2}(x_2)\cdots F_{X_n}(x_n),$$

则称随机变量 $(X_1,X_2,\cdots,X_n)$ 相互独立.

当 $(X_1,X_2,\cdots,X_n)$ 是多维离散型随机变量时,其独立性的定义等价于:

对于 $(X_1,X_2,\cdots,X_n)$ 的所有可能取的值 $(x_1,x_2,\cdots,x_n)$,有

$$P\{X_1 = x_1, X_2 = x_2, \cdots, X_n = x_n\} = P\{X_1 = x_1\}P\{X_2 = x_2\}\cdots P\{X_n = x_n\},$$

则称 $(X_1,X_2,\cdots,X_n)$ 相互独立.

对 $(X_1,X_2,\cdots,X_n)$ 是多维连续型随机变量,其独立性的定义等价于:

若对任意的 $(x_1,x_2,\cdots,x_n)$,有

$$f(x_1,x_2,\cdots,x_n) = f_{X_1}(x_1)f_{X_2}(x_2)\cdots f_{X_n}(x_n),$$

几乎处处成立,则称 $(X_1,X_2,\cdots,X_n)$ 相互独立.

易知,若 $X_1,X_2,\cdots,X_n$ 相互独立,则其中任意 $m(2 \leqslant m \leqslant n)$ 个随机变量也相互独立.

8. 随机变量的函数的分布

1)离散型随机变量的函数的分布

设 (X,Y) 是二维离散型随机变量,$g(x,y)$ 是一个二元函数,则 $g(X,Y)$ 作为 (X,Y) 的函数是一个随机变量,如果 (X,Y) 的概率分布为

$$P\{X = x_i, Y = y_j\} = p_{ij}, i,j = 1,2,\cdots.$$

设 $Z = g(X,Y)$ 的所有可能取值为 z_k,$k = 1,2,\cdots$, 则 Z 的概率分布为

$$P\{Z = z_k\} = P\{g(X,Y) = z_k\} = \sum_{g(x_i,y_j)=z_k} P\{X = x_i, Y = y_j\},\ k = 1,2,\cdots.$$

2）连续型随机变量的函数的分布

设(X,Y)是二维连续型随机变量，其概率密度函数为$f(x,y)$，令$g(x,y)$为一个二元函数，则$g(X,Y)$是(X,Y)的函数.

(1) 随机变量$Z=g(X,Y)$的分布的求法.

① 先求分布函数$F_Z(z)$：

$$F_Z(z)=P\{Z\leqslant z\}=P\{g(X,Y)\leqslant z\}=P\{(X,Y)\in D_Z\}=\iint_{D_Z}f(x,y)\mathrm{d}x\mathrm{d}y.$$

其中，$D_Z=\{(x,y)\mid g(x,y)\leqslant z\}$.

② 再求其概率密度函数$f_Z(z)$，对几乎所有的z，有$f_Z(z)=F_Z'(z)$.

(2) 几个特定的(X,Y)的函数的分布.

① 关于$Z=X+Y$的分布. 设(X,Y)的概率密度为$f(x,y)$，则$Z=X+Y$的概率密度函数为

$$f_Z(z)=\int_{-\infty}^{\infty}f(z-y,y)\mathrm{d}y \text{ 或 } f_Z(z)=\int_{-\infty}^{\infty}f(x,z-x)\mathrm{d}x.$$

当X和Y相互独立时，上式分别化为

$$f_Z(z)=\int_{-\infty}^{\infty}f_X(z-y)f_Y(y)\mathrm{d}y,\ f_Z(z)=\int_{-\infty}^{\infty}f_X(x)f_Y(z-x)\mathrm{d}x.$$

上述两式常称为卷积公式，记为f_X*f_Y.

定理6 设X和Y相互独立，且$X\sim N(\mu_1,\sigma_1^2)$，$Y\sim N(\mu_2,\sigma_2^2)$. 则$Z=X+Y$仍然服从正态分布，且

$$Z\sim N(\mu_1+\mu_2,\sigma_1^2+\sigma_2^2).$$

更一般地，可以证明：有限个相互独立的正态随机变量的线性组合仍然服从正态分布， 即有

定理7 若$X_i\sim N(\mu_i,\sigma_i^2)$ $(i=1,2,\cdots,n)$，且它们相互独立，则对任意不全为零的常数$a_1,a_2,\cdots,a_n$，有

$$\sum_{i=1}^{n}a_iX_i\sim N\left(\sum_{i=1}^{n}a_i\mu_i,\sum_{i=1}^{n}a_i^2\sigma_i^2\right).$$

② 关于$Z=\dfrac{Y}{X}$和$Z=XY$的分布.

定理8 设(X,Y)是二维连续型随机变量，它具有概率密度$f(x,y)$，则$Z=\dfrac{Y}{X}$和$Z=XY$仍为连续型随机变量，其概率密度分别为

$$f_{Y/X}=\int_{-\infty}^{\infty}|x|f(x,xz)\mathrm{d}x;f_{XY}=\int_{-\infty}^{\infty}\frac{1}{|x|}f\left(x,\frac{z}{x}\right)\mathrm{d}x.$$

又若X和Y相互独立. 设(X,Y)关于X，关于Y的边缘密度分别为$f_X(x)$，$f_Y(y)$，则上两式分别化为

$$f_{Y/X}=\int_{-\infty}^{\infty}|x|f_X(x)f_Y(xz)\mathrm{d}x,f_{XY}=\int_{-\infty}^{\infty}\frac{1}{|x|}f_X(x)f_Y\left(\frac{z}{x}\right)\mathrm{d}x.$$

③ 关于 $M=\max(X,Y)$ 及 $N=\min(X,Y)$ 的分布．设 X,Y 是两个相互独立的随机变量，它们的分布函数分别为 $F_X(x)$ 和 $F_Y(y)$，则 $M=\max\{X,Y\}$ 的分布函数为

$$F_M(z)=F_X(z)F_Y(z).$$

$N=\min(X,Y)$ 的分布函数为

$$F_N(z)=1-[1-F_X(z)][1-F_Y(z)].$$

以上结果容易推广到 n 个相互独立的随机变量的情况. 设 $X_1,X_2,\cdots,X_n$ 是 n 个相互独立的随机变量，它们的分布函数分别为 $F_{X_i}(x_i)\quad(i=1,2,\cdots,n)$，则 $M=\max\{X_1,X_2,\cdots,X_n\}$，$N=\min\{X_1,X_2,\cdots,X_n\}$ 的分布函数分别为

$$F_{\max}(z)=F_{X_1}(z)F_{X_2}(z)\cdots F_{X_n}(z),$$
$$F_{\min}(z)=1-[1-F_{X_1}(z)][1-F_{X_2}(z)]\cdots[1-F_{X_n}(z)].$$

特别，当 $X_1,X_2,\cdots,X_n$ 相互独立且具有相同分布函数 $F(x)$ 时，有

$$F_{\max}(z)=[F(z)]^n,\qquad F_{\min}(z)=1-[1-F(z)]^n.$$

例 1-2　一台设备由三大部件构成，在设备运转中各部件要调整的概率分别为 0.1，0.2，0.3，假设各部件的状态相互独立，以 X 表示同时需要调整的部件数，试求：(1) X 的分布律；(2) X 的分布函数 $F(x)$；(3) $P(X=2.5)$，$P(X\leqslant 1)$，$P(1<X<3)$.

解　设事件 $A_i=\{$部件 i 需要调整$\}(i=1,2,3)$，由题设知 $P(A_1)=0.1$，$P(A_2)=0.2$，$P(A_3)=0.3$，X 的可能取值为 0，1，2，3，注意到 A_1,A_2,A_3 相互独立.

$$(1)\ P(X=0)=P(\overline{A_1}\,\overline{A_2}\,\overline{A_3})=0.9\times0.8\times0.7=0.504,$$

$$P(X=1)=P(A_1\overline{A_2}\,\overline{A_3}\cup\overline{A_1}A_2\overline{A_3}\cup\overline{A_1}\,\overline{A_2}A_3)$$
$$=0.1\times0.8\times0.7+0.9\times0.2\times0.7+0.9\times0.8\times0.3=0.398,$$

$$P(X=2)=P(A_1A_2\overline{A_3}\cup A_1\overline{A_2}A_3\cup\overline{A_1}A_2A_3)$$
$$=0.1\times0.2\times0.7+0.1\times0.8\times0.3+0.9\times0.2\times0.3=0.092,$$

$$P(X=3)=P(A_1A_2A_3)=0.1\times0.2\times0.3=0.006.$$

于是 X 的分布律为如表 1-4 所列．

表 1-4

X	0	1	2	3
P	0.504	0.398	0.092	0.006

(2) X 的分布函数为

$$F(x)=\begin{cases}0, & x<0,\\ 0.504, & 0\leqslant x<1,\\ 0.902, & 1\leqslant x<2,\\ 0.994, & 2\leqslant x<3,\\ 1, & x\geqslant 3.\end{cases}$$

(3) $P(X=2.5)=0$,

$$P(X \leqslant 1) = P(X = 0) + P(X = 1) = 0.504 + 0.398 = 0.902,$$

$$P(1 < X < 3) = P(X = 2) = 0.092.$$

例 1－3 设连续型随机变量 X 的分布函数为

$$F(x) = \begin{cases} 0 & , \quad x < 0, \\ Ax^2 & , \quad 0 < x \leqslant 1, \\ 1 & , \quad x > 1. \end{cases}$$

(1) 确定常数 A,求出概率密度函数 $f(x)$;(2)求 $P\{0.3 < x \leqslant 0.7\}$.

解 (1) $f(x) = \begin{cases} 2Ax & , \quad 0 < x \leqslant 1, \\ 0 & , \quad 其他, \end{cases}$

$$1 = \int_0^1 2Ax\mathrm{d}x = Ax^2\big|_0^1 = A,$$

$$f(x) = F'(x) = \begin{cases} 2x & , \quad 0 < x \leqslant 1 \\ 0 & , \quad 其他. \end{cases}$$

(2) $P\{0.3 < x \leqslant 0.7\} = F(0.7) - F(0.3) = 0.7^2 - 0.3^2 = 0.4$

或 $P\{0.3 < x \leqslant 0.7\} = \int_{0.3}^{0.7} 2x\mathrm{d}x = x^2\big|_{0.3}^{0.7} = 0.4.$

例 1－4 设 X 和 Y 是两个相互独立的随机变量,且 X 在(0,1)上服从均匀分布,Y 服从参数为 $\theta=1$ 的指数分布,求 $Z=X+Y$ 的概率密度.

解 由题设知,X 的概率密度为

$$f_X(x) = \begin{cases} 1, & 0 < x < 1, \\ 0, & 其他. \end{cases}$$

Y 的概率密度为

$$f_Y(y) = \begin{cases} \mathrm{e}^{-y}, y > 0, \\ 0, \quad 其他. \end{cases}$$

由卷积公式知,$Z=X+Y$ 的概率密度是

$$f_Z(z) = \int_{-\infty}^{\infty} f_X(x) f_Y(z-x)\mathrm{d}x.$$

而 $f_X(x)f_Y(z-x)$ 的非零区域 $\{(z,x) | 0 \leqslant x \leqslant 1, z-x>0\}$,如图 1－1 中阴影部分所示. 由于 z 是任意实数,故讨论 z 的情况得到 Z 的概率密度为

$$f_Z(z) = \int_{-\infty}^{\infty} f_X(x) f_Y(z-x)\mathrm{d}x = \begin{cases} \int_0^z 1 \cdot \mathrm{e}^{-(z-x)}\mathrm{d}x, & 0 \leqslant z \leqslant 1, \\ \int_0^1 1 \cdot \mathrm{e}^{-(z-x)}\mathrm{d}x, & z > 1, \\ 0, & 其他. \end{cases}$$

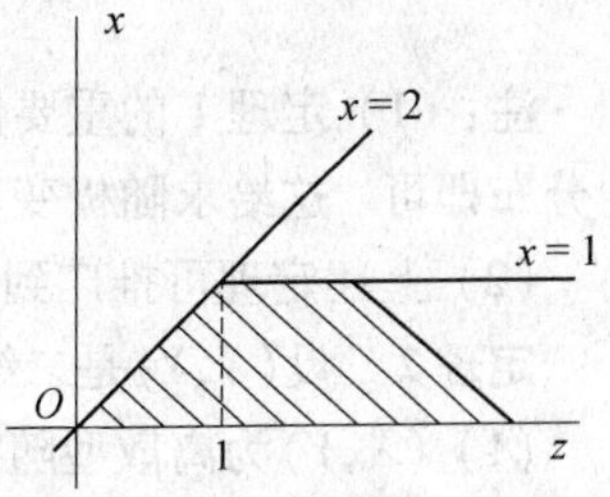

图 1－1

故 $Z=X+Y$ 的概率密度为 $f_Z(z) = \begin{cases} 1-\mathrm{e}^{-z}, & 0 \leqslant z \leqslant 1, \\ \mathrm{e}^{-z}(\mathrm{e}-1), & z > 1, \\ 0, & 其他. \end{cases}$

1.3 随机变量的数字特征

1.3.1 数学期望

1. 离散型随机变量的数学期望

定义 1 设离散型随机变量 X 具有分布律

$$P\{X = x_k\} = p_k, \quad k = 1,2,\cdots.$$

若级数 $\sum\limits_{k=1}^{\infty} x_k p_k$ 绝对收敛,则称级数 $\sum\limits_{k=1}^{\infty} x_k p_k$ 的和为随机变量 X 的数学期望,简称期望(又称均值),记为 $E(X)$ 或 EX,即

$$E(X) = \sum_{k=1}^{\infty} x_k p_k.$$

2. 连续型随机变量的数学期望

定义 2 设连续型随机变量 X 具有概率密度 $f(x)$,若积分 $\int_{-\infty}^{\infty} xf(x)\mathrm{d}x$ 绝对收敛,则称积分 $\int_{-\infty}^{\infty} xf(x)\mathrm{d}x$ 的值为随机变量 X 的数学期望,记为 $E(X)$ 或 EX,即

$$E(X) = \int_{-\infty}^{\infty} xf(x)\mathrm{d}x.$$

注意:随机变量 X 的数学期望 $E(X)$ 是一个实数.

3. 随机变量的函数的数学期望

定理 1 设 X 是一个随机变量, $Y=g(X)$,且 $E(Y)$ 存在,

(1) 若 X 为离散型随机变量, 其分布律为

$$P\{X = x_i\} = p_i, i = 1,2,\cdots,$$

则 Y 的数学期望为

$$E(Y) = E[g(X)] = \sum_{i=1}^{\infty} g(x_i)p_i.$$

(2) 若 X 为连续型随机变量,其概率密度为 $f(x)$, 则 Y 的数学期望为

$$E(Y) = E[g(X)] = \int_{-\infty}^{\infty} g(x)f(x)\mathrm{d}x.$$

注: (1) 定理 1 的重要性在于:求 $E[g(X)]$时, 不必知道 $g(X)$ 的分布,只需知道 X 的分布即可. 这给求随机变量函数的数学期望带来很大方便.

(2) 上述定理可推广到二维及以上情形.

定理 2 设(X,Y)是二维随机变量,$Z=g(X,Y)$,且 $E(Z)$ 存在,则

(1) (X,Y) 为离散型随机变量,其分布律为

$$P\{X = x_i, Y = y_j\} = p_{ij}, i,j = 1,2,\cdots,$$

则 Z 的数学期望为

$$E(Z)=E[g(X,Y)]=\sum_{j=1}^{\infty}\sum_{i=1}^{\infty}g(x_i,y_j)p_{ij}.$$

(2) 若(X,Y)为连续型随机变量，其概率密度为$f(x,y)$，则Z的数学期望为

$$E(Z)=E[g(X,Y)]=\int_{-\infty}^{\infty}\int_{-\infty}^{\infty}g(x,y)f(x,y)\,\mathrm{d}x\mathrm{d}y.$$

4. 数学期望的性质(设所遇到的随机变量的数学期望存在)

(1) 设C是常数,则$E(C)=C$.

(2) 设X是一个随机变量,C是常数,则$E(CX)=CE(X)$.

(3) 设X,Y是两个随机变量,则$E(X+Y)=E(X)+E(Y)$. 这个性质可推广到任意有限个随机变量之和的情况.

(4) 设X,Y是相互独立的随机变量,则$E(XY)=E(X)E(Y)$. 这个性质可推广到任意有限个相互独立的随机变量之积的情况.

1.3.2 方差

随机变量的数学期望是对随机变量取值水平的综合评价,而随机变量取值的稳定性是判断随机现象性质的另一个十分重要的指标.

1. 方差的定义

定义3 设X是一个随机变量,若$E\{[(X-E(X)]^2\}$存在,则称$E\{[(X-E(X)]^2\}$为X的方差,记为$D(X)$或DX或$\mathrm{Var}(X)$,即

$$D(X)=\mathrm{Var}(X)=E\{[X-E(X)]\}^2.$$

方差的算术平方根$\sqrt{D(X)}$称为X的标准差或均方差,它与X具有相同的度量单位,在实际应用中经常使用.

2. 方差的计算

若X是离散型随机变量,且其分布律为

$$P\{X=x_k\}=p_k,k=1,2,\cdots,$$

则
$$D(X)=\sum_{k=1}^{\infty}[x_k-E(X)]^2p_k.$$

若X是连续型随机变量,且其概率密度为$f(x)$，则

$$D(X)=\int_{-\infty}^{\infty}[x-E(X)]^2f(x)\,\mathrm{d}x.$$

利用数学期望的性质,易得计算方差的一个简化公式:

$$D(X)=E(X^2)-[E(X)]^2.$$

3. 方差的性质

(1) 设C常数,则$D(C)=0$.

(2) 若X是随机变量,若C是常数,则

$$D(CX)=C^2D(X).$$

(3) 设X,Y是两个随机变量,则

$$D(X\pm Y)=D(X)+D(Y)\pm 2E\{[X-E(X)][Y-E(Y)]\}.$$

特别地,若 X 和 Y 相互独立,则

$$D(X \pm Y) = D(X) + D(Y).$$

注:对 n 维情形,有:若 $X_1, X_2, \cdots, X_n$ 相互独立,则

$$D\left[\sum_{i=1}^{n} X_i\right] = \sum_{i=1}^{n} D(X_i), D\left[\sum_{i=1}^{n} C_i X_i\right] = \sum_{i=1}^{n} C_i^2 D(X_i).$$

(4) $D(X)=0$ 的充要条件是 X 以概率 1 取常数 $E(X)$,即

$$P\{X = E(X)\} = 1.$$

定义 4 标准化的随机变量 设随机变量 X 的数学期望和方差分别为 $E(X)$ 和 $D(X)$,引进随机变量

$$X^* = \frac{X - E(X)}{\sqrt{D(X)}},$$

此时有 $E(X^*)=0, D(X^*)=1$,称 X^* 为 X 的标准化变量.

4. 常见分布的数学期望与方差(表 1-5)

表 1-5 常见分布的数学期望与方差表

分布	数学期望	方差
0—1 分布 $b(1,p)$	p	$p(1-p)$
二项分布 $b(n,p)$	np	$np(1-p)$
泊松分布 $\pi(\lambda)$	λ	λ
几何分布 $G(p)$	$\frac{1}{p}$	$\frac{1-p}{p^2}$
超几何分布 $H(N,M,n)$	$n\frac{M}{N}$	$n\frac{M}{N}\left(1-\frac{M}{N}\right)\left(\frac{N-n}{N-1}\right)$
均匀分布 $U(a,b)$	$\frac{a+b}{2}$	$\frac{(b-a)^2}{12}$
指数分布	θ	θ^2
正态分布 $N(\mu,\sigma^2)$	μ	σ^2

1.3.3 协方差及相关系数

协方差是反映随机变量之间依赖关系的一个数字特征.

1. 协方差的定义

定义 5 设 (X,Y) 为二维随机变量,若 $E\{[X-E(X)][Y-E(Y)]\}$ 存在,则称其为随机变量 X 和 Y 的协方差,记为 $\mathrm{Cov}(X,Y)$,即 $\mathrm{Cov}(X,Y)=E\{[X-E(X)][Y-E(Y)]\}$.

若 (X,Y) 为离散型随机变量,其分布律为

$$P\{X = x_i, Y = y_j\} = p_{ij}, i,j = 1,2,\cdots,$$

则

$$\mathrm{Cov}(X,Y) = \sum_{i,j} \{[x_i - E(X)][y_j - E(Y)]\} \cdot p_{ij}.$$

若(X,Y)为连续型随机变量，其概率密度为$f(x,y)$，则

$$\mathrm{Cov}(X,Y)=\int_{-\infty}^{+\infty}\int_{-\infty}^{+\infty}\{[x-E(X)][y-E(Y)]\}f(x,y)\mathrm{d}x\mathrm{d}y.$$

协方差又可写成

$$\mathrm{Cov}(X,Y)=E(XY)-E(X)E(Y).$$

特别地，当X和Y相互独立时，有$\mathrm{Cov}(X,Y)=0$.

2. 协方差的性质

(1) $\mathrm{Cov}(X,X)=D(X)$；$\mathrm{Cov}(X,Y)=\mathrm{Cov}(Y,X)$.

(2) $\mathrm{Cov}(aX,bY)=ab\mathrm{Cov}(X,Y)$，其中$a$、$b$是常数.

(3) $\mathrm{Cov}(C,X)=0$，C为任意常数.

(4) $\mathrm{Cov}(X_1+X_2,Y)=\mathrm{Cov}(X_1,Y)+\mathrm{Cov}(X_2,Y)$.

(5) $D(X\pm Y)=D(X)+D(Y)\pm 2\mathrm{Cov}(X,Y)$.

特别地，若X和Y相互独立时，则

$$D(X\pm Y)=D(X)+D(Y).$$

该性质可推广到任意场合，即

$$D\left(\sum_{i=1}^{n}X_i\right)=\sum_{i=1}^{n}D(X_i)+2\sum_{1\leqslant i<j\leqslant n}\mathrm{Cov}(X_i,X_j).$$

3. 相关系数的定义与性质

定义 6 设(X,Y)为二维随机变量，$D(X)>0$，$D(Y)>0$，称

$$\rho_{XY}=\frac{\mathrm{Cov}(X,Y)}{\sqrt{D(X)}\sqrt{D(Y)}}$$

为随机变量X和Y的相关系数，有时也记ρ_{XY}为ρ.

相关系数的性质

(1) $|\rho_{XY}|\leqslant 1$.

(2) 若$DX>0$，$DY>0$，则$|\rho_{XY}|=1$当且仅当存在常数a，b ($a\neq 0$). 使$P\{Y=aX+b\}=1$，而且当$a>0$时，$\rho_{XY}=1$；当$a<0$时，$\rho_{XY}=-1$.

注：相关系数ρ_{XY}刻画了随机变量Y与X之间的“线性相关”程度.

$|\rho_{XY}|$的值越接近1，Y与X的线性相关程度越高；$|\rho_{XY}|$的值越近于0，Y与X的线性相关程度越弱.

当$|\rho_{XY}|=1$时，Y与X的变化可完全由X的线性函数给出.

当$\rho_{XY}=0$，即$\mathrm{Cov}(X,Y)=0$时，称X和Y不相关.

若随机变量X和Y相互独立，则$\rho_{XY}=0$，即X，Y不相关；反之，若X和Y不相关，X和Y不一定相互独立.

二维随机变量(X,Y)服从正态分布，即$(X,Y)\sim N(\mu_1,\mu_2,\sigma_1^2,\sigma_2^2,\rho)$，则有$X$和$Y$的相关系数$\rho_{XY}=\rho$. 对于二维正态随机变量$(X,Y)$，$X$和$Y$相互独立的充要条件是参数$\rho=0$. 即二维正态随机变量$X$和$Y$不相关与$X$和$Y$相互独立是等价的.

1.3.4 矩、协方差矩阵

1. 矩的概念

定义 7 设 X 和 Y 是随机变量,若

$$E(X^k)\ ,k = 1,2,\cdots$$

存在,称它为 X 的 k 阶原点矩(简称 k 阶矩).

若

$$E\{[X - E(X)]^k\},k = 2,3,\cdots$$

存在,称它为 X 的 k 阶中心矩.

若

$$E(X^kY^l),\ k,l = 1,2,\cdots$$

存在,称它为 X 和 Y 的 $k+l$ 阶混合矩.

若

$$E\{[X - E(X)]^k [Y - E(Y)]^l\},\ k,l = 1,2,\cdots$$

存在,称它为 X 和 Y 的 $(k+l)$ 阶混合中心矩.

注:(1) X 的数学期望 $E(X)$ 是 X 的一阶原点矩.

(2) X 的方差 $D(X)$ 是 X 的二阶中心矩.

(3) 协方差 $\mathrm{Cov}(X,Y)$ 是 X 和 Y 的二阶混合中心矩.

2. 协方差矩阵

定义 8 将二维随机变量 (X_1,X_2) 的 4 个二阶中心矩

$$\begin{aligned} c_{11} &= E\{[X_1 - E(X_1)]^2\}, \\ c_{22} &= E\{[X_2 - E(X_2)]^2\}, \\ c_{12} &= E\{[X_1 - E(X_1)][X_2 - E(X_2)]\}, \\ c_{21} &= E\{[X_2 - E(X_2)][X_1 - E(X_1)]\}. \end{aligned}$$

排成矩阵的形式:$\begin{pmatrix} c_{11} & c_{12} \\ c_{21} & c_{22} \end{pmatrix}$(对称矩阵),称此矩阵为 (X_1,X_2) 的协方差矩阵.

类似定义 n 维随机变量 $(X_1,X_2,\cdots,X_n)$ 的协方差矩阵.

定义 9 若 $c_{ij} = \mathrm{Cov}(X_i,X_j) = E\{[X_i - E(X_i)][X_j - E(X_j)]\}\ (i,j = 1,2,\cdots,n)$ 都存在,则称

$$\boldsymbol{C} = \begin{pmatrix} c_{11} & c_{12} & \cdots & c_{1n} \\ c_{21} & c_{22} & \cdots & c_{2n} \\ \vdots & \vdots & \ddots & \vdots \\ c_{n1} & c_{n2} & \cdots & c_{nn} \end{pmatrix}$$

为 $(X_1,X_2,\cdots,X_n)$ 的协方差矩阵.

例 1-5 设随机变量 Z 服从 $[-\pi,\pi]$ 上的均匀分布,又 $X = \sin Z$, $Y = \cos Z$,试求相关系数 ρ_{XY}.

解 $E(X) = \frac{1}{2\pi}\int_{-\pi}^{\pi}\sin z\mathrm{d}z = 0, E(Y) = \frac{1}{2\pi}\int_{-\pi}^{\pi}\cos z\mathrm{d}z = 0,$

$$E(X^2) = \frac{1}{2\pi}\int_{-\pi}^{\pi}\sin^2 z\mathrm{d}z = \frac{1}{2}, E(Y^2) = \frac{1}{2\pi}\int_{-\pi}^{\pi}\cos^2 z\mathrm{d}z = \frac{1}{2},$$

$$E(XY) = \frac{1}{2\pi}\int_{-\pi}^{\pi}\sin z\cos z\mathrm{d}z = 0.$$

故

$$\mathrm{Cov}(X,Y) = 0, \rho_{XY} = 0.$$

相关系数 $\rho_{XY}=0$,随机变量 X 与 Y 不相关,但是有 $X^2+Y^2=1$,从而 X 与 Y 不相互独立.

例 1-6 设二维随机变量(X,Y)的概率密度函数为

$$f(x,y) = \begin{cases} 1/\pi, & x^2+y^2 \leqslant 1, \\ 0, & x^2+y^2 > 1. \end{cases}$$

试证明随机变量 X 和 Y 不相关,也不相互独立.

证 由于 D 关于 x 轴、y 轴对称,故

$$E(X) = \iint_D \frac{x}{\pi}\mathrm{d}x\mathrm{d}y = 0, E(Y) = \iint_D \frac{y}{\pi}\mathrm{d}x\mathrm{d}y = 0, E(XY) = \iint_D \frac{xy}{\pi^2}\mathrm{d}x\mathrm{d}y = 0.$$

因而 $\mathrm{Cov}(X,Y)=0, \rho_{XY}=0$,即 X 与 Y 不相关.

又由于(X,Y)关于 X 的边缘概率密度为

$$f_X(x) = \int_{-\infty}^{\infty} f(x,y)\mathrm{d}y = \begin{cases} \int_{-\sqrt{1-x^2}}^{\sqrt{1-x^2}} \frac{2}{\pi}\mathrm{d}y, & |x| < 1, \\ 0, & |x| \geqslant 1. \end{cases}$$

$$= \begin{cases} \frac{2}{\pi}\sqrt{1-x^2}, & |x| < 1, \\ 0, & |x| \geqslant 1, \end{cases}$$

(X,Y)关于 Y 的边缘概率密度为

$$f_Y(y) = \int_{-\infty}^{\infty} f(x,y)\mathrm{d}x = \begin{cases} \int_{-\sqrt{1-y^2}}^{\sqrt{1y^2}} \frac{2}{\pi}\mathrm{d}x, & |y| < 1, \\ 0, & |y| \geqslant 1. \end{cases}$$

$$= \begin{cases} \frac{2}{\pi}\sqrt{1-y^2}, & |y| < 1, \\ 0, & |y| \geqslant 1. \end{cases}$$

显然 $f(x,y) \neq f_X(x)f_Y(y)$,所以 X 和 Y 不相互独立.

1.4 大数定律与中心极限定理

在生产实践中,人们认识到大量试验数据、测量数据的算术平均值具有稳定性. 这种

稳定性就是大数定律的客观背景. 本节将介绍有关随机变量序列的最基本的两类极限定理——大数定律和中心极限定理.

1.4.1 依概率收敛

定义1 设 $X_1,X_2,\cdots,X_n,\cdots$ 是一个随机变量序列, a 为一个常数,若对于任意给定的正数 ε,有 $\lim\limits_{n\to\infty}P\{|X_n-a|<\varepsilon\}=1$, 则称序列 $X_1,X_2,\cdots,X_n,\cdots$ 依概率收敛于 a,记为

$$X_n \xrightarrow{P} a \quad (n\to\infty).$$

定理1 设 $X_n \xrightarrow{P} a, Y_n \xrightarrow{P} b$,又设函数 $g(x,y)$ 在点 (a,b) 连续,则

$$g(X_n,Y_n) \xrightarrow{P} g(a,b).$$

1.4.2 切比雪夫不等式

定理2 设随机变量 X 有期望 $E(X)=\mu$ 和方差 $D(X)=\sigma^2$,则对于任给 $\varepsilon>0$,有

$$P\{|X-\mu|\geqslant\varepsilon\}\leqslant\frac{\sigma^2}{\varepsilon^2}.$$

上述不等式称切比雪夫不等式.

注:(1) 切比雪夫不等式也可以写成如下的形式:

$$P\{|X-\mu|<\varepsilon\}\geqslant 1-\frac{\sigma^2}{\varepsilon^2}.$$

(2) 当方差已知时,切比雪夫不等式给出了 X 与它的期望的偏差不小于 ε 的概率的估计式. 如取 $\varepsilon=3\sigma$, 有

$$P\{|X-E(X)|\geqslant 3\sigma\}\leqslant\frac{\sigma^2}{9\sigma^2}\approx 0.111.$$

故对任给的分布,只要期望和方差 σ^2 存在,则随机变量 X 取值偏离 $E(X)$ 超过 3σ 的概率小于 0.111.

1.4.3 大数定律

定理3(切比雪夫定理的特殊情况) 设随机变量 $X_1,X_2,\cdots,X_n,\cdots$ 相互独立,且具有相同的数学期望和方差: $E(X_k)=\mu, D(X_k)=\sigma^2(k=1,2,\cdots)$. 作前 n 个随机变量的算术平均 $\overline{X}=\frac{1}{n}\sum\limits_{k=1}^{n}X_k$, 则对于任意正数 ε,有

$$\lim_{n\to\infty}P\{|\overline{X}-\mu|<\varepsilon\}=\lim_{n\to\infty}P\left\{\left|\frac{1}{n}\sum_{k=1}^{n}X_k-\mu\right|<\varepsilon\right\}=1.$$

注:定理表明,当 n 很大时,随机变量 $X_1,X_2,\cdots,X_n,\cdots$ 的算术平均 $\frac{1}{n}\sum\limits_{k=1}^{n}X_k$ 接近于数学期望 $E(X_1)=E(X_2)=\cdots=E(X_n)=\mu$,即依概率收敛于其数学期望 μ.

定理4(伯努利大数定理) 设 n_A 是 n 次独立重复试验中事件 A 发生的次数, p 是事

件 A 在每次试验中发生的概率,则对任意的 $\varepsilon>0$,有

$$\lim_{n\to\infty}P\left\{\left|\frac{n_A}{n}-p\right|<\varepsilon\right\}=1 \quad \text{或} \quad \lim_{n\to\infty}P\left\{\left|\frac{n_A}{n}-p\right|\geqslant\varepsilon\right\}=0.$$

注:(1) 伯努利大数定理表明:当重复试验次数 n 充分大时,事件 A 发生的频率 $\frac{n_A}{n}$ 依概率收敛于事件 A 发生的概率 p. 定理以严格的数学形式表达了频率的稳定性. 在实际应用中,当试验次数很大时,便可以用事件发生的频率来近似代替事件的概率.

(2) 如果事件 A 的概率很小,则由伯努利大数定理知事件 A 发生的频率也是很小的,或者说事件 A 很少发生. 即"概率很小的随机事件在个别试验中几乎不会发生",这一原理称为小概率原理,它的实际应用很广泛.

定理 5(辛钦定理) 设随机变量 $X_1,X_2,\cdots,X_n,\cdots$ 相互独立,服从同一分布,且具有数学期望 $E(X_k)=\mu,k=1,2,\cdots$,则对任意 $\varepsilon>0$,有

$$\lim_{n\to\infty}P\left\{\left|\frac{1}{n}\sum_{i=1}^{n}X_i-\mu\right|<\varepsilon\right\}=1.$$

伯努利大数定理是辛钦定理的特殊情况.

1.4.4 中心极限定理

中心极限定理回答的是大量独立随机变量和的近似分布问题,其结论表明:当一个量受许多随机因素(主导因素除外)的共同影响而随机取值,则它的分布就近似服从正态分布.

定理 6(独立同分布的中心极限定理) 设随机变量 $X_1,X_2,\cdots,X_n,\cdots$ 相互独立,服从同一分布,且具有数学期望和方差:$E(X_k)=\mu,D(X_k)=\sigma^2>0(k=1,2,\cdots,n,\cdots)$,则随机变量之和 $\sum_{k=1}^{n}X_k$ 的标准化变量 $Y_n=\dfrac{\sum_{k=1}^{n}X_k-E\left(\sum_{k=1}^{n}X_k\right)}{\sqrt{D\left(\sum_{k=1}^{n}X_k\right)}}=\dfrac{\sum_{k=1}^{n}X_k-n\mu}{\sqrt{n}\sigma}$ 的分布函数 $F_n(x)$,对于任意实数 x 满足

$$\lim_{n\to\infty}F_n(x)=\lim_{n\to\infty}P\left\{\frac{\sum_{k=1}^{n}X_k-n\mu}{\sigma\sqrt{n}}\leqslant x\right\}=\int_{-\infty}^{x}\frac{1}{\sqrt{2\pi}}e^{-\frac{t^2}{2}}dt=\Phi(x).$$

注:定理 6 表明:当 n 充分大时,n 个具有期望和方差的独立同分布的随机变量之和近似服从正态分布,对于 $a<b$ 有近似公式:

$$P\{a\leqslant X\leqslant b\}\approx\Phi\left(\frac{b-n\mu}{\sqrt{n}\sigma}\right)-\Phi\left(\frac{a-n\mu}{\sqrt{n}\sigma}\right).$$

由定理结论,有

$$\frac{\sum_{i=1}^{n}X_i-n\mu}{\sigma\sqrt{n}}\overset{\text{近似}}{\sim}N(0,1)\Rightarrow\frac{\frac{1}{n}\sum_{i=1}^{n}X_i-\mu}{\sigma/\sqrt{n}}\overset{\text{近似}}{\sim}N(0,1)\Rightarrow\overline{X}\sim N(\mu,\sigma^2/n),\overline{X}=\frac{1}{n}\sum_{i=1}^{n}X_i.$$

故定理 6 又可表述为：均值为μ，方差为σ^2的独立同分布的随机变量$X_1,X_2,\cdots$，$X_n,\cdots$的算术平均值$\overline{X}$，当n充分大时近似地服从均值为μ，方差为σ^2/n的正态分布. 这一结果是数理统计中大样本统计推断的理论基础.

定理 7（棣莫弗—拉普拉斯定理） 设随机变量$\eta_n(n=1,2,\cdots)$服从参数为n，$p(0<p<1)$的二项分布，则对于任意x，有

$$\lim_{n\to\infty}P\left\{\frac{\eta_n-np}{\sqrt{np(1-p)}}\leqslant x\right\}=\int_{-\infty}^{x}\frac{1}{\sqrt{2\pi}}\mathrm{e}^{-\frac{t^2}{2}}\mathrm{d}t=\Phi(x).$$

注：棣莫弗—拉普拉斯定理就是独立同分布的中心极限定理的一个特殊情况. 对于二项分布变量$X\sim b(n,p)$，当n充分大时，对于$a<b$有近似公式：

$$P\{a\leqslant X<b\}\approx\Phi\left(\frac{b-np}{\sqrt{np(1-p)}}\right)-\Phi\left(\frac{a-np}{\sqrt{np(1-p)}}\right)$$

定理 8（李雅普诺夫定理） 设随机变量$X_1,X_2,\cdots,X_n,\cdots$相互独立，它们具有数学期望和方差：$E(X_k)=\mu_k$，$D(X_k)=\sigma_k^2>0,k=1,2,\cdots$，记$B_n^2=\sum_{k=1}^{n}\sigma_k^2$. 若存在正数$\delta$，使得当$n\to\infty$时，有

$$\frac{1}{B_n^{2+\delta}}\sum_{k=1}^{n}E\{|X_k-\mu_k|^{2+\delta}\}\to 0,$$

则随机变量之和$\sum_{k=1}^{n}X_k$的标准化变量

$$Z_n=\frac{\sum_{k=1}^{n}X_k-E\left(\sum_{k=1}^{n}X_k\right)}{\sqrt{D\left(\sum_{k=1}^{n}X_k\right)}}=\frac{\sum_{k=1}^{n}X_k-\sum_{k=1}^{n}\mu_k}{B_n}$$

的分布函数$F_n(x)$对于任意x，满足

$$\lim_{n\to\infty}F_n(x)=\lim_{n\to\infty}P\left\{\frac{\sum_{k=1}^{n}X_k-\sum_{k=1}^{n}\mu_k}{B_n}\leqslant x\right\}=\int_{-\infty}^{x}\frac{1}{\sqrt{2\pi}}\mathrm{e}^{-\frac{t^2}{2}}\mathrm{d}t=\Phi(x).$$

注：定理 8 表明，在定理的条件下，随机变量

$$Z_n=\frac{\sum_{k=1}^{n}X_k-\sum_{k=1}^{n}\mu_k}{B_n}$$

当n很大时，近似地服从正态分布$N(0,1)$. 由此，当n很大时，$\sum_{k=1}^{n}X_k=B_nZ_n+\sum_{k=1}^{n}\mu_k$近似地服从正态分布$N\left(\sum_{k=1}^{n}\mu_k,B_n^2\right)$. 这就是说，无论各个随机变量$X_k(k=1,2,\cdots)$服从什么分布，只要满足定理的条件，那么它们的和$\sum_{k=1}^{n}X_k$当$n$很大时，就近似地服从正态分布. 这就是为什么正态随机变量在概率论中占有重要地位的一个基本原因.

例 1-7 在次品率为$\frac{1}{6}$的一批产品中,任意抽取 300 件,试计算在抽取的产品中次品件数为 40～60 的概率.

解 设在抽取的产品中次品的件数为 X,则 $X\sim b\left(300,\frac{1}{6}\right)$,

$$EX=np=50,DX=npq=\frac{125}{3},$$

从而有

$$P\{40<X<60\}=P\left\{\frac{40-50}{\sqrt{\frac{125}{3}}}<\frac{X-50}{\sqrt{\frac{125}{3}}}<\frac{60-50}{\sqrt{\frac{125}{3}}}\right\}$$

$$=\Phi\left(\frac{2\sqrt{15}}{5}\right)-\Phi\left(-\frac{2\sqrt{15}}{5}\right)=2\Phi(1.55)-1=0.8788.$$

习题一

1. 盒中放有 12 个乒乓球,其中有 9 个是新的,3 个是旧的. 第 1 次比赛时从中任取 3 个来用(新的用一次后就成为旧的),比赛后仍放回盒子中. 第 2 次比赛时从盒子中任取 3 个,求第 2 次取出的球都是新球的概率.

2. 每个同学独立解决某问题的概率恰巧都是 0.4,现有甲、乙、丙三名同学同时独立地解决此问题,问此问题被解决的可能性有多少?

3. 一个元件能正常工作的概率称为这个元件的可靠性,一个系统能正常工作的概率称为这个系统的可靠性. 设一个系统由 4 个元件按图示方式组成,各个元件能否正常工作是相互独立的,且每个元件的可靠性都等于 $p(0<p<1)$,求这个系统的可靠性.

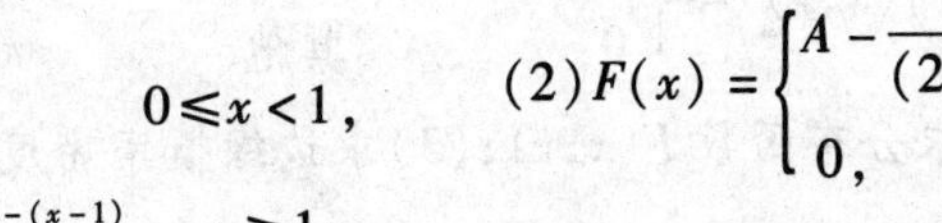

4. 问 A 为何值时,下列函数才可能是分布函数

(1) $F(x)=\begin{cases}\frac{1}{2}e^{x}, & x<0,\\ \frac{1}{2}, & 0\leqslant x<1,\\ 1-Ae^{-(x-1)}, & x\geqslant 1;\end{cases}$　　(2) $F(x)=\begin{cases}A-\frac{4}{(2+x)^2}, & x\geqslant 0,\\ 0, & x<0.\end{cases}$

5. 某射手有 5 发子弹,每次射击命中目标的概率为 0.9,如果命中就停止射击,如果不命中就一直射到子弹用尽,求子弹剩余数 X 的分布律及分布函数.

6. 设随机变量 X 的概率密度为

$$f(x)=\begin{cases}A(1-x), & 0<x<1,\\ 0, & 其他.\end{cases}$$

求:(1)常数 A; (2)$P\left\{\frac{1}{2}<X<1\right\}$; (3)分布函数; (4)$E(X)$.

7. 一地区农民年均收入服从 $\mu=500$ 元,$\sigma=20$ 元的正态分布,求

(1) 该地区农民年均收入为 500 元 ~ 520 元的人数的百分比;

(2) 如果要使农民的年均收入在$(\mu-a,\mu+a)$内的概率不小于 0.95,则 a 至少为多大?

8. 设 $X\sim N(0,1)$,求 $Y=e^X$ 的概率密度.

9. 将三个相同的球等可能地放入编号为 1,2,3 的三个盒子中,记落入第 1 号与第 2 号盒子中球的个数分别为 X 和 Y. (1)求(X,Y)的分布律;(2)求 X 和 Y 的边缘分布律;(3)求 Y 关于 $X=1$ 的条件分布律.

10. 设某种型号电子管寿命(以小时计)近似服从 $N(160,20^2)$,随机从中选取 4 只,求(1)其中没有一只寿命小于 180 的概率;(2)其中没有一只寿命大于 180 的概率.

11. 某城市一天内发生严重刑事案件数 Y 服从以$\frac{1}{3}$为参数的泊松分布,以 X 记一年内未发生严重案件的天数,求 X 的数学期望.

12. (1)设 X 为随机变量,C 是常数,证明 $D(X)<E\{(X-C)^2\}$,对于 $C\neq E(X)$.(由于 $D(X)=E\{[X-E(X)]^2\}$,上式表明 $E\{(X-C)^2\}$当 $C=E(X)$ 时取得最小值.

(2)设 X,Y 相互独立,证明 $D(XY)\geqslant D(X)D(Y)$.

13. 已知(X,Y)的分布律如表 1-6 所列.

表 1-6

Y \ X	-1	0	1
0	$\frac{1}{3}$	0	β
1	$\frac{1}{9}$	α	$\frac{1}{9}$

(1) 问 α,β 取何值时,X,Y 不相关;(2)问 α,β 取何值时,X,Y 相互独立.

14. 随机变量(X,Y)的概率密度为

$$f(x,y)=\begin{cases}Ae^{-(x+y)}, & x>0,y>0,\\ 0, & 其他.\end{cases}$$

(1) 求常数 A;(2) 求分布函数 $F(x,y)$;(3)求边缘概率密度,并判断 X 与 Y 是否相互独立;

(4) 求(X,Y)落在由 x 轴、y 轴及直线 $2x+y=2$ 所围成的三角形区域 G 内的概率;

(5) 求 $E(X)$,$D(Y)$.

15. 某一谷物按以往规律所结的种子中良种所占的比例为$\frac{1}{6}$,现有 6000 粒这样的种

子,试用切比雪夫不等式估算一下这些种子中,良种所占的比例与$\frac{1}{6}$比较大小相差不超过1%的概率.

16. 对敌阵地进行100次炮击,每次炮击中,炮弹的命中颗数的数学期望为4,方差为2.25,求在100次炮击中,有380~420颗炮弹击中目标的概率的近似值.

17. 一个复杂的系统,由100个相互独立起作用的部件所组成,在整个运行期间,每个部件损坏的概率为0.1,为了使整个系统起作用,至少需85个部件工作,求整个系统工作的概率.

18. 一公寓由200住户,一户住户拥有汽车数X的分布律如表1-7所列.

表1-7

X	0	1	2
p	0.1	0.6	0.3

问需要多少车位,才能使每辆汽车都具有一个车位的概率至少为0.95.

欣赏与提高(一)

概率论的发展历程简介

概率论起源于博弈问题. 1494年,意大利数学家帕乔利(L. Pacioli)在一本有关计算的教科书中提出了一个问题:一场赌赛,胜六局才算赢,当两个赌徒一个胜五局,另一个胜两局时,终止比赛,赌金该怎样分配才合理? 帕乔利给出的答案是5:2,后来人们一直对这种分配原则表示怀疑,但是没有一个人提出更合适的办法来.

时间过去了半个世纪,另一名意大利数学家卡尔丹(G. Cardano,1501—1576)潜心研究赌博不输的方法,出版了一本《赌徒之书》. 他在书中提出这样一个问题:掷两颗骰子,以两个骰子的点数之和作赌赛,那么押几点最有利? 卡尔丹认为7最好. 卡尔丹还对帕乔利提出的问题进行过研究,提出过疑义,指出需要分析的不是已经赌过的次数,而是剩下的次数. 卡尔丹对问题的解决,虽然有了正确的思路,但是没有得到正确的答案.

时间又过去了一个世纪,1651年,法国著名的数学家帕斯卡(B. Pascal,1623—1662)收到了法国大贵族德·黑美的一封信,德·黑美在信中向帕斯卡请教赌金的问题:"两个赌徒规定谁先赢S局就算赢了. 当一个人赢$a(a<S)$局,另一个赢$b(b<S)$局时,赌博终止,应该怎样分配赌本才算公平合理?"

这个问题把帕斯卡给难住了. 帕斯卡冥思苦想了3年才悟出了满意的解法,并于1654年7月29日把这个问题连同解答寄给了法国数学家费马(Pierre de Fermat,1601—1665). 不久,费马在回信中给出了另一种解法,他们两人通过频繁的书信往来,讨论合理分配赌金问题,并用组合方法给出正确解答. 他们的通信引起了荷兰数学家惠更斯(C. Huygens,1629—1695)的兴趣,后者在1657年发表的《论赌博中的计算》是最早的概率论著作. 这些数学家的著作中所出现的第一批概率论概念(如数学期望)与定理(如概率加法、乘法定理)，标志着概率论的诞生. 但是他们主要是以代数方法计算概率. 一般认为，概率论作为一门独立数学分支，其真正的奠基人是雅各布 · 伯努利(Jacob Bernoulli, 1654—1705)，他在遗著《猜测术》(Ars Conjectandi,1713)中首次提出了后来以"伯努利定理"著称的极限定理：若在一系列独立试验中，事件 A 发生的概率为常数且等于 p，那么对 $\forall \varepsilon > 0$ 以及充分大的试验次数 n，有

$$P\left\{\left|\left(\frac{m}{n} - p\right)\right| < \varepsilon\right\} > 1 - \eta,\ \eta \text{ 为任意小正数},$$

其中，m 为 n 次试验中事件 A 出现的次数. 伯努利定理刻画了大量经验观测中呈现的稳定性，作为大数定律的最早形式而在概率论发展史上占有重要地位.

伯努利之后，棣莫弗(A. De. Moivre,1667—1754)、蒲丰(G. L. L . Buffon,1707—1788)、拉普拉斯(P ierre - Simon Marquis de Laplace,1749—1822)、高斯(Carl Friedrich Gauss,1777—1855)和泊松(S. D. Possion,1781—1840)等对概率论作出了进一步的奠基性贡献. 其中棣莫弗(1733 年)和高斯(1809 年)各自独立引进了正态分布；蒲丰提出了投针问题和几何概型(1777 年)；泊松陈述了泊松大数定律(1837 年)，等等. 特别是拉普拉斯 1812 年出版的《概率的分析原理》，以强有力的分析工具处理概率论的基本内容，使以往零散的结果系统化. 拉普拉斯的著作实现了从组合技巧向分析方法的过渡，开辟了概率论发展的新时期. 正是在这部著作中，拉普拉斯给出了概率的古典定义：

事件 A 的概率 $P(A)$ 等于一次试验中有利于事件 A 的可能的结果数与该试验中所有可能的结果数之比.

19 世纪后期，极限理论的发展成为概率论研究的中心课题，俄国数学家切比雪夫(П. Л. Чебышев,1821—1894)在这方面做出了重要贡献. 它在 1866 年建立了关于独立随机变量序列的大数定律，使伯努利定理和泊松大数定律成为其特例. 切比雪夫还将棣莫弗—拉普拉斯极限定理推广为更一般的中心极限定理. 切比雪夫的成果后又被它的学生马尔可夫(A. A. Марков,1856—1922)等发扬光大，影响了 20 世纪概率论发展的进程.

19 世纪末，概率论在统计物理、生物学以及工程技术(如自动电话、无线电技术)等领域的应用提出了对概率论基本概念与原理进行解释的需要. 另外，科学家们在这一时期发现的一些概率论悖论也解释出古典概率论中基本概念存在矛盾与含糊之处，其中最著名的是 1899 年由法国学者贝特朗(J. Bertrand,1822—1900)提出的所谓"贝特朗悖论"，这类悖论说明概率的概念是以某种确定的试验为前提的，这种试验有时由问题本身所明确规定，有时则不然. 因此，贝特朗等悖论的矛头直指概率概念本身，特别地，拉普拉斯的古典概率定义开始受到猛烈批评. 这样，到 19 世纪末，无论是概率论的实际应用还是其自身发展，都强烈地要求对概率论的逻辑基础作出更加严格的考察.

最早对概率论严格化进行尝试的，是俄国数学家伯恩斯坦(С. Н. Бернштейн,1880—1968)和奥地利数学家冯 · 米西斯(R von Mises,1883—1953). 他们都提出了一些公理来作为概率论的前提，但他们的公理理论都是不完善的. 真正严格的公理化概率论只有在测度论与实变函数理论的基础上才可能建立. 作为测度论的奠基人，法国数学家博雷尔(E. Borel,1871—1956)首先将测度论方法引入概率论重要问题的研究中，很多数学家们沿着这一崭新方向进行一系列研究，最为卓著的是苏联数学家科尔莫戈罗夫(A. H. Колмогорв, 1903—1987)，他从 1920 年代中期起开始从测度论途径探讨整个概率论理论

的严格表述，其结果是1933年以德文出版的经典性著作《概率论基础》，他提出了6条公理，整个概率论大厦可以从这6条公理出发建筑起来. 科尔莫戈罗夫的公理系逐渐获得了数学家们的普遍承认. 由于公理化，概率论成为一门严格的演绎科学，取得了与其他数学分支同等的地位，并通过集合论与其他数学分支密切地联系着.

在公理化基础上，现代概率论取得了一系列理论突破，概率论的应用范围也被大大拓广，特别在最近几十年中，概率论的方法被引入各个工程技术学科和社会学科. 目前，概率论在近代物理、无线电与自动控制、工厂产品的质量管理、医药和农业试验、金融保险业等方面都找到了重要应用，这些实际需要也有力地推动了概率论的新发展，有些还形成了边缘学科（如信息论、排队论、可靠性理论等）. 在这个时期内，由于生物学和农业试验的推动，数理统计学（mathematical statistics）也获得了很大发展，它以概率论为理论基础，又为概率论应用提供了有力的工具，两者互相推动，迅速发展. 而概率论本身的研究则转入以随机过程为中心课题，取得了许多理论上和应用上都有重要价值的结果.

第 2 章　数理统计的基本概念

数理统计是研究随机现象统计规律性的一门学科，它以概率论为理论基础，研究如何以有效的方式收集、整理、分析受到随机因素影响的数据，并对所考察的问题作出推理和预测，直至为采取某种决策提供依据和建议. 数理统计所研究的内容非常广泛，概括起来可分为两大类：一是试验设计，即研究如何对随机现象进行观察和试验，以便更合理、更有效地获得试验数据；二是统计推断，即研究如何对所获得的有限数据进行整理和加工，并对所考察的对象的某些性质作出尽可能精确可靠的判断. 本书只讲述统计推断的基本内容.

在概率论中，所研究的随机变量，它的分布都是假设已知的，在这一前提下去研究它的性质、特点和规律性. 在数理统计中，所研究的随机变量，它的分布是未知的，或者是不完全知道的，人们是通过对所研究的随机变量进行重复独立的观察，得到许多观察值，对这些数据进行分析，从而对所研究的随机变量的分布作出种种推断的. 因此，数理统计的核心问题是由样本推断总体.

本章介绍总体、随机样本及统计量等基本概念，并着重介绍几个常用统计量及抽样分布. 本章既是数理统计的基础、也是以后分析问题和解决问题的出发点和理论依据，又是联系概率论与数理统计的纽带.

2.1　简单随机样本

2.1.1　总体与个体

通常把研究对象的全体称为总体，总体中的每一个具体的对象称为个体. 但在数理统计中，人们所关心的并不是总体中个体的一切方面，而往往是总体中个体的某个数量指标. 例如，考察某批灯泡的寿命，由于一批灯泡中每个灯泡都有一个确定的寿命值，因此，自然地把这批灯泡寿命值的全体视为总体，而其中每个灯泡的寿命值就是个体. 由于具有不同寿命值的灯泡的比例是按一定规律分布的，即任取一个灯泡其寿命为某一值具有一定概率，因而，这批灯泡的寿命是一个随机变量，也就是说，可以用一个随机变量 X 来表示这批灯泡的寿命这个总体. 因此，在数理统计中，任何一个总体都可用一个随机变量来描述. 总体的分布及数字特征，即指表示总体的随机变量的分布及数字特征. 对总体的研究也就归结为对表示总体的随机变量的研究. 若总体中含有有限个元素，则称其为有限总体，否则称为无限总体.

当研究的指标不止一个（如灯泡的寿命、亮度）时，可将其分为几个总体来研究，分别称为总体 X，总体 Y 等.

2.1.2 简单随机样本

在数理统计中,为了了解总体 X 的分布规律或某些特征,往往通过从总体中抽取一部分个体,根据从这些个体获得的数据来对总体的分布作出推断的. 被抽出的部分个体,叫做总体的一个样本, 样本中所含个体的数量叫做样本容量. 从总体中抽取若干个体的过程叫做抽样. 设 $X_1,X_2,\cdots,X_n$ 是来自总体 X 的容量为 n 的样本. 由于 $X_1,X_2,\cdots,X_n$ 都是从总体 X 中随机抽取的,它的取值就在总体 X 的可能取值范围内随机取得,自然 X_1, $X_2,\cdots,X_n$ 也是随机变量.

抽样的目的是为了获取样本以推断总体的性质,因而要求抽取的样本能很好地反映总体的特征且便于处理,因此,样本要具有下列两条性质:

(1) 同分布性,即要求样本 $X_1,X_2,\cdots,X_n$ 同分布且与总体 X 具有相同的分布.

(2) 独立性,即要求样本 $X_1,X_2,\cdots,X_n$ 相互独立.

满足上述两条性质的样本称为简单随机样本. 如无特别说明,本书中所提到的样本,均指简单随机样本.

样本具有二重性:一方面,由于样本是从总体中随机抽取的,抽取前无法预知会抽到哪些个体,因此,样本是随机变量,用大写字母 $X_1,X_2,\cdots,X_n$ 表示;另一方面,样本在抽取以后经观察就会得到具体的数据,因此,样本又是一组数值,用小写字母 $x_1,x_2,\cdots,x_n$ 表示,它们依次是随机变量 $X_1,X_2,\cdots,X_n$ 的观察值,称为样本观察值.

综上所述,有如下定义.

定义 1 设 X 是具有分布函数 F 的随机变量,若 $X_1,X_2,\cdots,X_n$ 是具有同一分布函数 F 的、相互独立的随机变量,则称 $X_1,X_2,\cdots,X_n$ 为从分布函数 F(或总体 F、或总体 X)得到的容量为 n 的简单随机样本,简称样本,它们的观察值 $x_1,x_2,\cdots,x_n$ 称为样本观察值.

样本也可以看成是一个随机向量,写成 $(X_1,X_2,\cdots,X_n)$,此时样本值相应地写成 $(x_1,x_2,\cdots,x_n)$. 若 $(x_1,x_2,\cdots,x_n)$ 与 $(y_1,y_2,\cdots,y_n)$ 都是相应于样本 $(X_1,X_2,\cdots,X_n)$ 的样本值,一般来说它们是不相同的.

关于样本的分布有如下结论.

设总体 X 的分布函数为 $F(x)$,则样本 $X_1,X_2,\cdots,X_n$ 的联合分布函数为

$$F(x_1,x_2,\cdots,x_n) = \prod_{i=1}^{n} F(x_i).$$

若总体 X 是离散型随机变量,其分布律为 $P\{X=x_i\}=p(x_i)\ (i=1,2,\cdots)$,则样本 X_1, $X_2,\cdots,X_n$ 的联合分布律为

$$P\{X_1 = x_1, X_2 = x_2, \cdots, X_n = x_n\} = \prod_{i=1}^{n} p(x_i).$$

若总体 X 是连续型随机变量,其概率密度函数为 $f(x)$,则样本 $X_1,X_2,\cdots,X_n$ 的联合概率密度函数为

$$f(x_1,x_2,\cdots,x_n) = \prod_{i=1}^{n} f(x_i).$$

例 2-1 设总体 $X\sim\pi(\lambda)$,$X_1,X_2,\cdots,X_n$ 是来自 X 的一个样本. 求样本 $X_1,X_2,\cdots$,

X_n 的分布律.

解 由 $X \sim \pi(\lambda)$，有

$$P\{X = x\} = \frac{\lambda^x}{x!}e^{-\lambda}, x = 0,1,2,\cdots,$$

得

$$P\{X_1 = x_1, X_2 = x_2, \cdots, X_n = x_n\} = \prod_{i=1}^{n}\frac{\lambda^{x_i}}{x_i!}e^{-\lambda} = e^{-n\lambda}\prod_{i=1}^{n}\frac{\lambda^{x_i}}{x_i!}.$$

例 2-2 设总体 X 服从参数为 θ 的指数分布，$X_1, X_2, \cdots, X_n$ 是来自 X 的一个样本. 求样本 $X_1, X_2, \cdots, X_n$ 的联合概率密度函数.

解 因为 X 服从参数为 θ 的指数分布，所以

$$f(x) = \begin{cases} \frac{1}{\theta}e^{-\frac{x}{\theta}}, & x > 0, \\ 0, & x \leqslant 0. \end{cases}$$

从而

$$f(x_1, x_2, \cdots, x_n) = \prod_{i=1}^{n} f(x_i) = \begin{cases} \frac{1}{\theta^n} e^{-\frac{1}{\theta}\sum_{i=1}^{n} x_i}, & x_i > 0, \quad i = 1,2,\cdots,n, \\ 0, & \text{其他}. \end{cases}$$

2.1.3 常用统计量

样本来自总体，样本观测值中含有总体各方面的信息，但这些信息较为分散，有时显得杂乱无章. 在实际应用中，往往需要对样本进行数学上的加工，最常用的加工方法就是构造样本的函数，不同的函数反映总体的不同特征.

定义 2 设 $X_1, X_2, \cdots, X_n$ 是来自总体 X 的一个样本，若样本函数 $g(X_1, X_2, \cdots, X_n)$ 中不含有任何未知参数，则称 $g(X_1, X_2, \cdots, X_n)$ 为统计量.

例如，若 $X_1, X_2, \cdots, X_n$ 为样本，则 $\sum_{i=1}^{n} X_i$，$\sum_{i=1}^{n} X_i^2$，$\min\{X_1, X_2, \cdots, X_n\}$ 都是统计量. 而当 μ, σ 未知时，$X_1 + 3\mu$，$\frac{X_1 - X_2}{\sigma}$ 等均不是统计量.

因为 $X_1, X_2, \cdots, X_n$ 都是随机变量，而统计量 $g(X_1, X_2, \cdots, X_n)$ 是随机变量的函数，因此统计量也是一个随机变量. 设 $(x_1, x_2, \cdots, x_n)$ 是相应于样本 $X_1, X_2, \cdots, X_n$ 的样本值，则称 $g(x_1, x_2, \cdots, x_n)$ 是 $g(X_1, X_2, \cdots, X_n)$ 的观察值.

设 $X_1, X_2, \cdots, X_n$ 是来自总体 X 的样本，$x_1, x_2, \cdots, x_n$ 为样本观察值，常用的统计量有：

(1) 样本均值为

$$\overline{X} = \frac{1}{n}\sum_{i=1}^{n} X_i,$$

其观察值为

$$\overline{x} = \frac{1}{n}\sum_{i=1}^{n} x_i.$$

(2) 样本方差为

$$S^2 = \frac{1}{n-1}\sum_{i=1}^{n}(X_i - \overline{X})^2 = \frac{1}{n-1}\left(\sum_{i=1}^{n} X_i^2 - n\overline{X}^2\right),$$

其观察值为

$$s^2 = \frac{1}{n-1}\sum_{i=1}^{n}(x_i - \overline{x})^2 = \frac{1}{n-1}\left(\sum_{i=1}^{n} x_i^2 - n\overline{x}^2\right).$$

在参数估计中还常会遇到统计量 $S_n^2 = \frac{1}{n}\sum_{i=1}^{n}(X_i - \overline{X})^2$,称为未修正的样本方差. 易见,二者之间有如下关系:

$$S^2 = \frac{n}{n-1}S_n^2.$$

(3) 样本标准差为

$$S = \sqrt{S^2} = \sqrt{\frac{1}{n-1}\sum_{i=1}^{n}(X_i - \overline{X})^2},$$

其观察值为

$$s = \sqrt{\frac{1}{n-1}\sum_{i=1}^{n}(x_i - \overline{x})^2}.$$

(4) 样本 k 阶(原点)矩为

$$A_k = \frac{1}{n}\sum_{i=1}^{n} X_i^k, \quad k = 1,2,\cdots,$$

其观察值为

$$a_k = \frac{1}{n}\sum_{i=1}^{n} x_i^k, \quad k = 1,2,\cdots.$$

(5) 样本 k 阶中心矩为

$$B_k = \frac{1}{n}\sum_{i=1}^{n}(X_i - \overline{X})^k, \quad k = 1,2,\cdots,$$

其观察值为

$$b_k = \frac{1}{n}\sum_{i=1}^{n}(x_i - \overline{x})^k, \quad k = 1,2,\cdots.$$

上述统计量统称为样本的矩统计量,简称为样本矩. 显然,样本均值 $\overline{X}$ 为样本一阶原点矩 A_1,未修正的样本方差 S_n^2 为样本二阶中心矩 B_2.

关于样本的 k 阶矩,有下述结论.

定理1 若总体 X 的 k 阶矩 $E(X^k) \overset{记成}{=} \mu_k$ 存在,则当 $n\to\infty$时,$A_k \xrightarrow{P} \mu_k, k=1,2,\cdots$.

证明 因为 $X_1, X_2, \cdots, X_n$ 独立且与 X 同分布,所以 $X_1^k, X_2^k, \cdots, X_n^k$ 独立且与 X^k 同分布,故

$$E(X_1^k) = E(X_2^k) = \cdots = E(X_n^k) = \mu_k.$$

从而由辛钦大数定律知

$$A^k = \frac{1}{n}\sum_{i=1}^{n} X_i^k \xrightarrow{P} \mu_k, \quad k = 1,2,\cdots.$$

进而根据依概率收敛的序列的性质知

$$g(A_1,A_2,\cdots,A_k) \xrightarrow{P} g(\mu_1,\mu_2,\cdots,\mu_k).$$

式中:g 为连续函数. 这就是第 3 章所要介绍的矩估计法的理论根据.

(6) 顺序统计量:设 $X_1,X_2,\cdots,X_n$ 是来自总体 X 的样本,将样本中的各分量按其观察值由小到大的顺序排列成

$$X_{(1)} \leqslant X_{(2)} \leqslant \cdots \leqslant X_{(n)},$$

则称 $X_{(1)},X_{(2)},\cdots,X_{(n)}$ 为顺序统计量,$X_{(i)}$ 称为第 i 个顺序统计量. 其中 $X_{(1)}$ 和 $X_{(n)}$ 分别称为最小和最大统计量,即

$$X_{(1)} = \min\{X_1,X_2,\cdots,X_n\},\ X_{(n)} = \max\{X_1,X_2,\cdots,X_n\}.$$

(7) 样本中位数:设 $X_1,X_2,\cdots,X_n$ 是来自总体 X 的样本,$X_{(1)},X_{(2)},\cdots,X_{(n)}$ 是其顺序统计量,则

$$\tilde{X} = \begin{cases} X_{(\frac{n+1}{2})}, & n \text{ 为奇数}, \\ \frac{1}{2}\left[X_{(\frac{n}{2})} + X_{(\frac{n}{2}+1)}\right], & n \text{ 为偶数}, \end{cases}$$

称为样本中位数. 其观察值为

$$\tilde{x} = \begin{cases} x_{(\frac{n+1}{2})}, & n \text{ 为奇数}, \\ \frac{1}{2}\left[x_{(\frac{n}{2})} + x_{(\frac{n}{2}+1)}\right], & n \text{ 为偶数}. \end{cases}$$

由定义可知,当 n 为奇数时,样本中位数取 $X_{(1)},X_{(2)},\cdots,X_{(n)}$ 的正中间那个数;当 n 为偶数时,样本中位数取正中间两个数的算术平均值. 例如数据 8,1,3 的中位数是 3;数据 8,1,3,1 的中位数是 2.

(8) 样本众数:设 $X_1,X_2,\cdots,X_n$ 是来自总体 X 的样本,样本 $X_1,X_2,\cdots,X_n$ 的 n 个观察值中出现次数最多的数值,称为样本众数,记为 $\widehat{X}$.

众数是随机变量取值可能性最大的那个值,是反映随机变量取值位置的量. 一组数据中的众数不一定只有一个,可能有两个或两个以上. 例如数据 1,2,3,3,4 的众数是 3;数据 1,2,2,3,3,4 的众数是 2 和 3.

例 2-3 如果总体 X 有有限的数学期望 $E(X)=\mu$,方差 $D(X)=\sigma^2$,$X_1,X_2,\cdots,X_n$ 是来自 X 的一个样本,$\overline{X}$,S^2 分别是样本均值与样本方差,证明:(1) $E(\overline{X})=\mu$;(2) $D(\overline{X})=\sigma^2/n$;(3) $E(S^2)=\sigma^2$.

解 (1) $E(\overline{X}) = E\left(\frac{1}{n}\sum_{i=1}^{n} X_i\right) = \frac{1}{n}\sum_{i=1}^{n} E(X_i) = \frac{1}{n}\cdot n\mu = \mu.$

(2) $D(\overline{X}) = D\left(\frac{1}{n}\sum_{i=1}^{n} X_i\right) = \frac{1}{n^2}\sum_{i=1}^{n} D(X_i) = \frac{1}{n^2}\cdot n\sigma^2 = \frac{1}{n}\sigma^2.$

(3) $E(S^2) = E\left[\frac{1}{n-1}\left(\sum_{i=1}^{n} X_i^{\ 2} - n\overline{X}^2\right)\right] = \frac{1}{n-1}\left[\sum_{i=1}^{n} E(X_i^{\ 2}) - nE(\overline{X}^2)\right]$

$$= \frac{1}{n-1}\left[\sum_{i=1}^{n}(\sigma^2+\mu^2)-n(\sigma^2/n+\mu^2)\right]=\sigma^2.$$

这三个结果应该作为结论将其记住,今后在构造统计量时经常会用到.

2.1.4 经验分布函数

与总体分布函数 $F(x)$ 相应的统计量称为经验分布函数. 它的如下:设 $X_1,X_2,\cdots,X_n$ 是总体 F 的一个样本,用 $S(x)$,$(-\infty<x<+\infty)$ 表示 $X_1,X_2,\cdots,X_n$ 中不大于 x 的随机变量的个数. 定义经验分布函数 $F_n(x)$ 为

$$F_n(x)=\frac{1}{n}S(x),\ -\infty<x<+\infty.$$

对于一个样本值,那么经验分布函数 $F_n(x)$ 的观察值是很容易得到的($F_n(x)$ 的观察值仍用 $F_n(x)$ 表示). 例如:

(1) 设总体 F 具有一个样本值 1, 2, 3,则经验分布函数 $F_3(x)$ 的观察值为

$$F_3(x)=\begin{cases}0, & x<1,\\ \dfrac{1}{3}, & 1\leqslant x<2,\\ \dfrac{2}{3}, & 2\leqslant x<3,\\ 1, & x\geqslant 3.\end{cases}$$

(2) 设总体 F 具有一个样本值 1, 1, 2,则经验分布函数 $F_3(x)$ 的观察值为

$$F_3(x)=\begin{cases}0, & x<1,\\ \dfrac{2}{3}, & 1\leqslant x<2,\\ 1, & x\geqslant 2.\end{cases}$$

一般地,设 $x_1,x_2,\cdots,x_n$ 是总体 F 的一个容量为 n 的样本值. 将 $x_1,x_2,\cdots,x_n$ 按自小到大的次序排列,并重新编号. 设为

$$x_{(1)}\leqslant x_{(2)}\leqslant\cdots\leqslant x_{(n)},$$

则经验分布函数 $F_n(x)$ 的观察值为

$$F_n(x)=\begin{cases}0, & x<x_{(1)},\\ \dfrac{k}{n}, & x_{(k)}\leqslant x<x_{(k+1)},\quad k=1,2,\cdots,n-1,\\ 1, & x\geqslant x_{(n)}.\end{cases}$$

经验分布函数 $F_n(x)$ 的图形如图 2-1 所示. 可以看出,$F_n(x)$ 是样本值中不超过 x 的比例,它是一个单调非降并且右连续的阶梯函数,其跳跃点是样本的观察值,当 n 个观察值各不相同时,每个跳跃点的跳跃度为$\frac{1}{n}$. 由于 $F(x)$ 为随机事件$\{X\leqslant x\}$发生的概率,对 X 观察 n 次,得到该事件发生的频率 $F_n(x)$. 因此, $F_n(x)$ 是对总体分布函数 $F(x)$ 的一种估计,名字中“经验”二字即指是由样本得到的.

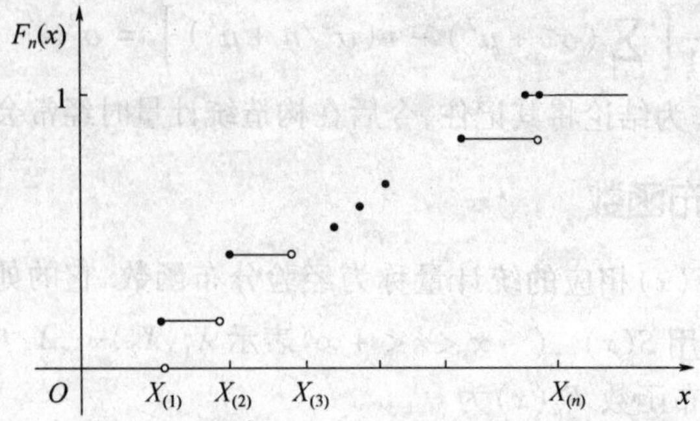

图 2-1

对于经验分布函数 $F_n(x)$,格里汶科(Glivenko)在 1933 年证明了下述结论.

定理 2(格里汶科(Glivenko)) 对于任一实数 x,当 $n\to\infty$ 时, $F_n(x)$ 以概率 1 一致收敛于分布函数 $F(x)$,即

$$P\{\lim_{n\to\infty}\sup_{-\infty<x<+\infty}|F_n(x)-F(x)|=0\}=1.$$

因此,对于任一实数 x,当 n 充分大时,经验分布函数的任一个观察值 $F_n(x)$ 与总体分布函数 $F(x)$ 只有微小的差别,从而在实际上 $F_n(x)$ 可当做 $F(x)$ 使用.

2.2 抽样分布

当取得总体 X 的样本 $X_1,X_2,\cdots,X_n$ 后,在运用样本函数所构成的统计量进行统计推断时,常常需要首先明确统计量所服从的分布. 统计量的分布称为抽样分布.

2.2.1 统计学的三大分布

在概率论中有一些常用的分布,但是在数理统计中,还有三个经常会遇到的分布是概率论中未曾讨论的,即 χ^2 分布、t 分布与 F 分布,由于它们在统计学中的重要性,通常将其统称为“统计学的三大分布”.

1. χ^2 分布

定义 1 设 $X_1,X_2,\cdots,X_n$ 是来自总体 $N(0,1)$ 的样本,则称统计量

$$\chi^2=X_1^2+X_2^2+\cdots+X_n^2 \tag{2-1}$$

服从自由度为 n 的 χ^2 分布,记为 $\chi^2\sim\chi^2(n)$.

此处,自由度是指式(2-1)右端包含的独立随机变量的个数.

定理 1 $\chi^2(n)$ 分布的概率密度为

$$f(y)=\begin{cases}\dfrac{1}{2^{\frac{n}{2}}\Gamma(\frac{n}{2})}y^{\frac{n}{2}-1}e^{-\frac{y}{2}}, & y>0,\\ 0, & \text{其他}.\end{cases} \tag{2-2}$$

其中, $\Gamma(\alpha)=\int_0^{+\infty}x^{\alpha-1}e^{-x}dx\ (\alpha>0)$ 是 Γ(伽马)函数.

证明 因为$\chi^2(1)$分布即为$\Gamma\left(\frac{1}{2},2\right)$分布，又因为$X_i \sim N(0,1)$，由定义$X_i^2 \sim \chi^2(1)$，即$X_i^2 \sim \Gamma\left(\frac{1}{2},2\right)$，$i=1,2,\cdots,n$. 再由$X_1,X_2,\cdots,X_n$的独立性知$X_1^2,X_2^2,\cdots,X_n^2$也相互独立，从而由Γ分布的可加性知

$$\chi^2 = \sum_{i=1}^{n} X_i^2 \sim \Gamma\left(\frac{n}{2},2\right),$$

即得χ^2的概率密度如式(2-2)所示.

图2-2画出了几种不同自由度的χ^2分布的概率密度函数的图形.

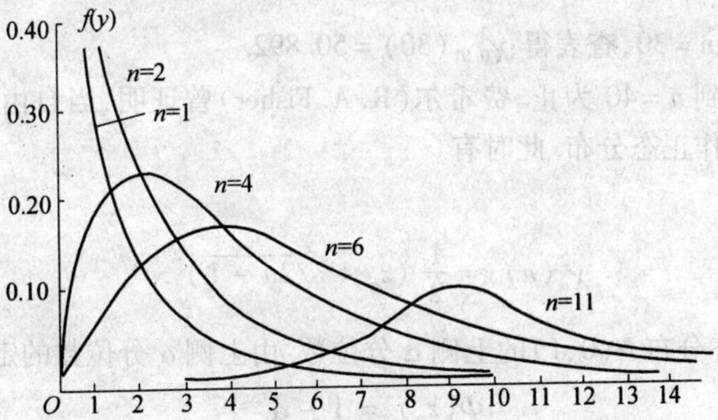

图2-2

χ^2分布具有以下性质：

性质1 (χ^2分布的数学期望和方差)若$\chi^2 \sim \chi^2(n)$，则$E(\chi^2)=n$，$D(\chi^2)=2n$.

证明 因为$X_i \sim N(0,1)$，故

$$E(X_i^2) = D(X_i) = 1,$$
$$D(X_i^2) = E(X_i^4) - [E(X_i^2)]^2 = 3-2 = 1, i = 1,2,\cdots,n.$$

于是

$$E(\chi^2) = E\left(\sum_{i=1}^{n} X_i^2\right) = \sum_{i=1}^{n} E(X_i^2) = n,$$

$$D(\chi^2) = D\left(\sum_{i=1}^{n} X_i^2\right) = \sum_{i=1}^{n} D(X_i^2) = 2n.$$

性质2 (χ^2分布的可加性) 若$\chi_1^2 \sim \chi^2(n_1)$，$\chi_2^2 \sim \chi^2(n_2)$，且$\chi_1^2,\chi_2^2$相互独立，则

$$\chi_1^2 + \chi_2^2 \sim \chi^2(n_1+n_2).$$

证明 因为$\chi_1^2 \sim \chi^2(n_1)$，$\chi_2^2 \sim \chi^2(n_2)$，根据$\chi^2$分布的定义知，必有$X_1,X_2,\cdots,X_{n_1}$相互独立，$X_i \sim N(0,1)$，$i=1,2,\cdots,n_1$，使得$\chi_1^2 = \sum_{i=1}^{n_1} X_i^2$；有$Y_1,Y_2,\cdots,Y_{n_2}$相互独立，$Y_j \sim N(0,1)$，$j=1,2,\cdots,n_2$，使得$\chi_2^2 = \sum_{j=1}^{n_2} Y_j^2$.

因为χ_1^2,χ_2^2相互独立，所以$X_1,X_2,\cdots,X_{n_1},Y_1,Y_2,\cdots,Y_{n_2}$相互独立. 则$\chi_1^2+\chi_2^2=$

$\sum_{i=1}^{n_1} X_i^{\ 2} + \sum_{j=1}^{n_2} Y_j^{\ 2}$ 是(n_1+n_2)个相互独立的服从标准正态分布的随机变量的平方和，由χ^2分布的定义知，$\chi_1^2+\chi_2^2 \sim \chi^2(n_1+n_2)$.

定义 2 设随机变量$\chi^2 \sim \chi^2(n)$，对于给定的$\alpha(0<\alpha<1)$，称满足条件

$$P\{\chi^2 > \chi_\alpha^2(n)\} = \int_{\chi_\alpha^2(n)}^{\infty} f(y)\mathrm{d}y = \alpha$$

的数$\chi_\alpha^2(n)$为χ^2分布的上侧α分位数(图 2-3).

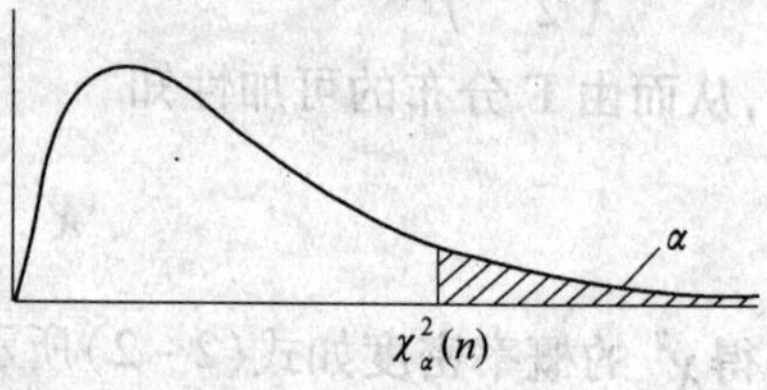

图 2-3

对于不同的α, n，上侧α分位数$\chi_\alpha^2(n)$的值可以从附表 5 中查到.

例如$\alpha=0.01, n=30$，查表得：$\chi_{0.01}^2(30)=50.892$.

但该表只详列到$n=40$为止. 费希尔(R. A. Fisher)曾证明，当自由度n充分大时，χ^2分布可以近似地看作正态分布. 此时有

$$\chi_\alpha^2(n) \approx \frac{1}{2}\left(z_\alpha + \sqrt{2n-1}\right)^2. \qquad (2-3)$$

其中，z_α为标准正态分布$N(0,1)$的上侧α分位数. 由上侧α分位数的定义，有

$$\Phi(z_\alpha) = 1-\alpha. \qquad (2-4)$$

例如，$\alpha=0.01, n=100$，由式(2-4)得$\Phi(z_{0.01})=1-0.01=0.99$. 查标准正态分布表可得$z_{0.01}=2.33$，代入式(2-3)可以计算出所求的$\chi_\alpha^2(n)$为

$$\chi_{0.01}^2(100) \approx \frac{1}{2}\left(2.33+\sqrt{199}\right)^2 = 135.083.$$

2. t分布

定义 3 设随机变量$X \sim N(0,1)$，$Y \sim \chi^2(n)$，且X与Y相互独立，则称随机变量

$$t = \frac{X}{\sqrt{Y/n}}$$

服从自由度为n的t分布，记作$t \sim t(n)$.

若$t \sim t(n)$，则其概率密度为

$$h(t) = \frac{\Gamma\left(\frac{n+1}{2}\right)}{\sqrt{n\pi}\,\Gamma\left(\frac{n}{2}\right)}\left(1+\frac{t^2}{n}\right)^{-\frac{n+1}{2}}, \ -\infty < t < \infty.$$

图 2-4 画出了t分布的概率密度函数的图形. $h(t)$的图形关于$t=0$对称，当n充分大时，其图形类似于标准正态变量概率密度的图形. 事实上，利用Γ函数的性质，得

$$\lim_{n\to\infty} h(t) = \frac{1}{\sqrt{2\pi}}\mathrm{e}^{-\frac{t^2}{2}},$$

故当n足够大时t分布近似于$N(0,1)$分布. 但对于较小的n，t分布与$N(0,1)$分布相差较大(见附表 2 与附表 4).

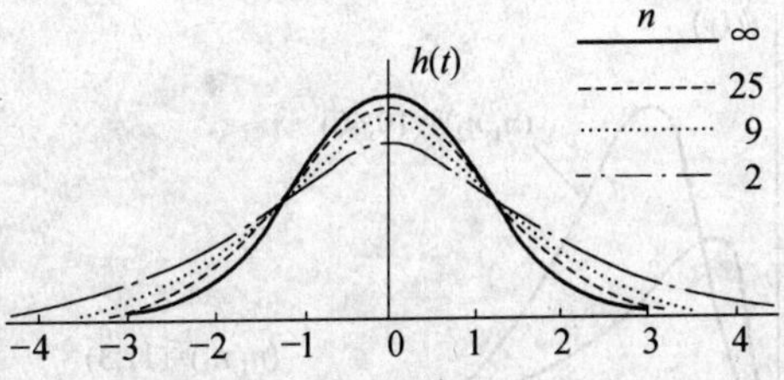

图 2－4

定义 4 设随机变量 $t \sim t(n)$. 对于给定的 $\alpha(0<\alpha<1)$，称满足条件

$$P\{t > t_{\alpha}(n)\} = \int_{t_{\alpha}(n)}^{\infty} h(t)\,\mathrm{d}t = \alpha$$

的数 $t_{\alpha}(n)$ 为 t 分布的上侧 α 分位数(图 2－5).

由于 t 分布的概率密度是偶函数，所以有 $t_{1-\alpha}(n) = -t_{\alpha}(n)$，即

$$t_{\alpha}(n) = -t_{1-\alpha}(n).$$

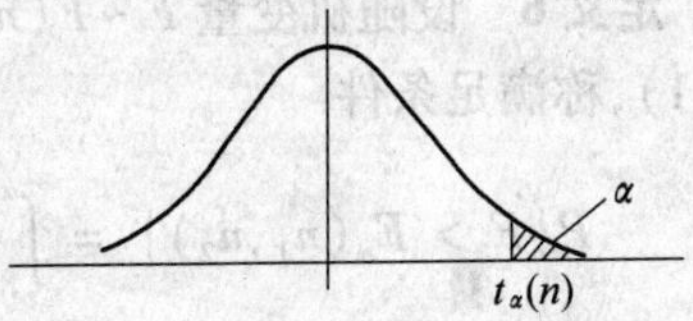

图 2－5

t 分布的上侧 α 分位数 $t_{\alpha}(n)$ 的值可以从附表 4 中查到. 当 α 较大(接近于 1)时，可由上式求出 $t_{\alpha}(n)$ 的值.

例如，$t_{0.05}(12) = 1.782$，$t_{0.99}(20) = -2.528$.

由于 t 分布的极限分布是标准正态分布. 因此，在实际应用中，当 n 充分大时($n>45$)，对于 α 值，可用正态近似

$$t_{\alpha}(n) \approx z_{\alpha}.$$

3. F 分布

定义 5 设随机变量 $U \sim \chi^2(n_1)$，$V \sim \chi^2(n_2)$，且 U, V 相互独立，则称随机变量

$$F = \frac{U/n_1}{V/n_2}$$

服从自由度为 (n_1, n_2) 的 F 分布，记为 $F \sim F(n_1, n_2)$.

若 $F \sim F(n_1, n_2)$，则其概率密度函数为

$$\psi(y) = \begin{cases} \dfrac{\Gamma\left(\dfrac{n_1+n_2}{2}\right)\left(\dfrac{n_1}{n_2}\right)^{\frac{n_1}{2}} y^{\frac{n_1}{2}-1}}{\Gamma\left(\dfrac{n_1}{2}\right)\Gamma\left(\dfrac{n_2}{2}\right)\left[1+\left(\dfrac{n_1 y}{n_2}\right)\right]^{\frac{n_1+n_2}{2}}}, & y>0, \\ 0, & \text{其他}. \end{cases} \tag{2-5}$$

图 2－6 画出了 F 分布的概率密度函数的图形.

性质 若 $F \sim F(n_1, n_2)$，则 $\dfrac{1}{F} \sim F(n_2, n_1)$.

证明 因为 $F \sim F(n_1, n_2)$，由 F 分布的定义知，必有 $U \sim \chi^2(n_1)$，$V \sim \chi^2(n_2)$ 相互独

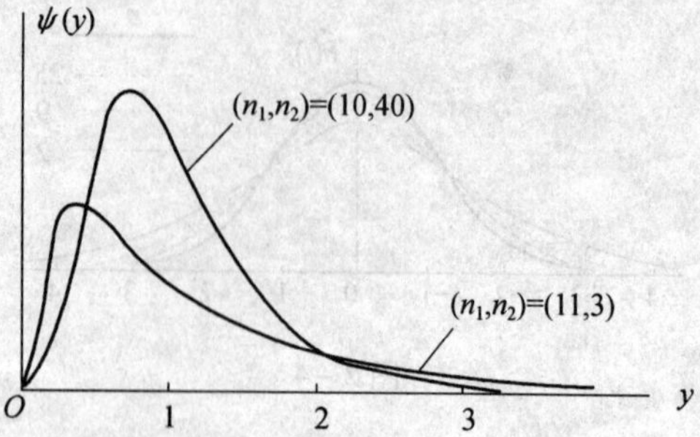

图 2-6

立，使得 $F=\dfrac{U/n_1}{V/n_2}$. 则 $\dfrac{1}{F}=\dfrac{V/n_2}{U/n_1}$，根据 F 分布的定义知，$\dfrac{1}{F}\sim F(n_2,n_1)$.

定义 6 设随机变量 $F\sim F(n_1,n_2)$. 对于给定的 $\alpha(0<\alpha<1)$，称满足条件

$$P\{F>F_\alpha(n_1,n_2)\}=\int_{F_\alpha(n_1,n_2)}^{\infty}\psi(y)\,\mathrm{d}y=\alpha$$

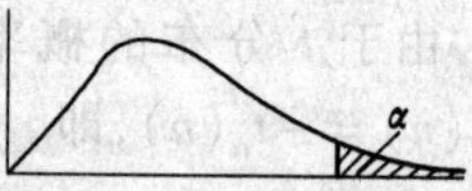

图 2-7

的数 $F_\alpha(n_1,n_2)$ 为 F 分布的上侧 α 分位数(图 2-7).

F 分布的上侧 α 分位数有如下重要性质，即

$$F_\alpha(n_1,n_2)=\frac{1}{F_{1-\alpha}(n_2,n_1)}.$$

F 分布的上侧 α 分位数 $F_\alpha(n_1,n_2)$ 的值可以从附表 6 中查到. 当 α 较大时，可由上式求出 $F_\alpha(n_1,n_2)$ 的值.

例如，$F_{0.05}(10,8)=3.35$，$F_{0.95}(8,10)=\dfrac{1}{F_{0.05}(10,8)}=\dfrac{1}{3.35}$.

例 2-4 设随机变量 $T\sim t(n)$，证明 $T^2\sim F(1,n)$.

证明 设 $T=\dfrac{X}{\sqrt{Y/n}}$，其中 $X\sim N(0,1)$，$Y\sim\chi^2(n)$ 且 X 与 Y 相互独立，于是 $T^2=\dfrac{X^2}{Y/n}$，而 $X^2\sim\chi^2(1)$ 且 X^2 与 Y 相互独立. 所以 $T^2\sim F(1,n)$.

例 2-5 设 $X_1,X_2,\cdots,X_{10}$ 是来自总体 $X\sim N(0,0.3^2)$ 的样本，求 $P\left\{\sum\limits_{i=1}^{10}X_i^2>1.44\right\}$.

解 因为 $X_i\sim N(0,0.3^2)$ 且相互独立，所以 $\dfrac{X_i}{0.3}\sim N(0,1)$ 且相互独立，$i=1,2,\cdots,10$.

由 χ^2 分布的定义知

$$\sum_{i=1}^{10}\left(\frac{X_i}{0.3}\right)^2\sim\chi^2(10),$$

因此

$$P\left\{\sum_{i=1}^{10} X_i^2 > 1.44\right\} = P\left\{\sum_{i=1}^{10}\left(\frac{X_i}{0.3}\right)^2 > \frac{1.44}{0.3^2}\right\} = P\{\chi^2(10) > 16\} = 0.1.$$

2.2.2 正态总体条件下的抽样分布

统计量是进行统计推断的重要工具. 在实际应用中,经常需要利用总体的样本构造出合适的统计量,使其服从(或渐近服从)某个已知的分布.

一般来说,要确定某个统计量的分布是比较困难的,有时甚至是不可能的. 但是对于来自正态总体的几个常用统计量的分布,已经得到了一系列重要的结果.

1. 单个正态总体条件下的抽样分布

对于正态总体 $N(\mu,\sigma^2)$,有以下定理.

定理 2 设 $X_1,X_2,\cdots,X_n$ 是来自正态总体 $X\sim N(\mu,\sigma^2)$ 的样本,$\overline{X}$ 与 S^2 分别为样本均值与样本方差,则

(1) $\overline{X}\sim N\left(\mu,\frac{\sigma^2}{n}\right)$.

(2) $\frac{(n-1)S^2}{\sigma^2}\sim\chi^2(n-1)$.

(3) $\overline{X}$ 与 S^2 相互独立.

证明 (1)在概率论中曾提到过,有限个相互独立的正态随机变量的线性组合仍然服从正态分布,因此 $\overline{X}$ 服从正态分布,又由例 2-3 知,$E(\overline{X})=\mu$,$D(\overline{X})=\frac{\sigma^2}{n}$,故

$$\overline{X}\sim N\left(\mu,\frac{\sigma^2}{n}\right).$$

(2)、(3)的证明过程较长,有兴趣的读者可参阅盛骤编写的《概率论与数理统计》(高等教育出版社).

2. 关于正态总体的样本均值 $\overline{X}$ 与样本方差 S^2 的基础性定理. 结合统计学的三大分布,可以构造出一些重要的统计量,使之服从确定的已知分布.

定理 3 设 $X_1,X_2,\cdots,X_n$ 是来自正态总体 $X\sim N(\mu,\sigma^2)$ 的样本,$\overline{X}$ 与 S^2 分别为样本均值与样本方差,则

(1) $U=\frac{\overline{X}-\mu}{\sigma/\sqrt{n}}\sim N(0,1)$.

(2) $t=\frac{\overline{X}-\mu}{S/\sqrt{n}}\sim t(n-1)$.

证明 结论(1)可由定理 2(1)直接推出.

(3) 因为 $\frac{\overline{X}-\mu}{\sigma/\sqrt{n}}\sim N(0,1)$, $\frac{(n-1)S^2}{\sigma^2}\sim\chi^2(n-1)$ 且两者独立,故由 t 分布的定义知

$$\frac{\overline{X}-\mu}{\sigma/\sqrt{n}}\Bigg/\sqrt{\frac{(n-1)S^2}{(n-1)\sigma^2}}\sim t(n-1).$$

化简,得

$$\frac{\overline{X}-\mu}{S/\sqrt{n}}\sim t(n-1).$$

定理3为讨论单个正态总体参数的置信区间和假设检验提供了合适的统计量,在数理统计中具有重要意义.

例2-6 设总体 $X\sim N(12,4)$,$X_1,X_2,\cdots,X_5$ 是来自总体的样本,求样本均值与总体均值之差的绝对值大于1的概率.

解 由题意得 $\overline{X}\sim N\left(12,\frac{4}{5}\right)$,因此$\frac{\overline{X}-12}{2/\sqrt{5}}\sim N(0,1)$,故所求概率为

$$\begin{aligned}P\{|\overline{X}-12|>1\}&=P\left\{\frac{|\overline{X}-12|}{2/\sqrt{5}}>\frac{\sqrt{5}}{2}\right\}\\&=1-P\left\{-\frac{\sqrt{5}}{2}<\frac{\overline{X}-12}{2/\sqrt{5}}<\frac{\sqrt{5}}{2}\right\}\\&=1-\left[\Phi\left(\frac{\sqrt{5}}{2}\right)-\Phi\left(-\frac{\sqrt{5}}{2}\right)\right]\\&=2\left[1-\Phi\left(\frac{\sqrt{5}}{2}\right)\right]=2[1-\Phi(1.12)]=0.2628.\end{aligned}$$

例2-7 设总体 $X\sim N(\mu,0.3^2)$,$X_1,X_2,\cdots,X_n$ 是样本,$\overline{X}$ 是样本均值. 问样本容量 n 至少应取多大,才能使

$$P\{|\overline{X}-\mu|<0.1\}\geqslant 0.95.$$

解 因为 $\overline{X}\sim N\left(\mu,\frac{0.3^2}{n}\right)$,故$\frac{\overline{X}-\mu}{0.3/\sqrt{n}}\sim N(0,1)$,所以

$$\begin{aligned}P\{|\overline{X}-\mu|<0.1\}&=P\left\{\left|\frac{\overline{X}-\mu}{0.3/\sqrt{n}}\right|<\frac{0.1}{0.3/\sqrt{n}}\right\}\\&=\Phi\left(\frac{\sqrt{n}}{3}\right)-\Phi\left(-\frac{\sqrt{n}}{3}\right)=2\Phi\left(\frac{\sqrt{n}}{3}\right)-1\geqslant 0.95.\end{aligned}$$

得

$$\Phi\left(\frac{\sqrt{n}}{3}\right)\geqslant 0.975,\frac{\sqrt{n}}{3}\geqslant 1.96,n\geqslant 34.5744,$$

取 $n=35$ 即可.

2. 两个正态总体条件下的抽样分布

对于两个正态总体的样本均值和样本方差,有以下定理.

定理4 设 $X_1,X_2,\cdots,X_{n_1}$ 与 $Y_1,Y_2,\cdots,Y_{n_2}$ 分别是来自两个正态总体 $N(\mu_1,\sigma_1^2)$ 与

$N(\mu_2,\sigma_2^2)$的样本,且相互独立. 其样本均值分别记为 $\overline{X}=\frac{1}{n_1}\sum_{i=1}^{n_1}X_i$ 与 $\overline{Y}=\frac{1}{n_2}\sum_{i=1}^{n_2}Y_i$,样本方差分别记为 $S_1^2=\frac{1}{n_1-1}\sum_{i=1}^{n_1}(X_i-\overline{X})^2$ 与 $S_2^2=\frac{1}{n_2-1}\sum_{i=1}^{n_2}(Y_i-\overline{Y})^2$,则

(1) $\overline{X}-\overline{Y}\sim N\left(\mu_1-\mu_2,\frac{\sigma_1^2}{n_1}+\frac{\sigma_2^2}{n_2}\right)$.

(2) $F=\frac{S_1^2/S_2^2}{\sigma_1^2/\sigma_2^2}\sim F(n_1-1,n_2-1)$.

(3) $\frac{1}{n_1}\sum_{i=1}^{n_1}\left(\frac{X_i-\mu_1}{\sigma}\right)^2\Big/\frac{1}{n_2}\sum_{i=1}^{n_2}\left(\frac{Y_i-\mu_2}{\sigma}\right)^2\sim F(n_1,n_2)$.

(4) 当 $\sigma_1^2=\sigma_2^2=\sigma^2$ 时,$\frac{(\overline{X}-\overline{Y})-(\mu_1-\mu_2)}{S_w\sqrt{\frac{1}{n_1}+\frac{1}{n_2}}}\sim t(n_1+n_2-2)$,其中 $S_w^2=\frac{(n_1-1)S_1^2+(n_2-1)S_2^2}{n_1+n_2-2}$,$S_w=\sqrt{S_w^2}$.

证明 (1) 由于 $\overline{X}\sim N\left(\mu_1,\frac{\sigma_1{}^2}{n_1}\right)$,$\overline{Y}\sim N\left(\mu_2,\frac{\sigma_2{}^2}{n_2}\right)$且两者独立,所以 $\overline{X}-\overline{Y}$ 仍然服从正态分布,且有 $\overline{X}-\overline{Y}\sim N\left(\mu_1-\mu_2,\frac{\sigma_1^2}{n_1}+\frac{\sigma_2^2}{n_2}\right)$.

(2) 由于$\frac{(n_1-1)S_1^2}{\sigma_1^2}\sim\chi^2(n_1-1)$,$\frac{(n_2-1)S_2^2}{\sigma_2^2}\sim\chi^2(n_2-1)$且两者独立,故由 F 分布的定义知

$$\frac{(n_1-1)S_1^2}{(n_1-1)\sigma_1^2}\Big/\frac{(n_2-1)S_2^2}{(n_2-1)\sigma_2^2}=\frac{S_1^2/S_2^2}{\sigma_1^2/\sigma_2^2}\sim F(n_1-1,n_2-1).$$

(3) 由χ^2 分布的定义知 $\sum_{i=1}^{n_1}\left(\frac{X_i-\mu_1}{\sigma_1}\right)^2\sim\chi^2(n_1)$,$\sum_{i=1}^{n_2}\left(\frac{Y_i-\mu_2}{\sigma_2}\right)^2\sim\chi^2(n_2)$ 且两者独立. 故由 F 分布的定义知

$$\frac{1}{n_1}\sum_{i=1}^{n_1}\left(\frac{X_i-\mu_1}{\sigma}\right)^2\Big/\frac{1}{n_2}\sum_{i=1}^{n_2}\left(\frac{Y_i-\mu_2}{\sigma}\right)^2\sim F(n_1,n_2).$$

(4) 由(1)可知,$\sigma_1^2=\sigma_2^2=\sigma^2$ 时,有

$$\overline{X}-\overline{Y}\sim N\left(\mu_1-\mu_2,\frac{\sigma^2}{n_1}+\frac{\sigma^2}{n_2}\right),$$

即

$$U=\frac{(\overline{X}-\overline{Y})-(\mu_1-\mu_2)}{\sigma\sqrt{\frac{1}{n_1}+\frac{1}{n_2}}}\sim N(0,1).$$

又因为$\frac{(n_1-1)S_1^2}{\sigma^2}\sim\chi^2(n_1-1)$,$\frac{(n_2-1)S_2^2}{\sigma^2}\sim\chi^2(n_2-1)$,且两者独立,故由$\chi^2$ 分布的可

加性知

$$V=\frac{(n_1-1)S_1^2}{\sigma^2}+\frac{(n_2-1)S_2^2}{\sigma^2}\sim\chi^2(n_1+n_2-2).$$

从而由 t 分布的定义知

$$\frac{U}{\sqrt{V/(n_1+n_2-2)}}=\frac{(\overline{X}-\overline{Y})-(\mu_1-\mu_2)}{S_w\sqrt{\frac{1}{n_1}+\frac{1}{n_2}}}\sim t(n_1+n_2-2).$$

例 2-8 设总体 $X\sim N(150,400)$，$Y\sim N(125,625)$，且 X,Y 相互独立. 现从两总体中分别抽取容量为 5 的样本，样本均值分别为 $\overline{X},\overline{Y}$，求 $P\{\overline{X}-\overline{Y}\leqslant 0\}$.

解 已知 $\mu_1=150,\sigma_1^2=400,\mu_2=125,\sigma_2^2=625,n_1=n_2=5.$
则

$$U=\frac{(\overline{X}-\overline{Y})-(\mu_1-\mu_2)}{\sqrt{\frac{\sigma_1^2}{n_1}+\frac{\sigma_2^2}{n_2}}}=\frac{(\overline{X}-\overline{Y})-25}{\sqrt{205}}\sim N(0,1),$$

所以

$$P\{\overline{X}-\overline{Y}\leqslant 0\}=P\left\{\frac{(\overline{X}-\overline{Y})-25}{\sqrt{205}}\leqslant-\frac{25}{\sqrt{205}}\right\}$$
$$=\Phi(-1.75)=1-\Phi(1.75)=0.0401$$

例 2-9 设 $X\sim N(\mu_1,\sigma^2)$，$Y\sim N(\mu_2,\sigma^2)$，且 X,Y 独立，$X_1,X_2,\cdots,X_{n_1}$ 与 $Y_1,Y_2,\cdots,Y_{n_2}$ 分别为取自 X,Y 的简单随机样本，设 $\overline{X}=\frac{1}{n_1}\sum_{i=1}^{n_1}X_i$，$\overline{Y}=\frac{1}{n_2}\sum_{i=1}^{n_2}Y_i$ 分别是这两个样本的均值，记 $S^2=\frac{1}{n_1-1}\sum_{i=1}^{n_1}(X_i-\overline{X})^2$，证明统计量 $\frac{(\overline{X}-\overline{Y})-(\mu_1-\mu_2)}{S\sqrt{\frac{1}{n_1}+\frac{1}{n_2}}}\sim t(n_1-1)$.

证明 因为 $X\sim N(\mu_1,\sigma^2)$，$Y\sim N(\mu_2,\sigma^2)$，$\overline{X}\sim N\left(\mu_1,\frac{\sigma^2}{n_1}\right)$，$\overline{Y}\sim N\left(\mu_2,\frac{\sigma^2}{n_2}\right)$，从而 $\overline{X}-\overline{Y}\sim N\left(\mu_1-\mu_2,\left(\frac{1}{n_1}+\frac{1}{n_2}\right)\sigma^2\right)$. 经标准化有 $\frac{(\overline{X}-\overline{Y})-(\mu_1-\mu_2)}{\sigma\sqrt{\frac{1}{n_1}+\frac{1}{n_2}}}\sim N(0,1)$，又因为 $\frac{(n_1-1)S^2}{\sigma^2}\sim\chi^2(n_1-1)$，于是由 t 分布定义，得

$$\frac{[(\overline{X}-\overline{Y})-(\mu_1-\mu_2)]\Big/\left(\sigma\sqrt{\frac{1}{n_1}+\frac{1}{n_2}}\right)}{\sqrt{\frac{(n_1-1)S^2}{\sigma^2}\Big/(n_1-1)}}=\frac{(\overline{X}-\overline{Y})-(\mu_1-\mu_2)}{S\sqrt{\frac{1}{n_1}+\frac{1}{n_2}}}\sim t(n_1-1).$$

习题二

1. 设总体 $X \sim b(1,p)$，$X_1,X_2,\cdots,X_n$ 是来自 X 的一个样本.

(1) 求 $(X_1,X_2,\cdots,X_n)$ 的分布律；

(2) 求 $\sum_{i=1}^{n} X_i$ 的分布律.

2. 设总体 $X \sim N(\mu,\sigma^2)$，$X_1,X_2,\cdots,X_{10}$ 是来自 X 的一个样本.

(1) 求 $X_1,X_2,\cdots,X_{10}$ 的联合概率密度；

(2) 求 $\overline{X}$ 的概率密度.

3. 设总体 $X \sim N(0,1)$，$X_1,X_2,\cdots,X_6$ 是来自总体的样本. 令

$$Y = (X_1 + X_2 + X_3)^2 + (X_4 + X_5 + X_6)^2,$$

试求常数 c，使得随机变量 cY 服从 χ^2 分布，并求该 χ^2 分布的自由度.

4. 查表求下列各值.

(1) $\chi^2_{0.95}(10)$，$\chi^2_{0.05}(10)$，$\chi^2_{0.99}(5)$，$\chi^2_{0.01}(5)$；

(2) $t_{0.05}(3)$，$t_{0.01}(5)$，$t_{0.90}(18)$，$t_{0.975}(10)$；

(3) $F_{0.01}(3,7)$，$F_{0.05}(4,6)$，$F_{0.95}(4,6)$，$F_{0.99}(3,7)$.

5. 设总体 $X \sim N(0,1)$，X_1,X_2,X_3,X_4,X_5 是样本. 确定常数 c，使

$$Y = \frac{c(X_1 + X_2)}{\sqrt{X_3^2 + X_4^2 + X_5^2}} \sim t(3).$$

6. 设 $X \sim N(\mu,\sigma^2)$，$\dfrac{Y}{\sigma^2} \sim \chi^2(n)$，且 X,Y 相互独立. 证明： $T = \dfrac{\overline{X} - \mu}{\sqrt{Y/n}} \sim t(n)$.

7. 设总体 $X \sim N(\mu,\sigma_1{}^2)$ ，$Y \sim N(\mu,\sigma_2{}^2)$，且 X,Y 相互独立. $X_1,X_2,\cdots,X_m$ 是总体 X 的样本，其样本均值为 $\overline{X}$，样本方差为 S_1^2；$Y_1,Y_2,\cdots,Y_n$ 是总体 Y 的样本，其样本均值为 $\overline{Y}$，样本方差为 S_2^2. 记 $Z = a\overline{X} + b\overline{Y}$，其中 $a = \dfrac{S_1^2}{S_1^2 + S_2^2}$，$b = \dfrac{S_2^2}{S_1^2 + S_2^2}$，求 $E(Z)$.

8. 设在总体 $N(\mu,\sigma^2)$ 中抽取一个容量为 16 的样本，这里 μ,σ^2 均未知. 求

(1) $P\left\{\dfrac{S^2}{\sigma^2} \leqslant 2.039\right\}$； (2) $D(S^2)$.

9. 在总体 $X \sim N(12,4)$ 中随机抽取一个容量为 5 的样本 $X_1,X_2,\cdots,X_5$. 求下列事件的概率：

(1) $P\{\max(X_1,X_2,\cdots,X_5) > 15\}$；(2) $P\{\min(X_1,X_2,\cdots,X_5) < 10\}$.

10. 设总体 X 的密度函数为

$$f(x) = \begin{cases} |x|, & |x| < 1 \\ 0, & \text{其他} \end{cases}$$

$X_1,X_2,\cdots,X_{50}$ 是来自 X 的一个样本，$\overline{X}$、S^2 和 B_2 分别是样本均值、样本方差和样本的二阶

中心矩,求:(1) $E(\overline{X}),D(\overline{X}),E(S^2),E(B_2)$;(2) $P\{|\overline{X}|>0.02\}$.

11. 设 $X_1,X_2,\cdots,X_{10}$ 是来自正态总体 $N(0,0.3^2)$ 的一个样本,试求:(1) $\overline{X}$ 落在 $(-0.21,0.06)$ 之间的概率;(2) $P\left\{\frac{1}{10}\sum_{i=1}^{10}(X_i-\overline{X})^2 \leqslant 0.1712\right\}$.

12. 设总体 X,Y 相互独立,并且都服从 $N(20,3)$. 从 X,Y 中分别抽取样本 $X_1,X_2,\cdots,X_{10}$和 $Y_1,Y_2,\cdots,Y_{15}$,样本均值分别为 $\overline{X},\overline{Y}$. 求 $P\{|\overline{X}-\overline{Y}|>0.3\}$.

13. 设 $X\sim N(\mu_1,\sigma^2),Y\sim N(\mu_2,\sigma^2)$,且 X,Y 独立,$X_1,X_2,\cdots,X_n$ 与 $Y_1,Y_2,\cdots,Y_n$ 分别为取自 X,Y 的简单随机样本,$\overline{X}$ 和 S_X^2 分别是样本 $X_1,X_2,\cdots,X_n$ 的样本均值与样本方差,$\overline{Y}$ 和 S_Y^2 分别是样本 $Y_1,Y_2,\cdots,Y_n$ 的样本均值与样本方差,则下列统计量服从什么分布?

(1) $\dfrac{(n-1)(S_X^2+S_Y^2)}{\sigma^2}$;(2) $\dfrac{n[(\overline{X}-\overline{Y})-(\mu_1-\mu_2)]^2}{S_X^2+S_Y^2}$.

14. 设 $X\sim N(\mu,\sigma^2)$,$X_1,X_2,\cdots,X_n$ 是来自总体 X 的简单随机样本,$\overline{X}$ 为样本均值,S^2 为样本方差,B_2 为样本的二阶中心矩,则下列统计量各服从什么分布?

(1) $\dfrac{nB_2}{\sigma^2}$;(2) $\dfrac{\overline{X}-\mu}{\sqrt{B_2}/\sqrt{n-1}}$;(3) $\dfrac{\sum_{i=1}^{n}(X_i-\mu)^2}{\sigma^2}$;

(4) $\left(\frac{n}{5}-1\right)\sum_{i=1}^{5}(X_i-\mu)^2/\sum_{i=6}^{n}(X_i-\mu)^2\ (n>5)$.

15. 设随机变量 $X\sim F(m,m)$,求证:$P\{X\leqslant 1\}=P\{X\geqslant 1\}=0.5$.

16. 设总体 $X\sim N(0,\sigma^2)$,$X_1,X_2,\cdots,X_9$ 是来自总体 X 的简单随机样本,试确定 σ 的值,使得概率 $P\{1<\overline{X}<3\}$取最大$\left(\text{其中 } \overline{X}=\frac{1}{9}\sum_{i=1}^{9}X_i\right)$

欣赏与提高(二)

随机抽样方法简介

根据简单随机样本的定义,在实施抽样时,要得到简单随机样本,需要保证以下两点:①每次抽取时,总体中的每一个个体被抽到的可能性相等;② 每次抽取的结果互不影响. 这样既避免了主观因素的影响,又可以充分保障样本的代表性.

在实际应用中,一个简单随机样本一般是逐个个体抽取的,在每一次抽取时必须保证总体中之前未被抽到的任一个体被抽中的机会相等. 这种抽取方式实际上是一种不放回抽样,所抽得的样本容易证明是一个简单随机样本. 如果每次将抽到的个体放回,并且在每次抽取时,无论以前是否被抽中过,总体中所有个体被抽到的概率相等,这种抽样方法是有放回抽样. 由于有放回抽样的方式可能会使某些个体被重复抽到,以致在同样的样本容量下不如不放回抽样的效率高,因此实际抽样几乎总是按不放回去做的.

下面介绍简单随机样本的抽取方法.

1. 抽签法

首先,将总体中的 N 个体从 1 到 N 编号. 然后用均匀同质的材料制作 N 个内有(从 1 到 N)编号的签,将它们充分搅匀,然后一次抽取 n 个签,或一次抽取一个签但不放回,接着抽下一个签直至抽到第 n 个签为止. 最后,将编号与抽中的 n 个签上的号码相同的个体入样,就得到一个容量为 n 的样本. 总体数目较少时,适合采用抽签法.

例如从 40 个小球中抽取 10 个,得到容量为 10 的样本. 可以先将 40 个小球分别写上编号为 1,2,3,…,40,然后将这 40 个小球都放在同一个箱子里,然后均匀搅拌,抽签时,每次从中抽出一个小球,连续抽 10 次,就得到一个容量为 10 的样本.

2. 随机数表法

随机数表是由 0,1,2…,9 这十个数字组成的数表,并且表中的每一个位置出现各个数字的可能性相同. 例如使用计算器或计算机的应用程序生成随机数的功能,可以生成一张随机数表(表 2-1),通常根据实际需要和方便使用的原则,将几个数组合成一组,如 5 个数一组,然后通过随机数表抽取样本.

例如,要考察某种品牌的 850 颗种子的发芽率,从中抽取 50 颗种子进行试验. 用随机数表抽取的步骤如下:

(1) 对 850 颗种子进行编号,可编为 001,002,…,850.

(2) 给出的随机数表中是 5 个数一组,使用各个 5 位数组的前 3 位,从各组数中任选一个前 3 位小于或等于 850 的数作为起始号码. 例如从第 1 行第 7 组数开始,取出 530 作为抽取的 50 颗种子的第 1 个的代号.

(3) 继续向右读,由于 987 大于 850,跳过这组数不取,继续向右读,得到 415 作为第 2 个的代号. 数组的前 3 位数不大于 850 且不与前面取出的数重复,就把它取出,否则就跳过不取,取到一行末尾时转到下一行从左到右继续读数. 如此下去直到得出在 001 ~ 850 之间的 50 个三位数.

上面是从左到右读数,也可以用从上到下读数或其他有规律的读数方法.

表 2-1 随机数表

48628	50089	38155	69882	27761	73903	53014	98720	41571	79413
53666	08912	48395	32616	34905	63640	57931	72328	49195	17699
00620	79613	29901	92364	38659	64526	20236	29793	09063	99398
98246	18957	91965	13529	97168	97299	68402	68378	89201	67871
01114	19048	00895	91770	95934	31491	72529	39980	45750	14155
41410	51595	89983	82330	96809	93877	92818	84275	45938	48490
30009	18573	58934	35285	14684	35260	44253	64517	66128	14585
64687	84771	97114	93908	65570	33972	15539	31126	56349	82215
78379	70304	75649	86829	28720	57275	10695	25678	60880	15603
31238	95419	34708	07892	34373	25823	60086	33523	39773	75483

3. 计算机产生伪随机数法

利用计算机产生的随机数,并不是真正意义上的随机数,而只是伪随机数. 伪随机数并不是假随机数,这里的“伪”是有规律的意思,就是计算机产生的伪随机数既是随机的又是有规律的. 通常产生的伪随机数有循环周期,这种循环周期越长越好. 利用 Matlab 可以轻松抽取常见分布的随机数.

1)正态分布随机数据的产生

normrnd(MU,SIGMA),生成均值为 MU、标准差为 SIGMA 的正态随机数.

normrnd(MU,SIGMA,m),生成均值为 MU、标准差为 SIGMA 的 m 个正态随机数.

normrnd(MU,SIGMA,m,n),生成均值为 MU、标准差为 SIGMA 的 m 行 n 列的正态分布随机数矩阵.

例 2-10 命令 n1 = normrnd(10,0.5,2,3).

结果为 n1 =

```
9.7058     9.9318     10.5334
11.0916    10.0570    10.0296
```

此命令产生均值为 10,标准差为 0.5 的 2 行 3 列的正态随机数矩阵.

例 2-11 命令 n2 = normrnd([1 2 3;4 5 6],0.1,2,3).

结果为 n2 =

```
0.9308     2.1254     2.8559
4.0858     4.8406     6.0571
```

此命令产生一个 2 行 3 列的正态随机数矩阵,第一行的三个数分别服从均值为 1,2,3 的正态分布,第二行的三个数分别服从均值为 4,5,6 的正态分布,标准差均为 0.1.

产生常见分布随机数的命令与产生正态分布随机数命令使用的格式相同.

2)二项分布随机数据的产生

binornd(N,P,m,n),生成参数为 N,P 的 m 行 n 列的二项分布随机数矩阵.

3)χ^2 分布随机数据的产生

chi2rnd(N,m,n),生成自由度为 N 的 m 行 n 列的 χ^2 分布随机数矩阵.

4)t 分布随机数据的产生

trnd(N,m,n),生成自由度为 N 的 m 行 n 列的 t 分布随机数矩阵.

5)F 分布随机数据的产生

frnd(N1, N2,m,n),生成第一自由度为 N_1、第二自由度为 N_2 的 m 行 n 列的 F 分布随机数矩阵.

综上,使用计算机产生随机数较为快捷、方便,大大降低了工作量,不但很受实际工作者地欢迎,而且也使得理论上的随机模拟方法成了可能. 但该方法在随机性方面还有些不够完善.

第3章　参数估计

估计理论是数理统计的重要内容之一. 对所研究的随机变量 X,当它的概率分布类型为已知时,还需要确定分布函数中的参数是什么值,这样随机变量 X 的分布函数才能完全确定. 这就提出了参数的估计问题. 在有些实际问题中,事先并不知道随机变量 X 服从什么分布,而要对其数字特征,如数学期望 $E(X)$ 及方差 $D(X)$ 等作出估计. 随机变量 X 的数字特征同它的概率分布中的参数有一定关系,因此对数字特征的估计问题,也称为参数的估计问题.

参数估计有点估计和区间估计两方面的问题. 前者是用一个适当的统计量作为参数的近似值,我们称之为参数的估计量,后者则用两个统计量所界定的区间来指出真实参数值的大致范围,称为置信区间.

3.1　点估计

设总体 X 的分布函数的形式已知,但它的一个或多个参数未知,借助于总体 X 的一个样本来估计总体未知参数的值的问题称为参数的点估计问题.

点估计问题的一般提法如下:

设总体 X 的分布函数 $F(x;\theta)$ 形式已知,θ 是待估参数. $X_1,X_2,\cdots,X_n$ 是 X 的一个样本,$x_1,x_2,\cdots,x_n$ 是相应的样本值. 点估计问题就是要构造一个适当的统计量 $\hat{\theta}(X_1,X_2,\cdots,X_n)$,用它的观察值 $\hat{\theta}(x_1,x_2,\cdots,x_n)$ 作为未知参数 θ 的近似值. 称 $\hat{\theta}(X_1,X_2,\cdots,X_n)$ 为 θ 的估计量,称 $\hat{\theta}(x_1,x_2,\cdots,x_n)$ 为 θ 的估计值.

常用的构造估计量的方法:矩估计法和极大似然估计法.

3.1.1　矩估计法

设 $X_1,X_2,\cdots,X_n$ 是总体 X 的一个样本,$g(X_1,X_2,\cdots,X_n)$ 是 $X_1,X_2,\cdots,X_n$ 的函数,若总体 X 的 k 阶矩 $E(X^k)=\mu_k$ 存在,由辛钦大数定理知

$$A_k=\frac{1}{n}\sum_{i=1}^{n}X_i^k\xrightarrow{P}\mu_k,k=1,2,\cdots.$$

由依概率收敛的序列的性质可知

$$g(A_1,A_2,\cdots,A_n)\xrightarrow{P}g(\mu_1,\mu_2,\cdots,\mu_n).$$

用样本矩估计总体矩,用样本矩的连续函数估计总体矩的连续函数,这种估计法称为矩估计法.

矩估计法的具体做法如下:

若总体分布函数中含 k 个未知参数,则先求出总体的 1 阶 ~ k 阶原点矩,即

$$\begin{cases}\mu_1 = \mu_1(\theta_1,\theta_2,\cdots,\theta_k),\\ \quad\vdots \\ \mu_k = \mu_k(\theta_1,\theta_2,\cdots,\theta_k).\end{cases}$$

这是一个包含 k 个未知参数 $\theta_1,\theta_2,\cdots,\theta_k$ 的联立方程组. 可解出 $\theta_1,\theta_2,\cdots,\theta_k$,得

$$\begin{cases}\theta_1 = \theta_1(\mu_1,\mu_2,\cdots,\mu_k),\\ \quad\vdots \\ \theta_k = \theta_k(\mu_1,\mu_2,\cdots,\mu_k).\end{cases}$$

令

$$A_i = \mu_i, i = 1,2,\cdots,k,$$

以

$$\hat{\theta}_i = \theta_i(A_1,A_2,\cdots,A_k), i = 1,2,\cdots,k$$

分别作为 $\theta_i, i=1,2,\cdots,k$ 的估计量,这种估计量称为矩估计量.

例 3-1 设总体 X 在 $[0,\theta]$ 上服从均匀分布,θ 未知,$X_1,X_2,\cdots,X_n$ 是来自总体 X 的样本,求 θ 的矩估计量.

解 $\mu_1 = E(X) = \dfrac{\theta}{2}$, $A_1 = \overline{X}$.

令

$$\mu_1 = A_1,$$

则

$$\hat{\theta} = 2\overline{X}.$$

例 3-2 无论总体服从什么分布,只要一阶矩、二阶矩存在,求方差 σ^2 的矩估计量.

解 $\mu_1 = E(X) = \mu$, $\qquad A_1 = \overline{X}$,

$\mu_2 = E(X^2) = D(X) + [E(X)]^2 = \sigma^2 + \mu^2$, $\qquad A_2 = \dfrac{1}{n}\sum\limits_{i=1}^{n} X_i^2$.

令 $\mu_1 = A_1, \mu_2 = A_2$,

$$\begin{cases}\mu = \overline{X}\\ \sigma^2 + \mu^2 = \dfrac{1}{n}\sum\limits_{i=1}^{n} X_i^2\end{cases}$$

得

$$\begin{aligned}\hat{\sigma}^2 &= \frac{1}{n}X_i^2 - \overline{X}^2\\ &= \frac{1}{n}\Big(\sum_{i=1}^{n} X_i^2 - n\overline{X}^2\Big)\\ &= \frac{1}{n}\sum_{i=1}^{n}(X_i - \overline{X})^2\\ &= S_n^2\\ &= \frac{n-1}{n}\frac{1}{n-1}\sum_{i=1}^{n}(X_i - \overline{X})^2 = \frac{n-1}{n}S^2.\end{aligned}$$

3.1.2 极大似然估计

1. 极大似然估计法的思想

“似然”的字面意思就是看起来像. 在得到样本的情况下,用哪一个值去估计 θ 呢? 当然要取那个“看起来最像”的值,因此,在有了试验观察结果 $x_1,x_2,\cdots,x_n$ 后,自然会关心,参数 θ 取不同值时,导出这个观察结果的可能性如何? 我们必然会给参数 θ 选取这样一个数值,使得前面观察结果出现的可能性最大,例如:“有一个盒子,混装 100 只围棋子,已知一种颜色的棋子是 99 只,另一种颜色的棋子是 1 只,现随机取出一只是黑色,判断 99 只是什么颜色?”我们自然判断是黑色. 为什么呢? 因为当 99 只是黑色时,取出一枚棋子是黑色的概率比 99 只是白色取出一枚棋子是黑色的概率大得多,所以应该取那样的参数,它使已经发生的事件的概率达到最大. 也就是说,所取得参数 θ 的估计量能使似然函数 L 达到极大值. 这就是极大似然估计的基本思想. 即:在已经得到试验结果的情况下,应该寻找使这个结果出现的可能性最大的那个 θ 作为 θ 的估计 $\hat{\theta}$.

定义 1 设总体 X 是离散型的,概率分布为

$$P\{X=x\}=p(x,\theta).$$

其中 θ 为未知参数. 设 $X_1,X_2,\cdots,X_n$ 是取自总体 X 的样本,$x_1,x_2,\cdots,x_n$ 为样本的观察值,则样本的联合分布律为

$$P\{X_1=x_1,X_2=x_2,\cdots,X_n=x_n\}=\prod_{i=1}^{n}p(x_i,\theta),$$

对确定的样本观察值 $x_1,x_2,\cdots,x_n$,它是未知参数 θ 的函数,记为

$$L(\theta)=L(x_1,x_2,\cdots,x_n,\theta)=\prod_{i=1}^{n}f(x_i,\theta),$$

称为样本的似然函数.

定义 2 设连续型总体 X 的概率密度为 $f(x,\theta)$,其中 θ 为未知参数,定义其似然函数为

$$L(\theta)=L(x_1,x_2,\cdots,x_n,\theta)=\prod_{i=1}^{n}f(x_i,\theta).$$

似然函数 $L(\theta)$ 的值的大小意味着该样本值出现的可能性的大小, 在已得到样本值 $x_1,x_2,\cdots,x_n$ 的情况下, 则应该选择使 $L(\theta)$ 达到最大值的那个 θ 作为 θ 的估计 θ. 这种求点估计的方法称为极大似然估计法.

定义 3 若对任意给定的样本值 $x_1,x_2,\cdots,x_n$, 存在

$$\hat{\theta}=\hat{\theta}(x_1,x_2,\cdots,x_n),$$

使

$$L(\hat{\theta})=\max_{\theta}L(\theta),$$

则称 $\hat{\theta}=\hat{\theta}(x_1,x_2,\cdots,x_n)$ 为 θ 的极大似然估计值,称 $\hat{\theta}(X_1,X_2,\cdots,X_n)$ 为 θ 的极大似然估计量.

2. 求极大似然估计量的步骤

(1) 写出似然函数:

$$L(\theta) = L(x_1, x_2, \cdots, x_n; \theta) = \prod_{i=1}^{n} p(x_i; \theta)$$

或

$$L(\theta) = L(x_1, x_2, \cdots, x_n; \theta) = \prod_{i=1}^{n} f(x_i; \theta).$$

(2) 取对数 $\ln L(x_1, x_2, \cdots x_n; \theta)$.

(3) 求导$\dfrac{d\ln L(\theta)}{d\theta}$,令$\dfrac{d\ln L(\theta)}{d\theta}=0$.

(4) 解出 θ,即为所求的极大似然估计量 $\hat{\theta}$.

例 3-3 设 $X \sim b(1,p)$,$X_1, X_2, \cdots, X_n$ 是取自总体 X 的一个样本,试求参数 p 的极大似然估计值.

解 总体 X 的分布律为

$$P\{X = x\} = p^x (1-p)^{1-x}, x = 0,1,$$

似然函数为

$$L(p) = \prod_{i=1}^{n} p^{x_i}(1-p)^{1-x_i} = p^{\sum_{i=1}^{n} x_i}(1-p)^{n-\sum_{i=1}^{n} x_i},$$

$$\ln L(p) = \left(\sum_{i=1}^{n} x_i\right)\ln p + \left(n - \sum_{i=1}^{n} x_i\right)\ln(1-p).$$

令

$$\frac{\mathrm{d}}{\mathrm{d}p}\ln L(p) = \frac{\sum_{i=1}^{n} x_i}{p} - \frac{n - \sum_{i=1}^{n} x_i}{1-p} = 0,$$

解得 p 的极大似然估计值为

$$\hat{p} = \frac{1}{n}\sum_{i=1}^{n} x_i = \bar{x}.$$

例 3-4 设随机变量 X 的密度函数为

$$f(x,\theta) = \begin{cases} \lambda\alpha x^{\alpha-1}\mathrm{e}^{-\lambda x^{\alpha}}, & x > 0, \lambda > 0, \\ 0, & \text{其他}. \end{cases}$$

$X_1, X_2, \cdots, X_n$ 是取自总体 X 的一组正的样本值,求 λ 的极大似然估计量.

解 似然函数为

$$L(\lambda) = L(x_1, x_2, \cdots, x_n; \lambda) = \prod_{i=1}^{n} \lambda\alpha x_i^{\alpha-1}\mathrm{e}^{-\lambda x_i^{\alpha}} = (\lambda\alpha)^n \mathrm{e}^{-\lambda\sum_{i=1}^{n} x_i^{\alpha}} \prod_{i=1}^{n} x_i^{\alpha-1},$$

取对数,有

$$\ln L = n\ln\lambda + n\ln\alpha - \lambda\sum_{i=1}^{n} x_i^{\alpha} + (\alpha-1)\sum_{i=1}^{n}\ln x_i,$$

令

$$\frac{\mathrm{d}\ln L}{\mathrm{d}\lambda} = \frac{n}{\lambda} - \sum_{i=1}^{n} x_i^{\alpha} = 0,$$

解得 λ 的极大似然估计量为

$$\hat{\lambda}=\frac{n}{\sum_{i=1}^{n}x_i^{\alpha}}.$$

3. 分布中含有多个未知参数 $\theta_1,\theta_2,\cdots,\theta_k$ 的情形

极大似然估计法也适用于分布中含有多个未知参数 $\theta_1,\theta_2,\cdots,\theta_k$ 的情形.

若 $L(x,\theta)$ 对 $\theta_i(i=1,2,\cdots,k)$ 的偏导数存在,极大似然估计 $\hat{\theta}$ 应满足方程组

$$\frac{\partial L}{\partial\theta_i}=0,\ i=1,2,\cdots,k. \tag{3-1}$$

式(3-1)称为似然方程组. 由于在许多情况下,求 $\ln L(x,\theta)$ 的极大值点比较简单,而且 $\ln x$ 是 x 的严格增函数,因此在 $\ln L(x,\theta)$ 对 $\theta_i(i=1,2,\cdots,k)$ 的偏导数存在的情况下,$\hat{\theta}$ 可由

$$\frac{\partial \ln L}{\partial\theta_i}=0,\ i=1,2,\cdots,k \tag{3-2}$$

求得. 式(3-2)称为对数似然方程组. 解这一方程组,若 $\ln L(x,\theta)$ 的驻点唯一,又能验证它是一个极大值点,则它必是 $\ln L(x,\theta)$ 的极大值点,即为所求的极大似然估计. 但若驻点不唯一,则需进一步判断哪一个为极大值点. 还需指出的是,若 $\ln L(x,\theta)$ 对 $\theta_i(i=1,2,\cdots,k)$ 的偏导数不存在,或偏导存在却无驻点,则无法得到方程组,这时必须根据极大似然估计的定义直接求 $L(x,\theta)$ 的极大值点.

例 3-5 设 $X_1,X_2,\cdots,X_n$ 是总体 $X\sim N(\mu,\sigma^2)$ 的样本,求 μ 与 σ^2 的极大似然估计量.

解 X 的概率密度为

$$f(x;\mu,\sigma^2)=\frac{1}{\sqrt{2\pi}\sigma}\mathrm{e}^{-\frac{(x-\mu)^2}{2\sigma^2}}.$$

似然函数为

$$L(\mu,\sigma^2)=\prod_{i=1}^{n}\frac{1}{\sqrt{2\pi}\sigma}\mathrm{e}^{-\frac{(x_i-\mu)^2}{2\sigma^2}}$$

$$=\frac{1}{(2\pi)^{\frac{n}{2}}(\sigma^2)^{\frac{n}{2}}}\exp\left\{-\frac{\sum_{i=1}^{n}(x_i-\mu)^2}{2\sigma^2}\right\},$$

$$\ln L(\mu,\sigma^2)=-\frac{n}{2}\ln 2\pi-\frac{n}{2}\ln\sigma^2-\frac{\sum_{i=1}^{n}(x_i-\mu)^2}{2\sigma^2},$$

$$\begin{cases}\dfrac{\partial \ln L(\mu,\sigma^2)}{\partial\mu}=\dfrac{1}{\sigma^2}\sum_{i=1}^{n}(x_i-\mu)=0,\\[2ex]\dfrac{\partial \ln L(\mu,\sigma^2)}{\partial\sigma^2}=-\dfrac{n}{2\sigma^2}+\dfrac{1}{2\sigma^4}\sum_{i=1}^{n}(x_i-\mu)^2=0.\end{cases}$$

解似然方程组，即得 μ 与 σ^2 的极大似然估计量为

$$\hat{\mu} = \frac{1}{n}\sum_{i=1}^{n} X_i = \overline{X},$$

$$\hat{\sigma}^2 = \frac{1}{n}\sum_{i=1}^{n} (X_i - \overline{X})^2.$$

例 3-6 设总体 X 在 $[a,b]$ 上服从均匀分布，a,b 未知，$x_1,x_2,\cdots,x_n$ 是一个样本值. 试求 a,b 的极大似然估计量.

解 由于 X 的密度函数为

$$f(x;a,b) = \begin{cases} \frac{1}{b-a}, & a \leqslant x \leqslant b, \\ 0, & \text{其他}. \end{cases}$$

似然函数为

$$L(x_1,x_2,\cdots,x_n;a,b) = \begin{cases} \frac{1}{(b-a)^n}, & a \leqslant x_i \leqslant b,\ i = 1,2,\cdots,n, \\ 0, & \text{其他}. \end{cases}$$

由于无驻点，该题必须从极大似然估计的定义出发来求 L 的极大值点. 为使 L 达到最大，$(b-a)$ 应尽量地小，

而由极大似然函数的条件 $a \leqslant x_i \leqslant b$ 可知

$$b \geqslant \max\{x_1,x_2,\cdots,x_n\} = x_b,$$

且

$$a \leqslant \min\{x_1,x_2,\cdots,x_n\} = x_a,$$

$$L(a,b) = \frac{1}{(b-a)^n} \leqslant \frac{1}{(x_b - x_a)^n}.$$

因此 a,b 的极大似然估计量为

$$\hat{a} = \min\{X_1,X_2,\cdots,X_n\},\ \hat{b} = \max\{X_1,X_2,\cdots,X_n\}.$$

设 θ 的函数 $u = u(\theta)$，$\theta \in \Theta$，具有单值反函数 $\theta = \theta(u)$，又设 θ 是 X 的密度函数 $f(x;\theta)$ [或分布律 $p(x;\theta)$]（形式已知）中参数 θ 的极大似然估计，则 $\mu = \mu(\theta)$ 是 $u(\theta)$ 的极大似然估计. 这一性质称为极大似然函数估计的不变性.

例 3-7 设随机变量 X 的密度函数为

$$f(x,\theta) = \begin{cases} \frac{1}{\theta}e^{-\frac{x}{\theta}}, x > 0, \theta > 0, \\ 0, & \text{其他}. \end{cases}$$

$X_1,X_2,\cdots,X_n$ 是取自总体 X 的一组正的样本值，求 θ^2 的极大似然估计量.

解 似然函数为

$$L(\theta) = L(x_1,x_2,\cdots,x_n;\theta) = \prod_{i=1}^{n} f(x_i;\theta) = \prod_{i=1}^{n} \frac{1}{\theta}e^{-\frac{x_i}{\theta}} = \frac{1}{\theta^n}e^{-\sum_{i=1}^{n}\frac{x_i}{\theta}},$$

取对数，有

$$\ln L = -n\ln\theta - \frac{1}{\theta}\sum_{i=1}^{n} x_i,$$

令

$$\frac{\mathrm{d}\ln L}{\mathrm{d}\theta} = -\frac{n}{\theta} + \frac{1}{\theta^2}\sum_{i=1}^{n} x_i = 0,$$

解得

$$\hat{\theta} = \bar{x}.$$

因此，$(\bar{x})^2$ 就是 θ^2 的极大似然估计量：

3.2 基于截尾样本的极大似然估计

在研究产品的可靠性时，需要研究产品寿命 T 的各种特征. 产品寿命 T 是一个随机变量，它的分布称为寿命分布.

为了对寿命分布进行统计推断，就需要通过产品的寿命试验，以取得寿命数据. 一类典型的寿命试验是：将随机抽取的 n 个产品在时间 $t=0$ 时同时投入试验，直到每个产品都失效. 记录每个产品的失效时间，这样得到的样本（即由所有产品的失效时间所组成的样本 $0\leqslant t_1\leqslant t_2\leqslant\cdots\leqslant t_n$）叫做完全样本.

然而产品的寿命往往很长，由于时间和财力的限制，不可能得到完全样本，于是就考虑截尾寿命试验. 截尾寿命试验常用的有两种：

假设将随机抽取的 n 个产品在时间 $t=0$ 时同时投入试验，试验进行到事先规定的截尾时间 t_0 停止. 如试验截止时共有 m 个产品失效，失效时间分别为 $0\leqslant t_1\leqslant\cdots\leqslant t_m\leqslant t_0$，此时 m 是一个随机变量，所得的样本 $t_1,t_2,\cdots,t_m$ 称为定时截尾样本.

假设将随机抽取的 n 个产品在时间 $t=0$ 时同时投入试验，试验进行到有 m 个（m 是事先规定的，$m<n$）产品失效时停止，m 个失效产品的失效时间分别为 $0\leqslant t_1\leqslant\cdots\leqslant t_m\leqslant t_0$，这里 t_m 是第 m 个产品的失效时间，t_m 是随机变量，所得的样本 $t_1,t_2,\cdots,t_m$ 称为定数截尾样本.

设产品的寿命分布是指数分布，其概率密度为

$$f(t) = \begin{cases} \dfrac{1}{\theta}\mathrm{e}^{-\frac{t}{\theta}}, & t>0, \\ 0, & t\leqslant 0. \end{cases}$$

$\theta>0$ 未知，设有 n 个产品投入定数截尾试验，截尾数 m，得定数截尾样本 $t_1,t_2,\cdots,t_m$，$0\leqslant t_1\leqslant t_2\leqslant\cdots\leqslant t_m$，现用极大似然估计法来估计 θ.

在时间区间 $[0,t_m]$ 有 m 个产品失效，$(n-m)$ 个产品在 t_m 时尚未失效，即有 $(n-m)$ 个产品的寿命超过 t_m.

产品在 $(t_i,t_i+\mathrm{d}t_i]$ 失效的概率的概率近似地为

$$f(t_i)\mathrm{d}t_i = \frac{1}{\theta}\mathrm{e}^{-\frac{t_i}{\theta}}\mathrm{d}t_i, \quad i=1,2,\cdots,m.$$

其余$(n-m)$个产品的寿命超过t_m的概率为

$$\left(\int_{t_m}^{\infty}\frac{1}{\theta}e^{-\frac{t}{\theta}}dt\right)^{n-m}=(e^{-\frac{t_m}{\theta}})^{n-m}.$$

故得到上述观察结果的概率近似地为

$$\binom{n}{m}\left(\frac{1}{\theta}e^{-\frac{t_1}{\theta}}dt_1\right)\left(\frac{1}{\theta}e^{-\frac{t_2}{\theta}}dt_2\right)\cdots\left(\frac{1}{\theta}e^{-\frac{t_m}{\theta}}dt_m\right)(e^{-\frac{t_m}{\theta}})^{n-m}$$

$$=\binom{n}{m}\frac{1}{\theta^m}e^{-\frac{1}{\theta}[t_1+t_2+\cdots+t_m+(n-m)t_m]}dt_1dt_2\cdots dt_m.$$

其中$dt_1, dt_2, \cdots, dt_m$为常数,常数因子不影响θ的极大似然估计,故取似然函数为

$$L(\theta)=\frac{1}{\theta^m}e^{-\frac{1}{\theta}[t_1+t_2+\cdots+t_m+(n-m)t_m]}.$$

取对数,有

$$\ln L(\theta)=-m\ln\theta-\frac{1}{\theta}[t_1+t_2+\cdots+t_m+(n-m)t_m].$$

令

$$\frac{d}{d\theta}\ln L(\theta)=\frac{m}{\theta}+\frac{1}{\theta^2}[t_1+t_2+\cdots+t_m+(n-m)t_m]=0,$$

得

$$\hat{\theta}=\frac{s(t_m)}{m}.$$

其中$s(t_m)=t_1+t_2+\cdots+t_m+(n-m)t_m$称为总试验时间,它表示直至时刻$t_m$为止$n$个产品的试验时间的总和.

对于定时截尾样本

$$0\leqslant t_1\leqslant t_2\leqslant\cdots\leqslant t_m\leqslant t_0,$$

与上面的讨论类似,可得似然函数为

$$L(\theta)=\frac{1}{\theta^m}e^{-\frac{1}{\theta}[t_1+t_2+\cdots+t_m+(n-m)t_0]}.$$

θ的极大似然估计为

$$\hat{\theta}=\frac{s(t_0)}{m}.$$

其中$s(t_0)=t_1+t_2+\cdots+t_m+(n-m)t_0$称为总试验时间,它表示直至时刻$t_0$为止$n$个产品的试验时间的总和.

例 3-8 设电池的寿命服从指数分布,其概率密度为

$$f(t)=\begin{cases}\frac{1}{\theta}e^{-\frac{t}{\theta}}, & t>0,\\ 0, & t\leqslant 0.\end{cases}$$

$\theta>0$未知,随机地取 50 只电池投入寿命试验,规定试验进行到其中有 15 只失效时结束

试验,测得失效时间(小时)为 115,119,131,138,142,147,148,155,158,159,163,166,167,170,172. 试求电池的平均寿命 θ 的极大似然估计.

解 $n=50$, $m=15$,

$s(t_{15})=115+119+\cdots+170+172+(50-15)\times172=8270.$

θ 的极大似然估计为

$$\hat{\theta}=\frac{8270}{15}=551.33.$$

例 3-9 设电池的寿命服从指数分布,其概率密度为

$$f(t)=\begin{cases}\frac{1}{\theta}e^{-\frac{t}{\theta}}, & t>0,\\ 0, & t\leqslant 0.\end{cases}$$

$\theta>0$ 未知,随机地取 100 只电池投入寿命试验,规定试验进行到 180h 结束试验,此时测得失效电池的失效时间(h)为 115,119,131,138,142,147,148,155,158,159,163,166,167,170,172,174,175,177,178,179. 试求电池的平均寿命 θ 的极大似然估计.

解 $n=100, m=20$,

$$\begin{aligned}s(t_0)&=115+119+\cdots+170+172+174+175+177+178+179+(100-20)\times180\\&=17533,\end{aligned}$$

θ 的极大似然估计为

$$\hat{\theta}=\frac{17533}{20}=876.55.$$

3.3 估计量的评选标准

对于同一参数,用不同方法来估计,结果是不一样的. 甚至用同一方法也可能得到不同的统计量. 既然估计的结果往往不是唯一的,那么究竟孰优孰劣? 这里就有一个标准的问题. 我们总希望用一个最好的估计量来估计参数. 注意到,由于样本是随机变量,所以作为样本函数的估计量也是随机变量,它的取值是随观察结果而定的,因此评价一个估计量的优劣不能仅从它一次具体观测值来衡定,而应从估计量本身,根据不同的要求,整体评价估计量的优劣. 下面我们介绍几种常见的评价估计量优良的标准.

3.3.1 无偏性

设 $X_1,X_2,\cdots,X_n$ 是总体 X 的一个样本,$\theta\in\Theta$ 是包含在总体 X 的的分布中的待估参数,这里 Θ 是 θ 的范围.

定义 1 设估计量 $\hat{\theta}=\hat{\theta}(X_1,X_2,\cdots,X_n)$ 的数学期望 $E(\hat{\theta})$ 存在,若对任意的 $\theta\in\Theta$,都有 $E_\theta(\theta)=\theta$,则称 $\hat{\theta}$ 是 θ 的无偏估计量.

估计量的无偏性是说对于某些样本值,由这一估计量得到的估计值相对于真值来说有些是偏大,有些则偏小. 反复将这一估计量使用多次,就"平均"来说其偏差为零.

定义 2 如果$\lim\limits_{n\to\infty}(E_\delta\hat{\theta}(X_1,X_2,\cdots,X_n)-\theta)\triangleq\lim\limits_{n\to\infty}b_n(\theta)=0$,则称$\theta$是$\theta$的渐近无偏估计量,其中$b_n(\theta)$称为是$\hat{\theta}$的偏差.

例 3-10 证明:$\overline{X}$是总体期望值$E(X)=\mu$的无偏估计.

证明 $E(\overline{X})=E\left(\frac{1}{n}\sum\limits_{i=1}^{n}X_i\right)=\frac{1}{n}\sum\limits_{i=1}^{n}E(X_i)=\frac{1}{n}n\mu=\mu.$

故$\overline{X}$是总体期望值$E(X)=\mu$的无偏估计.

例 3-11 设总体X服从指数分布,概率密度为

$$f(x,\theta)=\begin{cases}\frac{1}{\theta}e^{-\frac{x}{\theta}}, & x>0,\theta>0,\\ 0, & \text{其他}.\end{cases}$$

其中$\theta>0$为未知,又$X_1,X_2,\cdots,X_n$是X的一样本,试证:$\overline{X}$和$nZ=n[\min\{X_1,X_2,\cdots,X_n\}]$都是$\theta$的无偏估计.

证明 因为

$$E(\overline{X})=E(X)=\theta,$$

所以$\overline{X}$是θ的无偏估计.

而$Z=\min\{X_1,X_2,\cdots,X_n\}$则服从参数为$\frac{\theta}{n}$的指数分布,其密度为

$$f_{\min}(x,\theta)=\begin{cases}\frac{n}{\theta}e^{-\frac{nx}{\theta}}, & x>0,\\ 0, & \text{其他}.\end{cases}$$

$$E(Z)=\frac{\theta}{n}\Rightarrow E(n\theta)=\theta,$$

即nZ是θ的无偏估计.

由此可见,一个未知参数可以有不同的无偏估计.事实上,$X_1,X_2,\cdots,X_n$中的每一个均可作为θ的无偏估计.

例 3-12 证明:${S_n}^2$不是总体方差$D(X)=\sigma^2$的无偏估计,而是渐近无偏估计.S^2才是总体方差$D(X)=\sigma^2$的无偏估计.

证明 $D(\overline{X})=D\left(\frac{1}{n}\sum\limits_{i=1}^{n}X_i\right)=\frac{1}{n^2}\sum\limits_{i=1}^{n}D(X_i)=\frac{1}{n^2}n\sigma^2=\frac{\sigma^2}{n}.$

故

$$\begin{aligned}E({S_n}^2)&=E\left[\frac{1}{n}\sum_{i=1}^{n}(X_i-\overline{X})^2\right]=E\left[\frac{1}{n}\sum_{i=1}^{n}(X_i-\mu)^2-(\overline{X}-\mu)^2\right]\\&=\frac{1}{n}\sum_{i=1}^{n}D(X_i)-D(\overline{X})=\frac{1}{n}\cdot n\sigma^2-\frac{\sigma^2}{n}=\frac{n-1}{n}\sigma^2\neq\sigma^2.\end{aligned}$$

但

$$\lim_{n\to\infty}\frac{n-1}{n}\sigma^2=\sigma^2.$$

因此${S_n}^2$不是总体方差$D(X)=\sigma^2$的无偏估计,而是渐近无偏估计.

$$E(S^2) = E\Big[\frac{1}{n-1}\sum_{i=1}^{n}(X_i-\overline{X})^2\Big] = E\Big[\frac{1}{n-1}\sum_{i=1}^{n}(X_i-\mu)^2 - \frac{1}{n-1}(\overline{X}-\mu)^2\Big]$$

$$= \frac{1}{n-1}\sum_{i=1}^{n}D(X_i) - \frac{1}{n-1}D(\overline{X}) = \frac{1}{n-1}\cdot n\sigma^2 - \frac{\sigma^2}{n-1} = \sigma^2.$$

因此 S^2 才是总体方差 $D(X)=\sigma^2$ 的无偏估计.

3.3.2 有效性和最小方差性

无偏估计量只说明估计量的取值在真值周围摆动,但众多无偏估计中又是哪个估计量好呢? 这个“周围”究竟有多大? 我们自然希望摆动范围越小越好,即估计量的取值的集中程度要尽可能的高. 由于方差是衡量随机变量取值与其数学期望的偏离程度的数字特征,所以无偏估计以方差小者为好. 这就引出了估计量的最小方差无偏估计的概念.

定义 3 设总体 X 有分布函数 $F(x;\theta)$,$\theta\in\Theta$ 为未知参数,$X_1,X_2,\cdots,X_n$ 是来自总体 X 的简单随机样本,$T=T(X_1,X_2,\cdots,X_n)$ 和 $T'=T'(X_1,X_2,\cdots,X_n)$ 均是待估函数 $g(\theta)$ 的无偏估计量,若

$$D_\theta(T)\leqslant D_\theta(T'),\ \forall\,\theta\in\Theta,$$

则称估计量 $T(X_1,X_2,\cdots,X_n)$ 比 $T'(X_1,X_2,\cdots,X_n)$ 有效.

定义 4 对于固定的样本容量 n,设 $T=T(X_1,X_2,\cdots,X_n)$ 是参数函数 $g(\theta)$ 的无偏估计量,若对 $g(\theta)$ 的任一个无偏估计量 $T'=T'(X_1,X_2,\cdots,X_n)$,有

$$D_\theta(T)\leqslant D_\theta(T'),\ \forall\,\theta\in\Theta,$$

则称 $T(X_1,X_2,\cdots,X_n)$ 为 $g(\theta)$ 的(一致)最小方差无偏估计量,或者称为最优无偏估计量.

从定义上看,要直接验证某个估计量是待估函数 $g(\theta)$ 的最优无偏估计是有困难的. 现考虑 $g(\theta)$ 的一切无偏估计 U,如果能求出其一切无偏估计中方差的一个下界(下界显然存在的,至少可以取 0),而又能证明某个估计 $T\in U$ 能达到这一下界,则 T 当然就是最优无偏估计. 下面来求这个下界.

不妨考虑总体为连续型的. 简记:

统计量 $T=T(X_1,X_2,\cdots,X_n)$ 为 $T(X)$;

样本 $X_1,X_2,\cdots,X_n$ 的分布密度 $\prod_{i=1}^{n}f(x_i;\theta)$ 为 $f(x;\theta)$;

积分 $\int\cdots\int dx_1\cdots dx_n$ 为 $\int dx$.

又假设在以下计算中,所有需要求导和在积分号下求导的场合都具有相应的可行性. 今考虑 $g(\theta)$ 的一个无偏估计 $T(X)$,即

$$\int T(x)f(x;\theta)\,dx = E_\theta(T) = g(\theta),$$

两边对 θ 求导,得

$$\int T(x)\frac{\partial f(x;\theta)}{\partial\theta}dx = g'(\theta). \tag{3-3}$$

又

$$\int f(x;\theta)\,\mathrm{d}x = 1,$$

上式两边对 θ 求导,得

$$\int \frac{\partial f(x;\theta)}{\partial\theta}\mathrm{d}x = 0. \tag{3-4}$$

式(3-4)乘以 $-g(\theta)$,得

$$\int -g(\theta)\frac{\partial f(x;\theta)}{\partial\theta}\mathrm{d}x = 0. \tag{3-5}$$

式(3-3)与式(3-5)相加,得

$$\int [T(x)-g(\theta)]\frac{\partial f(x;\theta)}{\partial\theta}\mathrm{d}x = g'(\theta).$$

上式改写成为

$$g'(\theta) = \int \{[T(x)-g(\theta)]\sqrt{f(x;\theta)}\}\left\{\frac{\sqrt{f(x;\theta)}}{f(x;\theta)}\frac{\partial f(x;\theta)}{\partial\theta}\right\}\mathrm{d}x.$$

由柯西—西瓦尔兹不等式,得

$$[g'(\theta)]^2 \leqslant \int [T(x)-g(\theta)]^2 f(x;\theta)\,\mathrm{d}x\cdot\int\left(\frac{\partial f(x;\theta)}{\partial\theta}\cdot\frac{1}{f(x;\theta)}\right)^2 f(x;\theta)\,\mathrm{d}x. \tag{3-6}$$

其中

$$\int [T(x)-g(\theta)]^2 f(x;\theta)\,\mathrm{d}x = D_\theta(T(X)), \tag{3-7}$$

$$\int\left(\frac{\partial f(x;\theta)}{\partial\theta}\frac{1}{f(x;\theta)}\right)^2 f(x;\theta)\,\mathrm{d}x = E_\theta\left(\frac{\partial \ln f(x;\theta)}{\partial\theta}\right)^2. \tag{3-8}$$

故即得著名的克拉默-劳(Rao-Cramer)不等式,简称 C-R 不等式:

$$D_\theta(T(X)) \geqslant [g'(\theta)]^2/E_\theta\left(\frac{\partial \ln f(X;\theta)}{\partial\theta}\right)^2 \tag{3-9}$$

$X_1,X_2,\cdots,X_n$ 独立同分布,则由

$$\frac{\partial \ln f(x;\theta)}{\partial\theta} = \sum_{i=1}^{n}\frac{\partial \ln f(x_i;\theta)}{\partial\theta},$$

以及当 $i\neq j$ 时,利用式(3-4),有

$$\begin{aligned}
&E_\theta\left[\left(\frac{\partial \ln f(X_i;\theta)}{\partial\theta}\right)\left(\frac{\partial \ln f(X_j;\theta)}{\partial\theta}\right)\right]\\
&= E_\theta\left(\frac{\partial \ln f(X_i;\theta)}{\partial\theta}\right)\cdot E_\theta\left(\frac{\partial \ln f(X_j;\theta)}{\partial\theta}\right)\\
&= E_\theta\left(\frac{\partial \ln f(X_i;\theta)}{\partial\theta}\right)\cdot\int\frac{\partial \ln f(x_j;\theta)}{\partial\theta}f(x_j;\theta)\,\mathrm{d}x_j\\
&= E_\theta\left(\frac{\partial \ln f(X_i;\theta)}{\partial\theta}\right)\cdot\int\left[\frac{\partial f(x_j;\theta)}{\partial\theta}\frac{1}{f(x_j;\theta)}\right]f(x_j;\theta)\,\mathrm{d}x_j
\end{aligned}$$

$$= E_\theta\left(\frac{\partial \ln f(X_i;\theta)}{\partial \theta}\right)\cdot \int \frac{\partial f(x_j;\theta)}{\partial \theta}\mathrm{d}x_j = 0,$$

得

$$E_\theta\left(\frac{\partial \ln f(X;\theta)}{\partial \theta}\right)^2 = \sum_{i=1}^{n} E_\theta\left(\frac{\partial \ln f(X_i;\theta)}{\partial \theta}\right)^2 = nE_\theta\left(\frac{\partial \ln f(X_1;\theta)}{\partial \theta}\right)^2 = nI(\theta).$$

其中 $I(\theta)=E_\theta\left(\frac{\partial \ln f(X;\theta)}{\partial \theta}\right)^2$ 称为费舍尔(Fisher)信息量.

注:此处 X_1 应为总体 X,由于样本与总体是同分布的,为避免与前面假设符号相混淆,此处用 X_1 表示,后面的问题中仍由总体 X 表示.

于是式(3-9)可简写成

$$D_\theta(T(X)) \geqslant [g'(\theta)]^2/nI(\theta).$$

定义 5 $\frac{[g'(\theta)]^2}{nI(\theta)}$称为参数函数 $g(\theta)$ 估计量方差的克拉默-劳下界.

$I(\theta)$ 的另一表达式,它有时用起来更方便:

$$I(\theta) = -E_\theta\left(\frac{\partial^2 \ln f(X;\theta)}{\partial \theta^2}\right).$$

定义 6 称 $e_n=\frac{[g'(\theta)]^2}{D_\theta(T(X))nI(\theta)}$为 $g(\theta)$ 的无偏估计量 T 的效率;当 T 的效率 $e_n=1$ 时,称 T 是有效估计;若$\lim\limits_{n\to\infty} e_n=1$,则称 T 是渐近有效估计.

注: (1)显然由克拉默—劳不等式可知 $e_n\leqslant 1$.

(2)当 $e_n=1$ 时,有 $D_\theta(T(X))=[g'(\theta)]^2/nI(\theta)$,对一切 $\theta\in\Theta$,对 $g(\theta)$ 的任一个无偏估计量 $T'=T'(X_1,X_2,\cdots,X_n)$ 都有 $D_\theta(T)\leqslant D_\theta(T')$. 因此,此时 $g(\theta)$ 的无偏估计 $T(X)$ 是 $g(\theta)$ 的最优无偏估计. 故称无偏估计量 T 较 T'有效.

例 3-13 设总体 $X\sim N(\mu,\sigma^2)$,$X_1,X_2,\cdots,X_n$ 为 X 的样本,则 μ 的无偏估计 $\overline{X}$ 是有效估计,σ^2 的无偏估计 S^2是渐近有效估计.

证明 (1)由例 3-10 和例 3-12 知:$\overline{X}$,S^2 分别是 μ 和 σ^2 的无偏估计.

(2)计算 $D(\overline{X})$,$D(S^2)$.

易知

$$D(\overline{X}) = \frac{\sigma^2}{n},$$

又由$\frac{(n-1)S^2}{\sigma^2}\sim\chi^2(n-1)$,得

$$D\left(\frac{(n-1)S^2}{\sigma^2}\right) = 2(n-1).$$

从而

$$D(S^2) = D\left[\frac{\sigma^2}{n-1}\left(\frac{(n-1)S^2}{\sigma^2}\right)\right] = \frac{\sigma^4}{(n-1)^2}\cdot 2(n-1) = \frac{2\sigma^4}{n-1}.$$

(3) 计算 $I(\mu), I(\sigma^2)$.

$$\ln f(X;\mu,\sigma^2) = -\frac{(X-\mu)^2}{2\sigma^2} - \ln\sqrt{2\pi} - \frac{1}{2}\ln\sigma^2,$$

故

$$\frac{\partial \ln f(X;\mu,\sigma^2)}{\partial \mu} = \frac{X-\mu}{\sigma^2},$$

$$I(\mu) = E\left[\frac{\partial \ln f(X;\mu,\sigma^2)}{\partial \mu}\right]^2 = E\left[\frac{X-\mu}{\sigma^2}\right]^2 = \frac{1}{\sigma^4}D(X) = \frac{1}{\sigma^2}.$$

又

$$\frac{\partial \ln f(X;\mu,\sigma^2)}{\partial \sigma^2} = -\frac{1}{2\sigma^2} + \frac{1}{2\sigma^4}(X-\mu)^2,$$

$$\frac{\partial^2 \ln f(X;\mu,\sigma^2)}{(\partial \sigma^2)^2} = \frac{1}{2\sigma^4} - \frac{1}{\sigma^6}(X-\mu)^2.$$

故

$$I(\sigma^2) = -E\left[\frac{\partial^2 \ln f(X;\mu,\sigma^2)}{(\partial \sigma^2)^2}\right] = -\frac{1}{2\sigma^4} + \frac{1}{\sigma^4} = \frac{1}{2\sigma^4}.$$

(4) 计算效率 $e_n(\overline{X}), e_n(S^2)$.

$$e_n(\overline{X}) = \frac{1}{D(\overline{X})nI(\mu)} = \frac{1}{\frac{\sigma^2}{n}\cdot n\frac{1}{\sigma^2}} = 1,$$

$$e_n(S^2) = \frac{1}{D(S^2)nI(\sigma^2)} = \frac{1}{\frac{2\sigma^4}{n-1}\cdot n\frac{1}{2\sigma^4}} = \frac{n-1}{n} \to 1, n\to\infty.$$

故 $\overline{X}$ 是 μ 的有效估计，S^2 是 σ^2 的渐近有效估计.

3.3.3 相合性

无偏性和有效性都是在样本容量固定的前提下提出的. 随着样本容量的增大，一个估计量的值是否稳定于待估参数的真值呢？这就对估计量提出了相合性的要求.

定义 7 设 $\hat{\theta}(X_1, X_2, \cdots, X_n)$ 是总体 X 分布的未知参数 θ 的估计量，若 $\hat{\theta}$ 依概率收敛于 θ，即对任意的 $\varepsilon > 0$，有

$$\lim_{n\to\infty} P\{|\hat{\theta} - \theta| < \varepsilon\} = 1,$$

则称 $\hat{\theta}$ 是 θ 的相合估计量. 也称 $\hat{\theta}$ 是 θ 的一致性估计量.

例 3-14 若总体 $X \sim N(\mu, \sigma^2)$，$X_1, X_2, \cdots, X_n$ 是来自总体 X 的容量为 n 的样本. 证明：μ 的估计量 $\hat{\mu} = \overline{X}$ 是 μ 的一致估计.

证明 $X_1, X_2, \cdots, X_n$ 是来自总体 X 的容量为 n 的样本，则

$$E(X_i)=\mu, D(X_i)=\sigma^2, i=1,2,\cdots,n,$$

则由大数定律知，$\overline{X}$ 依概率收敛于 μ，即

$$\lim_{n\to\infty}P(|\overline{X}-\mu|<\varepsilon)=1,$$

也即未知参数 μ 的估计量 $\hat{\mu}=\overline{X}$ 是 μ 的一致估计.

3.4 区间估计

若只是对总体的某个未知参数 θ 的值进行统计推断，那么点估计是一种很有用的形式，即只要得到样本观测值 $(x_1,x_2,\cdots,x_n)$，点估计值 $\hat{\theta}(x_1,x_2,\cdots,x_n)$ 能给我们对 θ 的值有一个明确的数量概念. 但是 $\hat{\theta}(x_1,x_2,\cdots,x_n)$ 仅仅是 θ 的一个近似值，它并没有反映出这个近似值的误差范围，也没有给出这个近似值估计真值的可靠性有多大，这对实际工作来说都是不方便的，而区间估计正好弥补了点估计的这个缺陷. 区间估计是指由两个取值于 Θ 的统计量 $\hat{\theta}_1,\hat{\theta}_2$ 组成一个区间，对于一个具体问题得到的样本值之后，便给出了一个具体的区间 $(\hat{\theta}_1,\hat{\theta}_2)$，使参数 θ 尽可能地落在该区间内.

事实上，由于 $\hat{\theta}_1,\hat{\theta}_2$ 是两个统计量，所以 $(\hat{\theta}_1,\hat{\theta}_2)$ 实际上是一个随机区间，它覆盖 θ（即 $\theta\in(\hat{\theta}_1,\hat{\theta}_2)$）就是一个随机事件，而 $P\{\theta\in(\hat{\theta}_1,\hat{\theta}_2)\}$ 就反映了这个区间估计的可信程度；另一方面，区间长度 $\hat{\theta}_2-\hat{\theta}_1$ 也是一个随机变量，$E(\hat{\theta}_2-\hat{\theta}_1)$ 反映了区间估计的精确程度. 我们自然希望反映的可信程度越大越好，反映精确程度的区间长度越小越好. 但在实际问题，二者常常不能兼顾. 为此，这里引入置信区间的概念，并给出在一定可信程度的前提下求置信区间的方法.

3.4.1 置信区间的概念

定义 设总体 X 的分布函数 $F(x;\theta)$ 含有一个未知参数 θ，$\theta\in\Theta$（Θ 是 θ 可能取值的范围），对于给定的 $\alpha(0<\alpha<1)$，若由样本 $X_1,X_2,\cdots,X_n$ 确定的两个统计量 $\hat{\theta}_1(X_1,X_2,\cdots,X_n)$ 和 $\hat{\theta}_2(X_1,X_2,\cdots,X_n)$ 满足

$$P\{\hat{\theta}_1<\theta<\hat{\theta}_2\}\geqslant 1-\alpha,$$

则称 $(\hat{\theta}_1,\hat{\theta}_2)$ 为 θ 的置信度为 $(1-\alpha)$ 的置信区间，$(1-\alpha)$ 称为置信度或置信水平，$\hat{\theta}_1$ 称为双侧置信区间的置信下限，$\hat{\theta}_2$ 称为置信上限.

当 X 是连续型随机变量时，对于给定的 α，按要求 $P\{\hat{\theta}_1<\theta<\hat{\theta}_2\}=1-\alpha$ 求出置信区间；而当 X 是离散型随机变量时，对于给定的 α，常常找不到区间 $(\hat{\theta}_1,\hat{\theta}_2)$ 使得 $P\{\hat{\theta}_1<\theta\leqslant\hat{\theta}_2\}$ 恰为 $(1-\alpha)$，此时取区间 $(\hat{\theta}_1,\hat{\theta}_2)$，使 $P\{\hat{\theta}_1<\theta<\hat{\theta}_2\}$ 至少为 $(1-\alpha)$ 且尽可能接

近$(1-\alpha)$.

$P\{\hat{\theta}_1<\theta<\hat{\theta}_2\}\geqslant 1-\alpha$ 的意义在于:若反复抽样多次,每个样本值确定一个区间$(\hat{\theta}_1,\hat{\theta}_2)$,每个这样的区间要么包含 θ 的真值,要么不包含 θ 的真值,据伯努利大数定律,在这样多的区间中,包含 θ 真值的约占$(1-\alpha)$,不包含 θ 真值的约仅占 α,例如,$\alpha=0.005$,反复抽样 1000 次,,则得到的 1000 个区间中不包含 θ 真值的区间仅为 5 个.

例 3-15 设总体 $X\sim N(\mu,\sigma^2)$,σ^2 为已知,μ 为未知,$X_1,X_2,\cdots,X_n$ 是来自 X 的一个样本,求 μ 的置信度为$(1-\alpha)$的置信区间.

解 已知 $\overline{X}$ 是 μ 的无偏估计,且

$$U=\frac{\overline{X}-\mu}{\sigma/\sqrt{n}}\sim N(0,1),$$

据标准正态分布的 α 分位点的定义,有

$$P\{|U|<z_{\frac{\alpha}{2}}\}=1-\alpha,$$

即
$$P\left\{-z_{\frac{\alpha}{2}}<\frac{\overline{X}-\mu}{\sigma/\sqrt{n}}<z_{\frac{\alpha}{2}}\right\}=1-\alpha$$

解得
$$P\left\{\overline{X}-\frac{\sigma}{\sqrt{n}}z_{\alpha/2}<\mu<\overline{X}+\frac{\sigma}{\sqrt{n}}z_{\alpha/2}\right\}=1-\alpha.$$

所以 μ 的置信度为 $1-\alpha$ 的置信区间为

$$\left(\overline{X}-\frac{\sigma}{\sqrt{n}}z_{\alpha/2},\overline{X}+\frac{\sigma}{\sqrt{n}}z_{\alpha/2}\right),$$

简写成

$$\left(\overline{X}\pm\frac{\sigma}{\sqrt{n}}z_{\alpha/2}\right).$$

其置信区间的长度为

$$2\times\frac{\sigma}{\sqrt{n}}z_{\frac{\alpha}{2}}.$$

例如,当 $\alpha=0.05$ 时,$1-\alpha=0.95$,查表得 $z_{\alpha/2}=z_{0.025}=1.96$,又若 $n=16$,$\sigma=1$,$\bar{x}=5.2$,则得到一个置信度为 0.95 的置信区间为

$$\left(5.2\pm\frac{1}{\sqrt{16}}\times 1.96\right),$$

即$(4.71,5.69)$.

注意:此时,该区间已不再是随机区间了,但仍称它为置信度为 0.95 的置信区间,其含义是指:“该区间包含 μ”这一陈述的可信程度为 95%. 而如果写成 $P\{4.91\leqslant\mu\leqslant 5.89\}=0.95$ 则是错误的,因为此时该区间要么包含 μ,要么不包含 μ.

置信度为$(1-\alpha)$的置信区间并不唯一.

对于给定的 $\alpha=0.05$,μ 的置信度为 0.95 的置信区间为

$$\left(\overline{X} \pm \frac{\sigma}{\sqrt{n}} z_{0.025}\right),$$

置信区间的长度为

$$L_1 = 2 \times \frac{\sigma}{\sqrt{n}} z_{0.025} = 3.92 \times \frac{\sigma}{\sqrt{n}}.$$

又

$$P\left\{-z_{0.04} < \frac{\overline{X} - \mu}{\sigma / \sqrt{n}} < z_{0.01}\right\} = 0.95,$$

即

$$P\left\{\overline{X} - \frac{\sigma}{\sqrt{n}} z_{0.01} < \mu < \overline{X} + \frac{\sigma}{\sqrt{n}} z_{0.04}\right\} = 0.95.$$

故$\left(\overline{X} - \frac{\sigma}{\sqrt{n}} z_{0.01}, \overline{X} + \frac{\sigma}{\sqrt{n}} z_{0.04}\right)$也是$\mu$的置信度为0.95的置信区间.

其置信区间的长度为

$$L_2 = \frac{\sigma}{\sqrt{n}}(z_{0.04} + z_{0.01}) = 4.08 \times \frac{\sigma}{\sqrt{n}} > L_1.$$

置信区间短表示估计的精度高,故前一个区间较后一个区间为优.

说明:对于概率密度的图形是单峰且关于纵坐标轴对称的情况,易证取a和b关于原点对称时,能使置信区间长度最小,因此选用这样的区间.

例3-16 设某工件的长度$X \sim N(\mu, 16)$,今抽9件测量其长度,得数据如下(单位:mm):142, 138, 150, 165, 156, 148, 132, 135, 160. 求μ的置信度为0.95的置信区间.

解 μ的置信度为0.95的置信区间为

$$\left(\overline{X} \pm \frac{\sigma}{\sqrt{n}} z_{0.025}\right).$$

由$n=9, \sigma=4, \alpha=0.05, z_{0.025}=1.96, \overline{X}=147.333$,得$\mu$的置信度为0.95的置信区间为(144.720, 149.946).

3.4.2 求未知参数θ的置信区间的一般步骤

(1) 寻求一个样本$X_1, X_2, \cdots, X_n$的函数$W(X_1, X_2, \cdots, X_n; \theta)$;它包含待估参数$\theta$,而不包含其他未知参数,并且$W$的分布已知,且不依赖于任何未知参数. 称具有这种性质的函数W为枢轴量.

(2) 对于给定的置信度$1-\alpha$,定出两个常数a, b,使

$$P\{a < W(X_1, X_2, \cdots, X_n; \theta) < b\} = 1 - \alpha.$$

从$a < W(X_1, X_2, \cdots, X_n; \theta) < b$中得到不等式$\hat{\theta}_1 < \theta < \hat{\theta}_2$,其中:$\hat{\theta}_1 = \hat{\theta}_1(X_1, X_2, \cdots, X_n)$,$\hat{\theta}_2 = \hat{\theta}_2(X_1, X_2, \cdots, X_n)$都是统计量,则$(\hat{\theta}_1, \hat{\theta}_2)$就是$\theta$的一个置信度为$(1-\alpha)$的置信区间.

3.5 正态总体的均值与方差的区间估计

下面就正态总体的期望和方差,求其置信区间:

3.5.1 单个正态总体期望与方差的区间估计

设总体 $X \sim N(\mu,\sigma^2)$,$X_1,X_2,\cdots,X_n$ 为来自 X 的一个样本,$\overline{X},S^2$ 分别是样本均值和样本方差. 已给定置信度为 $1-\alpha$.

1. 均值 μ 的值信区间

(1) 当 σ^2 已知时,由抽样分布可得枢轴量为

$$U = \frac{\overline{X}-\mu}{\sigma/\sqrt{n}} \sim N(0,1),$$

μ 的置信度为 $(1-\alpha)$ 的置信区间为

$$\left(\overline{X} \pm \frac{\sigma}{\sqrt{n}} z_{\alpha/2}\right).$$

(2) σ^2 未知时,已知:S^2 是 σ^2 的最小方差无偏估计,

据抽样分布,有枢轴量

$$T = \frac{\overline{X}-\mu}{S}\sqrt{n} \sim t(n-1).$$

由自由度为 $(n-1)$ 的 t 分布的分位数的定义,有

$$P\left\{-t_{\alpha/2}(n-1) < \frac{\overline{X}-\mu}{S/\sqrt{n}} < t_{\alpha/2}(n-1)\right\} = 1-\alpha,$$

即

$$P\left\{\overline{X} - \frac{S}{\sqrt{n}} t_{\alpha/2}(n-1) < \mu < \overline{X} + \frac{S}{\sqrt{n}} t_{\alpha/2}(n-1)\right\} = 1-\alpha.$$

所以 μ 的置信度为 $(1-\alpha)$ 的置信区间为

$$\left(\overline{X} \pm \frac{S}{\sqrt{n}} t_{\alpha/2}(n-1)\right).$$

例 3-17 设来自正态分布总体 $X \sim N(\mu,\sigma^2)$)的样本值为

5.1,5.1,4.8,5.0,4.7,5.0,5.2,5.1,5.0,

试就 σ 未知的情况求总体均值 μ 的置信度为 0.95 的置信区间.

解 σ 未知时,总体均值 μ 的置信度为 0.95 的置信区间为

$$\left(\overline{X} \pm \frac{S}{\sqrt{n}} t_{\alpha/2}(n-1)\right),$$

计算,得

$$\bar{x} = \frac{1}{9}(5.1 + 5.1 + \cdots + 5.0), s = 0.1581.$$

因为 $1-\alpha=0.95$,所以

$$\alpha = 0.05,\ t_{\alpha/2}(8) = 2.306.$$

则

$$\bar{x} - t_{\alpha/2}\frac{S}{\sqrt{n}} = 5.0 - 2.306 \times \frac{0.1581}{\sqrt{9}} = 4.878,$$

$$\bar{x} + t_{\alpha/2}\frac{S}{\sqrt{n}} = 5.0 + 2.306 \times \frac{0.1581}{\sqrt{9}} = 5.122.$$

故所求总体均值 μ 的置信度为 0.95 的置信区间为(4.878,5.122).

2. 方差 σ^2 的置信区间

1) 当 μ 已知时

由抽样分布知有枢轴量为

$$\chi^2 = \sum_{i=1}^{n}\frac{(X_i-\mu)^2}{\sigma^2} \sim \chi^2(n),$$

据 $\chi^2(n)$ 分布分位数的定义,有

$$P\{\chi^2 > \chi^2_{\alpha/2}(n)\} = \frac{\alpha}{2},$$

$$P\{\chi^2 < \chi^2_{1-\alpha/2}(n)\} = \frac{\alpha}{2}.$$

所以

$$P\{\chi^2_{1-\alpha/2}(n) < \chi^2 < \chi^2_{\alpha/2}(n)\} = 1-\alpha,$$

从而

$$P\left\{\frac{\sum_{i=1}^{n}(X_i-\mu)^2}{\chi^2_{\alpha/2}(n)} < \sigma^2 < \frac{\sum_{i=1}^{n}(X_i-\mu)^2}{\chi^2_{1-\alpha/2}(n)}\right\} = 1-\alpha.$$

故 σ^2 的置信度为 $(1-\alpha)$ 的置信区间为

$$\left(\frac{\sum_{i=1}^{n}(X_i-\mu)^2}{\chi^2_{\alpha/2}(n)}, \frac{\sum_{i=1}^{n}(X_i-\mu)^2}{\chi^2_{1-\alpha/2}(n)}\right).$$

2) 当 μ 未知时

$\overline{X}$ 既是 μ 的最小方差无偏估计,又是有效估计,所以用 $\overline{X}$ 代替 μ,有枢轴量为

$$\frac{(n-1)S^2}{\sigma^2} = \frac{\sum_{i=1}^{n}(X_i-\overline{X})^2}{\sigma^2} \sim \chi^2(n-1).$$

据 $\chi^2(n-1)$ 分布分位数的定义,有

$$P\left\{\chi^2_{1-\alpha/2}(n-1) < \frac{(n-1)S^2}{\sigma^2} < \chi^2_{\alpha/2}(n-1)\right\} = 1-\alpha,$$

即

$$P\left\{\frac{(n-1)S^2}{\chi^2_{\alpha/2}(n-1)} < \sigma^2 < \frac{(n-1)S^2}{\chi^2_{1-\alpha/2}(n-1)}\right\} = 1-\alpha.$$

可以得到 σ^2 的一个置信度为 $(1-\alpha)$ 的置信区间为

$$\left(\frac{(n-1)S^2}{\chi^2_{\alpha/2}(n-1)}, \frac{(n-1)S^2}{\chi^2_{1-\alpha/2}(n-1)}\right).$$

进一步还可以得到 σ 的置信度为 $(1-\alpha)$ 的置信区间为

$$\left(\frac{\sqrt{n-1}S}{\sqrt{\chi^2_{\alpha/2}(n-1)}}, \quad \frac{\sqrt{n-1}S}{\sqrt{\chi^2_{1-\alpha/2}(n-1)}}\right).$$

注意：当分布不对称时，如 χ^2 分布和 F 分布，习惯上仍然取其对称的分位点，来确定置信区间，但所得区间不是最短的.

3.5.2 两个正态总体的情形

在实际中常遇到下面的问题：已知产品的某一质量指标服从正态分布，但由于原料、设备条件、操作人员不同或工艺过程的改变等因素，引起总体均值、总体方差有所改变，我们需要知道这些变化有多大，这就需要考虑两个正态总体均值差或方差比的估计问题.

设已给定置信度为 $(1-\alpha)$，总体 $X \sim N(\mu_1, \alpha_1^2)$，总体 $Y \sim N(\mu_2, \sigma_2^2)$. 且 X 与 Y 相互独立，$X_1, X_2 \cdots, X_{n_1}$ 来自 X 的一个样本，$Y_1, Y_2, \cdots, Y_{n_2}$ 为来自 Y 的一个样本，且设 $\overline{X}, \overline{Y}, S_1^2, S_2^2$ 分别为总体 X 与 Y 的样本均值与样本方差.

1. 两个总体均值差 $(\mu_1-\mu_2)$ 的置信区间

1）当 σ_1^2, σ_2^2 已知时

$\overline{X}, \overline{Y}$ 分别为 μ_1, μ_2 的无偏估计，故 $\overline{X}-\overline{Y}$ 是 $\mu_1-\mu_2$ 的无偏估计，于是得枢轴量为

$$U = \frac{(\overline{X}-\overline{Y})-(\mu_1-\mu_2)}{\sqrt{\frac{\sigma_1^2}{n_1}+\frac{\sigma_2^2}{n_2}}} \sim N(0,1),$$

所以可以得到 $(\mu_1-\mu_2)$ 的置信度为 $(1-\alpha)$ 的置信区间为

$$\left(\overline{X}-\overline{Y} \pm z_{\alpha/2}\sqrt{\frac{{\sigma_1}^2}{n_1}+\frac{{\sigma_2}^2}{n_2}}\right).$$

2）σ_1^2, σ_2^2 均为未知，但 m, n 均较大（大于 50）

可用 S_1^2 和 S_2^2 分别代替上式中 σ_1^2, σ_2^2，则可得 $(\mu_1-\mu_2)$ 的置信度为 $(1-\alpha)$ 的近似置信区间为

$$\left(\overline{X}-\overline{Y} \pm z_{\alpha/2}\sqrt{\frac{{S_1}^2}{n_1}+\frac{{S_2}^2}{n_2}}\right).$$

3）当 $\sigma_1^2=\sigma_2^2=\sigma^2$，且 σ^2 未知时

由抽样分布可知，若令

$$S_\omega^2=\frac{(n_1-1)S_1^2+(n_2-1)S_2^2}{n_1+n_2-2},$$

则枢轴量为

$$T=\frac{(\overline{X}-\overline{Y})-(\mu_1-\mu_2)}{\sqrt{\frac{1}{n_1}+\frac{1}{n_2}}\cdot S_\omega}\sim t(n_1+n_2-2),$$

从而可得 $(\mu_1-\mu_2)$ 的置信度为 $(1-\alpha)$ 的置信区间为

$$\left(\overline{X}-\overline{Y}\pm t_{\alpha/2}(n_1+n_2-2)S_\omega\sqrt{\frac{1}{n_1}+\frac{1}{n_2}}\right).$$

例 3－18 为比较Ⅰ，Ⅱ两种型号步枪子弹的枪口速度，随机的取Ⅰ型子弹 10 发，得到枪口平均速度为 $\overline{x_1}=500(\mathrm{m/s})$，标准差 $s_1=1.10(\mathrm{m/s})$，取Ⅱ型子弹 20 发，得到枪口平均速度为 $\overline{x_2}=496(\mathrm{m/s})$，标准差 $s_2=1.20(\mathrm{m/s})$，假设两总体都可认为近似地服从正态分布，且由生产过程可认为它们的方差相等，求两总体均值差 $(\mu_1-\mu_2)$ 的置信度为 0.95 的置信区间.

解 由题设：两总体的方差相等，却未知，故 $(\mu_1-\mu_2)$ 的置信度为 $(1-\alpha)$ 的置信区间为

$$\left(\overline{X}-\overline{Y}\pm t_{\alpha/2}(n_1+n_2-2)S_\omega\sqrt{\frac{1}{n_1}+\frac{1}{n_2}}\right).$$

由于

$1-\alpha=0.95,\alpha/2=0.025,n_1=10,n_2=20,n_1+n_2-2=28,t_{0.075}(28)=2.0484,$

$$s_\omega^2=\frac{9\times1.1^2+19\times1.2^2}{28},$$

所以

$$s_w=\sqrt{{s_w}^2}=1.1688,$$

故所求置信区间为

$$\left(\overline{x}_1-\overline{x}_2\pm S_w\times t_{0.025}(28)\sqrt{\frac{1}{10}+\frac{1}{20}}\right)=(4\pm0.93),$$

即 (3.07,4.93).

在该题中所得下限大于 0，在实际中认为 μ_1 比 μ_2 大，相反，若下限小于 0，则认为 μ_1 与 μ_2 没有显著的差别.

2. 两个总体方差比 σ_1^2/σ_2^2 的置信区间（μ_1,μ_2 均未知）

据抽样分布知枢轴量为

$$F=\frac{S_1^2/\sigma_1^2}{S_2^2/\sigma_2^2}\sim F(n_1-1,n_2-1),$$

由 F 分布的分位数定义及其特点是

$$P\left\{F_{1-\alpha/2}(n_1-1,n_2-1)<\frac{S_1{}^2/\sigma_1{}^2}{S_2{}^2/\sigma_2{}^2}<F_{\alpha/2}(n_1-1,n_2-1)\right\}=1-\alpha,$$

可得 σ_1^2/σ_2^2 的置信度为$(1-\alpha)$的置信区间为

$$\left(\frac{S_1{}^2}{S_2{}^2}\frac{1}{F_{\alpha/2}(n_1-1,n_2-1)},\frac{S_1{}^2}{S_2{}^2}\frac{1}{F_{1-\alpha/2}(n_1-1,n_2-1)}\right).$$

例 3-19 某厂利用两条自动化流水线灌装番茄酱,分别从两条流水线上抽取样本:$X_1,X_2,\cdots,X_{13}$ 及 $Y_1,Y_2,\cdots,Y_{16}$,算出 $s_1^2=2.4,s_2^2=4.7$,假设这两条流水线上灌装的番茄酱的重量都服从正态分布,且相互独立,其均值分别为 μ_1,μ_2,未知,求 σ_1^2/σ_2^2 的置信度为0.95 的置信区间.

解 σ_1^2/σ_2^2 的置信度为 $1-\alpha$ 的置信区间为

$$\left(\frac{S_1^2}{S_2^2}\frac{1}{F_{\alpha/2}(n_1-1,n_2-1)},\frac{S_1^2}{S_2^2}\frac{1}{F_{1-\alpha/2}(n_1-1,n_2-1)}\right).$$

已知 $s_1^2=2.4,s_2^2=4.7$,查 F 分布表,得

$$F_{0.025}(12,15)=2.96,F_{0.975}(12,15)=\frac{1}{F_{0.025}(15,12)}=\frac{1}{3.18}=0.3145,$$

于是得 σ_1^2/σ_2^2 的置信度为 0.95 的置信区间为(0.1725,1.6237).
由于 σ_1^2/σ_2^2 的置信区间包含 1,在实际中就认为 σ_1^2,σ_2^2 两者没有显著差别.

习 题 三

1. 设总体 X 在$[a,b]$上服从均匀分布,a,b 未知,$X_1,X_2,\cdots,X_n$ 是来自总体 X 的样本,求 a,b 的矩估计量.

2. 设总体 $X\sim N(\mu,\sigma^2)$,μ,σ^2 未知,$X_1,X_2,\cdots,X_n$ 是来自总体 X 的样本,求 μ,σ^2 的矩估计量.

3. 设总体 X 的概率分布为

X	1	2	3
P_k	θ^2	$2\theta(1-\theta)$	$(1-\theta)^2$

其中 θ 为未知参数. 现抽得一个样本 $x_1=1,x_2=2,x_3=1$ 求 θ 的矩估计值.

4. 设某种电子元件的寿命 $X\sim N(\mu,\sigma^2)$,其中 μ,σ^2 未知,现随机抽取 5 个产品,测得寿命分别为 1500,1450,1453,1502,1650. 试求 μ 及 σ^2 的矩估计值.

5. 设总体 X 的概率密度为

$$f(x)=\begin{cases}\sqrt{\theta}x^{\sqrt{\theta}-1}, & 0\leqslant x\leqslant 1\\ 0, & 其他.\end{cases}$$

其中 $\theta>0$,θ 未知,$X_1,\cdots,X_n$ 是来自总体 X 的一个样本,求:(1)θ 的矩估计;(2)θ 的极大

似然估计.

6. 设总体 X 服从$[0,\theta]$上的均匀分布,θ 未知. $X_1,\cdots,X_n$ 为 X 的样本,$x_1,\cdots,x_n$ 为样本值. 试求的极大似然估计.

7. 设总体 X 的分布函数为

$$F(x;\beta)=\begin{cases}1-\dfrac{1}{x^{\beta}}, & x>1,\\ 0, & x\leqslant 1.\end{cases}$$

其中未知参数 $\beta>0$,$X_1,\cdots,X_n$ 为来自总体 X 的简单随机样本,求:(1) β 的矩估计量;(2)β的极大似然估计量.

8. 设总体 $X\sim\pi(\lambda)$,概率分布为 $P(X=k)=\dfrac{\lambda^k}{k!}e^{-\lambda}$, $k=0,1,\cdots,\lambda>0$ 为未知参数.

$X_1,\cdots,X_n$ 为来自 X 的样本,求 λ 的极大似然估计.

9. 设产品的寿命分布是指数分布,其概率密度为

$$f(t)=\begin{cases}\dfrac{1}{\theta}e^{-\frac{t}{\theta}}, & t>0,\\ 0, & t\leqslant 0.\end{cases}$$

$\theta>0$ 未知,设有 n 个产品投入定时截尾试验,对于定时截尾样本 $0\leqslant t_1\leqslant t_2\leqslant\cdots\leqslant t_m\leqslant t_0$,用极大似然估计法来估计 θ.

10. 设分别自总体 $N(\mu_1,\sigma^2)$和 $N(\mu_2,\sigma^2)$中抽取容量 n_1,n_2 的两独立样本,其样本方差分别为 S_1^2,S_2^2. 试证:对于任意常数 $a,b(a+b=1)$,$Z=aS_1^2+bS_2^2$ 都是 σ^2 的无偏估计.

11. 设 $x_1,x,_2,\cdots,x_n$ 是总体的一个样本,试证:

(1) $\hat{\mu}=\dfrac{1}{5}x_1+\dfrac{3}{10}x_2+\dfrac{1}{2}x_3$;

(2) $\hat{\mu}_2=\dfrac{1}{3}x_1+\dfrac{1}{4}x_2+\dfrac{5}{12}x_3$;

(3) $\hat{\mu}_3=\dfrac{1}{3}x_1+\dfrac{3}{4}x_2-\dfrac{1}{12}x_3$.

都是总体均值 μ 的无偏估计,并比较有效性.

12. 设 $X_1,\cdots,X_n$ 为来自 X 的样本,验证泊松分布参数 λ 的估计量 $\hat{\lambda}_1=\overline{X}$ 的有效性.

13. 若总体 $X\sim\pi(\lambda)$,证明:估计量 $\hat{\lambda}=\overline{X}$ 是 λ 的一致估计.

14. 若总体 X 服从0—1 分布,证明:$\hat{p}=\overline{X}$ 是 p 的一致估计.

15. 随机地从一批零件中抽取16 个,测得长度(cm)为:

2.14　2.10　2.13　2.15　2.13　2.12　2.13　2.10

2.15　2.12　2.14　2.10　2.13　2.11　2.14　2.11

设零件长度服从正态分布,其中 $\sigma=0.01$,求总体均值 μ 的置信度为90%的置信区间.

16. 随机地从一批零件中抽取9 个,测得长度(cm)为:

9.9　10.1　9.7　9.6　10.2　8.7　10.7　11.0　10.1

设零件长度服从正态分布，其中 $\sigma=0.02$，求总体均值 μ 的置信度为95%的置信区间.

17. 设 $X_1,X_2,\cdots,X_n$ 是来自正态总体 $N(\mu,\sigma^2)$ 的一个样本，已知 $n=40$，σ^2 未知，$\overline{X}=2.7$，$\sum_{i=1}^{n}(X_i-\overline{X})=225$，求 μ 的置信度为95%的置信区间.

18. 某种岩石密度的测量误差 $X\sim N(\mu,\sigma^2)$，取样本值12个，得样本方差 $S^2=0.04$，求 σ^2 的置信度为0.90的置信区间.

19. 为提高某一化学生产过程的得率，试图采用一种新的催化剂，为慎重起见，在试验工厂先进行试验. 设采用原来的催化剂进行了 $n_1=8$ 次试验，得到得率的平均值 $\overline{x}_1=91.73$，样本方差 ${s_1}^2=3.89$；又采用新的催化剂进行了 $n_2=8$ 次试验，得到得率的平均值 $\overline{X}_2=93.75$，样本方差 ${s_2}^2=4.02$. 假设两总体都可认为近似地服从正态分布，且方差相等，求两总体均值差 $(\mu_1-\mu_2)$ 置信度为95%的置信区间.

20. 甲、乙两台机床加工同一种零件，在机床甲加工的零件中抽取9个样品，在机床乙加工的零件中抽取6个样品，并分别测得它们的长度(mm)，由所给数据算得 $s_1^2=0.245$，$s_2^2=0.357$，在置信度0.98下，试求这两台机床加工精度之比 σ_1/σ_2 的置信区间. 假定测量值都服从正态分布，方差分别为 σ_1^2,σ_2^2.

欣赏与提高(三)

单侧置信区间和(0—1)分布参数的置信区间

1. 单侧置信区间

上述讨论的置信区间都是双边的，而在许多实际问题中，并不需要作双边估计，只需估计单边的置信下限或置信上限，即要求形如 $(\hat{\theta}_1,\infty)$ 或 $(-\infty,\hat{\theta}_2)$ 的置信区间，这种估计称为单侧置信区间估计. 例如对于电子元件的寿命，我们通常只关心下限.

定义 设总体 X 的分布函数 $F(x;\theta)$ 含有一个未知参数 θ，对于给定的 $\alpha(0<\alpha<1)$，若由来自 X 的样本 $X_1,X_2,\cdots,X_n$ 确定的统计量 $\hat{\theta}_1(X_1,X_2,\cdots,X_n)$，对于任意的 $\theta\in\Theta$ 满足

$$P\{\theta>\hat{\theta}_1\}\geqslant 1-\alpha,$$

则称随机区间 $(\hat{\theta}_1,\infty)$ 是 θ 的置信度为 $1-\alpha$ 的单侧置信区间，$\hat{\theta}_1$ 称为 θ 的置信度为 $1-\alpha$ 的单侧置信下限.

若统计量 $\hat{\theta}_2(X_1,X_2,\cdots,X_n)$，对于任意的 $\theta\in\Theta$ 满足

$$P\{\theta<\hat{\theta}_2\}\geqslant 1-\alpha,$$

则称随机区间 $(-\infty,\hat{\theta}_2)$ 是 θ 的置信度为 $1-\alpha$ 的单侧置信区间，$\hat{\theta}_2$ 称为 θ 的置信度为 $1-\alpha$ 的单侧置信上限.

作单侧置信区间估计，其方法和计算与双侧置信区间估计十分相似.

例 3－19 设总体 $X \sim N(\mu,\sigma^2)$，$\sigma^2=\sigma_0^2$ 已知，$X_1,X_2,\cdots,X_n$ 为来自 X 的样本，求 μ 的置信度为 $1-\alpha$ 的单侧置信区间.

解 即求 $\hat{\mu}$，使其满足 $P(\mu>\hat{\mu})=1-\alpha$，或

$$P\left(\frac{\sqrt{n}(\overline{X}-\mu)}{\sigma_0}<\frac{\sqrt{n}(\overline{X}-\hat{\mu})}{\sigma_0}\right)=1-\alpha.$$

由于 $U=\dfrac{\sqrt{n}(\overline{X}-\mu)}{\sigma_0}\sim N(0,1)$，且对于给定的 α，可得 Z_α，使得

$$P(U<Z_\alpha)=1-\alpha,$$

$$P\left(\frac{\sqrt{n}(\overline{X}-\mu)}{\sigma_0}<Z_\alpha\right)=1-\alpha,$$

即

$$\frac{\sqrt{n}(\overline{X}-\hat{\mu})}{\sigma_0}=Z_\alpha,$$

$$\hat{\mu}=\overline{X}-Z_\alpha\frac{\sigma_0}{\sqrt{n}}.$$

从而 μ 的置信度为 $1-\alpha$ 的单侧置信区间为

$$\left(\overline{X}-Z_\alpha\cdot\frac{\sigma_0}{\sqrt{n}},\infty\right).$$

其余情况类似处理，不再一一推导.

2. (0－1)分布参数的置信区间

考虑(0－1)分布情形，设有一容量 $n>50$ 的大样本，其总体 X 的分布律为

$$P\{X=1\}=p,P\{X=0\}=1-p,0<p<1,$$

现求 p 的置信度为 $1-\alpha$ 的置信区间.

已知(0—1)分布的均值和方差分别为

$$E(X)=p,D(X)=p(1-p),$$

设 $X_1,X_2,\cdots,X_n$ 是总体 X 的一个样本，由中心极限定理知，当 n 充分大时，

$$\frac{\overline{X}-E(X)}{\sqrt{D(X)/n}}=\frac{\overline{X}-p}{\sqrt{p(1-p)/n}}$$

近似地服从 $N(0,1)$ 分布，对给定的置信度 $1-\alpha$，则有

$$P\left\{\left|\frac{\overline{X}-p}{\sqrt{p(1-p)/n}}\right|<Z_{\alpha/2}\right\}\approx 1-\alpha,$$

经不等式变形，得

$$P\{ap^2+bp+c<0\}\approx 1-\alpha,$$

其中 $a=n+(Z_{\alpha/2})^2$，$b=-2n\overline{X}-(Z_{\alpha/2})^2$，$c=n(\overline{X})^2$. 解式中不等式，得

$$P\{p_1 < p < p_2\} \approx 1-\alpha,$$

其中 $$p_1 = \frac{1}{2a}(-b-\sqrt{b^2-4ac}),p_2 = \frac{1}{2a}(-b+\sqrt{b^2-4ac}).$$

于是(p_1,p_2)可作为p的一个近似的置信度为$1-\alpha$的置信区间.

例 3-20 设抽自一大批产品的100个样品中，得一级品60个，求这批产品的一级品率p的置信度为0.95的置信区间.

解 一级品率p是(0—1)分布的参数，已知$n=100,\bar{x}=60/100=0.6,Z_{\alpha/2}=Z_{0.025}=1.96$,得

$$a = n+(Z_{\alpha/2})^2 = 103.84, b = -2n\overline{X}-(Z_{\alpha/2})^2 = -123.84, c = n(\overline{X})^2 = 36.$$

$$p_1 = \frac{1}{2a}(-b-\sqrt{b^2-4ac}) = 0.50, p_2 = \frac{1}{2a}(-b+\sqrt{b^2-4ac}) = 0.69.$$

故得p的置信水平为0.95的近似置信区间为(0.50,0.69).

第 4 章　假设检验

统计推断的另一类重要问题是假设检验问题. 在总体分布函数未知或虽知其分布类型但含有未知参数的时候，为推断总体的某些未知特性，提出某些关于总体的假设. 例如提出总体服从正态分布的假设或对于正态总体提出其数学期望等于某一常数 μ_0 的假设等. 要根据样本所提供的信息以及运用适当的统计量，对提出的假设作出接受或拒绝的决策，假设检验是作出这一决策的过程. 假设检验有参数假设检验及非参数假设检验两大类. 参数假设检验针对总体分布函数中的未知参数提出的假设进行检验，非参数假设检验针对总体分布函数形式或类型的假设进行检验. 本章先介绍假设检验的基本概念,然后介绍正态总体参数的假设检验问题,最后介绍两类非参数假设检验问题:分布拟合检验和秩和检验.

4.1　假设检验的基本概念

4.1.1　假设检验的基本思想

为了阐述假设检验的基本思想,先举一个例子.

例 4－1　某化学日用品有限责任公司用包装机包装洗衣粉，洗衣粉包装机的装包量是一个随机变量,它服从正态分布. 当机器正常工作时,其均值为 500g,标准差为 2g. 某日开工后,为检验包装机工作是否正常,随机地在它所包装的洗衣粉中任取 9 袋，称得其质量(g)如下：

$$505,\quad 499,\quad 502,\quad 506,\quad 498,\quad 498,\quad 497,\quad 510,\quad 503$$

试问这天包装机工作是否正常?

解　题目提出的问题是“该天包装机工作是否正常”. 不是包装机包装出来的洗衣粉每袋都是 500g 才算正常 . 因为受随机误差的影响,每袋包装量是一个随机变量 . 设其为 X,μ、σ 分别表示装包量 X 的均值和标准差. 由实践知道,X 服从正态分布,由于标准差由机器精度决定,一般比较稳定,可以认为 $\sigma=2$. 故 $X\sim N(\mu,2^2)$,这里 μ 未知. 机器工作是否正常就是要根据上述的 9 个样本值来判断 $\mu=500$ 还是 $\mu\neq500$. 为此,提出两个相互对立的假设,即

$$H_0:\mu=\mu_0=500,\qquad H_1:\mu\neq\mu_0.$$

然后,给出一个合理的法则,根据这一法则,利用已知样本做出决策是接受假设 H_0(即拒绝假设 H_1),还是拒绝 H_0(即接受假设 H_1). 如果做出的决策是接受假设 H_0,则认为 $\mu=\mu_0=500$,即认为机器工作正常,否则,则 $\mu\neq\mu_0=500$. 认为机器不正常 .

由于要检验的假设涉及总体的数学期望 μ. 由前面学过的参数估计的知识知,样本

均值 $\overline{X}$ 是总体数学期望 μ 的性质优良的无偏估计．所以用 $\overline{X}$ 这个统计量进行判断．如果 $H_0:\mu=\mu_0=500$ 为真，虽然由于随机因素的影响，$\overline{X}$ 与 500 之间的差异是不可避免的，但它们之间的差异 $|\overline{X}-500|$ 不能太大，若 $|\overline{X}-500|$ 过分大，就要怀疑假设 H_0 的正确性而拒绝 H_0，认为该天包装机工作不正常．若 $|\overline{X}-500|$ 不太大，符合预期，就没有理由怀疑 H_0 的正确性，故认为该天包装机工作正常．考虑到当 $H_0:\mu=\mu_0=500$ 为真时，$\dfrac{\overline{X}-\mu_0}{\sigma/\sqrt{n}}\sim N(0,1)$，而衡量 $|\overline{X}-\mu_0|$ 的大小可归结为衡量 $\dfrac{\overline{X}-\mu_0}{\sigma/\sqrt{n}}$ 的大小．所以应寻找一个适当的常数 k，使得当 $\dfrac{|\overline{X}-\mu_0|}{\sigma/\sqrt{n}}\geqslant k$ 时就拒绝 H_0，认为包装机工作不正常；当 $\dfrac{|\overline{X}-\mu_0|}{\sigma/\sqrt{n}}<k$ 时就接受 H_0，认为包装机工作正常．

这样，问题就转化为怎样确定这个常数 k，这就需要给出确定常数 k 的原则．因为 $\left\{\dfrac{|\overline{X}-\mu_0|}{\sigma/\sqrt{n}}\geqslant k\right\}$ 是一个随机事件，所以确定那样的常数 k，使当原假设 $H_0:\mu=\mu_0=500$ 为真时，$\left\{\dfrac{|\overline{X}-\mu_0|}{\sigma/\sqrt{n}}\geqslant k\right\}$ 是一个小概率事件．而根据实际推断原理（也叫小概率原理），概率很小的事件在一次试验中几乎是不可能发生的．这样，如果在一次观察中居然真的出现了满足 $\left\{\dfrac{|\overline{x}-\mu_0|}{\sigma/\sqrt{n}}\geqslant k\right\}$ 的观察值 $\overline{x}$，则有理由怀疑假设 H_0 的正确性，因而拒绝 H_0；相反，若观察值满足 $\left\{\dfrac{|\overline{x}-\mu_0|}{\sigma/\sqrt{n}}<k\right\}$，则表明假设 H_0 与实际情况没有矛盾，此时没有理由拒绝 H_0，因而接受 H_0.

若令这个小概率事件的概率为 α，即 $P\left\{\dfrac{|\overline{X}-\mu_0|}{\sigma/\sqrt{n}}\geqslant k\right\}=\alpha$，因为当原假设 H_0 为真时，$\dfrac{\overline{X}-\mu_0}{\sigma/\sqrt{n}}\sim N(0,1)$，由标准正态分布分位数的定义，得（图 4 - 1）

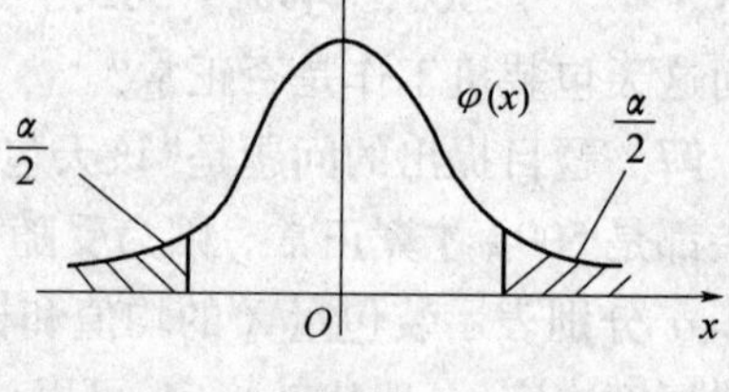

图 4 - 1

$$k = z_{\alpha/2}.$$

若 $Z=\dfrac{\overline{X}-\mu_0}{\sigma/\sqrt{n}}$ 的样本观察值满足

$$|z|=\frac{|\overline{x}-\mu_0|}{\sigma/\sqrt{n}}\geqslant k=z_{\alpha/2},$$

则拒绝 H_0，而若

$$|z| = \frac{|\bar{x} - \mu_0|}{\sigma / \sqrt{n}} < k = z_{\frac{\alpha}{2}},$$

则接受 H_0.

如果取 $\alpha = 0.05$,则由标准正态分布表可以查到 $k = z_{\frac{\alpha}{2}} = z_{0.025} = 1.96$,又已知 $n = 9$, $\sigma = 2, \bar{x} = 502$,有

$$\frac{|\bar{X} - \mu_0|}{\sigma / \sqrt{n}} = \frac{|502 - 500|}{2 / \sqrt{9}} = 3 > 1.96$$

于是拒绝 H_0,认为该天包装机工作不正常.

通过这个例子可总结出假设检验的统计思想如下:

为了检验一个假设 H_0(例 4-1 中为 $H_0: \mu = 500$)是否正确,首先假定该假设 H_0 正确,在此假定下构造一个已知其分布的统计量$\left(\text{例 4-1 中为 } Z = \frac{\bar{X} - \mu_0}{\sigma / \sqrt{n}}\right)$,并由此构造一个在 H_0 为真的条件下的小概率事件 $A\left(\text{例 4-1 中为 } A = \left\{\frac{|\bar{X} - \mu_0|}{\sigma / \sqrt{n}} \geqslant z_{\frac{\alpha}{2}}\right\}\right)$,然后根据样本观察值对假设 H_0 作出接受或拒绝的判断. 如果样本观察值导致了不合理的现象的发生,就应拒绝假设 H_0,否则应接受假设 H_0. 假设检验的基本思想实质上是带有某种概率性质的反证法.

假设检验中所谓"不合理",并非逻辑中的绝对矛盾,而是基于人们在实践中广泛采用的原则,即"小概率事件在一次试验中是几乎不发生的". 但概率小到什么程度才能算作"小概率事件"呢,显然,"小概率事件"的概率越小,否定原假设 H_0 就越有说服力. 常记这个概率值为 $\alpha(0 < \alpha < 1)$,称为检验的显著性水平. 对不同的问题,检验的显著性水平 α 不一定相同,但一般应取为较小的值,如 0.1,0.05 或 0.01 等.

4.1.2 假设检验的两类错误

当假设 H_0 正确时,小概率事件也有可能发生,此时会拒绝假设 H_0,因而犯"弃真"的错误,此错误称为第Ⅰ类错误. 犯第Ⅰ类错误的概率恰好就是"小概率事件"发生的概率 α,即

$$P\{\text{拒绝 } H_0 \mid H_0 \text{ 为真}\} = \alpha.$$

反之,若假设 H_0 不正确,但一次抽样检验结果,未发生不合理结果,这时接受 H_0,因而犯"取伪"的错误,此错误称为第Ⅱ类错误. 记 β 为犯第Ⅱ类错误的概率,即

$$P\{\text{接受 } H_0 \mid H_0 \text{ 不真}\} = \beta.$$

理论上,自然希望犯这两类错误的概率都很小. 当样本容量 n 固定时,α、β 不能同时都小,即 α 变小时,β 就变大;而 β 变小时,α 就变大. 一般只有当样本容量 n 增大时,才有可能使两者变小. 在实际应用中,一般原则是:控制犯第Ⅰ类错误的概率,即给定 α,然后通过增大样本容量 n 来减小 β.

对犯第Ⅰ类错误的概率加以控制,适当考虑犯第Ⅱ类错误的概率的大小,这种检验称

为显著性检验.

4.1.3 假设检验问题的一般提法

在假设检验问题中，把要检验的假设 H_0 称为原假设(零假设或基本假设)，把原假设 H_0 的对立面称为备择假设或对立假设，记为 H_1.

例如例 4 - 1 中的假设检验问题可简记为

$$H_0:\mu = \mu_0,\quad H_1:\mu \neq \mu_0,(\mu_0 = 500). \tag{4-1}$$

形如式(4 - 1)的备择假设 H_1，表示 μ 可能大于 μ_0，也可能小于 μ_0，称为双侧(边)备择假设. 形如式(4 - 1)的假设检验称为双侧(边)假设检验.

在实际问题中，有时还需要检验下列形式的假设:

$$H_0:\mu \leqslant \mu_0, H_1:\mu > \mu_0, \tag{4-2}$$

$$H_0:\mu \geqslant \mu_0, H_1:\mu < \mu_0. \tag{4-3}$$

形如式(4 - 2)的假设检验称为右侧(边)检验;形如式(4 - 3)的假设检验称为左侧(边)检验;右侧(边)检验和左侧(边)检验统称为单侧(边)检验.

为检验提出的假设，通常需构造一个已知其分布的统计量，$\left(\text{如例 4 - 1 中的 } Z = \dfrac{\overline{X}-\mu_0}{\sigma/\sqrt{n}}\right)$，称为检验统计量，并构造一个在原假设 H_0 为真的条件下一个小概率事件 $\left(\text{例4 - 1中是}\left\{\dfrac{|\overline{X}-\mu_0|}{\sigma/\sqrt{n}} \geqslant z_{\frac{\alpha}{2}}\right\}\right)$，取总体的一个样本，根据该样本提供的信息来判断假设是否成立. 当检验统计量取某个区域 W 中的值时，拒绝原假设 H_0，则称区域 W 为拒绝域，W 的补集 $\overline{W}$ 称为接受域，拒绝域与接受域的边界点称为临界点. 例 4 - 1 中拒绝域是 $|z| \geqslant z_{\frac{\alpha}{2}}$，接受域为 $|z| < z_{\frac{\alpha}{2}}$，$z = -z_{\frac{\alpha}{2}}$，$z = z_{\frac{\alpha}{2}}$ 为临界点.

4.1.4 检验结果的理解

就假设检验的结果来说，拒绝原假设的理由是充足的，而接受原假设则是比较牵强的，因为对于犯第 1 类错误的概率做了控制(检验的水平 α 很小). 这就使得在原假设为真时，错误地拒绝原假设的可能性很小(犯这种错误的概率小于等于 α). 从而在拒绝原假设时就有着很大的把握. 而且，很明显 α 越小，这种把握就越大，拒绝原假设的理由就越充足. 相反，接受原假设是因为小概率事件没发生，没出现与小概率事件相违背的现象，所以接受了原假设，严格来说是“因为没有理由拒绝原假设，所以才接受原假设”，这就使得在原假设是假时，错误的接受原假设的可能性也许不小，因此接受原假设是比较牵强的. 由以上讨论可见，在假设检验问题中原假设与备择假设的地位不是对等的.

假设检验中对犯第 1 类错误的概率加以控制，体现了“保护原假设”的原则. 由于原假设 H_0 是“受保护的”，所以在做假设检验工作时应把有把握的、不能轻易被否定的命题作为原假设，而把没有把握的、不能轻易肯定的命题作为备择假设. 例如，某建材厂一直生产材料 A. 据称最近试制了新材料 B 要代替 A. 材料 A 经过长期使用被证明其性能是好的，不能轻易被淘汰，否则后果比较严重或造成浪费. 除非有充分的证据证明材料 B

明显地优于材料 A,这样才能用材料 B 代替材料 A,否则宁可继续使用 A 而不使用 B. 所以应把“材料 B 的性能不优于材料 A”作为原假设,而把“材料 B 的性能优于材料 A”作为备择假设. 由于拒绝原假设的理由是充足的,而接受原假设则是比较牵强的. 所以,往往把需要充足理由拒绝的作为原假设. 如例 4-1 中拒绝 $\mu=500$ 意味着生产不正常,从而要停产检修,产品也不能出厂,工厂作此决定当然要持慎重态度,除非有充分把握,理由很足,否则一般不轻易做出停产检修的决定,因此把 $\mu=500$ 作为原假设,而 $\mu\neq500$ 作为备择假设.

4.1.5 假设检验的一般步骤

(1) 根据实际问题的要求,充分考虑和利用已知的背景知识, 提出原假设 H_0 及备择假设 H_1.

(2) 给定显著性水平 α 以及样本容量 n.

(3) 确定检验统计量 Z, 并在原假设 H_0 成立的前提下导出 Z 的概率分布, 要求 Z 的分布不依赖于任何未知参数.

(4) 确定拒绝域, 即依据直观分析先确定拒绝域的形式,然后根据给定的显著性水平 α 和 Z 的分布, 由

$$P\{\text{拒绝 } H_0 \mid H_0 \text{ 为真}\} = \alpha$$

确定拒绝域的临界值, 从而确定拒绝域.

(5) 作一次具体的抽样, 根据得到的样本观察值和所得的拒绝域, 对假设 H_0 作出拒绝或接受的判断.

4.1.6 检验的 p 值法

前面讨论假设检验问题时,都先给出显著性水平 α,接着根据 α 的值确定临界值,然后通过比较检验统计量的观察值与临界值的大小来决定拒绝还是接受 H_0. 在许多文献中采用另一种假设检验的途径,提出了“p 值”的概念. 下面通过例题来阐述这个概念.

考察例 4-1. 在这个问题中使用的检验统计量 $Z=\dfrac{\overline{X}-500}{\sigma/\sqrt{n}}$. 从一组样本观察值算得检验统计量 Z 的观察值 z. 把 $P_{\mu_0}\{|Z|\geqslant|z|\}$ 称为该检验的 p 值,记为 p. 对于给定的水平 α,由检验规则知,在水平 α 之下拒绝 $H_0:\mu=500$,当且仅当 $|z|\geqslant z_{\frac{\alpha}{2}}$,而 $|z|\geqslant z_{\frac{\alpha}{2}}$ 当且仅当 $p=P_{\mu_0}\{|Z|\geqslant|z|\}\leqslant P_{\mu_0}\{|Z|\geqslant z_{\frac{\alpha}{2}}\}=\alpha$ 所以检验规划可改写为

若 $p\leqslant\alpha$,则在水平 α 之下拒绝 H_0;

若 $p>\alpha$,则在水平 α 之下接受 H_0.

在例 4-1 中已算得 $z=3$, 由此即可算得该检验问题的 p 值为

$$p=P_{\mu_0}\{|Z|\geqslant3\}=1-P_{\mu_0}\{-3<Z<3\}=1-[\Phi(3)-\Phi(-3)]=2[1-\Phi(3)]$$
$$=2(1-0.9987)=0.0026.$$

由式(4-4)知,因 $p=0.0026<0.05=\alpha$,所以拒绝 H_0(在水平 0.05 之下).

一般地,p 值的定义是:假设检验问题的 p 值是由检验统计量的样本值得出的原假设可被拒绝的最小显著性水平.

按 p 值的定义,对于任意指定的显著性水平 α,有

(1) 若 p 值 $\leqslant\alpha$,则在显著性水平 α 之下拒绝 H_0.

(2) 若 p 值 $>\alpha$,则在显著性水平 α 之下接受 H_0. (4-4)

有了这两条结论就能方便地确定是否拒绝 H_0. 这种利用 p 值来确定是否拒绝 H_0 的方法叫 p 值法.

p 值表示反对原假设 H_0 的依据的强度,p 值越小,反对 H_0 的依据越强、理由越充分(譬如对于某个检验问题的检验统计量的观察值的 p 值为 0.0008,p 值如此的小,以至于事件几乎不可能在 H_0 为真时发生,这说明拒绝 H_0 的理由很强,应该拒绝 H_0).

一般,若 p 值 $\leqslant 0.01$,称推断拒绝 H_0 的依据很强或称检验是**高度显著的**;若 $0.01<p$ 值 $\leqslant 0.05$,称推断拒绝 H_0 的依据强或称检验是**显著的**;若 $0.05<p$ 值 $\leqslant 0.1$,称推断拒绝 H_0 的依据弱或称检验是**不显著的**;若 p 值 >0.1,一般来说没有理由拒绝 H_0.

p 值与前述得出的检验结果相比含有更多的信息. 一些通用统计软件(如 SPSS 软件)的计算机输出,一般只给出 p 值,然后由统计软件使用者根据问题的实际背景确定显著性水平 α,并由此获得检验的结果.

对不同的备择假设,p 值的计算公式不同. 若将例 4-1 中的假设分别改为

$$H_0:\mu\leqslant\mu_0, H_1:\mu>\mu_0$$

和

$$H_0:\mu\geqslant\mu_0, H_1:\mu<\mu_0.$$

则计算 p 值的公式分别为

$$p=P_{\mu_0}\{Z\geqslant z\} \tag{4-5}$$

和

$$p=P_{\mu_0}\{Z\leqslant -z\}. \tag{4-6}$$

式(4-5)和式(4-6)中的 z 是检验统计量 $Z=\dfrac{\overline{X}-\mu_0}{\sigma/\sqrt{n}}$ 的观察值. 式(4-5)计算的是 $\mu=\mu_0$ 时事件 $\{Z\geqslant z\}$ 的概率. $\{Z\geqslant z\}$ 与备择假设 H_1 成立时拒绝域的形式 $\{Z\geqslant z_\alpha\}$ 一致. 式(4-6)出现的事件 $\{Z\leqslant -z\}$ 与备择假设 H_1 成立时拒绝域的形式 $\{Z\leqslant -z_\alpha\}$ 一致.

对于以后几节将要遇到的 t 检验,χ^2 检验和 F 检验亦可以类似地计算 p 值.

例 4-2 一工厂生产一种灯管,已知灯管的寿命 X 服从正态分布 $N(\mu,40000)$,根据以往的生产经验,知道灯管的平均寿命不会超过 1500h. 为了提高灯管的平均寿命,工厂采用了新的工艺. 为了弄清楚新工艺是否真的能提高灯管的平均寿命,他们测试了采用新工艺生产的 25 只灯管的寿命,其平均值是 1575h. 尽管样本的平均值大于 1500h,试问:可否由此判定这恰是新工艺的效应,而非偶然的原因使得抽出的这 25 只灯管的平均寿命较长呢?

解 把上述问题归纳为下述假设检验问题:

$$H_0:\mu\leqslant 1500, H_1:\mu>1500.$$

从而可利用右侧检验法来检验,相应于 $\mu_0=1500,\sigma=200,n=25$. 取显著水平为 $\alpha=0.05$,查附表得 $z_\alpha=1.645$,因已测出 $\bar{x}=1575$,从而

$$z=\frac{\bar{x}-\mu_0}{\sigma/\sqrt{n}}=\frac{1575-1500}{200}\cdot\sqrt{25}=1.875.$$

由于 $z=1.875>z_\alpha=1.645$，从而拒绝原假设 H_0，接受备择假设 H_1，即认为新工艺事实上提高了灯管的平均寿命.

若用 p 值法,由计算机算得

$$p = P_{\mu_0}\{z \geqslant 1.815\} = 0.0348,$$

p 值小于 $\alpha=0.05$,故拒绝 H_0.

鉴于正态总体是统计应用中最为常见的总体，以下各章节将分别讨论单正态总体与双正态总体的参数假设检验.

4.2 单个正态总体参数的假设检验

4.2.1 单个正态总体均值的假设检验

当检验关于总体均值 μ(数学期望)的假设时,该总体中的另一个参数,即方差 σ^2 是否已知,会影响到对于检验统计量的选择,故下面分两种情形进行讨论.

1. 方差 σ^2 已知情形

设总体 $X \sim N(\mu,\sigma^2)$,其中总体方差 σ^2 已知,$X_1,X_2,\cdots,X_n$ 是取自总体 X 的一个样本，$\overline{X}$ 为样本均值.

检验假设

$$H_0:\mu = \mu_0, H_1:\mu \neq \mu_0.$$

其中 μ_0 为已知常数.

当 H_0 为真时,有

$$Z = \frac{\overline{X}-\mu_0}{\sigma/\sqrt{n}} \sim N(0,1),$$

故选取 Z 作为检验统计量，记其观察值为 z. 相应的检验法称为 Z 检验法.

由 4.1 节的讨论知,对于给定的显著性水平 α，其拒绝域为

$$|z| = \left|\frac{\overline{x}-\mu_0}{\sigma/\sqrt{n}}\right| \geqslant z_{\alpha/2}. \tag{4-7}$$

即

$$W=(-\infty,-z_{\alpha/2})\cup(z_{\alpha/2},+\infty).$$

根据一次抽样后得到的样本观察值 $x_1,x_2,\cdots,x_n$ 计算出 Z 的观察值 z，若 $|z|\geqslant z_{\alpha/2}$，则拒绝原假设 H_0，即认为总体均值与 μ_0 有显著差异；若 $|z|<z_{\alpha/2}$，则接受原假设 H_0，即认为总体均值与 μ_0 无显著差异.

类似地,对单侧检验有:

(1) 右侧检验:检验假设

$$H_0:\mu \leqslant \mu_0, H_1:\mu > \mu_0.$$

其中 μ_0 为已知常数. 可得拒绝域为

$$z = \frac{\overline{x}-\mu_0}{\sigma/\sqrt{n}} > z_\alpha. \tag{4-8}$$

(2) 左侧检验:检验假设

$$H_0:\mu \geqslant \mu_0, H_1:\mu < \mu_0.$$

其中 μ_0 为已知常数. 可得拒绝域为

$$z = \frac{\bar{x} - \mu_0}{\sigma/\sqrt{n}} < -z_\alpha. \tag{4-9}$$

2. 方差 σ^2 未知情形

设总体 $X \sim N(\mu,\sigma^2)$,其中总体方差 σ^2 未知,$X_1, X_2, \cdots, X_n$ 是取自 X 的一个样本,$\bar{X}$ 与 S^2 分别为样本均值与样本方差.

检验假设

$$H_0:\mu = \mu_0, H_1:\mu \neq \mu_0.$$

其中 μ_0 为已知常数.

由于 σ^2 未知,现在不能用 $Z = \dfrac{\bar{X} - \mu_0}{\sigma/\sqrt{n}}$ 作为检验统计量. 注意到 S^2 是 σ^2 的无偏估计,所以用 S 代替 σ,采用 $T = \dfrac{\bar{X} - \mu_0}{S/\sqrt{n}}$ 作为检验统计量, 记其观察值为 t. 相应的检验法称为 t 检验法.

由于 $\bar{X}$ 是 μ 的无偏估计量, S^2 是 σ^2 的无偏估计量, 当 H_0 成立时, $|t|$不应太大, 当 H_1 成立时, $|t|$有偏大的趋势, 故拒绝域形式为

$$|t| = \left|\frac{\bar{x} - \mu_0}{s/\sqrt{n}}\right| \geqslant k, k \text{ 待定}.$$

当 H_0 为真时,有

$$T = \frac{\bar{X} - \mu_0}{S/\sqrt{n}} \sim t(n-1).$$

对于给定的显著性水平 α, 查 t 分布表得 $k = t_{\alpha/2}(n-1)$, 使

$$P\{|T| \geqslant t_{\alpha/2}(n-1)\} = \alpha,$$

由此即得拒绝域为

$$|t| = \left|\frac{\bar{x} - \mu_0}{s/\sqrt{n}}\right| \geqslant t_{\alpha/2}(n-1). \tag{4-10}$$

即 $$W = (-\infty, -t_{\alpha/2}(n-1)) \cup (t_{\alpha/2}(n-1), +\infty).$$

根据一次抽样后得到的样本观察值 $x_1, x_2, \cdots, x_n$ 计算出 T 的观察值 t, 若 $|t| \geqslant t_{\alpha/2}(n-1)$, 则拒绝原假设 H_0, 即认为总体均值与 μ_0 有显著差异; 若 $|t| < t_{\alpha/2}(n-1)$, 则接受原假设 H_0, 即认为总体均值与 μ_0 无显著差异.

类似地,对单侧检验有:

(1) 右侧检验:检验假设

$$H_0:\mu \leqslant \mu_0, H_1:\mu > \mu_0.$$

其中 μ_0 为已知常数. 可得拒绝域为

$$t = \frac{\bar{x} - \mu_0}{s/\sqrt{n}} \geqslant t_\alpha(n-1). \tag{4-11}$$

(2) 左侧检验:检验假设

$$H_0:\mu \geqslant \mu_0, H_1:\mu < \mu_0.$$

其中 μ_0 为已知常数. 可得拒绝域为

$$t = \frac{\bar{x} - \mu_0}{s/\sqrt{n}} \leqslant -t_\alpha(n-1). \tag{4-12}$$

例 4-3 某车间生产钢丝，用 X 表示钢丝的折断力，由经验判断 $X \sim N(\mu,\sigma^2)$，其中 $\mu=570,\sigma^2=8^2$；今换了一批材料，从性能上看估计折断力的方差 σ^2 不会有什么变化（即仍有 $\sigma^2=8^2$），但不知折断力的均值 μ 和原先有无差别. 现抽得样本，测得其折断力为：

578　572　570　568　572　570　570　572　596　584

取 $\alpha=0.05$，试检验折断力均值有无变化？

解 (1) 建立假设 $H_0:\mu=\mu_0=570, H_1:\mu\neq 570$.

(2) 因方差已知,选择统计量 $Z=\dfrac{\bar{X}-\mu_0}{\sigma/\sqrt{n}} \sim N(0,1)$.

(3) 对于给定的显著性水平 α，确定 k，使 $P\{|Z|>k\}=\alpha$. 查正态分布表得 $k=z_{\alpha/2}=z_{0.025}=1.96$，从而拒绝域为 $|z|\geqslant 1.96$.

(4) 由于 $\bar{X}=\dfrac{1}{10}\sum\limits_{i=1}^{10}x_i=575.20, \sigma^2=64$，所以

$$|z| = \left|\frac{\bar{x}-\mu_0}{\sigma/\sqrt{n}}\right| = 2.06 > 1.96,$$

故应拒绝 H_0，即认为折断力的均值发生了变化.

例 4-4 水泥厂用自动包装机包装水泥，每袋额定质量是50kg，某日开工后随机抽查了9袋，称得质量(kg)如下：

49.6　49.3　50.1　50.0　49.2　49.9　49.8　51.0　50.2

设每袋质量服从正态分布,问包装机工作是否正常（$\alpha=0.05$）?

解 (1) 建立假设 $H_0:\mu=50, H_1:\mu\neq 50$.

(2) 因方差未知,选择统计量 $T=\dfrac{\bar{X}-\mu_0}{S/\sqrt{n}} \sim t(n-1)$.

(3) 对于给定的显著性水平 α，查 t 分布表得 $k=t_{\alpha/2}(n-1)=t_{0.025}(8)=2.306$，由式(4-10)知其拒绝域为 $|t|\geqslant 2.306$.

(4) 由于 $\bar{x}=49.9, s^2=0.29$，所以

$$|t| = \left|\frac{\bar{x} - 50}{s/\sqrt{n}}\right| = 0.56 < 2.036,$$

故应接受 H_0，即认为包装机工作正常.

例 4-5 一公司声称某种类型的电池的平均寿命至少为 21.5h. 有一试验室检验了该公司制造的 6 套电池，得到如下的寿命(h)：

19, 18, 22, 20, 16, 25

试问：这些结果是否表明，这种类型的电池低于该公司所声称的寿命（假设这种类型电池的寿命服从正态分布,显著性水平 $\alpha = 0.05$）?

解 可把上述问题归纳为下述假设检验问题：

$$H_0: \mu \geqslant 21.5, H_1: \mu < 21.5.$$

因方差 σ^2 未知,可取检验统计量

$$T = \frac{\bar{X} - \mu_0}{S/\sqrt{n}} \sim t(n-1).$$

利用 t 检验法的左侧检验法来解. 本例中 $\mu_0 = 21.5, n = 6$，对于给定的显著性水平 $\alpha = 0.05$，查附表,得

$$t_\alpha(n-1) = t_{0.05}(5) = 2.015.$$

由式(4-12)知其拒绝域为 $t \leqslant -2.015$,再据测得的 6 个寿命小时数算得 $\bar{x} = 20, s^2 = 10$. 由此计算

$$t = \frac{\bar{x} - \mu_0}{s/\sqrt{n}} = \frac{20 - 21.5}{\sqrt{10}}\sqrt{6} = -1.162.$$

因为 $t = -1.162 > -2.015 = -t_{0.05}(5)$，所以不能否定原假设 H_0，从而认为这种类型电池的寿命并不比公司宣称的寿命短.

4.2.2 单个正态总体方差的假设检验

设 $X \sim N(\mu, \sigma^2), X_1, X_2, \cdots, X_n$ 是取自总体 X 的一个样本，$\bar{X}$ 与 S^2 分别为样本均值与样本方差.

检验假设

$$H_0: \sigma^2 = \sigma_0^2, H_1: \sigma^2 \neq \sigma_0^2.$$

其中 σ_0 为已知常数.

由 2.2 节定理 2 知，当 H_0 为真时,有

$$\chi^2 = \frac{n-1}{\sigma_0^2}S^2 \sim \chi^2(n-1);$$

故选取 χ^2 作为检验统计量. 相应的检验法称为 χ^2 检验法.

由于 S^2 是 σ^2 的无偏估计量，当 H_0 成立时，S^2 应在 σ_0^2 附近，当 H_1 成立时，χ^2 有偏小或偏大的趋势，故拒绝域形式为

$$\chi^2=\frac{n-1}{\sigma_0^2}S^2\leqslant k_1 \text{ 或 } \chi^2=\frac{n-1}{\sigma_0^2}S^2\geqslant k_2, k_1,k_2 \text{ 待定}.$$

对于给定的显著性水平 α,此处 k_1、k_2 的值由下式确定,即

$$P\{\text{当 } H_0 \text{ 为真时拒绝 } H_0\}=P\left\{\left(\frac{(n-1)S^2}{\sigma_0^2}\leqslant k_1\right)\cup\left(\frac{(n-1)S^2}{\sigma_0^2}\geqslant k_2\right)\right\}=\alpha.$$

为计算方便,习惯上取

$$P\left\{\frac{(n-1)S^2}{\sigma_0^2}\leqslant k_1\right\}=\frac{\alpha}{2},\ P\left\{\frac{(n-1)S^2}{\sigma_0^2}\geqslant k_2\right\}=\frac{\alpha}{2}.$$

查表,得

$$k_1=\chi^2_{1-\alpha/2}(n-1),\quad k_2=\chi^2_{\alpha/2}(n-1).$$

由此即得拒绝域为

$$\chi^2=\frac{n-1}{\sigma_0^2}s^2\leqslant\chi^2_{1-\alpha/2}(n-1) \text{ 或 } \chi^2=\frac{n-1}{\sigma_0^2}s^2\geqslant\chi^2_{\alpha/2}(n-1),\tag{4-13}$$

即 $W=(0,\chi^2_{1-\alpha/2}(n-1))\cup(\chi^2_{\alpha/2}(n-1),+\infty)$.

根据一次抽样后得到的样本观察值 $x_1,x_2,\cdots,x_n$,计算出 χ^2 的观察值,若 $\chi^2\leqslant\chi^2_{1-\alpha/2}(n-1)$ 或 $\chi^2\geqslant\chi^2_{\alpha/2}(n-1)$,则拒绝原假设 H_0,若 $\chi^2_{1-\alpha/2}(n-1)\leqslant\chi^2\leqslant\chi^2_{\alpha/2}(n-1)$,则接受原假设 H_0.

类似地,对单侧检验有:

(1) 左侧检验:检验假设

$$H_0:\sigma^2\geqslant\sigma_0^2, H_1:\sigma^2<\sigma_0^2.$$

其中 σ_0 为已知常数,可得拒绝域为

$$\chi^2=\frac{n-1}{\sigma_0^2}s^2\leqslant\chi^2_{1-\alpha}(n-1).\tag{4-14}$$

(2) 右侧检验:检验假设

$$H_0:\sigma^2\leqslant\sigma_0^2, H_1:\sigma^2>\sigma_0^2.$$

其中 σ_0 为已知常数. 可得拒绝域为

$$\chi^2=\frac{n-1}{\sigma_0^2}s^2\geqslant\chi^2_{\alpha}(n-1).\tag{4-15}$$

例 4-6 某厂生产的某种型号的电池,其寿命(h)长期以来服从方差 $\sigma^2=5000$ 的正态分布,现有一批这种电池,从它的生产情况来看,寿命的波动性有所改变. 现随机取 26 只电池,测出其寿命的样本方差 $s^2=9200$. 问根据这一数据能否推断这批电池的寿命的波动性较以往的有显著的变化(取 $\alpha=0.02$)?

解 本题要求在水平 $\alpha=0.02$ 下检验假设:

$$H_0:\sigma^2=5000, H_1:\sigma^2\neq5000.$$

现在 $n=26$, $\sigma_0^2=5000$, $\chi^2_{\alpha/2}(n-1)=\chi^2_{0.01}(25)=44.314$, $\chi^2_{1-\alpha/2}(n-1)=\chi^2_{0.99}(25)=11.524$,根据 χ^2 检验法,拒绝域为

$$W=(0,11.524)\cup(44.314,+\infty),$$

代入观察值 $s^2=9200$，得

$$\chi^2=\frac{(n-1)s^2}{\sigma_0^2}=46>44.314,$$

故拒绝 H_0，认为这批电池寿命的波动性较以往有显著的变化.

例 4－7 某工厂生产金属丝，产品指标为折断力. 折断力的方差被用作工厂生产精度的表征. 方差越小，表明精度越高. 以往工厂一直把该方差保持在 64(kg^2)与 64 以下. 最近从一批产品中抽取 10 根作折断力试验，测得的结果(单位:kg)如下：

578, 572, 570, 568, 572, 570, 572, 596, 584, 570.

由上述样本数据,得

$$\bar{x}=575.2,\quad s^2=75.74.$$

为此,厂方怀疑金属丝折断力的方差是否变大了. 如确实增大了，表明生产精度不如以前，就需对生产流程作一番检验，以发现生产环节中存在的问题.

解 为确认上述疑虑是否为真，假定金属丝折断力服从正态分布，并作下述假设检验：

$$H_0:\sigma^2\leqslant 64,H_1:\sigma^2>64.$$

上述假设检验问题可利用 χ^2 检验法的右侧检验法来检验，就本例中而言，相应于

$$\sigma_0^2=64,n=10.$$

对于给定的显著性水平 $\alpha=0.05$，查附表可知

$$\chi_\alpha^2(n-1)=\chi_{0.05}^2(9)=16.919,$$

从而有

$$\chi^2=\frac{n-1}{\sigma_0^2}s^2=\frac{9\times 75.74}{64}=10.65\leqslant 16.919=\chi_{0.05}^2,$$

故不能拒绝原假设 H_0，从而认为样本方差的偏大系偶然因素，生产流程正常，故不需再作进一步的检查.

4.3 两个正态总体参数的假设检验

4.2 节介绍单个正态总体的参数假设检验,基于同样的思想,本节将考虑两个正态总体的参数假设检验. 与单个正态总体的参数假设检验不同的是,这里所关心的不是逐一对每个参数的值作假设检验,而是着重考虑两个总体之间的差异,即两个总体的均值或方差是否相等.

设 $X\sim N(\mu_1,\sigma_1^2)$，$Y\sim N(\mu_2,\sigma_2^2)$，$X_1,X_2,\cdots,X_{n_1}$ 为取自总体 $N(\mu_1,\sigma_1^2)$ 的一个样本，$Y_1,Y_2,\cdots,Y_{n_2}$ 为取自总体 $N(\mu_2,\sigma_2^2)$ 的一个样本，并且两个样本相互独立，记 $\overline{X}$ 与 $\overline{Y}$ 分别为样本 $X_1,X_2,\cdots,X_{n_1}$ 与 $Y_1,Y_2,\cdots,Y_{n_2}$ 的样本均值，S_1^2 与 S_2^2 分别为 $X_1,X_2,\cdots,X_{n_1}$ 与 $Y_1,Y_2,\cdots,Y_{n_2}$ 的样本方差.

4.3.1 两个正态总体均值差的假设检验

1. 方差 σ_1^2,σ_2^2 已知情形

检验假设

$$H_0:\mu_1-\mu_2=\mu_0, H_1:\mu_1-\mu_2\neq\mu_0.$$

其中 μ_0 为已知常数．

因当 H_0 为真时，有

$$Z=\frac{\overline{X}-\overline{Y}-\mu_0}{\sqrt{\sigma_1^2/n_1+\sigma_2^2/n_2}}\sim N(0,1),$$

故选取 Z 作为检验统计量．记其观察值为 z．称相应的检验法为 z 检验法．

由于 $\overline{X}$ 与 $\overline{Y}$ 是 μ_1 与 μ_2 的无偏估计量，当 H_0 成立时，$|z|$不应太大，当 H_1 成立时，$|z|$有偏大的趋势，故拒绝域形式为

$$|z|=\left|\frac{\overline{x}-\overline{y}-\mu_0}{\sqrt{\sigma_1^2/n_1+\sigma_2^2/n_2}}\right|\geqslant k, k \text{ 待定}.$$

对于给定的显著性水平 α，查标准正态分布表得 $k=z_{\alpha/2}$，使

$$P\{|Z|\geqslant z_{\alpha/2}\}=\alpha,$$

由此即得拒绝域为

$$|z|=\left|\frac{x-y-\mu_0}{\sqrt{\sigma_1^2/n_1+\sigma_2^2/n_2}}\right|\geqslant z_{\alpha/2}, \tag{4-16}$$

根据一次抽样后得到的样本观察值 $x_1,x_2,\cdots,x_{n_1}$ 和 $y_1,y_2,\cdots,y_{n_2}$ 计算出 Z 的观察值 z，若 $|z|\geqslant z_{\alpha/2}$，则拒绝原假设 H_0，当 $\mu_0=0$ 时即认为总体均值 μ_1 与 μ_2 有显著差异；若 $|z|<z_{\alpha/2}$，则接受原假设 H_0，当 $\mu_0=0$ 时即认为总体均值 μ_1 与 μ_2 无显著差异．

类似地，对单侧检验有：

（1）右侧检验：检验假设

$$H_0:\mu_1-\mu_2\leqslant\mu_0, H_1:\mu_1-\mu_2>\mu_0.$$

其中 μ_0 为已知常数．得拒绝域为

$$z=\frac{\overline{x}-\overline{y}-\mu_0}{\sqrt{\sigma_1^2/n_1+\sigma_2^2/n_2}}\geqslant z_\alpha. \tag{4-17}$$

（2）左侧检验：检验假设

$$H_0:\mu_1-\mu_2\geqslant\mu_0, H_1:\mu_1-\mu_2<\mu_0.$$

其中 μ_0 为已知常数．得拒绝域为

$$z=\frac{\overline{x}-\overline{y}-\mu_0}{\sqrt{\sigma_1^2/n_1+\sigma_2^2/n_2}}\leqslant -z_\alpha. \tag{4-18}$$

例 4－8 设甲、乙两厂生产同样的灯泡，其寿命 X,Y 分别服从正态分布 $N(\mu_1,\sigma_1^2)$，

$N(\mu_2,\sigma_2^2)$，已知它们寿命的标准差分别为 84h 和 96h，现从两厂生产的灯泡中各取 60 只,测得平均寿命甲厂为 1295h，乙厂为 1230h，能否认为两厂生产的灯泡寿命无显著差异($\alpha=0.05$)?

解 (1) 建立假设 $H_0:\mu_1=\mu_2, H_1:\mu_1\neq\mu_2$.

(2) 选择统计量 $Z=\dfrac{\overline{X}-\overline{Y}}{\sqrt{\dfrac{\sigma_1^2}{n_1}+\dfrac{\sigma_2^2}{n_2}}}\sim N(0,1)$.

(3) 对于给定的显著性水平 α,查标准正态分布表 $k=z_{\alpha/2}=z_{0.025}=1.96$,由式(4-16)知其拒绝域为$|z|\geqslant 1.96$.

(4) 由于 $\overline{X}=1295$，$\overline{y}=1230$，$\sigma_1=84$，$\sigma_2=96$，所以

$$|z|=\left|\frac{\overline{x}-\overline{y}}{\sqrt{\dfrac{\sigma_1^2}{n_1}+\dfrac{\sigma_1^2}{n_2}}}\right|=3.95>1.96,$$

故应拒绝 H_0，即认为两厂生产的灯泡寿命有显著差异.

例 4-9 一药厂生产一种新的止痛片，厂方希望验证服用新药后至开始起作用的时间间隔较原有止痛片至少缩短 1/2，因此厂方提出需检验假设

$$H_0:\mu_1\leqslant 2\mu_2,\quad H_1:\mu_1>2\mu_2,$$

此处 μ_1、μ_2 分别是服用原有止痛片和服用新止痛片后至起作用的时间间隔的总体的均值. 设两总体均服从正态分布,且方差分别为已知值 σ_1^2,σ_2^2，现分别在两总体中取一样本 $X_1,X_2,\cdots,X_{n_1}$ 和 $Y_1,Y_2,\cdots,Y_{n_2}$，设两个样本独立. 试给出上述假设 H_0 的拒绝域，取显著性水平为 α.

解 检验假设

$$H_0:\mu_1\leqslant 2\mu_2,\ H_1:\mu_1>2\mu_2.$$

采用

$$\overline{X}-2\overline{Y}\sim N\left(\mu_1-2\mu_2,\frac{\sigma_1^2}{n_1}+\frac{4\sigma_2^2}{n_2}\right).$$

在 H_0 成立下,有

$$Z=\frac{\overline{X}-2\overline{Y}-(\mu_1-2\mu_2)}{\sqrt{\dfrac{\sigma_1^2}{n_1}+\dfrac{4\sigma_2^2}{n_2}}}\sim N(0,1).$$

因此，类似于右侧检验，对于给定的 $\alpha>0$，则 H_0 成立时,拒绝域为

$$W=\left\{\frac{\overline{x}-2\overline{y}}{\sqrt{\dfrac{\sigma_1^2}{n_1}+\dfrac{4\sigma_2^2}{n_2}}}\geqslant z_\alpha\right\}.$$

2. 方差 σ_1^2,σ_2^2 未知，但 $\sigma_1^2=\sigma_2^2=\sigma^2$

检验假设

$$H_0:\mu_1-\mu_2=\mu_0,H_1:\mu_1-\mu_2\neq\mu_0.$$

其中 μ_0 为已知常数.

由 2.2 节知，当 H_0 为真时，有

$$T=\frac{\overline{X}-\overline{Y}-\mu_0}{S_w\sqrt{1/n_1+1/n_2}}\sim t(n_1+n_2-2).$$

其中 $$S_w^2=\frac{(n_1-1)S_1^2+(n_2-1)S_2^2}{n_1+n_2-2},S_w=\sqrt{S_w^2}.$$

故选取 T 作为检验统计量. 记其观察值为 t.

由于 S_w^2 也是 σ^2 的无偏估计量，当 H_0 成立时，$|t|$不应太大，当 H_1 成立时，$|t|$有偏大的趋势，故拒绝域形式为

$$|t|=\left|\frac{\bar{x}-\bar{y}-\mu_0}{s_w\sqrt{1/n_1+1/n_2}}\right|\geqslant k,k\text{ 待定}.$$

对于给定的显著性水平 α，查 t 分布表得 $k=t_{\alpha/2}(n_1+n_2-2)$，使

$$P\{|T|\geqslant t_{\alpha/2}(n_1+n_2-2)\}=\alpha,$$

由此即得拒绝域为

$$|t|=\left|\frac{\bar{x}-\bar{y}-\mu_0}{s_w\sqrt{1/n_1+1/n_2}}\right|\geqslant t_{\alpha/2}(n_1+n_2-2). \tag{4-19}$$

根据一次抽样后得到的样本观察值 $x_1,x_2,\cdots,x_{n_1}$ 和 $y_1,y_2,\cdots,y_{n_2}$ 计算出 T 的观察值 t，若 $|t|\geqslant t_{\alpha/2}(n_1+n_2-2)$，则拒绝原假设 H_0，否则接受原假设 H_0.

类似地，对单侧检验有：

(1) 右侧检验：检验假设

$$H_0:\mu_1-\mu_2\leqslant\mu_0,H_1:\mu_1-\mu_2>\mu_0.$$

其中 μ_0 为已知常数. 得拒绝域为

$$t=\frac{\bar{x}-\bar{y}-\mu_0}{s_w\sqrt{1/n_1+1/n_2}}\geqslant t_\alpha(n_1+n_2-2). \tag{4-20}$$

(2) 左侧检验：检验假设

$$H_0:\mu_1-\mu_2\geqslant\mu_0,H_1:\mu_1-\mu_2<\mu_0.$$

其中 μ_0 为已知常数. 得拒绝域为

$$t=\frac{\bar{x}-\bar{y}-\mu_0}{s_w\sqrt{1/n_1+1/n_2}}\leqslant -t_\alpha(n_1+n_2-2). \tag{4-21}$$

例 4-10 某地某年高考后随机抽得 15 名男生、12 名女生的物理考试成绩如下：

男生：49 48 47 53 51 43 39 57 56 46 42 44 55 44 40

女生：46 40 47 51 43 36 43 38 48 54 48 34

从这 27 名学生的成绩能否说明这个地区男女生的物理考试成绩不相上下（显著性水平 $\alpha=0.05$）?

解 把男生和女生物理考试的成绩分别近似地看作是服从正态分布的随机变量，且

它们的方差相等，即 $X \sim N(\mu_1, \sigma^2)$ 与 $Y \sim N(\mu_2, \sigma^2)$，则本例可归结为双侧检验问题：

$$H_0: \mu_1 = \mu_2, \quad H_1: \mu_1 \neq \mu_2.$$

由题设，有 $n_1 = 15, n_2 = 12$，从而 $n = n_1 + n_2 = 27$. 再根据题中数据算出

$$\bar{x} = 47.6, \bar{y} = 44,$$

$$(n_1 - 1)s_1^2 = \sum_{i=1}^{15}(x_i - \bar{x})^2 = 469.6, (n_2 - 1)s_2^2 = \sum_{i=1}^{12}(y_i - \bar{y})^2 = 412,$$

$$s_w = \sqrt{\frac{\{(n_1 - 1)s_1^2 + (n_2 - 1)s_2^2}{n_1 + n_2 - 2}} = \sqrt{\frac{1}{25}(469.6 + 412)} = 5.94.$$

由此便可计算出

$$t = \frac{\bar{x} - \bar{y}}{s_w\sqrt{1/n_1 + 1/n_2}} = \frac{47.6 - 44}{5.94\sqrt{1/15 + 1/12}} = 1.566.$$

取显著性水平 $\alpha = 0.05$，查附表，得

$$t_{\alpha/2}(n - 2) = t_{0.025}(25) = 2.060.$$

因为 $|t| = 1.556 \leqslant 2.060 = t_{0.025}(25)$，从而没有充分理由否认原来假设 H_0，即认为这一地区男女生的物理考试成绩不相上下.

3. 基于成对数据的检验（t 检验）

有时为了比较两种产品，或两种仪器，两种方法等的差异，常在相同的条件下作对比试验，得到一批成对的观察值，然后分析观察数据作出推断. 这种方法常称为逐对比较法. 下面通过例子说明这种方法.

例 4-11 有两台光谱仪 I_x、I_y，用来测量材料中某种金属的含量，为鉴定它们的测量结果有无显著差异，制备了 9 件试块（它们的成分、金属含量、均匀性等各不相同），现在分别用这两台机器对每一试块测量一次，得到 9 对观察值如表 4-1 所列.

表 4-1

$x/\%$	0.20	0.30	0.40	0.50	0.60	0.70	0.80	0.90	1.00
$y/\%$	0.10	0.21	0.52	0.32	0.78	0.59	0.68	0.77	0.89
$d = x - y/\%$	0.10	0.09	-0.12	0.18	-0.18	0.11	0.12	0.13	0.11

问能否认为这两台仪器的测量结果有显著的差异（$\alpha = 0.01$）？

解 本题中的数据是成对的，即对同一试块测出一对数据，一对与另一对之间的差异是由各种因素如材料成分、金属含量、均匀性等因素引起的. 由于各试块的特性有广泛的差异，就不能将光谱仪 I_x 对 9 个试块的测量结果（即表中第 1 行）看成是同分布随机变量的观察值，因而表中第 1 行不能看成是一个样本的观察值，同样也不能将表中第 2 行看成一个样本的观察值，再者，对于每一对数据而言，它们是同一试块用不同仪器 I_x、I_y 测得的结果，因此，它们不是两个独立的随机变量的观察值. 因此不能用表 4-2 中第 4 栏的检验法作检验. 而同一对中两个数据的差异则可看成是仅由这两台仪器性能的差异所引起的，这样，局限于各对中两个数据来比较就能排除种种其他因素，而只考虑单独由仪器的性能所产生的影响. 从而能比较这两台仪器的测量结果是否有显著的差异.

表4-1中第3行表示各对数据的差 $d_i = x_i - y_i$，由于 $d_1, d_2, \cdots d_n$ 是由同一因素所引起的，可以认为它们服从同一分布，若两台机器的性能一样，则各对数据的差异 $d_1, d_2, \cdots d_n$ 属随机误差，随机误差可以认为服从正态分布，其均值为零. 设 $d_1, d_2, \cdots d_n$ 来自正态总体 $N(\mu_d, \sigma^2)$，这里 μ_d, σ^2 均为未知．要检验假设：

$$H_0: \mu_d = 0,\ H_1: \mu_d \neq 0.$$

设 $d_1, d_2, \cdots d_n$ 的样本均值为 $\bar{d}$，样本方差为 s^2，按表4-2中第2栏中关于单个正态分布均值的 t 检验，知拒绝域为

$$|t| = \left|\frac{\bar{d} - 0}{s/\sqrt{n}}\right| \geq t_{\alpha/2}(n-1).$$

由 $n=9$，$t_{\alpha/2}(8) = t_{0.005}(8) = 3.3554$，$\bar{d} = 0.06$，$s = 0.1227$，可知 $|t| = 1.467 < 3.3554$，所以接受 H_0，认为这两台仪器的测量结果无显著的差异．

4.3.2 两个正态总体方差相等的假设检验

设 $X_1, X_2, \cdots, X_{n_1}$ 为取自正态总体 $N(\mu_1, \sigma_1^2)$ 的一个样本，$Y_1, Y_2, \cdots, Y_{n_2}$ 为取自正态总体 $N(\mu_2, \sigma_2^2)$ 的一个样本，且两个样本相互独立，记 $\overline{X}$ 与 $\overline{Y}$ 分别为相应的样本均值，S_1^2 与 S_2^2 分别为相应的样本方差.

检验假设

$$H_0: \sigma_1^2 = \sigma_2^2, H_1: \sigma_1^2 \neq \sigma_2^2.$$

由2.2节知，当 H_0 为真时，有

$$F = S_1^2/S_2^2 \sim F(n_1 - 1, n_2 - 1),$$

故选取 F 作为检验统计量．相应的检验法称为 F 检验法．

由于 S_1^2 与 S_2^2 是 σ_1^2 与 σ_2^2 的无偏估计量，当 H_0 成立时，F 的取值应集中在1的附近，当 H_1 成立时，F 的取值有偏小或偏大的趋势，故拒绝域形式为

$$F \leq k_1 \text{ 或 } F \geq k_2, k_1, k_2 \text{ 待定}.$$

对于给定的显著性水平 α，查 F 分布表，得

$$k_1 = F_{1-\alpha/2}(n_1 - 1, n_2 - 1), k_2 = F_{\alpha/2}(n_1 - 1, n_2 - 1),$$

使

$$P\{F \leq F_{1-\alpha/2}(n_1 - 1, n_2 - 1) \text{ 或 } F \geq F_{\alpha/2}(n_1 - 1, n_2 - 1)\} = \alpha,$$

由此即得拒绝域为

$$F \leq F_{1-\alpha/2}(n_1 - 1, n_2 - 1) \text{ 或 } F \geq F_{\alpha/2}(n_1 - 1, n_2 - 1). \quad (4-22)$$

根据一次抽样后得到的样本观察值 $x_1, x_2, \cdots, x_{n_1}$ 和 $y_1, y_2, \cdots, y_{n_2}$ 计算出 F 的观察值，若式(4-22)成立，则拒绝原假设 H_0，否则接受原假设 H_0.

类似地，对单侧检验有：

(1) 检验假设

$$H_0: \sigma_1^2 \leq \sigma_2^2, H_1: \sigma_1^2 > \sigma_2^2.$$

得拒绝域为

$$F \geqslant F_{\alpha}(n_1-1,n_2-1). \tag{4-23}$$

（2）检验假设

$$H_0:\sigma_1^2 \geqslant \sigma_2^2, H_1:\sigma_1^2 < \sigma_2^2.$$

得拒绝域为

$$F \leqslant F_{1-\alpha}(n_1-1,n_2-1). \tag{4-24}$$

例 4-12 两台机床加工同种零件，分别从两台车床加工的零件中抽取 6 个和 9 个测量其直径，并计算得 $s_1^2=0.345, s_2^2=0.375$. 假定零件直径服从正态分布，试比较两台车床加工精度有无显著差异（$\alpha=0.10$）？

解 设两总体 X 和 Y 分别服从正态分布 $N(\mu_1,\sigma_1^2)$ 和 $N(\mu_2,\sigma_2^2)$，μ_1，μ_2，σ_1^2，σ_2^2 未知.

（1）建立假设 $H_0:\sigma_1^2=\sigma_2^2, H_1:\sigma_1^2 \neq \sigma_2^2$.

（2）选统计量 $F=S_1^1/S_2^2 \sim F(n_1-1,n_2-1)$.

（3）对于给定的显著性水平 α，查 F 分布表，得

$$k_1 = F_{1-\alpha/2}(n_1-1,n_2-1) = F_{0.95}(5,8) = \frac{1}{F_{0.05}(8,5)} = 0.207,$$

$$k_2 = F_{\alpha/2}(n_1-1,n_2-1) = F_{0.05}(5,8) = 3.69,$$

由式(4-22)知，其拒绝域为 $F \leqslant 0.207$ 或 $F \geqslant 3.69$.

（4）由于 $s_1^2=0.345, s_2^2=0.375$，所以 $F=s_1^2/s_2^2=0.92$. 而 $0.207<0.92<3.69$，故应接受 H_0，即认为两车床加工精度无差异.

4.3.3 正态总体均值、方差检验法小结（表 4-2）

表 4-2 正态总体均值、方差的检验表（显著性水平为 α）

序号	原假设 H_0	检验统计量	备择假设 H_1	拒绝域
1	$\mu=\mu_0$	$Z=\dfrac{\overline{X}-\mu_0}{\sigma/\sqrt{n}}$	$\mu \neq \mu_0$	$\lvert z\rvert \geqslant z_{\alpha/2}$
	$\mu \leqslant \mu_0$		$\mu > \mu_0$	$z \geqslant z_{\alpha}$
	$\mu \geqslant \mu_0$		$\mu < \mu_0$	$z \leqslant -z_{\alpha}$
	（σ^2 已知）			
2	$\mu=\mu_0$	$T=\dfrac{\overline{X}-\mu_0}{S/\sqrt{n}}$	$\mu \neq \mu_0$	$\lvert t\rvert \geqslant t_{\alpha/2}(n-1)$
	$\mu \leqslant \mu_0$		$\mu > \mu_0$	$t \geqslant t_{\alpha}(n-1)$
	$\mu \geqslant \mu_0$		$\mu < \mu_0$	$t \leqslant -t_{\alpha}(n-1)$
	（σ^2 未知）			
3	$\mu_1-\mu_2=\delta$	$Z=\dfrac{\overline{X}-\overline{Y}-\delta}{\sqrt{\sigma_1^2/n_1+\sigma_2^2/n_2}}$	$\mu_1-\mu_2 \neq \delta$	$\lvert z\rvert \geqslant z_{\alpha/2}$
	$\mu_1-\mu_2 \leqslant \delta$		$\mu_1-\mu_2 > \delta$	$z \geqslant z_{\alpha}$
	$\mu_1-\mu_2 \geqslant \delta$		$\mu_1-\mu_2 < \delta$	$z \leqslant -z_{\alpha}$
	（σ_1^2,σ_2^2 已知）			

（续）

序号	原假设 H_0	检验统计量	备择假设 H_1	拒绝域
4	$\mu_1-\mu_2=\delta$ $\mu_1-\mu_2\leqslant\delta$ $\mu_1-\mu_2\geqslant\delta$ ($\sigma_1^2=\sigma_2^2=\sigma^2$ 未知)	$T=\dfrac{\overline{X}-\overline{Y}-\delta}{S_w\sqrt{1/n_1+1/n_2}}$ $S_w^2=\dfrac{(n_1-1)S_1^2+(n_2-1)S_2^2}{n_1+n_2-2}$	$\mu_1-\mu_2\neq\delta$ $\mu_1-\mu_2>\delta$ $\mu_1-\mu_2<\delta$	$\|t\|\geqslant t_{\alpha/2}(n_1+n_2-2)$ $t\geqslant t_\alpha(n_1+n_2-2)$ $t\leqslant -t_\alpha(n_1+n_2-2)$
5	$\sigma^2=\sigma_0^2$ $\sigma^2\leqslant\sigma_0^2$ $\sigma^2\geqslant\sigma_0^2$ (μ 未知)	$\chi^2=\dfrac{n-1}{\sigma_0^2}S^2$	$\sigma^2\neq\sigma_0^2$ $\sigma^2>\sigma_0^2$ $\sigma^2<\sigma_0^2$	$\chi^2\leqslant\chi^2_{1-\alpha/2}(n-1)$ 或 $\chi^2\geqslant\chi^2_{\alpha/2}(n-1)$ $\chi^2\geqslant\chi^2_\alpha(n-1)$ $\chi^2\leqslant\chi^2_{1-\alpha}(n-1)$
6	$\sigma_1^2=\sigma_2^2$ $\sigma_1^2\leqslant\sigma_2^2$ $\sigma_1^2\geqslant\sigma_2^2$ (μ_1,μ_2 未知)	$F=\dfrac{S_1^2}{S_2^2}$	$\sigma_1^2\neq\sigma_2^2$ $\sigma_1^2>\sigma_2^2$ $\sigma_1^2<\sigma_2^2$	$F\geqslant F_{\alpha/2}(n_1-1,n_2-1)$ 或 $F\leqslant F_{1-\alpha/2}(n_1-1,n_2-1)$ $F\geqslant F_\alpha(n_1-1,n_2-1)$ $F\leqslant F_{1-\alpha}(n_1-1,n_2-1)$
7	$\mu_D=0$ $\mu_D\leqslant 0$ $\mu_D\geqslant 0$ (成对数据)	$T=\dfrac{\overline{D}-0}{S_D/\sqrt{n}}$	$\mu_D\neq 0$ $\mu_D>0$ $\mu_D<0$	$\|t\|\geqslant t_{\alpha/2}(n-1)$ $t\geqslant t_\alpha(n-1)$ $t\leqslant -t_\alpha(n-1)$

4.4 分布拟合检验

本章前三节所介绍的各种检验法，都是在总体分布类型已知的情况下，对其中的未知参数进行检验，这类统计检验法统称为参数检验．在实际问题中，有时并不能确切预知总体服从何种分布，这时就需要根据来自总体的样本对总体的分布进行推断，以判断总体服从何种分布．这类统计检验称为非参数检验．解决这类问题的工具之一是英国统计学家 K·皮尔逊(K. Pearson)在 1900 年提出的 χ^2 检验法，不少人把此项工作视为近代统计学的开端．

4.4.1 χ^2 检验法的基本思想

χ^2 检验法是在总体 X 的分布未知时，根据来自总体的样本，对总体的分布的假设：

H_0：总体 X 的分布函数为 $F(x)$，

H_1:总体 X 的分布函数不是 $F(x)$(这里备择假设 H_1 可以不必写出)

进行检验的一种检验方法. 这种检验通常称为拟合优度检验. 一般先根据样本观察值用直方图和经验分布函数, 推断出总体可能服从的分布,据此提出原假设,然后根据样本的经验分布和所假设的理论分布之间的吻合程度来决定是否接受或拒绝原假设.

4.4.2 χ^2 检验法的基本原理和步骤

(1) 提出原假设:

$$H_0:\text{总体 } X \text{ 的分布函数为 } F(x). \tag{4-25}$$

如果总体分布为离散型, 则假设具体为

$$H_0:\text{总体 } X \text{ 的分布律为 } P\{X = x_i\} = p_i, i = 1,2,\cdots,$$

如果总体分布为连续型, 则假设具体为

$$H_0:\text{总体 } X \text{ 的概率密度函数为 } f(x).$$

(2) 将总体 X 的取值范围分成 k 个互不相交的小区间, 记为 $A_1,A_2,\cdots,A_k$,如可取为

$$(a_0,a_1],(a_1,a_2],\cdots,(a_{k-2},a_{k-1}],(a_{k-1},a_k).$$

其中 a_0 可取 $-\infty$,a_k 可取 $+\infty$;区间的划分视具体情况而定,使每个小区间所含样本值个数不小于5,而区间个数 k 不要太大也不要太小.

(3) 把落入第 i 个小区间 A_i 的样本值的个数记作 f_i,称为组频数,所有组频数之和 $f_1+f_2+\cdots+f_k$ 等于样本容量 n.

(4) 当 H_0 为真时,根据所假设的总体理论分布,可算出总体 X 的值落入第 i 个小区间 A_i 的概率 p_i, 于是 np_i 就是落入第 i 个小区间 A_i 的样本值的理论频数.

(5) 当 H_0 为真时, n 次试验中样本值落入第 i 个小区间 A_i 的频率 f_i/n 与概率 p_i 应很接近, 当 H_0 不真时, 则 f_i/n 与 p_i 相差较大. 基于这种思想, 皮尔逊引进检验统计量

$$\chi^2 = \sum_{i=1}^{k} \frac{(f_i - np_i)^2}{np_i}. \tag{4-26}$$

并证明了下列结论.

定理 当 n 充分大($n\geqslant 50$)时, 若原假设 H_0 为真,则式(4-26)所示的统计量 χ^2 近似服从 $\chi^2(k-1)$ 分布. (证略)

根据该定理, 当 H_0 为真时,式(4-26)中的统计量 χ^2 不应太大,太大就应拒绝 H_0. 对给定的显著性水平 α, 确定 l 值, 使

$$P\{\chi^2 > l\} = \alpha,$$

查 χ^2 分布表,得 $l=\chi^2_\alpha(k-1)$, 所以拒绝域为

$$\chi^2 \geqslant \chi^2_\alpha(k-1). \tag{4-27}$$

若由所给的样本值 $x_1,x_2,\cdots,x_n$ 算得统计量 χ^2 的观察值落入拒绝域, 则拒绝原假设 H_0, 否则就认为差异不显著而接受原假设 H_0.

在上述对总体分布的假设检验中, 分布函数 $F(x)$ 是完全已知的,不含未知参数. 如果 $F(x)$ 中还含有未知参数, 即分布函数为

$$F(x,\theta_1,\theta_2,\cdots,\theta_r),$$

其中 $\theta_1,\theta_2,\cdots,\theta_r$ 为未知参数. 设 $X_1,X_2,\cdots,X_n$ 是取自总体 X 的样本，现要用此样本来检验假设

$$H_0: 总体 X 的分布函数为 F(x,\theta_1,\theta_2,\cdots,\theta_r).$$

此类情况可按如下步骤进行检验：

(1) 利用样本 $X_1,X_2,\cdots,X_n$, 求出 $\theta_1,\theta_2,\cdots,\theta_r$ 的最大似然估计 $\hat{\theta}_1,\hat{\theta}_2,\cdots,\hat{\theta}_r$.

(2) 在 $F(x,\theta_1,\theta_2,\cdots,\theta_r)$, 中用 $\hat{\theta}_i$ 代替 $\theta_i(i=1,2,\cdots,r)$, 则 $F(x,\theta_1,\theta_2,\cdots,\theta_r)$, 就变成完全已知的分布函数 $F(x,\hat{\theta}_1,\hat{\theta}_2,\cdots,\hat{\theta}_r)$.

(3) 计算 p_i 时，利用 $F(x,\hat{\theta}_1,\hat{\theta}_2,\cdots,\hat{\theta}_r)$. 计算 p_i 的估计值 $\hat{p}_i(i=1,2,\cdots,k)$.

(4) 计算要检验的统计量

$$\chi^2=\sum_{i=1}^{k}(f_i-n\hat{p}_i)^2/n\hat{p}_i, \tag{4-28}$$

当 n 充分大时, 统计量 χ^2 近似服从 $\chi^2(k-r-1)$ 分布.

(5) 对给定的显著性水平 α, 得拒绝域

$$\chi^2=\sum_{i=1}^{k}(f_i-n\hat{p}_i)^2/n\hat{p}_i \geqslant \chi_\alpha^2(k-r-1). \tag{4-29}$$

注: 在使用皮尔逊 χ^2 检验法时, 要求 $n\geqslant 50$, 以及每个理论频数 $np_i\geqslant 5(i=1,\cdots,k)$, 否则应适当地合并相邻的小区间, 使 np_i 满足要求.

例 4-13 将一颗骰子掷 120 次，所得数据如表 4-3 所列。

表 4-3

点数 i	1	2	3	4	5	6
出现次数 f_i	23	26	21	20	15	16

问这颗骰子是否均匀、对称（取 $\alpha=0.05$）?

解 若这颗骰子是均匀的、对称的，则 1 点 ~6 点中每点出现的可能性相同，都为 1/6. 如果用 A_i 表示第 i 点出现$(i=1,2,\cdots,6)$，则待检假设

$$H_0: P(A_i)=1/6 \quad i=1,2\cdots,6.$$

在 H_0 成立的条件下，理论概率 $p_i=p(A_i)=1/6$，由 $n=120$ 得频数 $np_i=20$.

计算结果见表 4-4.

表 4-4 掷骰子数据的分组表

i	f_i	p_i	np_i	$(f_i-np_i)^2/(np_i)$
1	23	1/6	20	9/20
2	26	1/6	20	36/20
3	21	1/6	20	1/20
4	20	1/6	20	0
5	15	1/6	20	25/20
6	15	1/6	20	25/20
合计	120			4.8

因为分布不含未知参数，又 $k=6,\alpha=0.05$，查表得 $\chi_{\alpha}^{2}(k-1)=\chi_{0.05}^{2}(5)=11.071$.

由表4-4,知 $\chi^{2}=\sum_{i=1}^{6}\frac{(f_i-np_i)^2}{np_i}=4.8<11.071$，故接受 H_0,认为这颗骰子是均匀对称的.

例4-14 1500年—1931年的432年间，每年爆发战争的次数可以看做一个随机变量，据统计，这432年间共爆发了299次战争，具体数据见表4-5.

表4-5

战争次数 X	发生 X 次战争的年数
0	223
1	142
2	48
3	15
4	4

根据所学知识和经验知，每年爆发战争的次数 X 近似服从泊松分布. 根据上述数据,问每年爆发战争的次数 X 是否服从泊松分布.

解 依题意提出的原假设

$$H_0: X\text{ 服从参数为 }\lambda\text{ 的泊松分布}.$$

即

$$P\{X=i\}=\frac{\lambda^i e^{-\lambda}}{i!},\quad i=0,1,2,3,4.$$

因总体分布中含有1个未知参数 λ,所以先估计参数 λ. 由极大似然估计法得参数 λ 的最大似然估计值为 $\hat{\lambda}=\bar{x}=0.69$. 按参数为0.69的泊松分布，计算事件 $\{X=i\}$ 的概率 p_i，p_i 的估计是 $\hat{p}_i=e^{-0.69}0.69^i/i!,i=0,1,2,3,4$.

根据题中所给数据，将有关计算结果列于表4-6.

表4-6 每年爆发战争的次数数据的分组表

战争次数 x	0	1	2	3	4	
实测频数 f_i	223	142	48	15	4	
$\hat{p}_i$	0.502	0.346	0.119	0.027	0.005	
$n\hat{p}_i$	216.86	149.47	51.41	11.66	2.16	
				13.82		
$(f_i-n\hat{p}_i)^2/n\hat{p}_i$	0.174	0.373	0.226	1.942		$\Sigma=2.715$

将 $n\hat{p}_i<5$ 的组予以合并，即将每年发生3次及4次战争的组归并为一组. 因 H_0 所假设的理论分布中有一个未知参数，故自由度为 $4-1-1=2$.

按 $\alpha=0.05$，自由度为2查 χ^2 分布表得 $\chi_{0.05}^{2}(2)=5.99$.

因统计量 χ^2 的观察值 $\chi^2=2.715<5.99$，未落入拒绝域. 故认为每年发生战争的次

数 X 服从参数为 0.69 的泊松分布.

例 4-15 为检验棉纱的拉力强度(单位: kg) X 是否服从正态分布, 从一批棉纱中随机抽取 300 条进行拉力试验, 结果列于表 4-7.

表 4-7 棉纱拉力数据

i	x	f_i	i	x	f_i
1	0.5 ~ 0.64	1	8	1.48 ~ 1.62	53
2	0.64 ~ 0.78	2	9	1.62 ~ 1.76	25
3	0.78 ~ 0.92	9	10	1.76 ~ 1.90	19
4	0.92 ~ 1.06	25	11	1.90 ~ 2.04	16
5	1.06 ~ 1.20	37	12	2.04 ~ 2.18	3
6	1.20 ~ 1.34	53	13	2.18 ~ 2.38	1
7	1.34 ~ 1.48	56			

问题是检验假设

$$H_0: X \sim N(\mu, \sigma^2) \quad, \alpha = 0.01.$$

解 可按以下 4 步来检验:

(1) 将观测值 x_i 分成 13 组:

$$(a_0, a_1], (a_1, a_2], \cdots, (a_{11}, a_{12}], (a_{12}, a_{13}).$$

这里 $a_0 = -\infty, a_1 = 0.64$, $a_2 = 0.78, \cdots$, $a_{12} = 2.18$, $a_{13} = \infty$, 但是这样分组后, 前两组和最后两组的 $n\hat{p}_i$ 比较小, 故把它们合并成为一个组(表 4-8).

(2) 计算每个区间上的理论频数. 这里 $F(x)$ 就是正态分布 $N(\mu, \sigma^2)$ 的分布函数, 含有两个未知数 μ 和 σ^2, 分别用它们的最大似然估计 $\hat{\mu} = \overline{X}$ 和 $\hat{\sigma}^2 = \sum\limits_{i=1}^{n} (X_i - \overline{X})^2 / n$ 来代替. 关于 $\overline{X}$ 的计算作如下说明: 因拉力数据表中的每个区间都很狭窄, 可认为每个区间内 X_i 都取这个区间的中点, 然后将每个区间的中点值乘以该区间的样本数, 将这些值相加再除以总样本数就得具体样本均值 $\overline{X}$, 计算得 $\hat{\mu} = 1.41, \hat{\sigma}^2 = 0.26^2$.

对于服从 $N(1.41, 0.26^2)$ 的随机变量 Y, 计算它在上面第 i 个区间上的概率 p_i.

(3) 计算 $x_1, x_2, \cdots, x_{300}$ 中落在每个区间的实际频数 f_i, 如分组表 4-8 所列.

(4) 计算统计量值: $\chi^2 = \sum\limits_{k=1}^{10} \dfrac{(f_i - n\hat{p}_i)^2}{n\hat{p}_i} = 22.07$, 因为 $k = 10, r = 2$, 故 χ^2 的自由度为 $10 - 2 - 1 = 7$, 查表得 $\chi^2_{0.01}(7) = 18.48 < \chi^2 = 22.07$, 故拒绝原假设, 即认为棉纱拉力强度不服从正态分布.

表 4-8 棉纱拉力数据的分组表

区间序号	区间	f_i	$\hat{p}_i$	$n\hat{p}_i$	$f_i - n\hat{p}_i$
1	≤0.78 或 >2.04	7	0.0156	4.68	2.32
2	0.78 ~ 0.92	9	0.0223	6.69	2.31

（续）

区间序号	区间	f_i	$\hat{p}_i$	$n\hat{p}_i$	$f_i - n\hat{p}_i$
3	0.92 ~ 1.06	25	0.0584	17.52	7.48
4	1.06 ~ 1.20	37	0.1205	36.15	0.85
5	1.20 ~ 1.34	53	0.1846	55.38	−2.38
6	1.34 ~ 1.48	56	0.2128	63.84	−7.84
7	1.48 ~ 1.62	53	0.1846	55.38	−2.38
8	1.62 ~ 1.76	25	0.1205	36.15	−11.15
9	1.76 ~ 1.90	19	0.0584	17.52	1.48
10	1.90 ~ 2.04	16	0.0223	6.69	9.31

4.5 独立性检验

χ^2 统计量的极限分布除了用来做分布函数的拟合检验外，还能用于列联表的独立性检验.

随机试验的结果常常可用两个（或更多）不同的指标或特性来分类. 例如，随机抽样调查 1000 人，可按性别和是否色盲两个特性分类，并整理于表 4－9.

表 4－9

性别	男	女	合计
正常	442	514	956
色盲	38	6	44
合计	480	520	1000

这张表称为 2×2 列联表，通过它研究性别与色盲这两个特性是否相互独立.

一般地，考虑二维总体 (X,Y). 设 X 的可能值为 $x_1,x_2,\cdots,x_r$；Y 的可能值为 $y_1,y_2,\cdots,y_s$，现从总体 (X,Y) 中抽取一个容量为 n 的样本 $(X_1,Y_1),(X_2,Y_2),\cdots,(X_n,Y_n)$，其中事件 $\{X=x_i,Y=y_j\}$ 发生的频数为 $n_{ij}(i=1,\cdots,r;j=1,\cdots,s)$. 又记 $n_{i\cdot}=\sum\limits_{j=1}^{s}n_{ij}$，$n_{\cdot j}=\sum\limits_{i=1}^{r}n_{ij}$，易见，$n=\sum\limits_{i=1}^{r}\sum\limits_{j=1}^{s}n_{ij}=\sum\limits_{i=1}^{r}n_{i\cdot}=\sum\limits_{j=1}^{s}n_{\cdot j}$，将这些数据列入表 4－10，这张表称为 rxs 列联表. 其中 2×2 列联表常称为“四格表”，是应用最为广泛的一种情况.

表 4－10

$X \backslash Y$	y_1	y_2	$\cdots$	y_s	$P\{x=x_i\}$
x_1	n_{11}	n_{12}	$\cdots$	n_{1s}	$n_{1\cdot}$
x_2	n_{21}	n_{22}	$\cdots$	n_{2s}	$n_{2\cdot}$
$\vdots$	$\vdots$	$\vdots$		$\vdots$	$\vdots$
x_r	n_{r1}	n_{r2}	$\cdots$	n_{rs}	$n_{r\cdot}$
$P\{y=y_i\}$	$n_{\cdot 1}$	$n_{\cdot 2}$	$\cdots$	$n_{\cdot s}$	n

(X,Y)的可能值$(x_i,y_i)(i=1,\cdots,r;j=1,\cdots,s)$是平面上的$r\cdot s$个点．在平面上作$r\cdot s$个互不相交的区域$A_{ij}$，使得$(x_i,y_i)\in A_{ij}$．以上所说的$n_{ij}$亦可看作样本$(X_1,Y_1),(X_2,Y_2),\cdots,(X_n,Y_n)$，落入$A_{ij}$的个数，这样就可把前面所说的分布拟合$\chi^2$检验法用于检验假设

$$H_0:X\text{与}Y\text{相互独立}. \tag{4-30}$$

记

$$p_{ij}=P\{X=x_i,Y=y_j\},P\{X=x_i\}=\sum_{j=1}^{s}p_{ij}=p_{i\cdot},P\{Y=y_j\}=\sum_{i=1}^{r}p_{ij}=p_{\cdot j}$$

易见
$$\sum_{i=1}^{r}p_{i\cdot}=\sum_{j=1}^{s}p_{\cdot j}=1. \tag{4-31}$$

由离散型随机变量相互独立的定义知，假设式(4－30)等价于假设

$$H_0:p_{ij}=p_{i\cdot}\cdot p_{\cdot j},i=1,\cdots,r,j=1,\cdots,s. \tag{4-32}$$

上述假设中出现的$p_{i\cdot}$和$p_{\cdot j}$都是未知参数．由式(4－31)知，这些未知参数中仅有$(r+s-2)$个独立变化的．要想使用检验统计量χ^2，需先求出这$(r+s-2)$个未知参数的极大似然估计．在假设式(4－32)为真条件下，似然函数为

$$\begin{aligned}L&=\prod_{i=1}^{r}\prod_{j=1}^{s}p_{ij}^{n_{ij}}=\prod_{i=1}^{r}\prod_{j=1}^{s}(p_{i\cdot}p_{\cdot j})^{n_{ij}}=\prod_{i=1}^{r}p_{i\cdot}^{n_{i\cdot}}\prod_{j=1}^{s}p_{\cdot j}^{n_{\cdot j}}\\&=\prod_{i=1}^{r-1}p_{i\cdot}^{n_{i\cdot}}\left(1-\sum_{i=1}^{r-1}p_{i}\right)^{n_r}\cdot\prod_{j=1}^{s-1}p_{\cdot j}^{n_{\cdot j}}\left(1-\sum_{j=1}^{s-1}p_{\cdot j}\right)^{n_{\cdot s}},\end{aligned} \tag{4-33}$$

取对数，得

$$\ln L=\sum_{i=1}^{r-1}n_{i\cdot}\ln p_{i\cdot}+n_{r\cdot}\ln\left(1-\sum_{i=1}^{r-1}p_{i\cdot}\right)+\sum_{j=1}^{s-1}n_{\cdot j}\ln p_{\cdot j}+n_{\cdot s}\ln\left(1-\sum_{j=1}^{s-1}p_{\cdot j}\right).$$

把$\ln L$分别对$p_{i\cdot}$和$p_{\cdot j}(i=1,\cdots,r-1;j=1,\cdots,s-1)$求偏导并令其为零，得到这些参数的极大似然估计

$$\hat{p}_{i\cdot}=\frac{n_{i\cdot}}{n}(i=1,\cdots,r),\quad \hat{p}_{\cdot j}=\frac{n_{\cdot j}}{n}(j=1,\cdots,s). \tag{4-34}$$

将它们代入式(4－28)，得检验统计量

$$\hat{\chi}^2=n\sum_{i=1}^{r}\sum_{j=1}^{s}\frac{\left(n_{ij}-\frac{n_{i\cdot}n_{\cdot j}}{n}\right)^2}{n_{i\cdot}n_{\cdot j}}. \tag{4-35}$$

由式(4－28)内容知，当$n\to\infty$时检验统计量式(4－35)的极限分布为χ^2分布，其自由度为$rs-(r+s-2)-1=(r-1)(s-1)$．所以假设检验问题式(4－30)（即假设检验问题式(4－32)）的检验统计量为式(4－35)，其近似拒绝域为$\hat{\chi}^2\geqslant\hat{\chi}_\alpha^2((r-1)(s-1))$．

例4－16　为了研究赌博与吸烟之间的关系，美国某地调查了1000个人，他们赌博与吸烟的情况见表4－11.

表 4-11

吸烟情况	吸烟	不吸烟	合计
赌博者	120	30	150
非赌博者	479	371	850
合计	599	401	1000

试问:赌博与吸烟是否有关(取 $\alpha=0.01$)?

解 对于调查对象引进随机变量 X 和 Y. $\{X=1\}$表示是赌博者,$\{X=2\}$表示非赌博者;$\{Y=1\}$表示吸烟,$\{Y=2\}$表示不吸烟. 问题是要在水平 $\alpha=0.01$ 之下检验假设

$$H_0: X \text{ 与 } Y \text{ 相互独立}.$$

由表 4-11 知,$n=1000, n_{11}=120, n_{12}=30, n_{21}=479, n_{22}=371, n_{1\cdot}=150, n_{2\cdot}=850, n_{\cdot 1}=599, n_{\cdot 2}=401$. 将它们代入式(4-35),得

$$\begin{aligned}\hat{\chi}^2 &= 1000 \times \frac{(120-150\times 599/1000)^2}{150\times 599} + 1000 \times \frac{(30-150\times 401/1000)^2}{150\times 401} + \\ &\quad 1000 \times \frac{(479-850\times 599/1000)^2}{850\times 599} + 1000 \times \frac{(371-850\times 401/1000)^2}{850\times 401} \\ &= 10117 + 15.113 + 1.785 + 2.667 = 29.682.\end{aligned}$$

本题 $r=s=2$,自由度为$(r-1)(s-1)=1$. 经查表$\hat{\chi}^2_{0.01}(1)=6.63$. 因为$\hat{\chi}^2=29.682>6.63=\chi^2_{0.01}(1)$,故在水平 $\alpha=0.01$ 之下拒绝 H_0,认为赌博与吸烟有关.

注:对于 2×2 列联表,计算检验统计量式(4-35)的观察值,用公式

$$\hat{\chi}^2 = n\frac{(n_{11}n_{22}-n_{12}n_{21})^2}{n_{1\cdot}n_{2\cdot}n_{\cdot 1}n_{\cdot 2}} \tag{4-36}$$

要简便得多,如用式(4-36)计算例 4-16,得

$$\hat{\chi}^2 = n\frac{(n_{11}n_{22}-n_{12}n_{21})^2}{n_{1\cdot}n_{2\cdot}n_{\cdot 1}n_{\cdot 2}} = 1000\times\frac{(120\times 371-30\times 479)^2}{150\times 850\times 599\times 401} = 29.682.$$

用列联表检验独立性,除了用于上例那种按类计数的变量外,还可以用于连续变化的量. 此时先要根据实际情况和需要,将变量 X 与 Y 的可能值的范围分别分成若干个互不相交的区间 $A_1, A_2, \cdots, A_r$,和 $B_1, B_2, \cdots, B_s$. 从总体(X,Y) 中抽取一个容量为 n 的样本$(X_1, Y_1),(X_2,Y_2),\cdots,(X_n,Y_n)$,其中$\{X\in A_i, Y\in B_j\}$ 发生的频数记为 $n_{ij}(i=1,\cdots,r,\ j=1,\cdots,s)$. 又记 $n_{i\cdot}=\sum_{j=1}^{s} n_{ij}, n_{\cdot j}=\sum_{i=1}^{r} n_{ij}$. 于是我们可构造一张类似于表 4-10 的 $r\times s$ 列联表. 然后就可以借助于这张列联表检验"X 与 Y 相互独立" 这个假设.

例 4-17 为了研究成年人的胖瘦与患高血压是否有关,澳大利亚某地调查了 491 名成年人的情况. 计算这些人体重(kg)除以身高平方(m^2)的数值,该值小于等于 20 的归于"瘦",大于 20 但小于等于 25 的归于"正常",大于 25 的归于"胖";又把收缩压大于 140 或舒张压大于 90(mmHg)的归于患高血压,其余均归于未患高血压,调查结果列于表 4-12.

表 4-12

身体胖瘦情况	瘦	正常	胖	合计
患高血压	32	40	59	131
未患高血压	133	121	106	360
合计	165	161	165	491

试问:成年人患高血压与胖瘦是否有关(取 $\alpha=0.05$)?

解 对于调查对象引进随机变量 X 和 Y. X 等于 1、2 分别表示调查对象患与未患高血压;Y 等于 1、2、3 表示调查对象瘦、正常与胖. 现要在水平 $\alpha=0.05$ 之下检验

$$H_0: X \text{ 与 } Y \text{ 相互独立}.$$

由表 4-12 知,$n=491, n_{11}=32, n_{12}=40, n_{13}=59, n_{21}=133, n_{22}=121, n_{23}=106, n_{1\cdot}=131, n_{2\cdot}=360, n_{\cdot 1}=165, n_{\cdot 2}=161, n_{\cdot 3}=165$,把它们代入式(4-35),得

$$\begin{aligned}\hat{\chi}^2 &= 491\times\frac{(32-131\times165/491)^2}{131\times165}+491\times\frac{(40-131\times161/491)^2}{131\times161}+\\&\quad 491\times\frac{(59-131\times165/491)^2}{131\times165}+491\times\frac{(133-360\times165/491)^2}{360\times165}+\\&\quad 491\times\frac{(121-360\times161/491)^2}{360\times161}+491\times\frac{(106-360\times165/491)^2}{360\times165}\\&=3.283+0.203+5.096+1.195+0.074+1.854=11.705.\end{aligned}$$

本题 $r=2, s=3$,自由度为 $(r-1)(s-1)=2$. 经查表 $\chi^2_{0.05}(2)=5.99$. 因为 $\hat{\chi}^2=11.705>5.99=\chi^2_{0.05}(2)$,故在水平 $\alpha=0.05$ 之下拒绝 H_0,即认为成年人的胖瘦与患高血压是有关的.

4.6 秩和检验

在许多实际问题中,经常需要比较两个总体的分布函数是否相等,如果它们是同一种分布函数,则问题转化为检验两总体参数是否相等的参数假设检验问题. 但如果分布函数完全未知,则只能用非参数方法进行检验.

本节介绍一种用于比较两个连续总体的、有效的、且使用方便的检验方法——秩和检验法

4.6.1 假设检验的等价提法及秩的定义

设有两个连续型总体,它们的概率密度函数分别为 $f_1(x), f_2(x)$,均为未知,但已知

$$f_1(x)=f_2(x-a), a \text{ 为未知常数}. \tag{4-37}$$

即 f_1 与 f_2 至多只差一个平移. 要检验下述各项假设

$$H_0: a=0, \quad H_1: a<0, \tag{4-38}$$

$$H_0: a=0, \quad H_1: a>0, \tag{4-39}$$

$$H_0: a=0, \quad H_1: a\neq 0. \tag{4-40}$$

特别地,若两个总体的均值存在,分别记为μ_1和μ_2,由于f_1和f_2最多只差一平移,则

$$\mu_2 = \mu_1 - a.$$

此时,上述各项假设分别等价于

$$H_0: \mu_1 = \mu_2, \quad H_1: \mu_1 < \mu_2,$$
$$H_0: \mu_1 = \mu_2, \quad H_1: \mu_1 > \mu_2,$$
$$H_0: \mu_1 = \mu_2, \quad H_1: \mu_1 \neq \mu_2.$$

现在来介绍秩和检验法以检验上述假设. 为此,先引进秩的概念.

定义1 设X为一总体,将容量为n的样本观察值按自小到大的次序编号排列成

$$x_{(1)} < x_{(2)} < \cdots < x_{(n)}, \tag{4-41}$$

称$x_{(i)}$的足标i为$x_{(i)}$的秩,$i=1,2,\cdots,n$.

例如,某旅行团人员的行李质量数据见表4-13,写出质量33的秩.

表4-13

质量/kg	34	39	41	28	33

因为28<33<34<39<41,故33的秩为2.

特殊情况:如果在排列大小时出现了相同大小的观察值,则其秩的定义为足标的平均值.

例如:抽得的样本观察值按次序排成0,1,1,1,2,3,3,则3个1的秩均为$\frac{2+3+4}{3}=3$,两个3的秩均为$\frac{6+7}{2}=6.5$.

定义2 现设自1,2两总体分别抽取容量为n_1,n_2的样本,且设两样本独立,这里总假定$n_1 \leqslant n_2$. 将这(n_1+n_2)个观察值放在一起,按自小到大的次序排列,求出每个观察值的秩,然后将属于第1个总体的样本观察值的秩相加,其和记为R_1,称为第1样本的秩和. 其余观察值的秩的总和记作R_2,称为第2样本的秩和. 显然R_1和R_2是离散型随机变量,且

$$R_1 + R_2 = \frac{1}{2}(n_1+n_2)(n_1+n_2+1). \tag{4-42}$$

所以,R_1,R_2中的一个确定后另一个随之而定. 这样,只要考虑统计量R_1即可.

4.6.2 秩和检验法的原理

现在来解决双边检验问题式(4-40). 为此,先做直观分析:当H_0为真时,即有$f_1(x)=f_2(x)$,此时,两个独立样本实际上来自同一个总体. 故而第1样本中诸元素的秩应该随机地、分散地在自然数$1 \sim n_1+n_2$中取值,一般来说不应该过分集中取较小的或较大的值. 因为$\frac{1}{2}n_1(n_1+1) \leqslant R_1 \leqslant \frac{1}{2}n_1(n_1+2n_2+1)$,所以当$H_0$为真时,秩和$R_1$一般来说不应该取太靠近上述不等式两端的值. 因而,当R_1的值r_1过分大或过分小时,都拒绝H_0. 据此分析,对于双边检验问题式(4-40),在给定显著性水平α下,H_0的拒绝域为

$$r_1 \leqslant C_U\left(\frac{\alpha}{2}\right) \text{或} r_1 \geqslant C_L\left(\frac{\alpha}{2}\right).$$

其中临界点 $C_U\left(\frac{\alpha}{2}\right)$是满足 $P_{a=0}\left\{R_1 \leqslant C_U\left(\frac{\alpha}{2}\right)\right\} \leqslant \frac{\alpha}{2}$的最大整数，临界点 $C_L\left(\frac{\alpha}{2}\right)$是满足 $P_{a=0}\left\{R_1 \geqslant C_L\left(\frac{\alpha}{2}\right)\right\} \leqslant \frac{\alpha}{2}$的最小整数．而犯第1类错误的概率是

$$P_{a=0}\left\{R_1 \leqslant C_U\left(\frac{\alpha}{2}\right)\right\} + P_{a=0}\left\{R_1 \geqslant C_L\left(\frac{\alpha}{2}\right)\right\} \leqslant \frac{\alpha}{2} + \frac{\alpha}{2} = \alpha.$$

如果知道 R_1 的分布，则临界点 $C_U\left(\frac{\alpha}{2}\right)$，$C_L\left(\frac{\alpha}{2}\right)$ 不难求得．

4.6.3 求临界点的方法

以 $n_1=3$，$n_2=4$ 为例，当 $n_1=3$，$n_2=4$ 时，第1个样本中各观察值的秩的不同取法共有 $\binom{3+4}{3}=35$ 种，见表4－14.

表4－14

秩	R_1	秩	R_1	秩	R_1	秩	R_1	秩	R_1
123	6	136	10	167	14	247	13	356	14
124	7	137	11	234	9	256	13	357	15
125	8	145	10	235	10	257	14	367	16
126	9	146	11	236	11	267	15	456	15
127	10	147	12	237	12	345	12	457	16
134	8	156	12	245	11	346	13	467	17
135	9	157	13	246	12	347	14	567	18

由于这35种情况的出现是等可能的，由表4－14可求得 R_1 的分布律和分布函数，见表4－15.

表4－15　R_1 的分布律和分布函数表

R_1	6	7	8	9	10	11	12	13	14	15	16	17	18
$P\{R_1=r_1\}$	1/35	1/35	2/35	3/35	4/35	4/35	5/35	4/35	4/35	3/35	2/35	1/35	1/35
$P\{R_1\leqslant r_1\}$	1/35	2/35	4/35	7/35	11/35	15/35	20/35	24/35	28/35	31/35	33/35	34/35	1

对不同的 α 值，参照上表可以写出双边检验式(4－40)的临界值和拒绝域．例如给定 $\alpha=0.2$，由表4－15可知

$$P_{a=0}\{R_1 \leqslant 7\} = \frac{2}{35} = 0.057 < 0.1 = \frac{\alpha}{2},$$

$$P_{a=0}\{R_1 \geqslant 17\} = \frac{2}{35} = 0.057 < 0.1 = \frac{\alpha}{2},$$

即有 $C_U(0.1)=7$，$C_L(0.1)=17$．故当 $n_1=3$，$n_2=4$ 时双边检验式(4-40)的拒绝域为

$$r_1 \leqslant 7 \text{ 或 } r_1 \geqslant 17.$$

此时,犯第1类错误的概率是

$$P_{a=0}\left\{R_1 \leqslant C_U\left(\frac{\alpha}{2}\right)\right\}+P_{a=0}\left\{R_1 \geqslant C_L\left(\frac{\alpha}{2}\right)\right\}=P_{a=0}\{R_1 \leqslant 7\}+P_{a=0}\{R_1 \geqslant 17\}$$
$$=0.057+0.057=0.114.$$

累似地可得左边检验式(4-38)的拒绝域为

$$r_1 \leqslant C_U(\alpha)\text{，显著性水平为 }\alpha.$$

此处,临界点 $C_U(\alpha)$ 是满足 $P_{a=0}\{R_1 \leqslant C_U(\alpha)\} \leqslant \alpha$ 的最大整数．右边检验问题式(4-39)的拒绝域为

$$r_1 \geqslant C_L(\alpha)\text{,显著性水平为 }\alpha.$$

此处,临界点 $C_L(\alpha)$ 是满足 $P_{a=0}\{R_1 \geqslant C_L(\alpha)\} \leqslant \alpha$ 的最小整数.

例如,若给定 $\alpha=0.1$,抽取的样本容量为 $n_1=3$，$n_2=4$,则由表4-15知检验问题式(4-39)的拒绝域为

$$r_1 \geqslant 17.$$

此时犯第1类错误的概率为$\frac{2}{35}<0.1$.

例4-18 为查明某种血清是否会抑制白血病，选取患白血病已到晚期的老鼠9只，其中有5只接受这种治疗，另4只则不作这种治疗．设两样本相互独立．从试验开始时计算，其存活时间(以月计)如表4-16所列．

表4-16

不作治疗	1.9	0.5	0.9	2.1	
接受治疗	3.1	5.3	1.4	4.6	2.8

设治疗与否的存活时间的概率密度至多只差一个平移．问这种血清对白血病是否有抑制作用(显著性水平 $\alpha=0.05$)?

解 根据题意需检验老鼠的存活期是否有增长,分别用 μ_1 和 μ_2 表示不作治疗和接受治疗的老鼠的存活时间总体的均值,需要检验的假设是

$$H_0: \mu_1=\mu_2,\ H_1: \mu_1<\mu_2.$$

这里 $n_1=4, n_2=5, \alpha=0.05$．先计算对应于 $n_1=4$ 的一组观察值的秩和,将两组数据放在一起按自小到大的次序排列(对来自第1总体($n_1=4$)的数据下面加下划线表示),如表4-17所列．

表4-17

数据	<u>0.5</u>	<u>0.9</u>	1.4	<u>1.9</u>	<u>2.1</u>	2.8	3.1	4.6	5.3
秩	1	2	3	4	5	6	7	8	9

所以 R_1 的观察值为 $r_1=1+2+4+5=12$．查附表知 $C_U(0.05)=12$，即拒绝域为 $r_1 \leqslant 12$.

而现在 $r_1=12$，故拒绝 H_0，认为这种血清对白血病有抑制作用.

4.6.4 特殊情况

（1）可以证明当 H_0 为真时（即 $a=0$），有

$$\mu_{R_1}=E(R_1)=\frac{1}{2}n_1(n_1+n_2+1),\quad \sigma_{R_1}^2=D(R_1)=\frac{1}{12}n_1n_2(n_1+n_2+1).$$

而当 $n_1,\ n_2\geqslant 10$，H_0 为真时，近似地 $R_1\sim N(\mu_{R_1},\sigma_{R_1}^2)$. 因此当 $n_1,\ n_2\geqslant 10$ 时，选 $Z=\dfrac{R_1-\mu_{R_1}}{\sigma_{R_1}}$作检验统计量，在显著性水平 α 下，双边检验、右边检验、左边检验的拒绝域分别是 $|z|\geqslant z_{\alpha/2},z\geqslant z_\alpha,z\leqslant -z_\alpha$.

（2）将两个样本 $n_1+n_2=n$ 个元素按自小到大的次序排列，若出现 R 个秩相同的组，设其中有 t_i 个数的秩为 $a_i,i=1,2,\cdots,k,\quad a_1<\cdots<a_k$，则当 H_0 为真时，R_1 的均值仍为

$$\mu_{R_1}=\frac{n_1(n_1+n_2+1)}{2},$$

而 R_1 的方差修正为

$$\sigma_{R_1}^2=\frac{n_1n_2[n(n^2-1)-\sum_{i=1}^{k}t_i(t_i^2-1)]}{12n(n-1)}.\tag{4-43}$$

当 $n_1,\ n_2\geqslant 10$，H_0 为真，且 k 不大时，近似地有 $R_1\sim N(\mu_{R_1},\sigma_{R_1}^2)$，其中 $\mu_{R_1}=\dfrac{n_1(n_1+n_2+1)}{2}$，${\sigma_{R_1}}^2$ 见式(4-43). 此时选 $Z=\dfrac{R_1-\mu_{R_1}}{\sigma_{R_1}}$作检验统计量，来检验假设检验问题

$$H_0:\mu_1=\mu_2,\quad H_1:\mu_1<\mu_2,$$
$$H_0:\mu_1=\mu_2,\quad H_1:\mu_1>\mu_2,$$
$$H_0:\mu_1=\mu_2,\quad H_1:\mu_1\neq\mu_2.$$

例4-19 某商店为了确定向公司A或公司B购买某种商品，将A、B公司以往各次进货的次品率进行比较，数据见表4-18，设两样本独立. 问两公司的商品的质量有无明显差异. 设两公司的商品的次品率的密度最多只差一个平移（显著性水平 $\alpha=0.05$）.

表4-18

A	7.0	3.5	9.6	8.1	6.2	5.1	10.4	4.0	2.0	10.5			
B	5.7	3.2	4.2	11.0	9.7	6.9	3.6	4.8	5.6	8.4	10.1	5.5	12.3

解 分别用 μ_A 和 μ_B 记公司A、B的商品次品率总体的均值，需要检验的假设是

$$H_0:\mu_A=\mu_B,\ H_1:\mu_A\neq\mu_B.$$

先将数据按大小次序排列，得到对应于 $n_1=10$ 的样本的秩和为

$$r_1=1+3+5+8+12+14+15+17+20+21=116,$$

当 H_0 为真时，有

$$E(R_1)=\frac{1}{2}n_1(n_1+n_2+1)$$

$$=\frac{1}{2}\times 10(10+13+1)=120,$$

$$D(R_1)=\frac{1}{12}n_1n_2(n_1+n_2+1)=260,$$

故当 H_0 为真时,近似地有

$$R_1\sim N(120,260),$$

拒绝域为

$$\frac{|r_1-120|}{\sqrt{260}}\geqslant z_{0.025}=1.96.$$

现在的观察值为 $r_1=116$, $\frac{|r_1-120|}{\sqrt{260}}=0.25<1.96$,故接受 H_0,认为两个公司商品的质量无显著差异.

例 4-20 两位化验员各自读得某种液体黏度如表 4-19 所列.

表 4-19

化验员 A	82	73	91	84	77	98	81	79	87	85	
化验员 B	80	76	92	86	74	96	83	79	80	75	79

设数据可以认为来自仅均值可能有差异的总体的样本. 试在显著水平 $\alpha=0.05$ 下检验假设

$$H_0:\mu_1=\mu_2,\ H_1:\mu_1>\mu_2.$$

其中 μ_1、μ_2 分别为两总体的均值.

解 将两样本的元素混合, 按自小到大次序排列. 并求出各元素的秩如表 4-20 所列.

表 4-20

数据	<u>73</u>	74	75	76	<u>77</u>	<u>79</u>	79	79	80	80	<u>81</u>	<u>82</u>	83	<u>84</u>	<u>85</u>	86	<u>87</u>	<u>91</u>	92	96	<u>98</u>
秩	1	2	3	4	5	7	7	7	9.5	9.5	11	12	13	14	15	16	17	18	19	20	21

这里 $n_1=10, n_2=11, n=21, \alpha=0.05$ $\mu_{R_1}=\frac{n_1(n_1+n_2+1)}{2}=\frac{10\times 22}{2}=110$, $k=2$, $\sum_{i=1}^{k}t_i(t_i^2-1)=\sum_{i=1}^{2}t_i(t_i^2-1)=3\times(9-1)+2\times(4-1)=30$,按式(4-43)得 ${\sigma_{R_1}}^2=201$,故当 H_0 为真时,近似地,有

$$R_1\sim N(110,201),$$

拒绝域为

$$\frac{r_1-110}{\sqrt{201}}\geqslant z_{0.05}=1.645,$$

现在 R_1 的观察值为 $r_1=121$，得 $\frac{r_1-110}{\sqrt{201}}=0.776<1.645$， 故接受 H_0,认为两个化验员所测得的数据无显著差异.

习题四

1. 某切割机正常工作时,切割出的金属棒的长度服从正态分布 $N(100,1.2^2)$,从该切割机切割出的一批金属棒中抽取15根,测得它们的长度(mm)如下:

99 101 96 103 100 98 102 95 97 104 101 99 102 97 100

(1) 若已知总体方差不变,检验该切割机工作是否正常,即总体均值是否等于100mm(取显著性水平 $\alpha=0.05$);

(2) 若不能确定总体方差是否变化,检验总体均值是否等于100mm.(取 $\alpha=0.05$).

2. 在一批木材中抽取出100根,测量其小头直径,得到样本均值 $\bar{x}=11.6$cm. 已知木材小头直径服从正态分布,且方差 $\sigma^2=6.76\text{cm}^2$,问是否可以认为该批木材小头直径的均值小于12.00cm($\alpha=0.05$)?

3. 某种电子元件的使用寿命服从正态分布,总体均值不应低于2000h. 从一批这种元件中抽取25个,测得元件寿命的样本均值 $\bar{x}=1920$h,样本标准差 $s=150$h,检验这批元件是否合格(取显著性水平 $\alpha=0.01$).

4. 从某电工器材厂生产的一批保险丝中抽取10根,测试其熔化时间,得到数据如下:

42 65 75 71 59 57 68 55 54

设这批保险丝的熔化时间服从正态分布,检验总体方差是否等于12^2.(取 $\alpha=0.05$).

5. 无线电厂生产某种高频管,其中一项指标服从正态分布 $N(\mu,\sigma^2)$. 从该厂生产的一批高频管中抽取8个,测得该项指标的数据如下:

68 43 70 65 55 56 60 72

试检验假设 $H_0:\sigma^2\leqslant 49, H_1:\sigma^2>49$(取 $\alpha=0.05$).

6. 甲、乙两台机床生产同一型号的滚珠,从这台机床生产的滚珠中分别抽取若干个样品,测得滚珠的直径如表4-21所列.

表4-21

甲机床	15.0	14.7	15.2	15.4	14.8	15.1	15.2	15.0	
乙机床	15.2	15.0	14.8	15.2	15.0	15.0	14.8	15.1	14.9.

设这两台机床生产的滚珠的直径都服从正态分布,检验它们是否服从相同的正态分布(取 $\alpha=0.05$).

7. 在20世纪70年代后期人们发现,酿造啤酒时,在麦芽干燥过程中形成致癌物质亚硝基二甲胺(NDMA). 到了20世纪80年代初期开发了一种新的麦芽干燥过程,表4-22给出在新老两种过程中形成的 *NDMA* 含量(以10亿份中的份数计).

表 4-22

老过程	6	4	5	5	6	5	5	6	4	6	7	4
新过程	2	1	2	2	1	0	3	2	1	0	1	3

设两样本分别来自正态总体,且两总体的方差相等,两样本独立. 新、老过程的总体的均值分别记为 μ_1 和 μ_2,试检验假设(取 $\alpha=0.05$).

$$H_0:\mu_1-\mu_2=2;\quad H_1:\mu_1-\mu_2>2.$$

8. 为了提高振动板的硬度,热处理车间选择两种淬火温度 T_1 及 T_2 进行试验,测得振动板的硬度数据如表 4-23 所列.

表 4-23

T_1	85.6	85.9	85.7	85.8	85.7	86.0	85.5	85.4
T_2	86.2	85.7	86.5	85.7	85.8	86.3	86.0	85.8

设两种淬火温度下振动板的硬度都服从正态分布,检验:

(1) 两种淬火温度下振动板硬度的方差是否有显著差异(取 $\alpha=0.05$);

(2) 淬火温度对振动板的硬度是否有显著影响(取 $\alpha=0.05$).

9. 甲、乙两厂生产同一种电阻,现从甲乙两厂的产品中分别随机抽取 12 个和 10 个样品,测得它们的电阻值后,计算出样本方差分别为 $s_1^2=1.40$, $s_2^2=4.38$. 假设电阻值服从正态分布,在显著性水平 $\alpha=0.10$ 下,是否可以认为两厂生产的电阻值的方差相等?

10. 为了比较用来做鞋子后跟的两种材料的质量,选取了 15 个男子(他们的生活条件各不相同),每人穿着一双新鞋,其中一只是以材料 A 做后跟,另一只则以材料 B 做后跟,其厚度均为 10mm. 过了一个月再度测量鞋跟厚度,得到数据如表 4-24 所列.

表 4-24

男子	1	2	3	4	5	6	7	8	9	10	11	12	13	14	15
材料 A(x_i)	6.6	7.0	8.3	8.2	5.2	9.3	7.9	8.5	7.8	7.5	6.1	8.9	6.1	9.4	9.1
材料 B(y_i)	7.4	5.4	8.8	8.0	6.8	9.1	6.3	7.5	7.0	6.5	4.4	7.7	4.2	9.4	9.1

设 $d_i=x_i-y_i(i=1,2,\cdots,15)$ 来自正态总体. 问是否可以认为以材料 A 制成的鞋跟比材料 B 制成的鞋跟耐穿(取 $\alpha=0.05$)?

11. 某谷物有 A、B 两种种子可选择. 选取 8 块不同的土地,每块分为面积相同的两部分,分别种植种子 A 和种子 B,其产量如表 4-25 所列.

表 4-25 (kg)

	1	2	3	4	5	6	7	8
种子 A(x_i)	25.2	21.8	24.3	23.7	26.1	22.5	28.0	27.4
种子 B(y_i)	26.0	22.2	23.8	24.6	25.7	24.3	27.8	29.1

设 $d_i=x_i-y_i(i=1,2,\cdots,8)$ 来自正态总体. 试检验使用 A、B 两种种子时该谷物产量有无显著差异($\alpha=0.01$)?

12. 一农场10年前在一鱼塘里按比例20:15:40:25 投放了四种鱼的鱼苗,即鲑鱼、鲈鱼、竹夹鱼和鲇鱼. 现在在鱼塘里获得一样本如表4-26所列.

表4-26

序号	1	2	3	4	
种类	鲑鱼	鲈鱼	竹夹鱼	鲇鱼	
数量(条)	132	100	200	168	$\sum=600$

试取 $\alpha=0.05$ 检验各类鱼数量的比例较10年前是否有显著改变.

13. 在数 $\pi\approx3.14159\cdots$ 的前800位小数中,数字 $0,1,2,\cdots,9$ 出现的频数记录如表4-27所列.

表4-27

数字 x_i	0	1	2	3	4	5	6	7	8	9
频数 n_i	74	92	83	79	80	73	77	75	76	91

检验这些数字服从等概率分布的假设(取 $\alpha=0.05$).

14. 某电话站在一小时内接到用户呼唤次数按每分钟记录如表4-28所列.

表4-28

呼叫次数	0	1	2	3	4	5	6	≥7
频数	8	16	17	10	6	2	1	0

试问该电话站每分钟接到的呼叫次数是否服从泊松分布($\alpha=0.05$)?

15. 在一次试验中,每隔一定时间时观察一次由某种铀所放射的到达计数器上的 α 粒子数 X,共观察了100次,得结果如表4-29所列.

表4-29 铀放射的到达计数器上的 α 粒子数的试验记录

i	0	1	2	3	4	5	6	7	8	9	10	11	≥12
f_i	1	5	16	17	26	11	9	9	2	1	2	1	0
A_i	A_0	A_1	A_2	A_3	A_4	A_5	A_6	A_7	A_8	A_9	A_{10}	A_{11}	A_{12}

其中 f_i 是观察到有 i 个 α 粒子的次数. 从理论上考虑知 X 应服从泊松分布

$$P\{X=i\}=\frac{\lambda^i e^{-\lambda}}{i!},\quad i=0,1,2,\cdots.$$

试在水平0.05下检验假设 H_0:总体 X 服从泊松分布:$P\{X=i\}=\dfrac{\lambda^i e^{-\lambda}}{i!},i=0,1,2,\cdots$.

16. 某地震观测站要考察地下水位与发生地震之间是否有联系,收集了1700个观察结果,所得数据如表4-30所列.

表 4-30

地震情况	有地震	无地震
水位有变化	98	902
水位无变化	82	618

试问：在水平 $\alpha=0.05$ 下能否认为地下水位变化与发生地震有关？

17. 工人甲、乙、丙生产同一种零件. 现从他们三人生产的零件中任意取出 200 个. 检查这些零件是正品还是次品，并按由哪位工人所生产的进行分类，其结果如表 4-31 所列.

表 4-31

生产者	甲	乙	丙
次品	10	8	14
正品	52	60	56

试问：零件是正品还是次品与由哪位工人生产的有关吗（$\alpha=0.01$）？

18. 某成人高校在某门基础课考试后，任意抽取了 9 名未婚小姐和 9 名已婚女士的考卷. 他们的成绩如表 4-32 所列.

表 4-32

未婚小姐	85	65	74	79	60	77	75	68	69
已婚女士	72	76	66	73	73	63	70	70	71

假定上述两样本独立，且样本来自的两个总体其分布函数至多相差一个位置参数. 问：该高校的未婚小姐与已婚女士该门课考试成绩有无显著差异（$\alpha=0.05$）？

19. 甲、乙两位工人在同一台机床上加工相同规格的零件，从两人所加工的零件中分别随机地抽取 7 件，测量其直径，得到数据如表 4-33 所列.

表 4-33

甲	20.5	19.8	19.7	20.4	20.1	20.0	19.0
乙	19.7	20.8	20.5	19.8	19.4	20.6	19.2

用秩和检验法检验这两位工人所加工的零件直径是否服从相同的分布（取 $\alpha=0.05$）.

20. 对 A、B 两种材料的灯丝制成的灯泡进行寿命试验，得到数据如表 4-34 所列.

表 4-34 (h)

材料 A 为灯丝的灯泡寿命	1610	1700	1680	1650	1750	1800	1720
材料 B 为灯丝的灯泡寿命		1700	1640	1640	1580	1600	

问两种材料灯丝制成的灯泡的寿命有无显著差异（取 $\alpha=0.05$）？

欣赏与提高(四)

置信区间与假设检验之间的关系

第 3 章研究了总体参数的置信区间问题,第 4 章研究了总体参数的假设检验问题. 置信区间与假设检验都是利用样本值对总体的参数进行估计和推断,因此置信区间与假设检验之间必然有着某种联系. 下面我们来考察这种联系. 本节只考察双侧置信区间与双侧假设检验之间的对应关系,单侧置信区间与单侧假设检验之间的关系可以类推.

设 $X_1,X_2,\cdots,X_n$ 是取自总体 X 的一个样本, $x_1,x_2,\cdots,x_n$ 是相应的样本观察值,Θ 是参数 θ 的可能取值范围. $(\hat{\theta}_1(X_1,X_2,\cdots,X_n),\hat{\theta}_2(X_1,X_2,\cdots,X_n))$ 是参数 θ 的一个置信水平为 $1-\alpha$ 的置信区间,则对于任意 $\theta\in\Theta$,有

$$P_\theta\{\hat{\theta}_1(X_1,X_2,\cdots,X_n)<\theta<\hat{\theta}_2(X_1,X_2,\cdots,X_n)\}\geqslant 1-\alpha. \qquad (4-44)$$

考虑显著性水平为 α 的双侧假设检验

$$H_0:\theta=\theta_0,H_1:\theta\neq\theta_0. \qquad (4-45)$$

由式(4-44),有

$$P_{\theta_0}\{(\theta_0\leqslant\hat{\theta}_1(X_1,X_2,\cdots,X_n))\cup(\theta_0\geqslant\hat{\theta}_2(X_1,X_2,\cdots,X_n))\}\leqslant\alpha.$$

按显著性水平为 α 的假设检验的拒绝域的定义,检验式(4-45)的拒绝域为

$$\theta_0\leqslant\hat{\theta}_1(x_1,x_2,\cdots,x_n)\text{ 或 }\theta_0\geqslant\hat{\theta}_2(x_1,x_2,\cdots,x_n),$$

接受域为

$$\hat{\theta}_1(x_1,x_2,\cdots,x_n)<\theta_0<\hat{\theta}_2(x_1,x_2,\cdots,x_n).$$

这就是说,当要检验假设式(4-45)时,先求出 θ 的置信水平为 $1-\alpha$ 的置信区间 $(\hat{\theta}_1,\hat{\theta}_2)$,然后考察区间$(\hat{\theta}_1,\hat{\theta}_2)$是否包含 θ_0,若 $\theta_0\in(\hat{\theta}_1,\hat{\theta}_2)$,则接受 H_0,若 $\theta_0\notin(\hat{\theta}_1,\hat{\theta}_2)$,则拒绝 H_0.

反之,对于任意 $\theta_0\in\Theta$,考虑显著性水平为 α 的双侧假设检验问题

$$H_0:\theta=\theta_0,H_1:\theta\neq\theta_0.$$

假设它的接受域为

$$\hat{\theta}_1(x_1,x_2,\cdots,x_n)<\theta_0<\hat{\theta}_2(x_1,x_2,\cdots,x_n),$$

即有

$$P_{\theta_0}\{\hat{\theta}_1(X_1,X_2,\cdots,X_n)<\theta_0<\hat{\theta}_2(X_1,X_2,\cdots,X_n)\}\geqslant 1-\alpha.$$

由 θ_0 的任意性,由上式知对于任意 $\theta\in\Theta$,有

$$P_\theta\{\hat{\theta}_1(X_1,X_2,\cdots,X_n)<\theta<\hat{\theta}_2(X_1,X_2,\cdots,X_n)\}\geqslant 1-\alpha.$$

因此$(\hat{\theta}_1(X_1,X_2,\cdots,X_n),\hat{\theta}_2(X_1,X_2,\cdots,X_n))$是参数 θ 的一个置信水平为 $1-\alpha$ 的置信区

间. 就是说,为要求出参数θ的一个置信水平为$1-\alpha$的置信区间,先求出显著性水平为α的假设检验问题:$H_0:\theta=\theta_0, H_1:\theta\neq\theta_0$的接受域为

$$\hat{\theta}_1(x_1,x_2,\cdots,x_n) < \theta_0 < \hat{\theta}_2(x_1,x_2,\cdots,x_n).$$

那么$(\hat{\theta}_1(X_1,X_2,\cdots,X_n),\hat{\theta}_2(X_1,X_2,\cdots,X_n))$就是$\theta$的置信水平为$1-\alpha$的置信区间.

例 4-21 设来自正态分布总体$X\sim N(\mu,\sigma^2)$)的样本值为

5.1,5.1,4.8,5.0,4.7,5.0,5.2,5.1,5.0

(1) 试就σ未知的情况求总体均值μ的置信水平为0.95的置信区间;

(2) 检验假设$H_0:\mu=5.0, H_1:\mu\neq5.0$.

解 (1)σ未知时,总体均值μ的置信水平为0.95的置信区间为

$$\left(\bar{X}\pm\frac{S}{\sqrt{n}}t_{\alpha/2}(n-1)\right),$$

计算得

$$\bar{x}=\frac{1}{9}(5.1+5.1+\cdots+5.0), s=0.1581,$$

因为$1-\alpha=0.95$,所以,$t_{\alpha/2}(8)=2.306$,则

$$\bar{x}-t_{\alpha/2}\frac{s}{\sqrt{n}}=5.0-2.306\times\frac{0.1581}{\sqrt{9}}=4.878,$$

$$\bar{x}+t_{\alpha/2}\frac{s}{\sqrt{n}}=5.0+2.306\times\frac{0.1581}{\sqrt{9}}=5.122,$$

故所求总体均值μ的置信水平为0.95的置信区间为(4.878,5.122).

(2) 考虑假设检验$H_0:\mu=5.0, H_1:\mu\neq5.0$.

由于$5.0\in(4.878,5.122)$,故接受H_0.

第 5 章　回归分析

5.1　一元线性回归

5.1.1　回归分析基本概念

在现实生活与生产活动中，普遍存在着变量之间的相互依存关系. 数学的一个重要任务就是要从数量上揭示、表达和分析这些关系. 一般来说，变量之间的关系可分为确定性和非确定性两大类. 对于确定性关系，可以用一个明确的函数关系来表达. 例如，$y=f_\theta(x)$，其中 y 为因变量，x 为自变量，θ 为模型参数. 而对于非确定性关系，则不能直接用普通函数关系表达.

对于随机性的非确定关系，通常用某种相关关系来表达. 表达相关关系的方法有两种. 一是协方差 $\mathrm{cov}(x,y)=E(x-Ex)(y-Ey)$ 或相关系数 $\rho(x,y)=\mathrm{cov}(x,y)/(\sqrt{Dx}\sqrt{Dy})$，其中变量 y 和 x 都是随机的；二是条件数学期望 $E(y/x)$，其中变量 y 为随机的，x 可是随机的，也可是非随机的. 我们称后者 $E(y/x)$ 为 y 关于 x 的回归.

所谓回归分析，就是通过条件数学期望确立变量之间相关关系的数学工具. 它能帮助我们通过一个变量去推断另一个变量的取值. 在实际工程应用中，通常考虑 x 是非随机的，且是可控且可观测的，并设 y 与 x 之间满足关系 $y=f_\theta(x)+\varepsilon$. 这里，$f_\theta(x)=E(y/x)$ 为 y 关于 x 的回归函数，其主导 y 的变化；$\varepsilon\sim N(0,\sigma^2)$ 为模型噪声，其是影响 y 变化的扰动量；θ 为模型参数.

通过数理统计的方法可对参数 θ 进行估计或推断，以获得 y 的估计或预报 $\hat{y}=f_{\hat{\theta}}(x)$，其中 $\hat{\theta}$ 为 θ 的一个估计. 称 $\hat{y}=f_{\hat{\theta}}(x)$ 为 y 关于 x 的经验回归函数. 如果 $f_\theta(x)$ 是关于 x 的线性函数，则称其为线性回归，否则为非线性回归. 在回归分析中，自变量 x 可能是一个标量，也可能是一个向量. 称前者为一元回归，而后者则为多元回归.

5.1.2　一元线性回归模型

设 x 为一可控变量，y 为与其相关的随机变量，它们之间满足线性关系

$$y=a+bx+\varepsilon,\varepsilon\sim N(0,\sigma^2). \tag{5-1}$$

其中，$E(y/x)=a+bx$ 为 y 关于 x 的一元线性回归模型，ε 为模型噪声；a、b 和 σ^2 都是与 x 无关的模型参数，a 和 b 称为回归系数，σ^2 为模型噪声方差.

当 x 取不全相同的值 $x_1,x_2,\cdots,x_n$ 时，对 y 依次进行独立观测试验，由此可得 n 对试验数据 $\{(x_i,y_i),i=1,2,\cdots,n\}$. 显然，它们满足关系

$$y_i=a+bx_i+\varepsilon_i,i=1,2,\cdots,n. \tag{5-2}$$

这里，$\varepsilon_i \sim N(0,\sigma^2)$，$i=1,2,\cdots,n$；而且是相互独立的.

如果以 $\hat{a}$ 和 $\hat{b}$ 分别作为模型参数 a 和 b 的估计，则可有关系

$$\hat{y} = \hat{a} + \hat{b}x, \tag{5-3}$$

$$\hat{y}_i = \hat{a} + \hat{b}x_i, i = 1,2,\cdots,n, \tag{5-4}$$

$$y_i = \hat{y}_i + e_i, i = 1,2,\cdots,n. \tag{5-5}$$

其中，式(5-3)为 y 关于 x 的一元线性经验回归模型，$\hat{a}$ 和 $\hat{b}$ 为经验回归系数，$\hat{y}$ 为 y 的预测值，$\hat{y}_i$ 为 y_i 的估计；e_i 为 ε_i 的估计，称其为模型残差. 由此可见，建立 y 关于 x 的一元线性经验回归模型，实质上就是关于模型参数 a 和 b 的估计问题.

5.1.3 模型参数估计及统计性质

1. a 和 b 的最小二乘估计

所谓 a 和 b 的最小二乘估计，就是选择 a 和 b 的估计 $\hat{a}$ 和 $\hat{b}$ 使得模型残差平方和 $Q(\hat{a},\hat{b}) = \sum_{i=1}^{n} e_i^2 = \sum_{i=1}^{n}(y_i - \hat{a} - \hat{b}x_i)^2$ 最小，即

$$\min_{\hat{a},\hat{b}} Q(\hat{a},\hat{b}) = \sum_{i=1}^{n}(y_i - \hat{a} - \hat{b}x_i)^2. \tag{5-6}$$

由此估计参数的方法称为最小二乘方法，所得的参数估计称为最小二乘估计.

由于式(5-6)是一个关于 $\hat{a}$ 和 $\hat{b}$ 二次函数的极值问题，所以其充要条件为 $\hat{a}$ 和 $\hat{b}$ 满足如下正规方程组：

$$\begin{cases} \dfrac{\partial Q}{\partial \hat{a}} = -2\sum_{i=1}^{n}(y_i - \hat{a} - \hat{b}x_i) = 0, \\ \dfrac{\partial Q}{\partial \hat{b}} = -2\sum_{i=1}^{n}(y_i - \hat{a} - \hat{b}x_i)x_i = 0. \end{cases} \tag{5-7}$$

经整理后，正规方程组为

$$\begin{cases} n\hat{a} + \left(\sum_{i=1}^{n} x_i\right)\hat{b} = \sum_{i=1}^{n} y_i, \\ \left(\sum_{i=1}^{n} x_i\right)\hat{a} + \left(\sum_{i=1}^{n} x_i^2\right)\hat{b} = \sum_{i=1}^{n} x_i y_i. \end{cases} \tag{5-8}$$

此方程存在唯一解，由此可解得 a 和 b 的最小二乘估计 $\hat{a}$ 和 $\hat{b}$：

$$\begin{cases} \hat{a} = \bar{y} - \hat{b}\bar{x}, \\ \hat{b} = \dfrac{\sum_{i=1}^{n} x_i y_i - n\bar{x}\bar{y}}{\sum_{i=1}^{n} x_i^2 - n\bar{x}^2} = \dfrac{\sum_{i=1}^{n}(x_i - \bar{x})(y_i - \bar{y})}{\sum_{i=1}^{n}(x_i - \bar{x})^2}. \end{cases} \tag{5-9}$$

其中，$\bar{x}=\frac{1}{n}\sum_{i=1}^{n}x_i$，$\bar{y}=\frac{1}{n}\sum_{i=1}^{n}y_i$，二者均为样本均值.

例 5-1 在陶粒混凝土强度试验中，考察每立方米混凝土的水泥用量 x 对 28 天后的混凝土抗拉强度 y 的影响，试基于如表 5-1 所列的观测数据求得 y 关于 x 的经验回归函数.

表 5-1

观测次数 i	1	2	3	4	5	6	7	8	9	10	11	12
水泥用量 x/kg	150	160	170	180	190	200	210	220	230	240	250	260
抗拉强度 y/MPa	5.58	5.72	6.04	6.34	6.68	6.99	7.27	7.59	7.86	8.10	8.47	8.80

解 由表 5-1 所给的数据，可在二维直角坐标系中绘画出一个散点图(图 5-1).

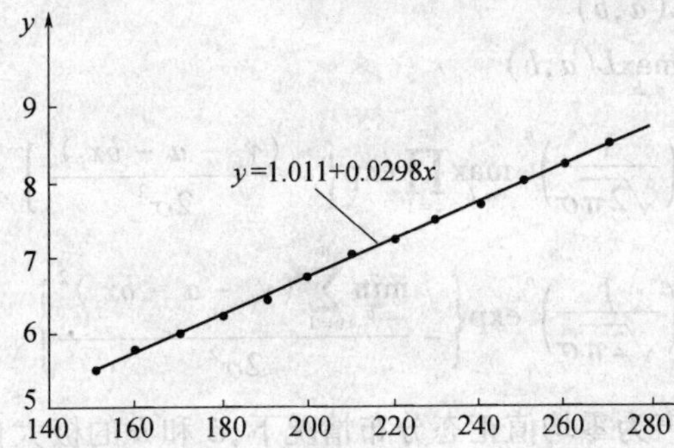

图 5-1 散点图与经验回归函数

由图 5-1 可以看出，数据观测点大致分布在一条直线附近，并围绕直线上下波动，具有不确定性，这表明 y 与 x 之间存在一种近似线性关系. 为此，可设 $y=a+bx+\varepsilon$，$\varepsilon\sim N(0,\sigma^2)$.

根据观测数据，得 $n=12$，$\sum_{i=1}^{n}x_i=2460$，$\sum_{i=1}^{n}y_i=85.44$，$\sum_{i=1}^{n}x_i^2=518600$，$\sum_{i=1}^{n}y_i^2=621.046$，$\sum_{i=1}^{n}x_iy_i=17941.2$，$\bar{x}=\frac{1}{n}\sum_{i=1}^{n}x_i=205$，$\bar{y}=\frac{1}{n}\sum_{i=1}^{n}y_i=7.12$. 依此可计算出参数 a 和 b 的最小二乘估计 $\hat{a}$ 和 $\hat{b}$ 为

$$\begin{cases}\hat{b}=\dfrac{\sum_{i=1}^{n}x_iy_i-n\bar{x}\bar{y}}{\sum_{i=1}^{n}x_i^2-n\bar{x}^2}=0.0298,\\ \hat{a}=\bar{y}-\hat{b}\bar{x}=1.011.\end{cases}$$

由此可建立 y 关于 x 的经验回归函数为

$$\hat{y}=\hat{a}+\hat{b}x=1.011+0.0298x.$$

实质上，所谓经验回归函数 $\hat{y}=1.011+0.0298x$，就是一条在最小二乘意义下拟合这

些观测数据的最优直线.

2. a 和 b 的极大似然估计

由 $\varepsilon_i = y_i - a - bx_i \sim N(0,\sigma^2)$, $i=1,2,\cdots,n$,且相互独立,可构成关于 a 和 b 的似然函数,即

$$L(a,b) = \left(\frac{1}{\sqrt{2\pi}\sigma}\right)^n \prod_{i=1}^{n} \exp\left\{-\frac{(y_i - a - bx_i)^2}{2\sigma^2}\right\}$$

$$= \left(\frac{1}{\sqrt{2\pi}\sigma}\right)^n \exp\left\{-\frac{\sum_{i=1}^{n}(y_i - a - bx_i)^2}{2\sigma^2}\right\}. \tag{5-10}$$

依据极大似然函数原理,a 和 b 的极大似然估计 $\hat{a}$ 和 $\hat{b}$ 应满足

$$\begin{aligned} &L(\hat{a},\hat{b}) \\ &= \max_{a,b} L(a,b) \\ &= \left(\frac{1}{\sqrt{2\pi}\sigma}\right)^n \max_{a,b} \prod_{i=1}^{n} \exp\left\{-\frac{(y_i - a - bx_i)^2}{2\sigma^2}\right\} \\ &= \left(\frac{1}{\sqrt{2\pi}\sigma}\right)^n \exp\left\{-\frac{\min\limits_{a,b}\sum_{i=1}^{n}(y_i - a - bx_i)^2}{2\sigma^2}\right\}. \end{aligned} \tag{5-11}$$

由此可见,在模型噪声为零均值正态分布情况下,a 和 b 的极大似然估计同最小二乘估计是等价的. 二者之间的区别在于极大似然方法需要有模型噪声为零均值正态分布假设,而最小二乘方法则无需一定要有这种假设.

3. σ^2 的矩估计

因为 $\sigma^2 = D(\varepsilon) = E(\varepsilon^2)$, 所以可以用 $\frac{1}{n}\sum_{i=1}^{n}\varepsilon_i^2$ 作为 σ^2 的矩估计. 由于 $\varepsilon_i = y_i - a - bx_i$ 中的参数 a 和 b 未知,需以 $\hat{a}$ 和 $\hat{b}$ 替换未知参数 a 和 b,从而得到 σ^2 的形式上的矩估计,即

$$\hat{\sigma}^2 = Q(\hat{a},\hat{b}) = \frac{1}{n}\sum_{i=1}^{n}(y_i - \hat{a} - \hat{b}x_i)^2. \tag{5-12}$$

为了方便计算,式(5-12)可以变形为

$$\begin{aligned} \hat{\sigma}^2 &= \frac{1}{n}\sum_{i=1}^{n}(y_i - \hat{a} - \hat{b}x_i)^2 \\ &= \frac{1}{n}\sum_{i=1}^{n}[(y_i - \bar{y}) - \hat{b}(x_i - \bar{x})]^2 \\ &= \frac{1}{n}\left[\sum_{i=1}^{n}(y_i - \bar{y})^2 - 2\hat{b}\sum_{i=1}^{n}(y_i - \bar{y})(x_i - \bar{x}) + \hat{b}^2\sum_{i=1}^{n}(x_i - \bar{x})^2\right] \\ &= \frac{1}{n}\left[\sum_{i=1}^{n}(y_i - \bar{y})^2 - \hat{b}^2\sum_{i=1}^{n}(x_i - \bar{x})^2\right] \\ &= \frac{1}{n}\left[\sum_{i=1}^{n}y_i^{\ 2} - n\bar{y}^2 - \hat{b}^2\sum_{i=1}^{n}x_i^{\ 2} + n\hat{b}^2\bar{x}^2\right]. \end{aligned} \tag{5-13}$$

对于例 5－1，依此可计算出模型噪声方差 σ^2 的估计 $\hat{\sigma}^2 \approx 0.0012$.

4. 参数估计量的统计性质

从在上一段可知，模型参数 a、b 和 σ^2 的估计量 $\hat{a}$、$\hat{b}$ 和 $\hat{\sigma}^2$ 都是基于样本 $\{(x_i, y_i), i=1,2,\cdots,n\}$ 的统计量，即

$$\begin{cases} \hat{b} = \dfrac{\sum\limits_{i=1}^{n}(x_i - \bar{x})(y_i - \bar{y})}{\sum\limits_{i=1}^{n}(x_i - \bar{x})^2}, \\ \hat{a} = \bar{y} - \hat{b}\bar{x}, \\ \hat{\sigma}^2 = Q(\hat{a}, \hat{b})/n = \dfrac{1}{n}\sum\limits_{i=1}^{n}(y_i - \hat{a} - \hat{b}x_i)^2. \end{cases} \tag{5-14}$$

若设

$$\begin{cases} l_{xx} = \sum\limits_{i=1}^{n}(x_i - \bar{x})^2, \\ l_{yy} = \sum\limits_{i=1}^{n}(y_i - \bar{y})^2, \\ l_{xy} = \sum\limits_{i=1}^{n}(x_i - \bar{x})(y_i - \bar{y}) = \sum\limits_{i=1}^{n}(x_i - \bar{x})y_i, \end{cases} \tag{5-15}$$

则有

$$\begin{cases} \hat{b} = \dfrac{l_{xy}}{l_{xx}} = \sum\limits_{i=1}^{n}c_i y_i, \\ c_i = (x_i - \bar{x})/l_{xx}. \end{cases} \tag{5-16}$$

由于 $y_i \sim N(a + bx_i, \sigma^2)(i=1,2,\cdots,n)$，且相互独立，则 $\hat{b} = \sum\limits_{i=1}^{n}c_i y_i$ 服从正态分布，其数学期望为

$$E\hat{b} = E\sum_{i=1}^{n}c_i y_i = \sum_{i=1}^{n}c_i E y_i = \sum_{i=1}^{n}c_i(a + bx_i) = b\sum_{i=1}^{n}c_i x_i = b\sum_{i=1}^{n}\frac{x_i - \bar{x}}{l_{xx}}(x_i - \bar{x}) = b,$$

方差为

$$D\hat{b} = D\sum_{i=1}^{n}c_i y_i = \sum_{i=1}^{n}c_i^2 D y_i = \sum_{i=1}^{n}c_i^2\sigma^2 = \sigma^2\sum_{i=1}^{n}\frac{(x_i - \bar{x})^2}{l_{xx}^2} = \sigma^2/l_{xx},$$

即 $\hat{b} \sim N(b, \sigma^2/l_{xx})$.

由此可见，$\hat{b}$ 是 b 的无偏估计.

由于 $\hat{a} = \bar{y} - \hat{b}\bar{x} = \sum\limits_{i=1}^{n}\left[\dfrac{1}{n} - \dfrac{(x_i - \bar{x})\bar{x}}{l_{xx}}\right]y_i$，所以 $\hat{a}$ 也服从正态分布，其数学期望与方差分别为

$$E\hat{a} = E(\bar{y} - \hat{b}\bar{x}) = \frac{1}{n}\left[\sum_{i=1}^{n}E y_i - b\sum_{i=1}^{n}x_i\right] = \frac{1}{n}\left[\sum_{i=1}^{n}(a + bx_i) - b\sum_{i=1}^{n}x_i\right] = a,$$

$$D\hat{a}=D(\bar{y}-\hat{b}\bar{x})=D\sum_{i=1}^{n}\left[\frac{1}{n}-\frac{(x_i-\bar{x})\bar{x}}{l_{xx}}\right]y_i=\sum_{i=1}^{n}\left[\frac{1}{n}-\frac{(x_i-\bar{x})\bar{x}}{l_{xx}}\right]^2 Dy_i=\sigma^2\left[\frac{1}{n}-\frac{\bar{x}^2}{l_{xx}}\right].$$

可见，$\hat{a}$ 同样也是 a 的无偏估计.

对于式(5-12)，可以证明 $Q(\hat{a},\hat{b})/\sigma^2\sim\chi^2(n-2)$，且与 $\hat{b}$ 相互独立. 因而，$E[Q(\hat{a},\hat{b})/\sigma^2]=n-2$，$E[Q(\hat{a},\hat{b})/(n-2)]=\sigma^2$，$E[\hat{\sigma}^2]=E[Q(\hat{a},\hat{b})/n]=E[\frac{n-2}{n(n-2)}Q(\hat{a},\hat{b})]=\frac{n-2}{n}\sigma^2$，$\lim\limits_{n\to+\infty}E[\hat{\sigma}^2]=\sigma^2$. 可见，$\hat{\sigma}^2$ 是 σ^2 的渐近无偏估计. 若令

$$\hat{\sigma}^{*2}=Q(\hat{a},\hat{b})/(n-2), \tag{5-17}$$

则 $E\hat{\sigma}^{*2}=\sigma^2$，故 $\hat{\sigma}^{*2}$ 是 σ^2 的无偏估计.

5.1.4 回归方程显著性检验

在前面的讨论中，假设 y 关于 x 的回归为线性函数 $a+bx$. 然而，在处理实际问题中，这种假设是否正确，还需根据实际观测数据，运行假设检验的方法来判断. 从严格理论上讲，检验一元回归模型是否成立，就是要检验 $y\sim N(a+bx,\sigma^2)$ 是否成立. 而实际上，完成这种检验工作是相当繁琐和十分困难的. 我们通常做法是将这个问题进行简化，在已知 $y\sim N(a+bx,\sigma^2)$ 的前提下，来检验回归系数 b 是否为零.

由于 $Q(\hat{a},\hat{b})/\sigma^2\sim\chi^2(n-2)$，$\hat{b}\sim N(b,\sigma^2/l_{xx})$，且二者相互独立，所以有

$$\frac{(\hat{b}-b)\sqrt{l_{xx}}}{\sqrt{Q(\hat{a},\hat{b})/(n-2)}}=\frac{(\hat{b}-b)\sqrt{l_{xx}}}{\hat{\sigma}^*}=\frac{(\hat{b}-b)\sqrt{l_{xx}}}{\hat{\sigma}}\frac{\sqrt{n-2}}{\sqrt{n}}\sim t(n-2). \tag{5-18}$$

如果假设 $H_0:b=0$，则统计量 $t=\frac{\hat{b}\sqrt{l_{xx}}}{\hat{\sigma}^*}=\frac{\hat{b}\sqrt{l_{xx}}}{\hat{\sigma}}\frac{\sqrt{n-2}}{\sqrt{n}}\sim t(n-2)$. 由此对于给定的显著性水平 α，假设 H_0 的拒绝域为 $W=\{t:|t|\geqslant t_{\alpha/2}(n-2)\}$.

如果拒绝假设 $H_0:b=0$，则认为 y 与 x 存在线性关系，线性回归方程有意义，即称回归方程是显著的. 如果接受假设 $H_0:b=0$，则表明 y 与 x 之间关系可能有三种情况，一是 y 与 x 之间无关；二是或者 y 与 x 无线性关系，但有非线性关系；三是 y 除了与 x 有关之外，还与其他变量有关.

例 5-2 检验例 5-1 中的线性回归方程是否显著(取显著性水平 $\alpha=0.05$).

解 由前已知

$$\hat{b}=0.0298,\hat{\sigma}^2\doteq 0.0012,\hat{\sigma}^{*2}=\frac{n}{n-2}\hat{\sigma}^2\approx\frac{12}{10}\times 0.0012\approx 0.0014$$

$$l_{xx}=\sum_{i=1}^{n}(x_i-\bar{x})^2=\sum_{i=1}^{n}x_i^{\ 2}-n\bar{x}^2=518600-12\times 205^2=14300.$$

在假设 $H_0:b=0$ 下，有

$$t=\frac{\hat{b}\sqrt{l_{xx}}}{\hat{\sigma}^*}=\frac{0.0298\times\sqrt{14300}}{\sqrt{0.0014}}\approx 95.2402,$$

经查表知

$$t_{\alpha/2}(n-2)=t_{0.05/2}(12-2)=t_{0.025}(10)=2.2281,$$

显然 $|t|\approx 95.2402>2.2281$，因此拒绝假设 H_0，认为线性回归方程是显著的.

依据试验数据 $\{(x_i,y_i),i=1,2,\cdots,n\}$ 和经验回归方程 $\hat{y}=\hat{a}+\hat{b}x$，可定义和计算总平方和 Q_t、回归平方和 Q_r 与残差平方和 Q_e：

$$Q_t\triangleq\sum_{i=1}^{n}(y_i-\bar{y})^2=l_{yy},\tag{5-19}$$

$$Q_r\triangleq\sum_{i=1}^{n}(\hat{y}_i-\bar{y})^2=\hat{b}^2\sum_{i=1}^{n}(x_i-\bar{x})^2=l_{xy}^2/l_{xx},\tag{5-20}$$

$$Q_e\triangleq\sum_{i=1}^{n}(y_i-\hat{y}_i)^2=Q(\hat{a},\hat{b}).\tag{5-21}$$

可以证明

$$\begin{aligned}Q_e&=\sum_{i=1}^{n}(y_i-\hat{y}_i)^2\\&=\sum_{i=1}^{n}(y_i-\hat{a}-\hat{b}x_i)^2\\&=\sum_{i=1}^{n}\left[(y_i-\bar{y})-\hat{b}(x_i-\bar{x})\right]^2\\&=\sum_{i=1}^{n}(y_i-\bar{y})^2-2\hat{b}\sum_{i=1}^{n}(y_i-\bar{y})(x_i-\bar{x})+\hat{b}^2\sum_{i=1}^{n}(x_i-\bar{x})^2\\&=\sum_{i=1}^{n}(y_i-\bar{y})^2-\hat{b}^2\sum_{i=1}^{n}(x_i-\bar{x})^2\\&=Q_t-Q_r,\end{aligned}\tag{5-22}$$

即 $Q_t=Q_r+Q_e$.

若设

$$r=\frac{l_{xy}}{\sqrt{l_{xx}}\sqrt{l_{yy}}},\tag{5-23}$$

则

$$\begin{aligned}Q_e&=\sum_{i=1}^{n}(y_i-\bar{y})^2-\hat{b}^2\sum_{i=1}^{n}(x_i-\bar{x})^2\\&=l_{yy}-(l_{xy}/l_{xx})^2l_{xx}\\&=l_{yy}-l_{yy}\left(\frac{l_{xy}{}^2}{l_{xx}l_{yy}}\right)\\&=l_{yy}(1-r^2).\end{aligned}\tag{5-24}$$

这里,称 r 为 y 与 x 之间的经验相关系数,或称样本相关系数.

由式(5-22)~式(5-24)可知,$0 \leqslant Q_e \leqslant Q_t$,$0 \leqslant |r| \leqslant 1$. 如果 $Q_e = 0$,则 $Q_r = Q_t$,$r = \pm 1$,试验数据 $\{(x_i, y_i), i = 1, 2, \cdots, n\}$ 都在直线 $y = \hat{a} + \hat{b}x$ 上面,或者说回归方程完全拟合所有数据,表明 y 与 x 之间存在有确定的线性关系. 如果 $Q_e = Q_t$,则 $Q_r = 0$,$\hat{b} = 0$,$r = 0$,表明 y 与 x 之间无线性相关关系. 综上所述,检验经验回归模型是否显著,除了使用假设检验方法外,还可以用残差平方和 Q_e 或样本相关系数 r 来衡量. Q_e 越小或 $|r|$ 越大说明 y 与 x 之间线性相关关系越强,反之说明 y 与 x 之间线性相关关系越弱,其中 r 是一个无量纲的度量.

对于例 5-1,利用观测数据可以计算 y 与 x 之间的经验相关系数为

$$r = \frac{l_{xy}}{\sqrt{l_{xx}}\sqrt{l_{yy}}} = \frac{426}{\sqrt{14300}\sqrt{12.7132}} = 0.9991.$$

这里,r 接近于 1,表明其所建立经验回归方程是有意义的.

5.1.5 一元线性回归模型预测

经过假设检验,如果线性回归方程是显著的,而且数据拟合程度又比较高,那么就可用经验回归模型计算 y 关于任意 x 的回归值,也称估计或预测值,即

$$\hat{y} = \hat{a} + \hat{b}x = \bar{y} + \hat{b}(x - \bar{x}) \tag{5-25}$$

与参数估计相仿,对于 y 可以进行点估计,也可以在给定置信度下进行区间估计. 由于 $y \sim N(a + bx, \sigma^2)$,$\hat{b} \sim N\left(b, \frac{\sigma^2}{l_{xx}}\right)$,则有

$$E(y - \hat{y}) = Ey - E\hat{y} = a + bx - (a + bx) = 0,$$

$$D(y - \hat{y}) = Dy + D(\bar{y} - \hat{b}(x - \bar{x})) = \sigma^2\left[1 + \frac{1}{n} + \frac{(x - \bar{x})^2}{l_{xx}}\right],$$

而且

$$y - \hat{y} \sim N\left(0, \sigma^2\left[1 + \frac{1}{n} + \frac{(x - \bar{x})^2}{l_{xx}}\right]\right). \tag{5-26}$$

又由 $y - \hat{y}$ 与 $\hat{\sigma}^{*2} = Q_e/(n-2)$ 相互独立,而且 $(n-2)\hat{\sigma}^{*2}/\sigma^2 \sim \chi^2(n-2)$,则有

$$\frac{y - \hat{y}}{\hat{\sigma}^* \sqrt{1 + \frac{1}{n} + \frac{(x - \bar{x})^2}{l_{xx}}}} \sim t(n - 2). \tag{5-27}$$

对于如果给定置信度 $1 - \alpha$,查表得 $t_{\alpha/2}(n-2)$,并设

$$\delta_\alpha(x) = t_{\alpha/2}(n - 2)\hat{\sigma}^* \sqrt{1 + \frac{1}{n} + \frac{(x - \bar{x})^2}{l_{xx}}}, \tag{5-28}$$

则有

$$P\{|y - \hat{y}| < \delta_\alpha(x)\} = 1 - \alpha, \tag{5-29}$$

$$P\{\hat{y} - \delta_\alpha(x) < y < \hat{y} + \delta_\alpha(x)\} = 1 - \alpha. \tag{5-30}$$

式(5-29)和式(5-30)表明,以 $1-\alpha$ 的置信度保证 $\hat{y}$ 作为 y 的估计误差不超过 $\delta_\alpha(x)$,或以 $1-\alpha$ 的置信度保证 y 落在区间 $(\hat{y}-\delta_\alpha(x),\hat{y}+\delta_\alpha(x))$. 这里,$\delta_\alpha(x)$ 为预测误差,称为置信误差;$(\hat{y}-\delta_\alpha(x),\hat{y}+\delta_\alpha(x))$ 为预测区间,称为置信区间. 由式(5-28),显然有 $\delta_\alpha(\bar{x})=\min\limits_{x}\delta_\alpha(x)$,这表明 $\hat{y}$ 在 $x=\bar{x}$ 点处估计 y 的误差最小,也就是说精度最好,而越偏离 $\bar{x}$ 点预测精度将越差.

例 5-3 在例 5-1 中,取 $\alpha=0.05$,以 $1-\alpha=95\%$ 置信度,对 $x=195$ 处的 y 进行预测.

解 将 $x=195$ 代入经验回归模型,可得 y 的预报值 $\hat{y}=\hat{a}+\hat{b}x=1.011+0.0298\times195=6.822$.

由 $n=12$ 和 $\delta_{0.05}(x)$ 表达式,即可算得 $\hat{y}$ 的 95% 置信度预测误差为

$$\delta_{0.05}(195)=2.2281\times\sqrt{0.0014}\times\sqrt{1+\frac{1}{12}+\frac{(195-205)^2}{14300}}=0.087,$$

y 的 95% 置信区间为

$$(\hat{y}-\delta_{0.05}(195),\hat{y}+\delta_{0.05}(195))=(6.735,6.909).$$

5.2 多元线性回归

5.2.1 多元线性回归模型

在许多实际问题中,随机变量 y 可能与多个可控变量 $x_1,x_2,\cdots,x_k(k>1)$ 相关,通常满足关系

$$E(y/x_1,x_2,\cdots,x_k)=f_\theta(x_1,x_2,\cdots,x_k). \tag{5-31}$$

其中,θ 为模型参数向量,$f_\theta(x_1,x_2,\cdots,x_k)$ 为 y 关于 $x_1,x_2,\cdots,x_k$ 的多元回归函数.

在多元回归分析中,最简单但又十分重要的是多元线性回归问题,以下主要讨论多元线性回归模型.

对于多元线性回归模型,通常我们假设 y 与 $x_1,x_2,\cdots,x_k$ 之间满足线性关系

$$y=b_0+b_1x_1+b_2x_2+\cdots+b_kx_k+\varepsilon,\varepsilon\sim N(0,\sigma^2). \tag{5-32}$$

其中,$E(y/x_1,x_2,\cdots,x_k)=b_0+b_1x_1+b_2x_2+\cdots+b_kx_k$ 为 y 关于 $x_1,x_2,\cdots,x_k$ 的 k 元线性回归模型,ε 为模型噪声;$b_0,b_1,\cdots,b_k$ 和 σ^2 都是与 $x_1,x_2,\cdots,x_k$ 无关的未知模型参数,$b_0,b_1,\cdots,b_k$ 称为回归系数,σ^2 为模型噪声方差.

当 $x_1,x_2,\cdots,x_k$ 取不全相同的 n 组值时,对 y 依次进行独立观测试验,由此可得 n 组观测数据 $\{(x_{1i},x_{2i},\cdots,x_{ki},y_i),i=1,2,\cdots,n\}$,显然它们满足关系

$$\begin{cases}y_i=b_0+b_1x_{1i}+b_2x_{2i}+\cdots+b_kx_{ki}+\varepsilon_i,\\ i=1,2,\cdots,n.\end{cases} \tag{5-33}$$

其中,$\varepsilon_i\sim N(0,\sigma^2)(i=1,2,\cdots,n)$,而且相互独立.

如果以 $\hat{b}_0,\hat{b}_1,\cdots,\hat{b}_k$ 分别作为模型参数 $b_0,b_1,\cdots,b_k$ 的估计,则可得 k 元线性经验回

归模型为

$$\hat{y} = \hat{b}_0 + \hat{b}_1 x_1 + \cdots + \hat{b}_k x_k, \tag{5-34}$$

将其代入观测数据$\{(x_{1i},x_{2i},\cdots,x_{ki},y_i),i=1,2,\cdots,n\}$,有

$$\begin{cases}\hat{y}_i = \hat{b}_0 + \hat{b}_1 x_{1i} + \cdots + \hat{b}_k x_{ki},\\ i = 1,2,\cdots,n;\end{cases} \tag{5-35}$$

$$\begin{cases}y_i = \hat{y}_i + e_i,\\ i = 1,2,\cdots,n.\end{cases} \tag{5-36}$$

其中,$\hat{b}_0,\hat{b}_1,\cdots,\hat{b}_k$ 为经验回归系数;$\hat{y}$ 为 y 的预测值,$\hat{y}_i$ 为 y_i 的估计;e_i 为 ε_i 的估计,称其为模型残差.

基于观测数据$\{(x_{1i},x_{2i},\cdots,x_{ki},y_i),i=1,2,\cdots,n\}$,若设

$$\boldsymbol{y} = \begin{pmatrix} y_1 \\ y_2 \\ \vdots \\ y_n \end{pmatrix}, \boldsymbol{x}_i = \begin{pmatrix} 1 \\ x_{1i} \\ \vdots \\ x_{ki} \end{pmatrix}, \boldsymbol{X} = \begin{pmatrix} \boldsymbol{x}_1^{\tau} \\ \boldsymbol{x}_2^{\tau} \\ \vdots \\ \boldsymbol{x}_n^{\tau} \end{pmatrix}_i = \begin{pmatrix} 1 & x_{11} & x_{21} & \cdots & x_{k1} \\ 1 & x_{12} & x_{22} & \cdots & x_{k2} \\ \vdots & \vdots & \vdots & \ddots & \vdots \\ 1 & x_{1n} & x_{2n} & \cdots & x_{kn} \end{pmatrix},$$

以及

$$\boldsymbol{b} = \begin{pmatrix} b_0 \\ b_1 \\ \vdots \\ b_k \end{pmatrix}, \hat{\boldsymbol{b}} = \begin{pmatrix} \hat{b}_0 \\ \hat{b}_1 \\ \vdots \\ \hat{b}_k \end{pmatrix}, \hat{\boldsymbol{y}} = \begin{pmatrix} \hat{y}_1 \\ \hat{y}_2 \\ \vdots \\ \hat{y}_n \end{pmatrix}, \boldsymbol{\varepsilon} = \begin{pmatrix} \varepsilon_1 \\ \varepsilon_2 \\ \vdots \\ \varepsilon_n \end{pmatrix}, \boldsymbol{e} = \begin{pmatrix} e_1 \\ e_2 \\ \vdots \\ e_n \end{pmatrix}, \boldsymbol{x} = \begin{pmatrix} 1 \\ x_1 \\ \vdots \\ x_k \end{pmatrix},$$

则可将式(5-32)~式(5-36)表示为如下矩阵形式. 式(5-32)的矩阵形式为

$$y = \boldsymbol{b}^{\tau}\boldsymbol{x} + \varepsilon = \boldsymbol{x}^{\tau}\boldsymbol{b} + \varepsilon. \tag{5-37}$$

式(5-33)的矩阵形式为

$$y_i = \boldsymbol{x}_i^{\tau}\boldsymbol{b} + \varepsilon_i, i = 1,2,\cdots,n; \tag{5-38}$$

$$\boldsymbol{y} = X\boldsymbol{b} + \boldsymbol{\varepsilon}. \tag{5-39}$$

式(5-34)的矩阵形式为

$$\hat{y} = \hat{\boldsymbol{b}}^{\tau}\boldsymbol{x} = \boldsymbol{x}^{\tau}\hat{\boldsymbol{b}}. \tag{5-40}$$

式(5-35)的矩阵形式为

$$\hat{y}_i = \boldsymbol{x}_i^{\tau}\hat{\boldsymbol{b}}, i = 1,2,\cdots,n; \tag{5-41}$$

$$\hat{\boldsymbol{y}} = X\hat{\boldsymbol{b}}. \tag{5-42}$$

式(5-36)的矩阵形式为

$$y_i = \boldsymbol{x}_i^{\tau}\hat{\boldsymbol{b}} + e_i, i = 1,2,\cdots,n; \tag{5-43}$$

$$\boldsymbol{y} = X\hat{\boldsymbol{b}} + \boldsymbol{e}. \tag{5-44}$$

其中，$\boldsymbol{\varepsilon} \sim N(0,\sigma^2 I_n)$为模型噪声向量；$\boldsymbol{e}$ 为 $\boldsymbol{\varepsilon}$ 的估计，称为模型残差向量.

5.2.2 多元线性回归模型参数估计

1. $\boldsymbol{b}$ 的最小二乘估计

所谓 $\boldsymbol{b}$ 的最小二乘估计，就是选择 $\boldsymbol{b}$ 的估计 $\hat{\boldsymbol{b}}$ 使得模型残差平方和 $Q(\hat{\boldsymbol{b}}) = \sum_{i=1}^{n} e_i^2 = \boldsymbol{e}^\tau \boldsymbol{e}$ 最小，即

$$\begin{aligned}
\min_{\hat{b}} Q(\hat{\boldsymbol{b}}) &= \sum_{i=1}^{n} (y_i - \hat{b}_0 - \hat{b}_1 x_{1i} - \cdots - \hat{b}_k x_{ki})^2 \\
&= \sum_{i=1}^{n} (y_i - \boldsymbol{x}_i^\tau \hat{\boldsymbol{b}})^2 \\
&= (\boldsymbol{y} - X\hat{\boldsymbol{b}})^\tau (\boldsymbol{y} - X\hat{\boldsymbol{b}})
\end{aligned} \tag{5-45}$$

由于式(5－45)是一个关于 $\hat{\boldsymbol{b}}$ 的二次函数极值问题，所以 $\hat{\boldsymbol{b}}$ 为 $\boldsymbol{b}$ 最小二乘估计的充要条件为其满足正规方程组：

$$\begin{cases}
\dfrac{\partial Q}{\partial \hat{b}_0} = -2\sum\limits_{i=1}^{n} (y_i - \hat{b}_0 - \hat{b}_1 x_{1i} - \cdots - \hat{b}_k x_{ki}) = 0, \\
\dfrac{\partial Q}{\partial \hat{b}_1} = -2\sum\limits_{i=1}^{n} (y_i - \hat{b}_0 - \hat{b}_1 x_{1i} - \cdots - \hat{b}_k x_{ki}) x_{1i} = 0, \\
\qquad \vdots \\
\dfrac{\partial Q}{\partial \hat{b}_k} = -2\sum\limits_{i=1}^{n} (y_i - \hat{b}_0 - \hat{b}_1 x_{1i} - \cdots - \hat{b}_k x_{ki}) x_{ki} = 0,
\end{cases} \tag{5-46}$$

即

$$\frac{\partial Q}{\partial \hat{\boldsymbol{b}}} = -2\sum_{i=1}^{n} \boldsymbol{x}_i (y_i - \boldsymbol{x}_i^\tau \hat{\boldsymbol{b}}) = 0 \tag{5-47}$$

或者

$$\frac{\partial Q}{\partial \hat{\boldsymbol{b}}} = -2X^\tau (\boldsymbol{y} - X\hat{\boldsymbol{b}}) = 0. \tag{5-48}$$

通常 $(X^\tau X)^{-1}$ 存在，所以可解得

$$\hat{\boldsymbol{b}} = (X^\tau X)^{-1} X^\tau \boldsymbol{y}. \tag{5-49}$$

其中

$$X^\tau X = \sum_{i=1}^{n} \boldsymbol{x}_i \boldsymbol{x}_i^\tau = \begin{pmatrix} n & \sum_{i=1}^{n} x_{1i} & \cdots & \sum_{i=1}^{n} x_{ki} \\ \sum_{i=1}^{n} x_{1i} & \sum_{i=1}^{n} x_{1i}x_{1i} & \cdots & \sum_{i=1}^{n} x_{1i}x_{ki} \\ \vdots & \vdots & \ddots & \vdots \\ \sum_{i=1}^{n} x_{ki} & \sum_{i=1}^{n} x_{ki}x_{1i} & \cdots & \sum_{i=1}^{n} x_{ki}x_{ki} \end{pmatrix} \tag{5-50}$$

$$X^\tau \boldsymbol{y} = \sum_{i=1}^{n} \boldsymbol{x}_i y_i = \begin{pmatrix} \sum_{i=1}^{n} y_i \\ \sum_{i=1}^{n} x_{1i} y_i \\ \vdots \\ \sum_{i=1}^{n} x_{ki} y_i \end{pmatrix} \tag{5-51}$$

2. $\boldsymbol{b}$ 的极大似然估计

由 $\varepsilon_i = y_i - \boldsymbol{x}_i^\tau \boldsymbol{b} \sim N(0,\sigma^2)(i=1,2,\cdots,n)$，且相互独立，可构成关于 $\boldsymbol{b}$ 的似然函数：

$$\begin{aligned} L(\boldsymbol{b}) &= \left(\frac{1}{\sqrt{2\pi}\sigma}\right)^n \prod_{i=1}^{n} \exp\left\{-\frac{(y_i - \boldsymbol{x}_i^\tau \boldsymbol{b})^2}{2\sigma^2}\right\} \\ &= \left(\frac{1}{\sqrt{2\pi}\sigma}\right)^n \exp\left\{-\frac{\sum_{i=1}^{n}(y_i - \boldsymbol{x}_i^\tau \boldsymbol{b})^2}{2\sigma^2}\right\} \end{aligned} \tag{5-52}$$

依据极大似然函数原理，$\boldsymbol{b}$ 的极大似然估计 $\hat{\boldsymbol{b}}$ 应满足

$$\begin{aligned} & L(\hat{\boldsymbol{b}}) \\ &= \max_{\boldsymbol{b}} L(\boldsymbol{b}) \\ &= \left(\frac{1}{\sqrt{2\pi}\sigma}\right)^n \max_{\boldsymbol{b}} \prod_{i=1}^{n} \exp\left\{-\frac{(y_i - \boldsymbol{x}_i^\tau \boldsymbol{b})^2}{2\sigma^2}\right\} \\ &= \left(\frac{1}{\sqrt{2\pi}\sigma}\right)^n \exp\left\{-\frac{\min_{\boldsymbol{b}} \sum_{i=1}^{n}(y_i - \boldsymbol{x}_i^\tau \boldsymbol{b})^2}{2\sigma^2}\right\}. \end{aligned} \tag{5-53}$$

可见，在零均值正态分布模型噪声情况下，$\boldsymbol{b}$ 的极大似然估计与最小二乘估计等价.

3. σ^2 的矩估计

由于 $\sigma^2 = D(\varepsilon) = E(\varepsilon^2)$，所以 σ^2 的矩估计应为 $\frac{1}{n}\sum_{i=1}^{n}\varepsilon_i^2$. 如果以 e_i 代替 ε_i，则可得到 σ^2 的形式上的矩估计为

$$\hat{\sigma}^2 = Q(\hat{\boldsymbol{b}})/n = \frac{1}{n}\sum_{i=1}^{n} e_i^2 = \frac{1}{n}\sum_{i=1}^{n}(y_i - \boldsymbol{x}_i^\tau \hat{\boldsymbol{b}})^2 \tag{5-54}$$

或

$$\hat{\sigma}^{*2} = Q(\hat{\boldsymbol{b}})/(n-k-1) = \frac{1}{n-k-1}\sum_{i=1}^{n} e_i^2 = \frac{1}{n-k-1}\sum_{i=1}^{n}(y_i - \boldsymbol{x}_i^{\tau}\hat{\boldsymbol{b}})^2. \tag{5-55}$$

其矩阵表达形式为

$$\hat{\sigma}^2 = \boldsymbol{e}^{\tau}\boldsymbol{e}/n = (\boldsymbol{y} - X\hat{\boldsymbol{b}})^{\tau}(\boldsymbol{y} - X\hat{\boldsymbol{b}})/n, \tag{5-56}$$

$$\hat{\sigma}^{*2} = \boldsymbol{e}^{\tau}\boldsymbol{e}/(n-k-1) = (\boldsymbol{y} - X\hat{\boldsymbol{b}})^{\tau}(\boldsymbol{y} - X\hat{\boldsymbol{b}})/(n-k-1). \tag{5-57}$$

例 5-4 在某次钢材新型规范试验中,研究含碳量 x_1 和回火温度 x_2 对其延伸率 y 的关系,15 批生产试样结果如表 5-2 所列. 根据生产经验,y 与 x_1、x_2 之间具有二元线性回归关系 $y = b_0 + b_1x_1 + b_2x_2 + \varepsilon, \varepsilon \sim N(0,\sigma^2)$,试建立 y 关于 x_1、x_2 的经验回归方程.

表 5-2

试验次数 i	1	2	3	4	5	6	7	8	9	10
含碳量 x_1	57	64	69	58	58	58	58	58	58	57
回火温度 x_2	535	535	535	460	460	460	490	490	490	460
延伸率 y	19.25	17.50	18.25	16.25	17.00	16.75	17.00	19.75	17.25	16.75
试验次数 i	11	12	13	14	15					
含碳量 x_1	64	69	59	64	69					
回火温度 x_2	435	460	490	467	490					
延伸率 y	14.75	12.00	17.75	15.50	15.50					

解 由题意,$n=15, k=2, y = b_0 + b_1x_1 + b_2x_2 + \varepsilon, \varepsilon \sim N(0,\sigma^2)$. 因此,由式(5-49)可计算 $\hat{\boldsymbol{b}} = (\hat{b}_0, \hat{b}_1, \hat{b}_2)^{\tau} = (10.514, -0.216, 0.040)^{\tau}$,故其经验回归方程为

$$\hat{y} = 10.514 - 0.216x_1 + 0.040x_2.$$

由式(5-55),计算得

$$\hat{\sigma}^{*2} = Q(\hat{\boldsymbol{b}})/(n-k-1) = 8.366/12 = 0.697.$$

5.2.3 参数估计量的分布及其性质

多元线性回归模型参数估计量 $\hat{\boldsymbol{b}}$ 和 $\hat{\sigma}^2$ 或 $\hat{\sigma}^{*2}$ 也都是基于样本$\{(x_i, y_i), i=1,2,\cdots,n\}$的统计量,下面我们将讨论它们的分布及其性质.

性质 1 $\hat{\boldsymbol{b}} \sim N(\boldsymbol{b}, \sigma^2(X^{\tau}X)^{-1})$.

证明 由于 $y_i \sim N(a + bx_i, \sigma^2)(i=1,2,\cdots,n)$,且相互独立,所以 $\boldsymbol{y}$ 服从 n 维正态分布,$\hat{\boldsymbol{b}} = (X^{\tau}X)^{-1}X^{\tau}\boldsymbol{y}$ 服从 $k+1$ 维正态分布,而且

$$E\hat{\boldsymbol{b}} = E(X^{\tau}X)^{-1}X^{\tau}\boldsymbol{y} = (X^{\tau}X)^{-1}X^{\tau}E\boldsymbol{y} = (X^{\tau}X)^{-1}X^{\tau}X\boldsymbol{b} = \boldsymbol{b}, \tag{5-58}$$

$$\mathrm{Cov}(\hat{\boldsymbol{b}},\hat{\boldsymbol{b}}) = E(\hat{\boldsymbol{b}}-\boldsymbol{b})(\hat{\boldsymbol{b}}-\boldsymbol{b})^{\tau} = (X^{\tau}X)^{-1}X^{\tau}E\boldsymbol{\varepsilon}\boldsymbol{\varepsilon}^{\tau}X(X^{\tau}X)^{-1} = \boldsymbol{\sigma}^{2}(X^{\tau}X)^{-1}, \tag{5-59}$$

故有 $\hat{\boldsymbol{b}} \sim N(\boldsymbol{b},\boldsymbol{\sigma}^{2}(X^{\tau}X)^{-1})$.

性质 2 $\hat{\boldsymbol{b}}$ 是 $\boldsymbol{b}$ 的最优线性无偏估计.

证明 由性质 1 知,$\hat{\boldsymbol{b}}$ 是 $\boldsymbol{b}$ 的无偏估计,又是关于 $\boldsymbol{y}$ 的线性函数,所以称 $\hat{\boldsymbol{b}}$ 是 $\boldsymbol{b}$ 的线性无偏估计.

设 $\hat{\boldsymbol{\beta}} = A\boldsymbol{y}$ 是 $\boldsymbol{b}$ 的任一线性无偏估计,则 $E\hat{\boldsymbol{\beta}} = AE\boldsymbol{y} = AX\boldsymbol{b} = \boldsymbol{b}$. 又因 $\boldsymbol{b}$ 任意,所以有 $AX = I_{k+1}$, $\mathrm{Cov}(\hat{\boldsymbol{\beta}},\hat{\boldsymbol{\beta}}) = E(\boldsymbol{\beta}-\boldsymbol{b})(\boldsymbol{\beta}-\boldsymbol{b})^{\tau} = AE\boldsymbol{\varepsilon}\boldsymbol{\varepsilon}^{\tau}A^{\tau} = \boldsymbol{\sigma}^{2}AA^{\tau}$. 由于

$$\begin{aligned}&[A-(X^{\tau}X)^{-1}X^{\tau}][A-(X^{\tau}X)^{-1}X^{\tau}]^{\tau}\\ &= AA^{\tau} - AX(X^{\tau}X)^{-1} - (X^{\tau}X)^{-1}X^{\tau}A^{\tau} + (X^{\tau}X)^{-1}\\ &= AA^{\tau} - (X^{\tau}X)^{-1} \geqslant 0,\end{aligned} \tag{5-60}$$

可知 $\mathrm{Cov}(\hat{\boldsymbol{\beta}},\hat{\boldsymbol{\beta}}) - \mathrm{Cov}(\hat{\boldsymbol{b}},\hat{\boldsymbol{b}}) = \boldsymbol{\sigma}^{2}AA^{\tau} - \boldsymbol{\sigma}^{2}(X^{\tau}X)^{-1} \geqslant 0$,因而称 $\hat{\boldsymbol{b}}$ 是 $\boldsymbol{b}$ 的最优线性无偏估计.

性质 3 $\boldsymbol{e} \sim N(0,\boldsymbol{\sigma}^{2}[I_{n}-X(X^{\tau}X)^{-1}X^{\tau}])$.

证明 由于 $\boldsymbol{e}$ 也是关于 $\boldsymbol{y}$ 的线性函数,所以 $\boldsymbol{e}$ 服从 n 维正态分布. 又由

$$\boldsymbol{e} = \boldsymbol{y} - X\hat{\boldsymbol{b}} = [I_{n} - X(XX)^{-1}X^{\tau}]\boldsymbol{y} = [I_{n} - X(XX)^{-1}X^{\tau}](X\boldsymbol{b}+\boldsymbol{\varepsilon}) = [I_{n} - X(XX)^{-1}X^{\tau}]\boldsymbol{\varepsilon},$$

则

$$E\boldsymbol{e} = E(\boldsymbol{y} - X\hat{\boldsymbol{b}}) = [I_{n} - X(XX)^{-1}X^{\tau}]E\boldsymbol{y} = [I_{n} - X(XX)^{-1}X^{\tau}]X\boldsymbol{b} = 0, \tag{5-61}$$

$$\begin{aligned}\mathrm{Cov}(\boldsymbol{e},\boldsymbol{e}) &= E\boldsymbol{e}\boldsymbol{e}^{\tau}\\ &= [I_{n} - X(X^{\tau}X)^{-1}X^{\tau}]E\boldsymbol{\varepsilon}\boldsymbol{\varepsilon}^{\tau}[I_{n} - X(X^{\tau}X)^{-1}X^{\tau}]\\ &= \boldsymbol{\sigma}^{2}[I_{n} - X(X^{\tau}X)^{-1}X^{\tau}][I_{n} - X(X^{\tau}X)^{-1}X^{\tau}]\\ &= \boldsymbol{\sigma}^{2}[I_{n} - X(X^{\tau}X)^{-1}X^{\tau}],\end{aligned} \tag{5-62}$$

故有 $\boldsymbol{e} \sim N(0,\boldsymbol{\sigma}^{2}[I_{n}-X(X^{\tau}X)^{-1}X^{\tau}])$.

性质 4 $\boldsymbol{e}$ 与 $\hat{\boldsymbol{b}}$ 不相关,或相互独立,即 $\mathrm{Cov}(\boldsymbol{e},\hat{\boldsymbol{b}}) = 0$.

证明

$$\begin{aligned}\mathrm{Cov}(\boldsymbol{e},\hat{\boldsymbol{b}}) &= E[\boldsymbol{e}(\hat{\boldsymbol{b}}-\boldsymbol{b})^{\tau}]\\ &= [I_{n} - X(X^{\tau}X)^{-1}X^{\tau}]E\boldsymbol{\varepsilon}\boldsymbol{\varepsilon}^{\tau}[X(X^{\tau}X)^{-1}X^{\tau}]\\ &= \boldsymbol{\sigma}^{2}[I_{n} - X(X^{\tau}X)^{-1}X^{\tau}][X(X^{\tau}X)^{-1}X^{\tau}]\\ &= 0.\end{aligned} \tag{5-63}$$

性质 5 $E\hat{\sigma}^{2} = EQ(\hat{\boldsymbol{b}})/n = \dfrac{n-k-1}{n}\sigma^{2}$, $E\hat{\sigma}^{*2} = EQ(\hat{\boldsymbol{b}})/(n-k-1) = \boldsymbol{\sigma}^{2}$.

证明 由于 $Q(\hat{\boldsymbol{b}}) = \boldsymbol{e}^{\tau}\boldsymbol{e} = (\boldsymbol{y}-X\hat{\boldsymbol{b}})^{\tau}(\boldsymbol{y}-X\hat{\boldsymbol{b}})$,则

$$EQ(\hat{\boldsymbol{b}}) = E\boldsymbol{e}^{\tau}\boldsymbol{e} = \mathrm{tr}\{\mathrm{Cov}(\boldsymbol{e},\boldsymbol{e})\} = \boldsymbol{\sigma}^2\mathrm{tr}\{[I_n - X(X^{\tau}X)^{-1}X^{\tau}]\}$$
$$= \boldsymbol{\sigma}^2(n - \mathrm{tr}I_{k+1}) = \boldsymbol{\sigma}^2(n-k-1), \tag{5-64}$$

故有

$$E\hat{\sigma}^{*2} = EQ(\hat{\boldsymbol{b}})/(n-k-1) = \boldsymbol{\sigma}^2,\ E\hat{\sigma}^2 = EQ(\hat{\boldsymbol{b}})/n = \frac{n-k-1}{n}\boldsymbol{\sigma}^2.$$

由性质 5 知，$\hat{\sigma}^{*2}$ 是 $\boldsymbol{\sigma}^2$ 的无偏估计，而 $\hat{\sigma}^2$ 是 $\boldsymbol{\sigma}^2$ 的渐近无偏估计.

性质 6 $Q(\hat{\boldsymbol{b}})/\sigma^2 \sim \chi^2(n-k-1)$.

证 由 $\boldsymbol{e} = \boldsymbol{y} - X\hat{\boldsymbol{b}} = [I_n - X(XX)^{-1}X^{\tau}]\boldsymbol{y} = [I_n - X(XX)^{-1}X^{\tau}]\boldsymbol{\varepsilon}$，则

$$Q(\hat{\boldsymbol{b}}) = \boldsymbol{e}^{\tau}\boldsymbol{e} = \boldsymbol{\varepsilon}^{\tau}[I_n - X(XX)^{-1}X^{\tau}][I_n - X(XX)^{-1}X^{\tau}]\boldsymbol{\varepsilon} = \boldsymbol{\varepsilon}^{\tau}[I_n - X(XX)^{-1}X^{\tau}]\boldsymbol{\varepsilon}.$$

设 $P = I_n - X(XX)^{-1}X^{\tau}$，由于 $\boldsymbol{P}^2 = \boldsymbol{P}, \boldsymbol{P}^{\tau} = \boldsymbol{P}$，可见 $\boldsymbol{P}$ 是一个幂等对称矩阵，其特征值非 0 即 1，即 $\lambda_i = \lambda_i(\boldsymbol{P}) \in \{0,1\}\ (i=1,2,\cdots,n)$. 另外，对于幂等对称矩阵 $\boldsymbol{P}$，存在一个正交矩阵 $\boldsymbol{D}$，使得 $\boldsymbol{D}^{\tau}\boldsymbol{P}\boldsymbol{D} = \boldsymbol{\Lambda} = \mathrm{diag}\{\lambda_1, \lambda_2, \cdots, \lambda_n\}$，而且

$$\mathrm{tr}(\boldsymbol{\Lambda}) = \mathrm{tr}(\boldsymbol{D}^{\tau}\boldsymbol{P}\boldsymbol{D}) = \mathrm{tr}(\boldsymbol{P}\boldsymbol{D}^{\tau}\boldsymbol{D}) = \mathrm{tr}(\boldsymbol{P}) = \mathrm{tr}[I_n - X(XX)^{-1}X^{\tau}] = n-k-1.$$

这表明对角矩阵 $\boldsymbol{\Lambda}$ 主对角线上有 $n-k-1$ 个 1，其余的均为 0.

若令 $\boldsymbol{z} = (z_1 \quad z_2 \quad \cdots \quad z_n)^{\tau} = D^{\tau}\boldsymbol{\varepsilon}$，则

$$\boldsymbol{z} \sim N(0, \boldsymbol{\sigma}^2 I_n), Ez = DE\boldsymbol{\varepsilon} = 0, \mathrm{Cov}(z,z) = \boldsymbol{D}\mathrm{Cov}(\boldsymbol{\varepsilon},\boldsymbol{\varepsilon})\boldsymbol{D}^{\tau} = \boldsymbol{\sigma}^2 I_n,$$

即 $\{z_i/\boldsymbol{\sigma} \sim N(0,1)\}$，且相互独立. 显然

$$Q(\hat{\boldsymbol{b}})/\boldsymbol{\sigma}^2 = \boldsymbol{e}^{\tau}\boldsymbol{e}/\boldsymbol{\sigma}^2 = \boldsymbol{\varepsilon}^{\tau}\boldsymbol{P}\boldsymbol{\varepsilon}/\boldsymbol{\sigma}^2 = \boldsymbol{z}^{\tau}\boldsymbol{D}^{\tau}\boldsymbol{P}\boldsymbol{D}\boldsymbol{z}/\boldsymbol{\sigma}^2 = \boldsymbol{z}^{\tau}\boldsymbol{\Lambda}\boldsymbol{z}/\boldsymbol{\sigma}^2$$
$$= \sum_{i=1}^{n}\lambda_i z_i^2/\boldsymbol{\sigma}^2 \sim \chi^2(n-k-1).$$

5.2.4 多元线性回归显著性检验

1. 回归方程显著性检验

对于多元线性回归分析，若回归系数 $b_1, \cdots, b_k$ 全为零，则认为线性回归方程不显著，否则认为线性回归方程显著. 为此，对模型式(5-32)提出如下假设

$$H_0: b_1 = b_2 = \cdots = b_k = 0. \tag{5-65}$$

同样可定义和计算总离平方和 Q_{t}、回归平方和 Q_{r} 与残差平方和 Q_{e}，基于正规方程组(5-47)，总平方和 Q_{t} 能够被分解为

$$Q_{\mathrm{t}} = \sum_{i=1}^{n}(y_i - \bar{y})^2$$
$$= \sum_{i=1}^{n}(y_i - \hat{y}_i + \hat{y}_i - \bar{y})^2$$
$$= \sum_{i=1}^{n}(y_i - \hat{y}_i)^2 + \sum_{i=1}^{n}(\hat{y}_i - \bar{y})^2 + 2\sum_{i=1}^{n}(y_i - \hat{y}_i)(\hat{y}_i - \bar{y})$$

$$= \sum_{i=1}^{n}(y_i - \hat{y}_i)^2 + \sum_{i=1}^{n}(\hat{y}_i - \bar{y})^2$$

$$= Q_e + Q_r. \tag{5-66}$$

可以证明，Q_e 与 Q_r 相互独立，并在假设条件 H_0 下 $Q_r/\sigma^2 \sim \chi^2(k)$. 又因为 $Q_e/\sigma^2 = Q(\hat{\boldsymbol{b}})/\sigma^2 \sim \chi^2(n-k-1)$，则当 H_0 成立时，有

$$F = \frac{Q_r/k}{Q_e/(n-K-1)} \sim F(k, n-k-1). \tag{5-67}$$

另外，当 H_0 成立时，F 取值会偏小，即数据总的波动主要有随机误差引起. 为此，应该选择 H_0 的拒绝域为 $W=\{F \geqslant F_\alpha(k,n-k-1)\}$，其中 α 为显著性水平. 如果 $F \geqslant F_\alpha(k,n-k-1)$，则拒绝假设 H_0，认为多元线性回归显著. 否则，接受假设 H_0，认为多元线性回归不显著，即 y 与 $x_1, x_2, \cdots, x_k$ 之间不存在线性关系.

为了回归方程显著性检验，可通过列表 5-3 的方式，来计算检验统计量 F 的数值.

表 5-3

方差来源	平方和	自由度	均方差	F 值
回归	$Q_r = \sum_{i=1}^{n}(\hat{y}_i - \bar{y})^2$	k	$\overline{Q}_r = Q_r/k$	$F = \overline{Q}_r/\overline{Q}_e$
残差	$Q_e = \sum_{i=1}^{n}(y_i - \hat{y}_i)^2$	$n-k-1$	$\overline{Q}_e = Q_e/(n-k-1)$	
总离	$Q_t = \sum_{i=1}^{n}(y_i - \bar{y})^2$	$n-1$		

例 5-5 试检验例 5-4 中线性回归模型的显著性，取 $\alpha=0.05$.

解 接续例 5-4，计算表 5-3 的各项值，得表 5-4.

表 5-4

方差来源	平方和	自由度	均方差	F 值
回归	$Q_r=31.409$	$k=2$	$\overline{Q}_r=15.705$	$F=22.532$
残差	$Q_e=8.366$	$n-k-1=12$	$\overline{Q}_e=0.697$	
总离	$Q_t=39.775$	$n-1=14$		

查表，得 $F_{0.05}(2,12)=3.89$，可见 $F=22.532>3.89$，故拒绝假设 H_0，认为线性回归方程是显著的.

2. 回归系数显著性检验

对于线性回归模型式(5-32)，经过回归方程显著性检验，如果回归方程是显著的，则只是表明 y 与 $x_1, x_2, \cdots, x_k$ 部分之间存在线性关系，而并不代表每个变量都具有显著的线性关系. 也就是说，在回归方程显著的情况下，有些变量可能会起重要作用，也有些变量可能作用不大或不起作用，或者不起线性作用. 在工程应用实践中，对于不起重要作用

的变量,通常将其从回归模型中剔除,以便得到更为简化的线性经验回归方程. 为此,在回归方程显著性检验的同时,还需对回归系数逐个进行显著性检验. 如果一个变量在线性回归模型中起重要作用,则称对应的回归系数显著不为零,此时原假设

$$H_{0j}: b_j = 0, j \in \{1,2,\cdots,k\} \tag{5-68}$$

将被拒绝. 否则,就称回归系数是显著为零.

由性质 1~6 知,$\hat{\boldsymbol{b}} \sim N(\boldsymbol{b},\sigma^2 C)$,$C=(X^\tau X)^{-1}$;$\hat{b}_j \sim N(b_j,\sigma^2 c_{jj})(j=0,1,\cdots,k)$,其中 c_{jj} 为矩阵 $\boldsymbol{C}$ 主对角线上的第 $j+1$ 个元素;$Q_e=\boldsymbol{e}^\tau \boldsymbol{e}=(\boldsymbol{y}-X\hat{\boldsymbol{b}})^\tau(\boldsymbol{y}-X\hat{\boldsymbol{b}})$,$Q_e/\sigma^2 \sim \chi^2(n-k-1)$;$\mathrm{Cov}(\boldsymbol{e},\hat{\boldsymbol{b}})=0$. 因此,当 H_{0j} 成立时,有 $\dfrac{\hat{b}_j}{\sigma\sqrt{c_{jj}}} \sim N(0,1)$,并与 Q_e/σ^2 相互独立,而且

$$t_j = \frac{\hat{b}_j/\sqrt{c_{jj}}}{\sqrt{Q_e/(n-k-1)}} \sim t(n-k-1). \tag{5-69}$$

由此给定显著性水平 α,应取 H_{0j} 的拒绝域为 $W_j=\{|t_j| \geqslant t_{\alpha/2}(n-k-1)\}$.

对于统计量 t_j,如果 $|t_j| \geqslant t_{\alpha/2}(n-k-1)$,则拒绝原假设 H_{0j},认为回归系数 b_j 显著不为零. 否则,接受假设 H_{0j},认为回归系数 b_j 显著为零,即 y 与 x_j 之间不存在线性关系.

例 5-6 试检验例 5-4 中线性回归系数的显著性,取显著性性水平 $\alpha=0.05$.

解 提出假设 $H_{0j}: b_j=0, j \in \{1,2\}$,经计算得

$$t_1 = \frac{\hat{b}_1/\sqrt{c_{11}}}{\sqrt{Q_e/(n-k-1)}} = -4.502,$$

$$t_2 = \frac{\hat{b}_2/\sqrt{c_{22}}}{\sqrt{Q_e/(n-k-1)}} = 5.515.$$

对给定的 $\alpha=0.05$,查表得 $t_{\alpha/2}(n-k-1)=t_{0.025}(12)=2.1788$. 由于 $|t_1|>2.1788$,$|t_2|>2.1788$,所以回归系数 b_1 和 b_2 都显著不为零.

5.2.5 多元线性回归模型预测与控制

如果经过假设检验线性回归方程与回归系数都是显著的,而且数据的拟合程度又比较高,那么就可利用经验回归模型 $\hat{y}=\boldsymbol{b}^\tau \boldsymbol{x}=\boldsymbol{x}^\tau \hat{\boldsymbol{b}}$ 进行模型预测与控制. 所谓模型预测,就是通过 $\boldsymbol{x}$ 来计算回归值 $\hat{y}$,也称 y 的估计值或预测值. 而相反,模型控制就是通过已知的希望输出 y 来确定一个最优的输入 $\boldsymbol{x}$.

由于 $y \sim N(\boldsymbol{b}^\tau \boldsymbol{x},\sigma^2)$,$\hat{\boldsymbol{b}} \sim N(\boldsymbol{b},\sigma^2 C)$,则有

$$E(y-\hat{y}) = Ey - E\hat{y} = \boldsymbol{b}^\tau \boldsymbol{x} - \boldsymbol{b}^\tau \boldsymbol{x} = 0, \tag{5-70}$$

$$D(y-\hat{y}) = Dy + D(\hat{y}) = \sigma^2[1+\boldsymbol{x}^\tau C\boldsymbol{x}], \tag{5-71}$$

$$y-\hat{y} \sim N(0,\sigma^2[1+\boldsymbol{x}^\tau C\boldsymbol{x}]). \tag{5-72}$$

又由 $y-\hat{y}$ 与 $\hat{\sigma}^{*2}=Q_e/(n-k-1)$ 相互独立,而且 $Q_e/\sigma^2 \sim \chi^2(n-k-1)$,则有

$$\frac{y-\hat{y}}{\hat{\sigma}^*\sqrt{1+\boldsymbol{x}^\tau C\boldsymbol{x}}} \sim t(n-k-1) \tag{5-73}$$

对于给定置信度 $1-\alpha$，可查表得 $t_{\alpha/2}(n-2)$，并设

$$\delta_\alpha(\boldsymbol{x}) = t_{\alpha/2}(n-k-1)\hat{\sigma}^* \sqrt{1+\boldsymbol{x}^\tau C\boldsymbol{x}}, \tag{5-74}$$

则有

$$P\{|y-\hat{y}|<\delta_\alpha(\boldsymbol{x})\} = 1-\alpha, \tag{5-75}$$

$$P\{\hat{y}-\delta_\alpha(\boldsymbol{x}) < y < \hat{y}+\delta_\alpha(\boldsymbol{x})\} = 1-\alpha. \tag{5-76}$$

式(5-75)表明，以 $1-\alpha$ 的置信度保证 $\hat{y}$ 作为 y 的估计误差不超过 $\delta_\alpha(\boldsymbol{x})$. 而式(5-76)则表明，以 $1-\alpha$ 的置信度保证 y 落在区间 $(\hat{y}-\delta_\alpha(\boldsymbol{x}),\hat{y}+\delta_\alpha(\boldsymbol{x}))$. 这里，称 $\delta_\alpha(\boldsymbol{x})$ 为 $\hat{y}$ 关于 y 的置信误差，$(\hat{y}-\delta_\alpha(\boldsymbol{x}),\hat{y}+\delta_\alpha(\boldsymbol{x}))$ 为 y 的置信区间.

对于多元线性回归的模型控制问题，基于式(5-71)可以描述为如下优化问题：在 $y=\boldsymbol{b}^\tau\boldsymbol{x}$ 条件下，选择 $\boldsymbol{x}$ 使得 $\sigma^2[1+\boldsymbol{x}^\tau C\boldsymbol{x}]$ 最小(控制精度最高)，即

$$\min_{x}\sigma^2[1+\boldsymbol{x}^\tau C\boldsymbol{x}] \tag{5-77}$$

$$\text{s. t. } y = \hat{\boldsymbol{b}}^\tau\boldsymbol{x}$$

习题五

1. 设 y 与 x 之间满足通过原点的一元线性回归关系

$$y = bx+\varepsilon, \varepsilon \sim N(0,\sigma^2).$$

已知 n 组独立试验观测数据 $\{(x_i,y_i), i=1,2,\cdots,n\}$，试用最小二乘方法估计参数 b.

2. 考察一个产品产量 y 与温度条件 x(℃)的关系，测得 10 组数据：

温度 x/℃	20	25	30	35	40	45	50	55	60	65
产量 y/kg	13.2	15.1	16.4	17.1	17.9	18.7	19.6	21.2	22.5	24.3

(1) 试建立经验线性回归方程.

(2) 检验回归方程的显著性(取 $\alpha=0.05$).

(3) 若回归方程显著，预测 $x=42$℃ 的产量，以及置信度为 95% 的预测区间.

(4) 将温度控制在什么范围，可以 90% 置信度保证产量在区间(17,21).

3. 从 10 对独立观测数据 $\{(x_i,y_i), i=1,2,\cdots,10\}$ 中计算出下列值：

$$\sum_{i=1}^{10} x_i = 12.0, \sum_{i=1}^{10} x_1^2 = 18.4, \sum_{i=1}^{10} y_i = 15.0, \sum_{i=1}^{10} y_i^2 = 27.86, \sum_{i=1}^{10} x_i y_i = 20.4.$$

并满足线性关系 $y_i = a+bx_i+\varepsilon_i, \varepsilon_i \sim N(0,\sigma^2)\ (i=1,2,\cdots,10)$，试求参数 a、b 的 95% 置信区间.

4. 在实际生产实践中，已知两个过程变量 y 与 x 之间满足回归方程 $E(y/x)=f(x)$. 由于设备长时间运行出现损耗，以及环境和条件的变化，所以模型参数产生了缓慢漂移. 现需要基于一组新的观测数据 $\{(x_i,y_i), i=1,2,\cdots,n\}$，对回归模型进行如下修正：

$$E(y/x) = a + bf(x),$$

试利用一般最小二乘方法来估计模型的修正参数 a 和 b.

5. 对总体 X 进行 n 次独立试验,观测到样本数据为 $\{X_i, i=1,2,\cdots,n\}$,已知 $X_i = a + \varepsilon_i, \varepsilon_i \sim N(0,\sigma^2)(i=1,2,\cdots,n)$. 试用最小二乘原理估计参数 a,并写出估计值的自适应递推表达式.

6. 设 y 与 x 之间满足回归关系

$$E(y/x) = ae^{bx},$$

已知 n 组独立试验观测数据 $\{(x_i, y_i), i=1,2,\cdots,n\}$,试将其转化为线性回归形式.

7. 已知矩阵 $\boldsymbol{A}$、$\boldsymbol{B}$、$\boldsymbol{C}$、$\boldsymbol{D}$,$\boldsymbol{A}$ 和 $\boldsymbol{C}$ 分别为 n 和 m 维可逆矩阵,$\boldsymbol{A}+\boldsymbol{BCD}$ 成立且可逆,试证明 $(\boldsymbol{A}+\boldsymbol{BCD})^{-1} = \boldsymbol{A}^{-1} - \boldsymbol{A}^{-1}\boldsymbol{B}(\boldsymbol{C}^{-1} + \boldsymbol{DA}^{-1}\boldsymbol{B})^{-1}\boldsymbol{DA}^{-1}$(矩阵反演公式).

欣赏与提高(五)

多元线性回归加权与递推算法

1. 多元线性回归加权最小二乘算法

在多元线性回归分析中,假设 y 与 $x_1, x_2, \cdots, x_k$ 之间满足线性关系:

$$y = b_0 + b_1x_1 + b_2x_2 + \cdots + b_kx_k + \varepsilon, \varepsilon \sim N(0,\sigma^2).$$

基于 n 组观测数据 $\{(x_{1i}, x_{2i}, \cdots, x_{ki}, y_i), i=1,2,\cdots,n\}$,显然有

$$\begin{cases} y_i = b_0 + b_1x_{1i} + b_2x_{2i} + \cdots + b_kx_{ki} + \varepsilon_i, \\ i = 1,2,\cdots,n. \end{cases}$$

这里,模型噪声 $\varepsilon_i \sim N(0,\sigma^2)(i=1,2,\cdots,n)$;同分布而且相互独立. 在这种假设条件下,我们认为每次试验模型噪声的方差是不变的. 然而,在实际工程中模型噪声方差可能是有变化的,而且每次试验都有可能不同. 造成这种情形的原因有二:一是数据观测受到人为和环境的影响,造成观测误差精度变化;二是模型参数发生漂移,产生系统性的偏差,造成历史数据可信度降低.

在许多实际情况下,$\{(x_{1i}, x_{2i}, \cdots, x_{ki}, y_i), i=1,2,\cdots,n\}$ 可能满足

$$\begin{cases} y_i = b_0 + b_1x_{1i} + b_2x_{2i} + \cdots + b_kx_{ki} + \varepsilon_i, \varepsilon_i \sim N(0,\sigma_i^2), \\ i = 1,2,\cdots,n. \end{cases} \tag{5-78}$$

其中,$\varepsilon_i \sim N(0,\sigma_i^2), i=1,2,\cdots,n$;它们之间相互独立,但方差不同. 上式的矩阵形式仍为

$$\begin{cases} y_i = \boldsymbol{x}_i^{\tau}\boldsymbol{b} + \varepsilon_i, \\ i = 1,2,\cdots,n; \end{cases} \tag{5-79}$$

$$\boldsymbol{y} = X\boldsymbol{b} + \boldsymbol{\varepsilon}. \tag{5-80}$$

如果此时仍应用一般最小二乘方法来估计模型参数 $b_0, b_1, \cdots, b_k$，将不可避免地会融入模型噪声误差，从而造成参数估计的精度降低. 对此，解决问题的最好办法就是采用一种加权最小二乘方法来估计模型参数.

所谓加权最小二乘算法，就是选择 $\boldsymbol{b}$ 的估计 $\hat{\boldsymbol{b}}$ 使得多元线性回归模型加权残差平方和 $Q_w(\hat{\boldsymbol{b}}) = \sum_{i=1}^{n} w_i e_i^2 = \boldsymbol{e}^{\tau} W \boldsymbol{e}$ 最小，即

$$
\begin{aligned}
\min_{\hat{\boldsymbol{b}}} Q_w(\hat{\boldsymbol{b}}) &= \sum_{i=1}^{n} w_i (y_i - \hat{b}_0 - \hat{b}_1 x_{1i} - \cdots - \hat{b}_k x_{ki})^2 \\
&= \sum_{i=1}^{n} w_i (y_i - \boldsymbol{x}_i^{\tau} \hat{\boldsymbol{b}})^2 \\
&= (\boldsymbol{y} - X\hat{\boldsymbol{b}})\tau W (\boldsymbol{y} - X\hat{\boldsymbol{b}}).
\end{aligned} \tag{5-81}
$$

其中，w_i 为数据 $(x_{1i}, x_{2i}, \cdots, x_{ki}, y_i)$ 的加权系数；$\boldsymbol{W} = \mathrm{diag}\{w_1, w_2, \cdots, w_n\}$ 为加权矩阵. 对于加权系数 w_i，可以依据 σ_i^2 的大小按反比确定，然而 σ_i^2 常常是未知的，所以在实际应用中，可人为根据实际经验来具体选定.

$\hat{\boldsymbol{b}}$ 为 $\boldsymbol{b}$ 加权最小二乘估计的充要条件为其满足正规方程组

$$
\begin{cases}
\dfrac{\partial Q_w}{\partial \hat{b}_0} = -2 \sum_{i=1}^{n} w_i (y_i - \hat{b}_0 - \hat{b}_1 x_{1i} - \cdots - \hat{b}_k x_{ki}) = 0, \\
\dfrac{\partial Q_w}{\partial \hat{b}_1} = -2 \sum_{i=1}^{n} w_i (y_i - \hat{b}_0 - \hat{b}_1 x_{1i} - \cdots - \hat{b}_k x_{ki}) x_{1i} = 0, \\
\qquad \vdots \\
\dfrac{\partial Q_w}{\partial \hat{b}_k} = -2 \sum_{i=1}^{n} w_i (y_i - \hat{b}_0 - \hat{b}_1 x_{1i} - \cdots - \hat{b}_k x_{ki}) x_{ki} = 0.
\end{cases} \tag{5-82}
$$

即

$$
\frac{\partial Q_w}{\partial \hat{\boldsymbol{b}}} = -2 \sum_{i=1}^{n} w_i \boldsymbol{x}_i (y_i - \boldsymbol{x}_i^{\tau} \hat{\boldsymbol{b}}) = 0 \tag{5-83}
$$

或

$$
\frac{\partial Q_w}{\partial \hat{\boldsymbol{b}}} = -2 X^{\tau} W (\boldsymbol{y} - X\hat{\boldsymbol{b}}) = 0. \tag{5-84}
$$

通常 $(X^{\tau} W X)^{-1}$ 存在，所以可解得加权最小二乘估计为

$$
\hat{\boldsymbol{b}} = (X^{\tau} W X)^{-1} X^{\tau} W \boldsymbol{y}. \tag{5-85}
$$

其中

$$X^{\tau}WX = \sum_{i=1}^{n} w_i \boldsymbol{x}_i \boldsymbol{x}_i^{\tau} = \begin{pmatrix} \sum_{i=1}^{n} w_i & \sum_{i=1}^{n} w_i x_{1i} & \cdots & \sum_{i=1}^{n} w_i x_{ki} \\ \sum_{i=1}^{n} w_i x_{1i} & \sum_{i=1}^{n} w_i x_{1i} x_{1i} & \cdots & \sum_{i=1}^{n} w_i x_{1i} x_{ki} \\ \vdots & \vdots & \ddots & \vdots \\ \sum_{i=1}^{n} w_i x_{ki} & \sum_{i=1}^{n} w_i x_{ki} x_{1i} & \cdots & \sum_{i=1}^{n} w_i x_{ki} x_{ki} \end{pmatrix}, \tag{5-86}$$

$$X^{\tau}W\boldsymbol{y} = \sum_{i=1}^{n} w_i \boldsymbol{x}_i y_i = \begin{pmatrix} \sum_{i=1}^{n} w_i y_i \\ \sum_{i=1}^{n} w_i x_{1i} y_i \\ \vdots \\ \sum_{i=1}^{n} w_i x_{ki} y_i \end{pmatrix}. \tag{5-87}$$

另外,由 $\boldsymbol{\varepsilon}_i = y_i - \boldsymbol{x}_i^{\tau}\boldsymbol{b} \sim N(0,\sigma_i{}^2)(i=1,2,\cdots,n)$,且相互独立,可构成关于 $\boldsymbol{b}$ 的似然函数为

$$\begin{aligned} L(\boldsymbol{b}) &= \prod_{i=1}^{n}\left(\frac{1}{\sqrt{2\pi}\sigma_i}\exp\left\{-\frac{(y_i - \boldsymbol{x}_i^{\tau}\boldsymbol{b})^2}{2\sigma_i{}^2}\right\}\right) \\ &= \left(\prod_{i=1}^{n}\frac{1}{\sqrt{2\pi}\sigma_i}\right)\exp\left\{-\frac{\sum_{i=1}^{n}(y_i - \boldsymbol{x}_i^{\tau}\boldsymbol{b})^2/\sigma_i{}^2}{2}\right\} \\ &= \left(\prod_{i=1}^{n}\frac{1}{\sqrt{2\pi}\sigma_i}\right)\exp\left\{-\frac{\sum_{i=1}^{n}w_i(y_i - \boldsymbol{x}_i^{\tau}\boldsymbol{b})^2}{2}\right\}. \end{aligned} \tag{5-88}$$

其中,$w_i = 1/\sigma^2(i=1,2,\cdots,n)$. 依据极大似然函数原理,$\boldsymbol{b}$ 的极大似然估计 $\hat{\boldsymbol{b}}$ 应满足

$$\hat{\boldsymbol{b}} = \arg\max_{\boldsymbol{b}} L(\boldsymbol{b}) = \arg\min_{\boldsymbol{b}} \sum_{i=1}^{n} w_i(y_i - \boldsymbol{x}_i^{\tau}\boldsymbol{b})^2. \tag{5-89}$$

可见,在不同方差零均值正态分布模型噪声情况下,$\boldsymbol{b}$ 的加权最小二乘估计就是其极大似然估计.

2. 指数衰减加权最小二乘算法

应用多元线性回归分析确定 y 与 $x_1,x_2,\cdots,x_k$ 之间满足之间关系时,如果模型参数随时间出现了慢漂移,说明现时的数据最能反映当前的情况,而历史的数据则不能正确反映,其可信度将随时间推移逐渐降低. 这时,模型参数估计通常应采用一种指数衰减加权最小二乘算法.

所谓指数衰减加权最小二乘算法,是选择 $\boldsymbol{b}$ 的估计 $\hat{\boldsymbol{b}}$ 使得多元线性回归模型指数衰减加权残差平方和 $Q_{\rho}(\hat{\boldsymbol{b}}) = \sum_{i=1}^{n}\rho^{n-i}e_i^2$ 最小,即

$$\min_{\hat{b}} Q_\rho(\hat{\boldsymbol{b}}) = \sum_{i=1}^{n} \rho^{n-i}(y_i - \hat{b}_0 - \hat{b}_1 x_{1i} - \cdots - \hat{b}_k x_{ki})^2$$

$$= \sum_{i=1}^{n} \rho^{n-i}(y_i - \boldsymbol{x}_i^\tau \hat{\boldsymbol{b}})^2. \tag{5-90}$$

其中,$\rho(0<\rho\leqslant 1)$称为遗忘因子,ρ^{n-i}为数据$(x_{1i},x_{2i},\cdots,x_{ki},y_i)$的加权系数.

在指数衰减加权最小二乘算法中,充分体现了一种“厚今薄古”的思想,加权系数ρ^{n-i}随i的增加而变大,表明算法重视现时数据,而轻视历史数据. 另外,ρ越大表明对历史数据遗忘得越慢,反之对历史数据遗忘得越快. 在实际工程的应用中,可根据实际经验人为选择和整定ρ值.

$\hat{\boldsymbol{b}}$为$\boldsymbol{b}$指数衰减加权最小二乘估计的充要条件为其满足正规方程组

$$\frac{\partial Q_\rho}{\partial \hat{\boldsymbol{b}}} = -2\sum_{i=1}^{n} \rho^{n-i}\boldsymbol{x}_i(y_i - \boldsymbol{x}_i^\tau \hat{\boldsymbol{b}}) = 0. \tag{5-91}$$

由此,解得

$$\hat{\boldsymbol{b}} = \left(\sum_{i=1}^{n} \rho^{n-i}\boldsymbol{x}_i\boldsymbol{x}_i^\tau\right)^{-1}\left(\sum_{i=1}^{n} \rho^{n-i}\boldsymbol{x}_i y_i\right) \tag{5-92}$$

可见,当$\rho=1$时,算法则退化为一般的最小二乘算法.

3. 指数衰减加权递推最小二乘算法

无论一般最小二乘算法还是指数衰减加权最小二乘算法,求解$\boldsymbol{b}$的估计$\hat{\boldsymbol{b}}$总是回避不了求矩阵$\sum_{i=1}^{n}\boldsymbol{x}_i\boldsymbol{x}_i^\tau$或$\sum_{i=1}^{n}\rho^{n-i}\boldsymbol{x}_i\boldsymbol{x}_i^\tau$逆的问题. 然而,求解矩阵的逆是一种很繁琐的事情,特别是在矩阵条件数不好的情况下,求解过程还会出现较大误差. 另外,在实际工程中,有时需要添加一组或多组观测数据,并对参数估计予以修正,特别是要实时快速的修正. 为此,必须采用一种递推最小二乘算法,下面将重点讨论指数衰减加权递推最小二乘算法.

设由n个数据$\{(x_{1i},x_{2i},\cdots,x_{ki},y_i),i=1,2,\cdots,n\}$得到$\boldsymbol{b}$的指数衰减加权最小二乘估计为$\hat{\boldsymbol{b}}_n$,即

$$\hat{\boldsymbol{b}}_n \sim \left(\sum_{i=1}^{n} \rho^{n-i}\boldsymbol{x}_i\boldsymbol{x}_i^\tau\right)^{-1}\left(\sum_{i=1}^{n} \rho^{n-i}\boldsymbol{x}_i y_i\right). \tag{5-93}$$

若设

$$P_n = \left(\sum_{i=1}^{n} \rho^{n-i}\boldsymbol{x}_i\boldsymbol{x}_i^\tau\right)^{-1}, \tag{5-94}$$

则有

$$\hat{\boldsymbol{b}}_n = P_n\left(\sum_{i=1}^{n} \rho^{n-i}\boldsymbol{x}_i y_i\right). \tag{5-95}$$

对于矩阵$\boldsymbol{A}$、$\boldsymbol{B}$、$\boldsymbol{C}$、$\boldsymbol{D}$,如果$\boldsymbol{A}$和$\boldsymbol{C}$分别为n和m维可逆矩阵,则可以证明如下矩阵反演公式成立

$$(\boldsymbol{A}+\boldsymbol{BCD})^{-1} = \boldsymbol{A}^{-1} - \boldsymbol{A}^{-1}\boldsymbol{B}(\boldsymbol{C}^{-1}+\boldsymbol{DA}^{-1}\boldsymbol{B})^{-1}\boldsymbol{DA}^{-1}. \tag{5-96}$$

基于上述矩阵反演公式,如果设 $\boldsymbol{A} = P_n^{-1} = \sum_{i=1}^{n} \rho^{n-i} \boldsymbol{x}_i \boldsymbol{x}_i^{\tau}, \boldsymbol{B} = \boldsymbol{x}_{n+1}, \boldsymbol{C} = \rho^{-1}, \boldsymbol{D} = \boldsymbol{x}_{n+1}^{\tau}$,则可推导出

$$
\begin{aligned}
P_{n+1} &= \left(\sum_{i=1}^{n+1} \rho^{n+1-i} \boldsymbol{x}_i \boldsymbol{x}_i^{\tau} \right)^{-1} \\
&= \left(\rho \sum_{i=1}^{n} \rho^{n-i} \boldsymbol{x}_i \boldsymbol{x}_i^{\tau} + \boldsymbol{x}_{n+1} \boldsymbol{x}_{n+1}^{\tau} \right)^{-1} \\
&= \rho^{-1} (P_n^{-1} + \boldsymbol{x}_{n+1} \rho^{-1} \boldsymbol{x}_{n+1}^{\tau})^{-1} \\
&= \rho^{-1} (P_n^{-1} + \boldsymbol{x}_{n+1} \rho^{-1} \boldsymbol{x}_{n+1}^{\tau})^{-1} \\
&= \rho^{-1} [P_n - P_n \boldsymbol{x}_{n+1} (\rho + \boldsymbol{x}_{n+1}^{\tau} P_n \boldsymbol{x}_{n+1})^{-1} \boldsymbol{x}_{n+1}^{\tau} P_n],
\end{aligned}
\tag{5-97}
$$

$$
\begin{aligned}
\hat{\boldsymbol{b}}_{n+1} &= P_{n+1} \left(\sum_{i=1}^{n+1} \rho^{n+1-i} \boldsymbol{x}_i y_i \right) \\
&= \rho^{-1} [P_n - P_n \boldsymbol{x}_{n+1} (\rho + \boldsymbol{x}_{n+1}^{\tau} P_n \boldsymbol{x}_{n+1})^{-1} \boldsymbol{x}_{n+1}^{\tau} P_n] \left(\rho \sum_{i=1}^{n} \rho^{n-i} \boldsymbol{x}_i y_i + \boldsymbol{x}_{n+1} y_{n+1} \right) \\
&= \hat{\boldsymbol{b}}_n + \rho^{-1} P_n \boldsymbol{x}_{n+1} y_{n+1} - P_n \boldsymbol{x}_{n+1} (\rho + \boldsymbol{x}_{n+1}^{\tau} P_n \boldsymbol{x}_{n+1})^{-1} \boldsymbol{x}_{n+1}^{\tau} \hat{\boldsymbol{b}}_n - \\
&\quad - \rho^{-1} P_n \boldsymbol{x}_{n+1} (\rho + \boldsymbol{x}_{n+1}^{\tau} P_n \boldsymbol{x}_{n+1})^{-1} (\rho + \boldsymbol{x}_{n+1}^{\tau} P_n \boldsymbol{x}_{n+1} - \rho) y_{n+1} \\
&= \hat{\boldsymbol{b}}_n + P_n \boldsymbol{x}_{n+1} (\rho + \boldsymbol{x}_{n+1}^{\tau} P_n \boldsymbol{x}_{n+1})^{-1} y_{n+1} - P_n \boldsymbol{x}_{n+1} (\rho + \boldsymbol{x}_{n+1}^{\tau} P_n \boldsymbol{x}_{n+1})^{-1} \boldsymbol{x}_{n+1}^{\tau} \hat{\boldsymbol{b}}_n \\
&= \hat{\boldsymbol{b}}_n + P_n \boldsymbol{x}_{n+1} (\rho + \boldsymbol{x}_{n+1}^{\tau} P_n \boldsymbol{x}_{n+1})^{-1} (y_{n+1} - \boldsymbol{x}_{n+1}^{\tau} \hat{\boldsymbol{b}}_n).
\end{aligned}
\tag{5-98}
$$

由此,可给出如下模型参数 $\boldsymbol{b}$ 估计的指数衰减加权递推最小二乘算法:

$$
\begin{cases}
\begin{cases}
\hat{\boldsymbol{b}}_{n+1} = \hat{\boldsymbol{b}}_n + P_n \boldsymbol{x}_{n+1} (\rho + \boldsymbol{x}_{n+1}^{\tau} P_n \boldsymbol{x}_{n+1})^{-1} (y_{n+1} - \boldsymbol{x}_{n+1}^{\tau} \hat{\boldsymbol{b}}_n) \\
P_{n+1} = \rho^{-1} [P_n - P_n \boldsymbol{x}_{n+1} (\rho + \boldsymbol{x}_{n+1}^{\tau} P_n \boldsymbol{x}_{n+1})^{-1} \boldsymbol{x}_{n+1}^{\tau} P_n] \\
n = n_0, n_0 + 1, \cdots
\end{cases} \\
P_{n_0} = \left(\sum_{i=1}^{n_0} \rho^{n_0 - i} \boldsymbol{x}_i \boldsymbol{x}_i^{\tau} \right)^{-1} \\
\hat{\boldsymbol{b}}_{n_0} = P_{n_0} \sum_{i=1}^{n_0} \rho^{n_0 - i} \boldsymbol{x}_i y_i
\end{cases}
\tag{5-99}
$$

其中,P_{n_0} 和 $\hat{\boldsymbol{b}}_{n_0}$ 为递推的初始条件. 如果观测数据足够多,且取 ρ 较小,则参数估计的递推结果依赖初始条件也越小,所以在实际应用中初始条件可以任取. 如果上式取 $\rho = 1$,则有如下模型参数 $\boldsymbol{b}$ 估计的一般递推最小二乘算法:

$$
\begin{cases}
\begin{cases}
\hat{\boldsymbol{b}}_{n+1} = \hat{\boldsymbol{b}}_n + P_n \boldsymbol{x}_{n+1}(1 + \boldsymbol{x}_{n+1}^{\tau} P_n \boldsymbol{x}_{n+1})^{-1}(y_{n+1} - \boldsymbol{x}_{n+1}^{\tau} \hat{\boldsymbol{b}}_n), \\
P_{n+1} = P_n - P_n \boldsymbol{x}_{n+1}(1 + \boldsymbol{x}_{n+1}^{\tau} P_n \boldsymbol{x}_{n+1})^{-1} \boldsymbol{x}_{n+1}^{\tau} P_n, \\
n = n_0, n_0 + 1, \cdots;
\end{cases} \\
P_{n_0} = \left(\sum_{i=1}^{n_0} \boldsymbol{x}_i \boldsymbol{x}_i^{\tau} \right)^{-1}; \\
\hat{\boldsymbol{b}}_{n_0} = P_{n_0} \sum_{i=1}^{n_0} \boldsymbol{x}_i y_i.
\end{cases} \tag{5-100}
$$

第 6 章　方差分析

方差分析(Analysis of Variance)是在20世纪20年代发展起来的一种统计方法,在许多文献中简称为ANOVA,它的基本原理是由英国统计学家费舍尔(R. A. Fisher)在进行试验设计时为了解释试验数据而首先引入的．目前,方差分析方法被广泛应用于分析心理学、生物学、工程、农业生产和医药的试验数据．从形式上看,方差分析是比较多个总体的均值是否相等,但本质上仍然是研究自变量(因素)与因变量(随机变量)的相关关系,这与第5章介绍的回归分析方法有许多相同之处,但又有本质区别．方差分析只是要求辨明某个因素对因变量是不是有显著性的影响,而回归分析主要是要求确定因变量依赖于自变量的定量结论,要办到这一点需要做较多的试验,而且自变量是数量性的因素．方差分析则可按预定计划只做很少的试验,而且因素也不一定是数量性的,可以是属性因素．由于回归分析与方差分析的要求不相同,因此所用方法也不相同．在研究一个或多个分类型自变量与一个数值型因变量之间的关系时,方差分析就是其中的主要方法之一．本章介绍的内容主要包括单因素方差分析和双因素方差分析以及方差分析与回归分析异同的比较．

6.1　单因素试验的方差分析

与第4章中介绍的假设检验方法相比,方差分析不仅可以提高检验的效率,同时由于它是将所有的样本信息结合在一起,也增加了分析的可靠性．例如,设有4个总体的均值分别为μ_1、μ_2、μ_3、μ_4,要检验4个总体的均值是否相等,每次检验两个的做法共需要进行6次不同的检验,设每次检验犯第1类错误的概率为$\alpha=0.05$,连续做6次检验犯第Ⅰ类错误的概率增加到$1-(1-\alpha)^6=0.265$,大于0.05. 相应的置信水平会降低到$0.95^6=0.735$. 一般来说,随着增加个体显著性检验的次数,偶然因素导致差别的可能性也会增加(并非均值真的存在差别)．而方差分析方法则是同时考虑所有的样本,因此排除了错误累积的概率,从而避免拒绝一个真实的原假设．

6.1.1　单因素试验的数学模型

为了更好地理解方差分析的含义,先通过一个例子来说明方差分析的有关概念以及方差分析所要解决的问题．

例6-1　为了对几个行业的服务质量进行评价,消费者协会在4个行业中分别抽取了不同的样本．最近一年中消费者对总共23家企业投诉的次数如表6-1所列．

表 6-1 消费者对四个行业的投诉次数

观测值	行业			
	零售业	旅游业	航空公司	家电制造业
1	57	68	31	44
2	66	39	49	51
3	49	29	21	65
4	40	45	34	77
5	34	56	40	58
6	53	51		
7	44			

分析 4 个行业之间的服务质量是否有显著差异,也就是要判断“行业”对“投诉次数”是否有显著影响?

分析:要分析 4 个行业之间的服务质量是否有显著差异,实际上做出这种判断最终被归结为检验这 4 个行业被投诉次数的均值是否相等. 若它们的均值相等,则意味着“行业”对投诉次数是没有影响的,即它们之间的服务质量没有显著差异;若均值不全相等,则意味着“行业”对投诉次数是有影响的,它们之间的服务质量有显著差异. 为了便于表述和进一步深入的研究,首先引进一些统计量和相应的概念.

定义 1 检验多个总体均值是否相等(通常通过分析数据的误差判断各总体均值是否相等)的统计方法,称为方差分析.

定义 2 在方差分析中所要检验的对象称为因素或因子(factor).

定义 3 因子的不同表现称为水平或处理(treatment).

定义 4 在每个因素水平下得到的样本数据称为观察值.

例如,在例 6-1 中,分析行业对投诉次数的影响,行业是要检验的因子,零售业、旅游业、航空公司、家电制造业称为水平或处理,每个行业被投诉的次数称为观察值.

设每个总体都服从正态分布,即对于因素的每一个水平,其观察值是来自服从正态分布总体的简单随机样本,如每个行业被投诉的次数 $X_i\ (i=1,2,3,4)$ 服从正态分布,且观察值是独立的,各个总体的方差相同,即

$$X_i \sim N(\mu_i,\sigma^2),i = 1,2,3,4.$$

现从总体 X_i 中抽取容量为 n_i 的样本

$$X_{i1},X_{i2},\cdots,X_{in},i = 1,2,3,4,$$

问题归结为检验假设

$$H_0:\mu_1 = \mu_2 = \mu_3 = \mu_4$$

是否成立.

相应的备择假设为

$$H_1:\mu_1,\mu_2,\mu_3,\mu_4 \text{ 不全相等}.$$

这是一个具有方差齐次性的 4 个正态总体均值的假设检验问题. 前面已经分析过,如果用第 4 章中的方法就要两个两个总体进行检验,这不但繁琐,工作量较大,更重要的是可能使犯错误的概率累积增加并最终导致错误结论. 方差分析把所有总体一起考虑,

用分解样本的总偏差平方和的方法,能简单的得到结论. 下面把例 6-1 的问题推广到一般情形.

通常,试验结果也称为试验指标,为了考察某一个因素对试验指标的影响,往往把影响试验指标的其他因素固定,而把要考察的那个因素严格控制在几个不同状态或等级上进行试验,这样的试验称为一个因素试验. 处理一个因素试验的统计推断问题称为一个因素的方差分析或单因子方差分析. 两个或两个因素以上的叫做多因素方差分析.

现在开始讨论单因素试验的方差分析. 设因素 A 有 s 个水平 $A_1,A_2,\cdots,A_s$,在水平 A_j $(j=1,2,\cdots,s)$ 下,进行 $n_j(n_j\geqslant 2)$ 次独立试验,得到如表 6-2 的结果.

表 6-2　一个因素试验结果表

观察结果 \ 水平	A_1	A_2	$\cdots$	A_s
	X_{11} X_{21} $\vdots$ $X_{n_1 1}$	X_{12} X_{22} $\vdots$ $X_{n_2 2}$	$\cdots$ $\cdots$ $\cdots$	X_{1s} X_{2s} $\vdots$ $X_{n_s s}$
样本总和	$T_{\cdot 1}$	$T_{\cdot 2}$	$\cdots$	$T_{\cdot s}$
样本均值	$\bar{X}_{\cdot 1}$	$\bar{X}_{\cdot 2}$	$\cdots$	$\bar{X}_{\cdot s}$
总体均值	μ_1	μ_2	$\cdots$	μ_s

假定各个水平 $A_j(j=1,2,\cdots,s)$ 下的样本 $X_{1j},X_{2j},\cdots,X_{n_j j}$ 来自具有相同方差 σ^2、均值分别为 $\mu_j(j=1,2,\cdots,s)$ 的正态总体 $N(\mu_j,\sigma^2)$,μ_j 与 σ^2 未知,且设不同水平 A_j 下的样本之间相互独立.

因为 $X_{ij}\sim N(\mu_j,\sigma^2)$,所以有 $X_{ij}-\mu_j\sim N(0,\sigma^2)$,故 $(X_{ij}-\mu_j)$ 可以看成是随机误差. 记 $X_{ij}-\mu_j=\varepsilon_{ij}$,则 X_{ij} 可以写成

$$\begin{cases} X_{ij}=\mu_j+\varepsilon_{ij}, \\ \varepsilon_{ij}\sim N(0,\sigma^2),\text{各 } \varepsilon_{ij} \text{ 独立}, \\ i=1,2,\cdots,n_j, j=1,2,\cdots,s, \\ \mu_j \text{ 与 } \sigma^2 \text{ 均未知.} \end{cases} \tag{6-1}$$

式(6-1)称为单因素试验方差分析的数学模型,即为本节的研究对象.

方差分析的任务是对于模型式(6-1):

(1) 检验 s 个总体 $N(\mu_1,\sigma^2),\cdots,N(\mu_s,\sigma^2)$ 的均值是否相等,即检验假设

$$H_0:\mu_1=\mu_2=\cdots=\mu_s,$$
$$H_1:\mu_1,\mu_2,\cdots,\mu_s \text{ 不全相等.} \tag{6-2}$$

(2) 作出未知参数 $\mu_1,\mu_2,\cdots,\mu_s,\sigma^2$ 的估计.

为了将式(6-2)写成便于讨论的形式,将 $\mu_1,\mu_2,\cdots,\mu_s$ 的加权平均值 $\frac{1}{n}\sum_{j=1}^{s}n_j\mu_j$ 记为 μ,即

$$\mu = \frac{1}{n}\sum_{j=1}^{s} n_j\mu_j, \tag{6-3}$$

其中 $n = \sum_{j=1}^{s} n_j$，μ 称为总平均．再引入

$$\delta_j = \mu_j - \mu, \quad j = 1,2,\cdots,s, \tag{6-4}$$

此时有 $n_1\delta_1 + n_2\delta_2 + \cdots + n_s\delta_s = 0$，$\delta_j$ 表示水平 A_j 下的总体平均值与总平均的差异，习惯上将 δ_j 称为水平 A_j 的效应．

利用这些记号，式(6-1)可改写成

$$\begin{cases} X_{ij} = \mu + \delta_j + \varepsilon_{ij}, \\ \varepsilon_{ij} \sim N(0,\sigma^2)\text{，各 } \varepsilon_{ij} \text{ 独立，} \\ i = 1,2,\cdots,n_j, j = 1,2,\cdots,s, \\ \sum_{j=1}^{s} n_j\delta_j = 0. \end{cases} \tag{6-5}$$

而假设式(6-2)等价于假设

$$\begin{aligned} &H_0:\delta_1 = \delta_2 = \cdots = \delta_s = 0, \\ &H_1:\delta_1,\delta_2,\cdots,\delta_s \text{ 不全为零.} \end{aligned} \tag{6-6}$$

这是因为当且仅当 $\mu_1 = \mu_2 = \cdots = \mu_s$ 时 $\mu_j = \mu$，即 $\delta_j = 0, j = 1,2,\cdots,s$.

6.1.2 统计分析

1. 误差分解

如何运用准确的方法来检验行业对投诉次数的影响这种差异是否显著，需要对其进行方差分析．之所以叫做方差分析，是因为虽然我们感兴趣的是均值，但在判断均值之间是否有显著差异时则需要借助于方差这个数字特征来表示：它是通过对数据误差来源的分析来判断不同总体的均值是否相等．因此，进行方差分析时，需要考察数据误差的来源．下面结合表 6-1 中的数据说明数据之间的误差来源及其分解过程．

首先，因素在同一水平（总体）下，样本各观察值之间的差异．例如，同一行业下不同企业被投诉次数之间的差异．这种差异可以看成是随机因素的影响造成的，或是由抽样的随机性所造成的，称为随机误差．其次，因素的不同水平（不同总体）之间观察值存在的差异．例如，不同行业之间的被投诉次数之间的差异，这种差异可能是由于抽样的随机性所造成的．也可能是由于行业本身所造成的，后者所形成的误差是由系统性因素造成的，称为系统误差．为了更好地进行误差分析，下面从平方和的分解着手，导出假设检验问题式(6-6)的相关定义和检验统计量．

定义 5 来自水平内部的数据误差，称为组内误差(within groups).

定义 6 来自不同水平之间的数据误差，称为组间误差(between groups).

定义 7 反映全部数据误差大小的平方和，称为总平方和(sum of squares for total)，记为 S_T，即

$$S_T = \sum_{j=1}^{s}\sum_{i=1}^{n_j}(X_{ij} - \overline{X})^2, \tag{6-7}$$

其中

$$\overline{X} = \frac{1}{n}\sum_{j=1}^{s}\sum_{i=1}^{n_j} X_{ij} \tag{6-8}$$

是数据的总平均．S_T 能反映全部试验数据之间的差异，因此 S_T 又称为总变差．记水平 A_j 下的样本平均值为 $\overline{X}_{\cdot j}$，即

$$\overline{X}_{\cdot j} = \frac{1}{n_j}\sum_{i=1}^{n_j} X_{ij}. \tag{6-9}$$

定义 8 反映组内误差大小的平方和，即因素的同一水平下数据误差的平方和，称为组内平方和(sum of squares for error)，亦称误差平方和，记为 S_E，即

$$S_E = \sum_{j=1}^{s}\sum_{i=1}^{n_j} (X_{ij} - \overline{X}_{\cdot j})^2. \tag{6-10}$$

定义 9 反映组间误差大小的平方和，即因素的不同水平之间数据误差的平方和，称为组间平方和，也称为水平项平方和(sum of squares for factor A)，亦称效应平方和，记为 S_A，即

$$S_A = \sum_{j=1}^{s}\sum_{i=1}^{n_j} (\overline{X}_{\cdot j} - \overline{X})^2. \tag{6-11}$$

实际做题时经常应用下面关于 S_A 的简化公式来计算：

$$S_A = \sum_{j=1}^{s}\sum_{i=1}^{n_j} (\overline{X}_{\cdot j} - \overline{X})^2 = \sum_{j=1}^{s} n_j (\overline{X}_{\cdot j} - \overline{X})^2 = \sum_{j=1}^{s} n_j \overline{X}_{\cdot j}^{\,2} - n\overline{X}^2. \tag{6-12}$$

例如，在例 6－1 中，零售商所抽取的 7 家企业被投诉的次数之间的误差就是组内误差，它反映了一个样本内部数据的离散程度．显然，组内误差只含有随机误差．其次，4 个行业被投诉次数之间的误差即为组间误差，它反映了不同样本之间数据的离散程度．显然，组间误差中既包含随机误差，也包括系统误差．另外，所抽取的全部 23 家企业被投诉次数之间的误差就是总误差平方和，它反映了全部观测值的离散状况；每个样本内部的数据平方和加在一起就是组内平方和，如零售业被投诉次数的误差平方和，它只包含随机误差，它反映了每个样本内各观测值的总离散状况；4 个行业被投诉次数之间的误差平方和就是组间平方和，既包括随机误差，也包括系统误差，它反映了样本均值之间的差异程度．

将上述统计量适当变形可得如下关系：

定理 1（平方和分解定理） 在一个因素方差分析模型中，平方和有如下恒等式：

$$S_T = S_E + S_A. \tag{6-13}$$

证明

$$\begin{aligned} S_T &= \sum_{j=1}^{s}\sum_{i=1}^{n_j} (X_{ij} - \overline{X}2)^2 = \sum_{j=1}^{s}\sum_{i=1}^{n_j} [(X_{ij} - \overline{X}_{\cdot j}) + (\overline{X}_{\cdot j} - \overline{X})]^2 \\ &= \sum_{j=1}^{s}\sum_{i=1}^{n_j} (X_{ij} - \overline{X}_{\cdot j})^2 + \sum_{j=1}^{s}\sum_{i=1}^{n_j} (\overline{X}_{\cdot j} - \overline{X})^2 + 2\sum_{j=1}^{s}\sum_{i=1}^{n_j} (X_{ij} - \overline{X}_{\cdot j}) \\ &\quad (\overline{X}_{\cdot j} - \overline{X}). \end{aligned}$$

其中

$$2\sum_{j=1}^{s}\sum_{i=1}^{n_j}(X_{ij}-\overline{X}_{\cdot j})(\overline{X}_{\cdot j}-\overline{X}) = 2\sum_{j=1}^{s}(\overline{X}_{\cdot j}-\overline{X})\left[\sum_{i=1}^{n_j}(\overline{X}_{ij}-\overline{X}_{\cdot j})\right]$$

$$= 2\sum_{j=1}^{s}(\overline{X}_{\cdot j}-\overline{X})\left[\sum_{i=1}^{n_j}(X_{ij}-n_j\overline{X}_{\cdot j})\right] = 0.$$

所以,有

$$S_T = \sum_{j=1}^{s}\sum_{i=1}^{n_j}(X_{ij}-\overline{X})^2 = \sum_{j=1}^{s}\sum_{i=1}^{n_j}[(X_{ij}-\overline{X}_{\cdot j})+(\overline{X}_{\cdot j}-\overline{X})]^2 = S_E + S_A.$$

证毕.

定理 1 的意义是将试验中的总平方和分解为误差平方和与因素 A 的效应平方和.

2. 误差分析

下面对所给误差在方差分析中所起到的作用进行具体的分析.

如果不同行业对投诉次数没有影响,那么在组间误差中只包含有随机误差,而没有系统误差. 这时,组间误差与组内误差经过平均后的数值,即均方(或方差)就应该很接近,它们的比值就会接近 1;反之,如果不同行业对投诉次数有影响,在组间误差中除了包含随机误差外,还会包含有系统误差,这时组间误差平均后的数值就会大于组内误差平均后的数值,它们之间的比值就会大于 1. 当这个比值大到某种程度时,就认为因素的不同水平之间存在着显著差异,也就是自变量对因变量有影响. 因此,判断行业对投诉次数是否有显著影响这一问题,实际上也就是检验被投诉次数的差异主要是由于什么原因引起的. 如果这种差异主要是系统误差,此时就认为不同行业对投诉次数有显著影响. 在方差分析的假定前提下,要检验行业(即分类自变量)对投诉次数(数值型因变量)是否有显著影响,在形式上也就转化为检验 4 个行业被投诉次数的均值是否相等的问题.

3. S_E 和 S_A 的统计特性

为了引出检验问题式(6-6)的检验统计量,下面依次讨论 S_E、S_A 的一些统计特性.

定理 2 在一个因素的方差分析模型式(6-1)中,有

$$E(S_E) = (n-s)\sigma^2, \tag{6-14}$$

$$E(S_A) = (s-1)\sigma^2 + \sum_{j=1}^{s} n_j\delta_j^2, \tag{6-15}$$

$$S_E/\sigma^2 \sim \chi^2(n-s). \tag{6-16}$$

证明 将 S_E 写成

$$S_E = \sum_{j=1}^{s}\sum_{i=1}^{n_j}(X_{ij}-\overline{X}_{\cdot j})^2 = \sum_{i=1}^{n_1}(X_{i1}-\overline{X}_{\cdot 1})^2 + \cdots + \sum_{i=1}^{n_s}(X_{is}-\overline{X}_{\cdot s})^2, \tag{6-17}$$

注意到 $\sum_{i=1}^{n_j}(X_{ij}-\overline{X}_{\cdot j})^2$ 是总体 $N(\mu_j,\sigma^2)$ 的样本方差的 (n_j-1) 倍,于是有

$$\sum_{i=1}^{n_j}(X_{ij}-\overline{X}_{\cdot j})^2/\sigma^2 \sim \chi^2(n_j-1).$$

因各 X_{ij} 独立,故式(6-13)中各平方和独立,所以由 χ^2 分布的可加性知

$$S_E/\sigma^2 \sim \chi^2\left(\sum_{j=1}^{s}(n_j-1)\right),$$

即

$$S_E/\sigma^2 \sim \chi^2(n-s),$$

这里 $n=\sum_{j=1}^{s}n_j$,由式(6-14)还可知,S_E 的自由度为$(n-s)$,且有

$$E(S_E)=(n-s)\sigma^2.$$

下面讨论 S_A 的统计特性,由于

$$S_A=\sum_{j=1}^{s}\sum_{i=1}^{n_j}(\overline{X}_{\cdot j}-\overline{X})^2=\sum_{j=1}^{s}\left[\sqrt{n_j}(\overline{X}_{\cdot j}-\overline{X})\right]^2,$$

由此可以看到 S_A 是 s 个变量$\sqrt{n_j}(\overline{X}_{\cdot j}-\overline{X})$ $(j=1,2,\cdots,s)$的平方和,它们之间仅有一个线性约束条件

$$\sum_{j=1}^{s}\sqrt{n_j}\left[\sqrt{n_j}(\overline{X}_{\cdot j}-\overline{X})\right]=\sum_{j=1}^{s}n_j(\overline{X}_{\cdot j}-\overline{X})=\sum_{j=1}^{s}\sum_{i=1}^{n_j}X_{ij}-n\overline{X}=0,$$

故知 S_A 的自由度是$(s-1)$.

再由式(6-3)和式(6-8)的独立性知

$$\overline{X}\sim N(\mu,\sigma^2/n). \tag{6-18}$$

得

$$\begin{aligned}E(S_A)&=E\left[\sum_{j=1}^{s}n_j\overline{X}_{\cdot j}^2-n\overline{X}^2\right]=\sum_{j=1}^{s}n_jE(\overline{X}_{\cdot j}^2)-nE(\overline{X}^2)\\&=\sum_{j=1}^{s}n_j\left[\frac{\sigma^2}{n_j}+(\mu+\delta_j)^2\right]-n\left[\frac{\sigma^2}{n}+\mu^2\right]\\&=(s-1)\sigma^2+2\mu\sum_{j=1}^{s}n_j\delta_j+n\mu^2+\sum_{j=1}^{s}n_j\delta_j^2-n\mu^2.\end{aligned}$$

由式(6-5)知 $\sum_{j=1}^{s}n_j\delta_j=0$,故

$$E(S_A)=(s-1)\sigma^2+\sum_{j=1}^{s}n_j\delta_j^2.$$

证毕.

注意:本定理的证明没有用到假设 H_0,因此,不论假设 H_0 是否成立,定理 2 都是正确的. 另外,由定理 2 还可知

$$\hat{\sigma}^2=\frac{S_E}{n-s}$$

是 σ^2 的无偏估计量.

进一步还可以证明 S_A 与 S_E 独立,且 H_0 为真时有如下结论:

定理 3 在一个因素的方差分析模型式(6-1)中,有

(1) $S_A/\sigma^2\sim\chi^2(s-1)$. (6-19)

(2) S_E 与 S_A 相互独立,因而

$$F = \frac{S_A/(s-1)}{S_E/(n-s)} \sim F(s-1, n-s). \quad (6-20)$$

证明 当 $H_0:\delta_1 = \delta_2 = \cdots = \delta_s = 0$ 成立时,有

$$X_{ij} \sim N(\mu, \sigma^2), j = 1,2,\cdots,n; i = 1,2,\cdots,s,$$

得

$$\frac{X_{ij} - \mu}{\sigma} \sim N(0,1), \quad (6-21)$$

且$\frac{X_{ij} - \mu}{\sigma}(j=1,2,\cdots,n;i=1,2,\cdots,s)$相互独立.

与定理 1 的证法类似,不难得到下面的分解式:

$$\begin{aligned}\sum_{j=1}^{s}\sum_{i=1}^{n_j}(X_{ij}-\mu)^2 &= \sum_{j=1}^{s}\sum_{i=1}^{n_j}[(X_{ij}-\overline{X}_{\cdot j}) + (\overline{X}_{\cdot j} - \overline{X}) + (\overline{X} - \mu)]^2 \\ &= \sum_{j=1}^{s}\sum_{i=1}^{n_j}(X_{ij}-\overline{X}_{\cdot j})^2 + \sum_{j=1}^{s}\sum_{i=1}^{n_j}(\overline{X}_{\cdot j}-\overline{X})^2 + \sum_{j=1}^{s}\sum_{i=1}^{n_j}(\overline{X}-\mu)^2 \\ &= \sum_{j=1}^{s}\sum_{i=1}^{n_j}(X_{ij}-\overline{X})^2 + \sum_{j=1}^{s}\sum_{i=1}^{n_j}(\overline{X}_{\cdot j}-\overline{X})^2 + n(\overline{X}-\mu)^2 \\ &= S_E + S_A + n(\overline{X}-\mu)^2. \end{aligned} \quad (6-22)$$

将式(6-22)两边同除以 σ^2,得

$$\sum_{j=1}^{s}\sum_{i=1}^{n_j}\left(\frac{X_{ij}-\mu}{\sigma}\right)^2 = \frac{S_E}{\sigma^2} + \frac{S_A}{\sigma^2} + n\left(\frac{\overline{X}-\mu}{\sigma}\right)^2. \quad (6-23)$$

在上述分解式的左端,当 H_0 为真时是 n 个相互独立的标准正态变量的平方和. 根据 χ^2 分布的定义,得

$$\sum_{j=1}^{s}\sum_{i=1}^{n_j}\left(\frac{X_{ij}-\mu}{\sigma}\right)^2 \sim \chi^2(n). \quad (6-24)$$

由定理 2 知$\frac{S_E}{\sigma^2} \sim \chi^2(n-s)$,所以$\frac{S_E}{\sigma^2}$的自由度为$(n-s)$.

对于 $\frac{S_A}{\sigma^2} \sim \sum_{j=1}^{s} n_j\left(\frac{\overline{X}_{\cdot j}-\overline{X}}{\sigma}\right)^2$ 共有 s 项平方和,至少有一个线性约束方程

$$\sum_{j=1}^{s}\sqrt{n_j}\left[\sqrt{n_j}\left(\frac{\overline{X}_{\cdot j}-\overline{X}}{\sigma}\right)\right] = 0,$$

故知$\frac{S_A}{\sigma^2}$的自由度不超过$(s-1)$.

又从 $X_{ij} \sim N(\mu,\sigma^2)(j=1,2,\cdots,n;\ i=1,2,\cdots,s)$,可知 $\overline{X}_{ij} \sim N\left(\mu, \frac{\sigma^2}{n}\right)$.

于是

$$\frac{\overline{X}-\mu}{\sigma/\sqrt{n}} \sim N(0,1), \tag{6-25}$$

根据χ^2分布的定义,可知

$$n\left(\frac{\overline{X}-\mu}{\sigma}\right)^2 \sim \chi^2(1), \tag{6-26}$$

即$n\left(\frac{\overline{X}-\mu}{\sigma}\right)^2$的自由度为1.

注意到分解式(6-22)的右端三项,有

$$(n-r)+(r-1)+1=n,$$

再根据χ^2分布的性质,立即得到当H_0为真时,有

$$\frac{S_E}{\sigma^2} \sim \chi^2(n-s), \frac{S_A}{\sigma^2} \sim \chi^2(s-1),$$

且S_E与S_A相互独立,

由F分布的定义,得

$$F=\frac{S_A/(s-1)}{S_E/(n-s)} \sim F(s-1,n-s).$$

证毕.

4. 假设检验问题的拒绝域

现在我们利用上面结论来确定假设检验问题式(6-6)的拒绝域.

由式(6-15)知,当H_0为真时,有

$$E\left(\frac{S_A}{s-1}\right)=\sigma^2, \tag{6-27}$$

即$\frac{S_A}{s-1}$是σ^2的无偏估计.而当H_0为真时$\sum_{j=1}^{s} n_j\delta_j^2>0$,此时

$$E\left(\frac{S_A}{s-1}\right)=\sigma^2+\frac{1}{s-1}\sum_{j=1}^{s} n_j\delta_j^2>\sigma^2, \tag{6-28}$$

又由式(6-14)知

$$E\left(\frac{S_E}{n-s}\right)=\sigma^2, \tag{6-29}$$

即不管H_0是否为真,$S_E/(n-s)$都是σ^2的无偏估计.

综上所述,分式$F=\frac{S_A/(s-1)}{S_E/(n-s)}$的分子与分母独立,分母$S_E$不论$H_0$是否为真,其数学期望总是$\sigma^2$.当$H_0$为真时,分子的期望为$\sigma^2$,当$H_0$不真时,由式(6-28)知分子的取值有偏大的趋势.故知检验问题式(6-6)的拒绝域有如下形式:

$$F=\frac{S_A/(s-1)}{S_E/(n-s)} \geqslant k, \tag{6-30}$$

其中 k 由预先给定的显著性水平 α 确定．由式(6-16)和式(6-19)及 S_E 与 S_A 的独立性知，当 H_0 为真时，有

$$\frac{S_A/(s-1)}{S_E/(n-s)}=\frac{S_A/\sigma^2}{(s-1)}\bigg/\frac{S_E/\sigma^2}{(n-s)}\sim F(s-1,n-s),\tag{6-31}$$

由此得检验问题式(6-6)的拒绝域为

$$F=\frac{S_A/(s-1)}{S_E/(n-s)}\geqslant F_\alpha(s-1,n-s),\tag{6-32}$$

其具体检验统计量的拒绝域如图 6-1 所示．

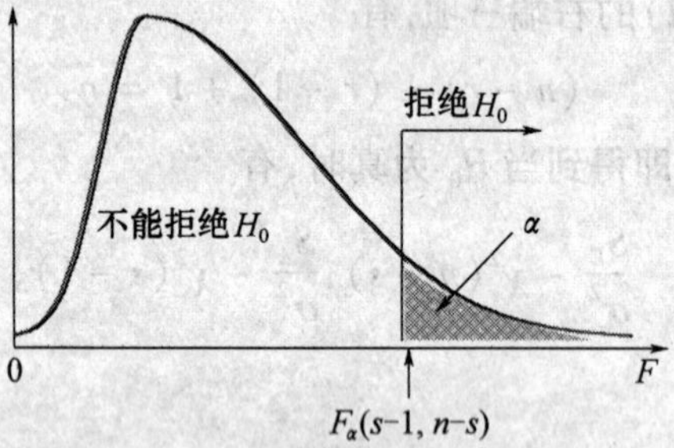

图 6-1　检验的统计量 F 分布的拒绝域

上述分析的结果可排成表 6-3 的形式，称为方差分析表．

表 6-3　单因素试验方差分析表

方差来源	平方和	自由度	均方	**F** 比
因素 **A**(组间)	S_A	$s-1$	$\bar{S}_A=\dfrac{S_A}{s-1}$	$F=\bar{S}_A/\bar{S}_E$
误差(组内)	S_E	$n-s$	$\bar{S}_E=\dfrac{S_E}{n-s}$	
总和	S_T	$n-1$		

表 6-3 中 $\bar{S}_A=\dfrac{S_A}{s-1}$和 $\bar{S}_E=\dfrac{S_E}{n-s}$分别称为 S_A 和 S_E 的均方．另外，由于在 S_T 中 n 个变量$(X_{ij}-\overline{X})$之间仅满足一个约束条件式(6-8)，故 S_T 的自由度为$(n-1)$.

在实际计算 S_T、S_E、S_A 时，常采用下面的一组简化计算公式．

记 $T_{\cdot j}=\sum\limits_{i=1}^{n_j}X_{ij},j=1,\cdots,s,T_{\cdot\cdot}=\sum\limits_{j=1}^{s}\sum\limits_{i=1}^{n_j}X_{ij}$，

有

$$\begin{aligned}S_T&=\sum_{j=1}^{s}\sum_{i=1}^{n_j}X_{ij}^2-n\overline{X}^2=\sum_{j=1}^{s}\sum_{i=1}^{n_j}X_{ij}^2-\frac{T_{\cdot\cdot}^2}{n},\\ S_A&=\sum_{j=1}^{s}n_j\overline{X}_{\cdot j}^2-n\overline{X}^2=\sum_{j=1}^{s}\frac{T_{\cdot j}^2}{n_j}-\frac{T_{\cdot\cdot}^2}{n},\\ S_E&=S_T-S_A.\end{aligned}\tag{6-33}$$

（续例 6－1）设在例 6－1 中符合模型式（6－1）条件，检验假设（$\alpha=0.05$）

$$H_0:\mu_1=\mu_2=\mu_3=\mu_4,$$
$$H_1:\mu_1,\mu_2,\mu_3,\mu_4 \text{ 不全相等}.$$

各行业投诉次数及其均值结果见表 6－4.

表 6－4　例 6－1 的计算表

	A	B	C	D	E
1	观测值	行业			
2		零售业	旅游业	航空公司	家电制造业
3	1	57	68	31	44
4	2	66	39	49	51
5	3	49	29	21	65
6	4	40	45	34	77
7	5	34	56	40	58
8	6	53	51		
9	7	44			
10	样本均值	$\bar{x}_1=49$	$\bar{x}_2=48$	$\bar{x}_3=35$	$\bar{x}_4=59$
11	样本容量（n）	7	6	5	5
12	总均值	$\bar{x}=\dfrac{57+66+\cdots+77+58}{23}=47.869565$			

经计算，得

$$S_T=(57-47.869565)^2+\cdots+(58-47.869565)^2=4164.608696,$$

$$S_A=\sum_{i=1}^{k}n_i(\bar{x}_{\cdot i}-\bar{x})^2$$

$$=7\times(49-47.869565)^2+6\times(48-47.869565)^2$$

$$+5\times(35-47.869565)^2+5\times(59-47.869565)^2$$

$$=1456.608696,$$

$$S_E=S_T-S_A=2708.$$

S_T、S_E、S_A 的自由度依次为

$$n-1=22,s-1=4,n-s=19,$$

得方差分析如表 6－5 所列.

表 6－5　例 6－1 的方差分析表

	A	B	C	D	E	F	G
1	方差分析						
2	差异源	SS	df	MS	F	P-value	F crit
3	组间	1456.608696	3	485.536232	3.406643	0.0387645	3.1273544
4	组内	2708	19	142.526316			
5							
6	总计	4164.608696	22				

表 6－5 是用软件 Excel 求得的，其中 SS 代表平方和，df 代表自由度，MS 代表均方，F

代表 F 值,P - value 代表 P 值,F crit 代表 F 临界值.

因 $F_{0.05}(4,19)=3.1273544<\dfrac{485.536232}{142.526316}=3.406643$,故在水平 0.05 下拒绝 H_0,认为"行业"对"投诉次数"有显著影响.

5. 未知参数的估计

由定理 2 还可知,不管 H_0 是否为真,$E(S_E/(n-s))=\sigma^2$,即

$$\hat{\sigma}^2=\frac{S_E}{n-s}$$

是 σ^2 的无偏估计量.

又由式(6-18)和式(6-9)可知

$$E(\overline{X})=\mu,E(\overline{X}_{\cdot j})=\mu_j,j=1,2,\cdots,s,$$

故

$$\hat{\mu}=\overline{X},\hat{\mu}_j=\overline{X}_{\cdot j}$$

分别是 μ 和 μ_j 的无偏估计量.

又若拒绝 H_0,这意味着效应 $\delta_1,\delta_2,\cdots,\delta_s$ 不全为零. 由于

$$\delta_j=\mu_j-\mu,j=1,2,\cdots,s,$$

知

$$\hat{\delta}_j=\overline{X}_{\cdot j}-\overline{X}$$

是 δ_j 的无偏估计量. 此时还有关系式

$$\sum_{j=1}^{s}n_j\hat{\delta}_j=\sum_{j=1}^{s}n_j\overline{X}_{\cdot j}-n\overline{X}=0.$$

当拒绝 H_0 时,常需要做出两总体 $N(\mu_j,\sigma^2)$ 和 $N(\mu_k,\sigma^2)$,$j\neq k$ 的均值差 $\mu_j-\mu_k=\delta_j-\delta_k$ 的区间估计. 其做法如下:

由于

$$E(\overline{X}_{\cdot j}-\overline{X}_{\cdot k})=\mu_j-\mu_k,$$
$$D(\overline{X}_{\cdot j}-\overline{X}_{\cdot k})=\sigma^2\left(\frac{1}{n_j}+\frac{1}{n_k}\right),$$

由统计量的性质知:$\overline{X}_{\cdot j}-\overline{X}_{\cdot k}$ 与 $\hat{\sigma}^2=S_E/(n-s)$ 独立,于是

$$\frac{(\overline{X}_{\cdot j}-\overline{X}_{\cdot k})-(\mu_j-\mu_k)}{\sqrt{\bar{S}_E\left(\dfrac{1}{n_j}+\dfrac{1}{n_k}\right)}}=\frac{(\overline{X}_{\cdot j}-\overline{X}_{\cdot k})-(\mu_j-\mu_k)}{\sigma\sqrt{1/n_j+1/n_k}}\Bigg/\sqrt{\frac{S_E}{\sigma^2}\Big/(n-s)}\sim t(n-s).$$

据此得均值差 $\mu_j-\mu_k=\delta_j-\delta_k$ 的置信水平为 $(1-\alpha)$ 的置信区间为

$$\left(\overline{X}_{\cdot j}-\overline{X}_{\cdot k}\pm t_{\alpha/2}(n-s)\sqrt{\bar{S}_E\left(\frac{1}{n_j}+\frac{1}{n_k}\right)}\right). \tag{6-34}$$

例 6-2 设有三台机器,用来生产规格相同的铝合金薄板. 取样,测量薄板的厚度精确至 0.001cm,得结果如表 6-6 所列.

表 6-6 铝合金板的厚度

机器Ⅰ	机器Ⅱ	机器Ⅲ
0.236	0.257	0.258
0.238	0.253	0.264
0.248	0.255	0.259
0.245	0.254	0.267
0.243	0.261	0.262

(1) 设各台机器所生产的薄板的厚度符合模型式(6.1)的条件,考察各台机器所生产的薄板的厚度有无显著的差异. 即考察机器这一因素对厚度有无显著的影响.

(2) 求该模型中未知参数 $\sigma^2, \mu_j, \delta_j (j=1,2,3)$ 的点估计及均值差的置信水平为 0.95 的置信区间.

解 (1)在每一个水平下进行独立试验,结果是一个随机变量.

设总体均值分别为 μ_1, μ_2, μ_3. 取 $\alpha=0.05$,检验假设

$$H_0: \mu_1 = \mu_2 = \mu_3,$$

$$H_1: \mu_1, \mu_2, \mu_3 \text{ 不全相等.}$$

由题意知

$$s = 3, n_1 = n_2 = n_3 = 5, n = 15,$$

$$S_T = 0.00124533, S_A = 0.00105333, S_E = 0.000192.$$

得方差分析表如表 6-7 所列.

表 6-7 例 6-2 的方差分析表

方差来源	平方和	自由度	均方	F 比
因素 A	0.00105333	2	0.00052667	32.92
误差	0.000192	12	0.000016	
总和	0.00124533	14		

$F=32.92>F_{0.05}(2,12)=3.89$. 在水平 0.05 下拒绝 H_0. 即各机器生产的薄板厚度有显著差异.

(2) $\hat{\sigma}^2 = S_E/(n-s) = 0.000016, \hat{\mu}_1 = \bar{x}_{\cdot 1} = 0.242, \hat{\mu}_2 = \bar{x}_{\cdot 2} = 0.256,$

$\hat{\mu}_3 = \bar{x}_{\cdot 3} = 0.262. \hat{\mu} = \bar{x} = 0.253, \hat{\delta}_1 = \bar{x}_{\cdot 1} - \bar{x} = -0.011,$

$\hat{\delta}_2 = \bar{x}_{\cdot 2} - \bar{x} = 0.003, \hat{\delta}_3 = \bar{x}_{\cdot 3} - \bar{x} = 0.009$. 而 $t_{0.025}(n-s) = t_{0.025}(12) = 2.1788,$

$t_{0.025}(12)\sqrt{\bar{S}_E\left(\frac{1}{n_j}+\frac{1}{n_k}\right)} = 0.006,$

所以$(\mu_1-\mu_2)$的置信水平为0.95的置信区间为

$$(0.242-0.256\pm0.006)=(-0.020,-0.008),$$

$(\mu_1-\mu_3)$的置信水平为0.95的置信区间为

$$(0.242-0.262\pm0.006)=(-0.026,-0.014),$$

$(\mu_2-\mu_3)$的置信水平为0.95的置信区间为

$$(0.256-0.262\pm0.006)=(-0.012,0).$$

6.2 双因素试验的方差分析

单因素方差分析只是考虑一个分类型自变量对数值型因变量的影响．在对实际问题的研究中，有时需要考虑几个因素对试验结果的影响．例如，分析影响彩电销售量的因素时，需要考虑品牌、销售地区、价格、质量等多个因素的影响．此时，要分析多个因素的作用，就要用到多因素试验的方差分析．本节只讨论两个因素的方差分析．

在双因素方差分析中，由于两个影响因素，例如，彩电的“品牌”因素和销售“地区”因素，如果“品牌”因素和销售“地区”因素对试验结果的影响是相互独立的，分别判断这两个因素对试验数据的影响，这时的双因素方差分析称为无重复双因素方差分析(two-factor without replication)或无交互作用的双因素方差分析；如果除了“品牌”因素和销售“地区”因素对试验数据的单独影响外，两个因素的搭配还会对结果产生一种新的影响，这时的双因素方差分析称为等重复双因素方差分析(two-factor with replication)或有交互作用的双因素方差分析．下面将从这两种情况分别加以分析和考虑．

6.2.1 双因素等重复试验的方差分析

设有两个因素A、B作用于试验的指标．因素A有r个水平$A_1,A_2,\cdots,A_r$，因素B有s个水平$B_1,B_2,\cdots,B_s$．现对因素A、B的水平的每对组合(A_i,B_j)，$i=1,2,\cdots,r$，$j=1,2,\cdots,s$都做$t(t\geqslant2)$次试验(称为等重复试验)，得到如表6-8所列的结果．

表6-8 双因素等重复试验结果表

因素B / 因素A	B_1	B_2	…	B_s
A_1	$X_{111},X_{112},\cdots,X_{11t}$	$X_{121},X_{122},\cdots,X_{12t}$	…	$X_{1s1},X_{1s2},\cdots,X_{1st}$
A_2	$X_{211},X_{212},\cdots,X_{21t}$	$X_{221},X_{222},\cdots,X_{22t}$	…	$X_{2s1},X_{2s2},\cdots,X_{2st}$
⋮	⋮	⋮		⋮
A_r	$X_{r11},X_{r12},\cdots,X_{r1t}$	$X_{r21},X_{r22},\cdots,X_{r2t}$	…	$X_{rs1},X_{rs2},\cdots,X_{rst}$

并设

$$X_{ijk}\sim N(\mu_{ij},\sigma^2),i=1,\cdots,r,j=1,\cdots,s,k=1,\cdots,t,$$

各X_{ijk}独立，μ_{ij},σ^2均为未知参数，或写成

$$
\begin{cases}
X_{ijk} = \mu_{ij} + \varepsilon_{ijk}, \\
\varepsilon_{ijk} \sim N(0,\sigma^2), \text{各 } \varepsilon_{ijk} \text{ 独立}, \\
i = 1,2,\cdots,r, j = 1,2,\cdots,s, \\
k = 1,2,\cdots,t.
\end{cases}
\tag{6-35}
$$

引入记号

$$\mu = \frac{1}{rs}\sum_{i=1}^{r}\sum_{j=1}^{s}\mu_{ij},$$

$$\mu_{i\cdot} = \frac{1}{s}\sum_{j=1}^{s}\mu_{ij},\ i = 1,\cdots,r,$$

$$\mu_{\cdot j} = \frac{1}{r}\sum_{i=1}^{r}\mu_{ij},\ j = 1,\cdots,s,$$

$$\alpha_i = \mu_{i\cdot} - \mu,\ i = 1,\cdots,r$$

$$\beta_j = \mu_{\cdot j} - \mu,\ j = 1,\cdots,s,$$

显然,有

$$\sum_{i=1}^{r}\alpha_i = 0,\ \sum_{j=1}^{s}\beta_j = 0.$$

式中:μ 为总体平均;α_i 为水平 A_i 的效应;β_i 为水平 B_i 的效应. 这样可将 μ_{ij} 表示成

$$\mu_{ij} = \mu + \alpha_i + \beta_j + (\mu_{ij} - \mu_{i\cdot} - \mu_{\cdot j} + \mu),\ i = 1,\cdots,r, j = 1,\cdots,s, \tag{6-36}$$

记

$$\gamma_{ij} = \mu_{ij} - \mu_{i\cdot} - \mu_{\cdot j} + \mu, i = 1,\cdots,r, j = 1,\cdots,s, \tag{6-37}$$

此时

$$\mu_{ij} = \mu + \alpha_i + \beta_j + \gamma_{ij}. \tag{6-38}$$

式中:γ_{ij}称为水平 A_i 和水平 B_i 的交互效应,是由 A_i,B_i 搭配起来联合起作用而引起的.
易见

$$\sum_{i=1}^{r}\gamma_{ij} = 0, j = 1,\cdots,s,$$

$$\sum_{j=1}^{s}\gamma_{ij} = 0, i = 1,\cdots,r.$$

则式(6-35)可写成

$$
\begin{cases}
X_{ijk} = \mu + \alpha_i + \beta_j + \gamma_{ij} + \varepsilon_{ijk}, \\
\varepsilon_{ijk} \sim N(0,\sigma^2), \text{各 } \varepsilon_{ijk} \text{ 独立}, \\
i = 1,2,\cdots,r, j = 1,2,\cdots,s, k = 1,2,\cdots,t, \\
\sum_{i=1}^{r}\alpha_i = 0, \sum_{j=1}^{s}\beta_j = 0, \sum_{i=1}^{r}\gamma_{ij} = 0, \sum_{j=1}^{s}\gamma_{ij} = 0.
\end{cases}
\tag{6-39}
$$

式中:μ,α_i,β_i,γ_{ij}及 σ^2 都是未知参数.

式(6-39)就是所要研究的双因素试验方差分析的数学模型．对于这一模型要检验以下三个假设：

$$\begin{cases}H_{01}:\alpha_1=\alpha_2=\cdots=\alpha_r=0,\\ H_{11}:\alpha_1,\alpha_2,\cdots,\alpha_r\text{ 不全为零.}\end{cases}\tag{6-40}$$

$$\begin{cases}H_{02}:\beta_1=\beta_2=\cdots=\beta_s=0,\\ H_{12}:\beta_1,\beta_2,\cdots,\beta_s\text{ 不全为零.}\end{cases}\tag{6-41}$$

$$\begin{cases}H_{03}:\gamma_{11}=\gamma_{12}=\cdots=\gamma_{rs}=0,\\ H_{13}:\gamma_{11},\gamma_{12},\cdots,\gamma_{rs}\text{ 不全为零.}\end{cases}\tag{6-42}$$

与单因素情况类似，对这些问题的检验方法也是建立在平方和的分解上的，然后研究其统计特性，最后确定其拒绝域．

先引入以下记号：

$$\overline{X}=\frac{1}{rst}\sum_{i=1}^{r}\sum_{j=1}^{s}\sum_{k=1}^{t}X_{ijk},$$

$$\overline{X}_{ij\cdot}=\frac{1}{t}\sum_{k=1}^{t}X_{ijk},i=1,\cdots,r,j=1,\cdots,s$$

$$\overline{X}_{i\cdot\cdot}=\frac{1}{st}\sum_{j=1}^{s}\sum_{k=1}^{t}X_{ijk},i=1,\cdots,r,$$

$$\overline{X}_{\cdot j\cdot}=\frac{1}{rt}\sum_{i=1}^{r}\sum_{k=1}^{t}X_{ijk},j=1,\cdots,s,$$

再引入总偏差平方和(称为总变差)：

$$S_T=\sum_{i=1}^{r}\sum_{j=1}^{s}\sum_{k=1}^{t}(X_{ijk}-\overline{X})^2,$$

可将 S_T 写成

$$\begin{aligned}S_T&=\sum_{i=1}^{r}\sum_{j=1}^{s}\sum_{k=1}^{t}(X_{ijk}-\overline{X})^2\\&=\sum_{i=1}^{r}\sum_{j=1}^{s}\sum_{k=1}^{t}[(X_{ijk}-\overline{X}_{ij\cdot})+(\overline{X}_{i\cdot\cdot}-\overline{X})+(\overline{X}_{\cdot j\cdot}-\overline{X})+(\overline{X}_{ij\cdot}-\overline{X}_{i\cdot\cdot}-\overline{X}_{\cdot j\cdot}+\overline{X})]^2\\&=\sum_{i=1}^{r}\sum_{j=1}^{s}\sum_{k=1}^{t}(X_{ijk}-\overline{X}_{ij\cdot})^2+st\sum_{i=1}^{r}(\overline{X}_{i\cdot\cdot}-\overline{X})^2+rt\sum_{j=1}^{s}(\overline{X}_{\cdot j\cdot}-\overline{X})^2\\&\quad+t\sum_{i=1}^{r}\sum_{j=1}^{s}(\overline{X}_{ij\cdot}-\overline{X}_{i\cdot\cdot}-\overline{X}_{\cdot j\cdot}+\overline{X})^2,\end{aligned}$$

即得平方和分解式：

$$S_T=S_E+S_A+S_B+S_{A\times B},\tag{6-43}$$

其中

$$S_E=\sum_{i=1}^{r}\sum_{j=1}^{s}\sum_{k=1}^{t}(X_{ijk}-\overline{X}_{ij\cdot})^2,\tag{6-44}$$

$$S_A=st\sum_{i=1}^{r}(\overline{X}_{i\cdot\cdot}-\overline{X})^2,\tag{6-45}$$

$$S_B = rt\sum_{j=1}^{s}(\overline{X}_{\cdot j\cdot} - \overline{X})^2, \tag{6-46}$$

$$S_{A\times B} = t\sum_{i=1}^{r}\sum_{j=1}^{s}(\overline{X}_{ij\cdot} - \overline{X}_{i\cdot\cdot} - \overline{X}_{\cdot j\cdot} + \overline{X})^2, \tag{6-47}$$

其中各偏差平方和 S_E、S_A、S_B 和 $S_{A\times B}$的实际意义为：

S_E 表示试验的随机波动引起的误差，称为误差平方和；

S_A 除了反映了试验的随机波动引起的误差外，还反映了因素 A 的效应间的差异，称为因素 A 的偏差平方和或效应平方和；

S_B 除了反映了试验的随机波动引起的误差外，还反映了因素 B 的效应间的差异，称为因素 B 的偏差平方和或效应平方和；

$S_{A\times B}$除了反映了试验的随机波动引起的误差外，还反映了交互效应的差异所引起的波动，称为 A、B 交互效应平方和或交互作用的偏差平方和.

可以证明 $S_E, S_A, S_B, S_{A\times B}$依次服从自由度 $rst-1, rs(t-1), r-1, s-1, (r-1)(s-1)$ 的χ^2 分布，且有

$$E\left(\frac{S_E}{rs(t-1)}\right) = \sigma^2, \tag{6-48}$$

$$E\left(\frac{S_A}{r-1}\right) = \sigma^2 + \frac{st\sum_{i=1}^{r}\alpha_i^2}{r-1}, \tag{6-49}$$

$$E\left(\frac{S_B}{s-1}\right) = \sigma^2 + \frac{rt\sum_{i=1}^{s}\beta_i^2}{s-1}, \tag{6-50}$$

$$E\left(\frac{S_{A\times B}}{(r-1)(s-1)}\right) = \sigma^2 + \frac{t\sum_{i=1}^{r}\sum_{j=1}^{s}\gamma_{ij}^2}{(r-1)(s-1)}, \tag{6-51}$$

当 $H_{01}:\alpha_1=\alpha_2=\cdots=\alpha_r=0$ 为真时，可以证明

$$F_A = \frac{S_A/(r-1)}{S_E/(rs(t-1))} \sim F(r-1, rs(t-1)). \tag{6-52}$$

取显著性水平为 α，得假设 H_{01}的拒绝域为

$$F_A = \frac{S_A/(r-1)}{S_E/(rs(t-1))} \geqslant F_\alpha(r-1, rs(t-1)). \tag{6-53}$$

类似地，取显著性水平为 α，得假设 H_{02}的拒绝域为

$$F_B = \frac{S_B/(s-1)}{S_E/(rs(t-1))} \geqslant F_\alpha(s-1, rs(t-1)). \tag{6-54}$$

取显著性水平为 α，得假设 H_{03}的拒绝域为

$$F_{A\times B}=\frac{S_{A\times B}/((r-1)(s-1))}{S_E/(rs(t-1))}\geqslant F_\alpha((r-1)(s-1),rs(t-1)). \quad (6-55)$$

上述结果可汇总成方差分析表 6-9.

表 6-9　双因素试验的方差分析表

方差来源	平方和	自由度	均方	F 比
因素 A	S_A	$r-1$	$\bar{S}_A=\frac{S_A}{r-1}$	$F_A=\frac{\bar{S}_A}{\bar{S}_E}$
因素 B	S_B	$s-1$	$\bar{S}_B=\frac{S_B}{s-1}$	$F_B=\frac{\bar{S}_B}{\bar{S}_E}$
交互作用	$S_{A\times B}$	$(r-1)(s-1)$	$\bar{S}_{A\times B}=\frac{S_{A\times B}}{(r-1)(s-1)}$	$F_{A\times B}=\frac{\bar{S}_{A\times B}}{\bar{S}_E}$
误差	S_E	$rs(t-1)$	$\bar{S}_E=\frac{S_E}{rs(t-1)}$	
总和	S_T	$rst-1$		

记

$$T_{\cdots}=\sum_{i=1}^{r}\sum_{j=1}^{s}\sum_{k=1}^{t}X_{ijk},$$

$$T_{ij\cdot}=\sum_{k=1}^{t}X_{ijk},i=1,\cdots,r;j=1,\cdots,s,$$

$$T_{i\cdot\cdot}=\sum_{j=1}^{s}\sum_{k=1}^{t}X_{ijk},i=1,\cdots,r,$$

$$T_{\cdot j\cdot}=\sum_{i=1}^{r}\sum_{k=1}^{t}X_{ijk},j=1,\cdots,s.$$

可以按照式(6-56)来计算表 6-9 中的各个平方和.

$$\begin{cases} S_T=\sum_{i=1}^{r}\sum_{j=1}^{s}\sum_{k=1}^{t}X_{ijk}^2-\frac{T_{\cdots}^2}{rst};\\ S_A=\frac{1}{st}\sum_{i=1}^{r}T_{i\cdot\cdot}^2-\frac{T_{\cdots}^2}{rst};\\ S_B=\frac{1}{rt}\sum_{j=1}^{s}T_{\cdot j\cdot}^2-\frac{T_{\cdots}^2}{rst};\\ S_{A\times B}=\left(\frac{1}{t}\sum_{i=1}^{r}\sum_{j=1}^{s}T_{ij\cdot}^2-\frac{T_{\cdots}^2}{rst}\right)-S_A-S_B;\\ S_E=S_T-S_A-S_B-S_{A\times B}. \end{cases} \quad (6-56)$$

例 6-3　一火箭用 4 种燃料、3 种推进器做射程试验．每种燃料与每种推进器的组合各发射火箭两次,得射程如表 6-10 所列(以海里计).

表 6-10 火箭的射程

推进器(B)		B_1	B_2	B_3
燃料(A)	A_1	58.2 52.6	56.2 41.2	65.3 60.8
	A_2	49.1 42.8	54.1 50.5	51.6 48.4
	A_3	60.1 58.3	70.9 73.2	39.2 40.7
	A_4	75.8 71.5	58.2 51.0	48.7 41.4

试问:推进器和燃料两因素对射程有无显著的影响.

解 假设符合双因素方差分析模型所需的条件,在水平 0.05 下,检验不同燃料(因素 A)、不同推进器(因素 B)下的射程是否有显著差异?交互作用是否显著?

$$S_T = (58.2^2 + 52.6^2 + \cdots + 41.4^2) - \frac{1319.8^2}{24} = 2638.29833,$$

$$S_A = \frac{1}{6}(334.3^2 + 296.5^2 + 342.4^2 + 346.6^2) - \frac{1319.8^2}{24} = 261.67500,$$

$$S_B = \frac{1}{8}(468.4^2 + 455.3^2 + 396.1^2) - \frac{1319.8^2}{24} = 370.98083,$$

$$S_{A\times B} = \frac{1}{2}(110.8^2 + 91.9^2 + \cdots + 90.1^2) - \frac{1319.8^2}{24} - S_A - S_B = 1768.69250,$$

$$S_E = S_T - S_A - S_B - S_{A\times B} = 236.95000.$$

得方差分析表如表 6-11 所列.

表 6-11 例 6-3 的方差分析表

方差来源	平方和	自由度	均方	F 比
因素 A(燃料)	261.67500	3	87.2250	$F_A = 4.42$
因素 B(推进器)	370.98083	2	185.4904	$F_B = 9.39$
交互作用 $A\times B$	1768.6925	6	294.7821	$F_{A\times B} = 14.9$
误差	236.95000	12	19.7458	
总和	2638.29833	23		

由表 6-11 所得数据可得如下结论:

由于 $F_A = 4.42 > F_{0.05}(3,12) = 3.49$,在水平 0.05 下应拒绝零假设 H_{01},认为不同燃料下的射程有显著差异.

由于 $F_B = 9.39 > F_{0.05}(2,12) = 3.89$,在水平 0.05 下应拒绝零假设 H_{02},认为不同推进器下的射程有显著差异.

由于 $F_{A\times B} = 14.93 > F_{0.05}(6,12) = 3.00$,在水平 0.05 下应拒绝零假设 H_{03},认为推进器和燃料的交互作用效应是显著的.

由于 $F_{A\times B}=14.93>F_{0.001}(6,12)=8.38$，在水平 0.001 下应拒绝零假设 H_{03}，认为推进器和燃料的交互作用效应是高度显著的.

从表 6－10 可以看出，A_4 与 B_1 搭配或 A_3 与 B_2 搭配都使火箭射程较之其他水平的搭配要远得多. 在实际情况中我们就选择燃料和推进器的最优搭配方式来实施.

例 6－4 在某化工厂生产中为了提高收率，选了 3 种不同浓度、4 种不同温度做试验. 在同一浓度与同一温度组合下各做两次试验，其收率数据如表 6－12 所列（数据均已减去 75）. 试检验不同浓度，不同温度以及它们间的交互作用对收率有无显著影响（取显著性水平为 0.05）. 方差分析见表 6－13.

表 6－12 不同浓度、温度下化工收率

浓度＼温度	B_1	B_2	B_3	B_4	$x_{i..}$	$x_{i..}^2$
A_1	14,10 (24)	11,11 (22)	13,9 (22)	10,12 (22)	90	8100
A_2	9,7 (16)	10,8 (18)	7,11 (18)	6,10 (16)	68	4624
A_3	5,11 (16)	13,14 (27)	12,13 (25)	14,10 (24)	92	8464
$x_{.j.}$	56	67	65	62	250	21188
$x_{.j.}^2$	3136	4489	4225	3844	15694	

解

显然，这里 $r=3,s=4,t=2,n=rst=24$.

$$\sum_{i=1}^{3}\sum_{j=1}^{4}\sum_{k=1}^{2}x_{ijk}^2=2752,\quad \frac{1}{24}\left(\sum_{i=1}^{3}\sum_{j=1}^{4}\sum_{k=1}^{2}x_{ijk}\right)^2=2604.1667,$$

$$\sum_{i=1}^{3}\sum_{j=1}^{4}x_{ij.}^2=5374,$$

$$S_T=2752-2604.1667=147.8333,$$

$$S_A=\frac{1}{8}\times 21188-2604.1667=44.3333,$$

$$S_B=\frac{1}{6}\times 15694-2604.1667=11.5000,$$

$$S_{A\times B}=\frac{1}{2}\times 5374-2604.1667-44.3333-11.5000=27.0000,$$

$$S_E=S_T-S_A-S_B-S_{A\times B}=65.0000.$$

表 6-13　例 6-4 的方差分析表

来源	平方和	自由度	均方和	F 值	显著性
因子 A	44.333	2	22.1667	4.09	* *
因子 B	11.5000	3	3.8333	<1	
$A\times B$	27.0000	6	4.5000	<1	
误差	65.0000	12	5.4167		
总和	147.8333	23			

查表知

$$F_{0.05}(2,12)=3.89,\ F_{0.01}(2,12)=6.93;$$
$$F_{0.05}(3,12)=3.49,\ F_{0.01}(3,12)=5.95;$$
$$F_{0.05}(6,12)=3.00,\ F_{0.01}(6,12)=4.81.$$

由此知 $F_{0.05}<F_A<F_{0.01}$，而 $F_B<F_{0.05}$，$F_{A\times B}<F_{0.05}$. 故浓度不同将对收率产生显著影响；而温度和交互作用的影响都不显著.

6.2.2　双因素无重复试验的方差分析

上面讨论了双因素试验中两个因素的交互作用. 为了检验两个因素的交互效应，对两个因素的每一组合至少要做两次试验. 这是因为在模型式(6-39)中，若 $k=1$，$\gamma_{ij}+\varepsilon_{ij}$ 总可以结合在一起的形式出现，这样就不能将交互作用与误差分离开来. 如果在处理实际问题时，已知不存在交互作用，或已知交互作用对试验的指标影响很小，则可以不考虑交互作用. 此时，即使 $k=1$，也能对因素 A、因素 B 的效应进行分析. 现设对两个因素的每一组合只做一次试验(所得结果见表 6-14)，也可以对各因素的效应进行分析——双因素无重复试验的方差分析.

表 6-14　双因素无重复试验结果表

因素B / 因素A	B_1	B_2	…	B_s
A_1	X_{11}	X_{12}	…	X_{1s}
A_2	X_{21}	X_{22}	…	X_{2s}
⋮	⋮	⋮		⋮
A_r	X_{r1}	X_{r2}	…	X_{rs}

并设

$$X_{ij}\sim N(\mu_{ij},\sigma^2),i=1,\cdots,r,j=1,\cdots,s,\text{各 } X_{ij} \text{ 独立}.$$

式中：μ_{ij}，σ^2 均为未知参数，或写成

$$\begin{cases}X_{ij}=\mu_{ij}+\varepsilon_{ij},\\ i=1,2,\cdots,r,j=1,2,\cdots,s,\\ \varepsilon_{ij}\sim N(0,\sigma^2),\text{各 } \varepsilon_{ij} \text{ 独立}.\end{cases}\tag{6-57}$$

仍然沿用前面的记号，注意到现在假设不存在交互作用，此时 $\gamma_{ij}=0$，

$i=1,2,\cdots,r,j=1,2,\cdots,s$,故由式(6-38)知$\mu_{ij}=\mu+\alpha_i+\beta_j$. 于是式(6-57)可写成

$$\begin{cases} X_{ij}=\mu+\alpha_i+\beta_j+\varepsilon_{ij}, \\ \varepsilon_{ij}\sim N(0,\sigma^2),\text{各 }\varepsilon_{ij}\text{ 独立}, \\ i=1,2,\cdots,r,j=1,2,\cdots,s, \\ \sum_{i=1}^{r}\alpha_i=0,\ \sum_{j=1}^{s}\beta_j=0. \end{cases} \tag{6-58}$$

这就是现在要研究的双因素无重复试验方差分析的数学模型. 对这个模型所要检验的假设有以下两个:

$$\begin{cases} H_{01}:\alpha_1=\alpha_2=\cdots=\alpha_r=0, \\ H_{11}:\alpha_1,\alpha_2,\cdots,\alpha_r\text{ 不全为零}. \end{cases} \tag{6-59}$$

$$\begin{cases} H_{02}:\beta_1=\beta_2=\cdots=\beta_s=0, \\ H_{12}:\beta_1,\beta_2,\cdots,\beta_s\text{ 不全为零}. \end{cases} \tag{6-60}$$

与在6.1节中同样的讨论可得方差分析表如表6-15所列.

表6-15　双因素无重复试验的方差分析表

方差来源	平方和	自由度	均方	F比
因素 A	S_A	$r-1$	$\overline{S}_A=\dfrac{S_A}{r-1}$	$F_A=\dfrac{\overline{S}_A}{\overline{S}_E}$
因素 B	S_B	$s-1$	$\overline{S}_B=\dfrac{S_B}{s-1}$	$F_B=\dfrac{\overline{S}_B}{\overline{S}_E}$
误差	S_E	$(r-1)(s-1)$	$\overline{S}_E=\dfrac{S_E}{(r-1)(s-1)}$	
总和	S_T	$rs-1$		

取显著性水平为α,得假设H_{01}的拒绝域为

$$F_A=\frac{\overline{S}_A}{\overline{S}_E}\geqslant F_\alpha(r-1,(r-1)(s-1)).$$

取显著性水平为α,得假设H_{02}的拒绝域为

$$F_B=\frac{\overline{S}_B}{\overline{S}_E}\geqslant F_\alpha(s-1,(r-1)(s-1)).$$

表6-15中的平方和可按下述式子来计算.

可以按照式(6-61)来计算表6-15中的各个平方和.

$$\begin{cases} S_T=\sum_{i=1}^{r}\sum_{j=1}^{s}X_{ij}^2-\dfrac{T_{\cdot\cdot}^2}{rs}; \\ S_A=\dfrac{1}{s}\sum_{i=1}^{r}T_{i\cdot}^2-\dfrac{T_{\cdot\cdot}^2}{rs}; \\ S_B=\dfrac{1}{r}\sum_{j=1}^{s}T_{\cdot j}^2-\dfrac{T_{\cdot\cdot}^2}{rs}; \\ S_E=S_T-S_A-S_B. \end{cases} \tag{6-61}$$

式中

$$T_{\cdot\cdot} = \sum_{i=1}^{r}\sum_{j=1}^{s} X_{ij},\ T_{i\cdot} = \sum_{j=1}^{s} X_{ij}, i = 1,\cdots,r, T_{\cdot j} = \sum_{i=1}^{r} X_{ij}, j = 1,\cdots,s.$$

例 6-5 为了考察蒸馏水的 pH 值和硫酸铜溶液浓度对化验血清中白蛋白与球蛋白的影响，对蒸馏水的 pH 值(A)取了 4 个不同水平，对硫酸铜溶液浓度(B)取了 3 个不同水平，在不同水平组合(A_i,B_j)下各测一次白蛋白与球蛋白之比，其结果列于计算表 6-16 的左上角，试检验两因子对化验结果有无显著差异.

表 6-16 例 6-5 的试验结果计算表

B \ A	A_1	A_2	A_3	A_4	和	平方和
B_1	3.5	2.6	2.0	1.4	9.5	90.25
B_2	2.3	2.0	1.5	0.8	6.6	43.56
B_3	2.0	1.9	1.2	0.3	5.4	29.16
和	7.8	6.5	4.7	2.5	21.5	162.97
平方和	60.84	30.25	22.09	6.25	131.43	

解

这里 $r=4, s=3, n=rs=12$.

$$\sum_{i=1}^{4}\sum_{j=1}^{3} x_{ij}^2 = 46.29,\quad \frac{1}{12}\left(\sum_{i=1}^{4}\sum_{j=1}^{3} x_{ij}\right)^2 = 38.52,$$

$$S_T = 46.29 - 38.52 = 7.77,$$

$$S_A = \frac{1}{3}\times 131.43 - 38.52 = 5.29,$$

$$S_B = \frac{1}{4}\times 162.97 - 38.52 = 2.22,$$

$$S_E = S_T - S_A - S_B = 0.26.$$

方差分析表见表 6-17.

表 6-17 例 6-5 的方差分析表

来源	平方和	自由度	均方和	F 值	显著性
因子 A	5.29	3	1.76	40.9	* *
因子 B	2.22	2	1.11	25.8	* *
误差	0.26	6	0.043		
总和	7.77	11			

查 F 分布表，得 $F_{0.05}(3,6) = 4.76$, $F_{0.05}(2,6) = 5.14$, $F_{0.01}(3,6) = 9.78$, $F_{0.01}(2,6) = 10.9$.

由此可知 $F_A > F_{0.01}(3,6)$；$F_B > F_{0.01}(2,6)$. 所以因子 A 及因子 B 的不同水平对化验结果有高度显著影响.

因素 A 与因素 B 有无交互作用，如果经验与专业知识都不能决定，当然可以把它作为有交互作用的情形来处理，最终通过检验假设 H_{03}：一切 $\gamma_{ij}=0$ 来判别有无交互作用. 但是，把无交互作用情形作为有交互作用情形来处理，试验次数至少增加一倍(因为 $t \geqslant 2$). 下面介绍一种不很准确，但可供参考的作图判别法. 具体做法如下：

把 $B_1, B_2, \cdots B_s$ 作为数轴上 s 个点描在横轴上，对于某一个 B_j 与因素 A 的各个水平 $A_1, A_2, \cdots A_r$ 组合，共有 r 个试验指标，以这些试验指标为纵坐标. 由此，可在坐标平面上描出 r 个点(它们的横坐标都是 B_j). 让 $j=1,2,\cdots,s$，因此在坐标平面上得到 rs 个点，然后把这些点中有相同 A_i 的点顺序连成一条折线(如果 $B_1, B_2, \cdots B_s$ 的 $s=2$，则只能连成一条直线段)，共得到 r 条折线. 在没有交互作用时，这 r 条折线对应线段平行或近似平行；在有交互作用时，这些折线的差异较大(作图时，A 与 B 的位置可以对调，即把 $A_1, A_2, \cdots A_r$ 描在横轴上).

对于例 6－3 和例 6－5 的试验数据(例 6－3 的数据 X_{ijk} 只用到 $k=1$ 的数据)，可以画成图 6－2(A_3、A_4 由读者自己补画上). 从图 6－2 中看到，例 6－3 的折线差异较大，因此认为有交互作用存在；例 6－5 的折线形状、位置比较相像，因此认为交互作用可以忽略. 当然，读者一定要注意，这种作图判别的方法并不十分精准，仅供辅助参考，具体有无交互作用应在作图基础上通过对数据进一步的处理来加以验证.

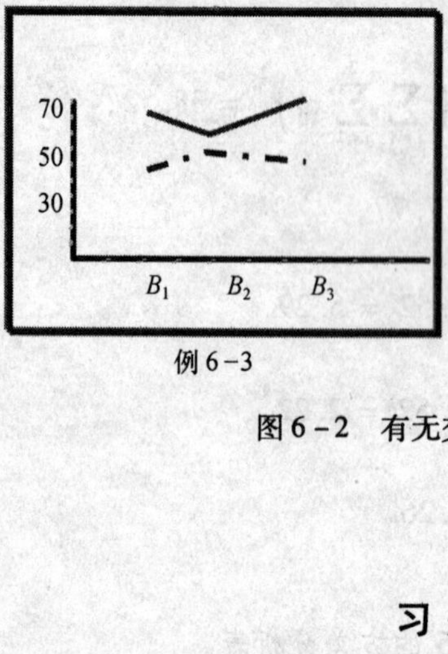

例 6－3

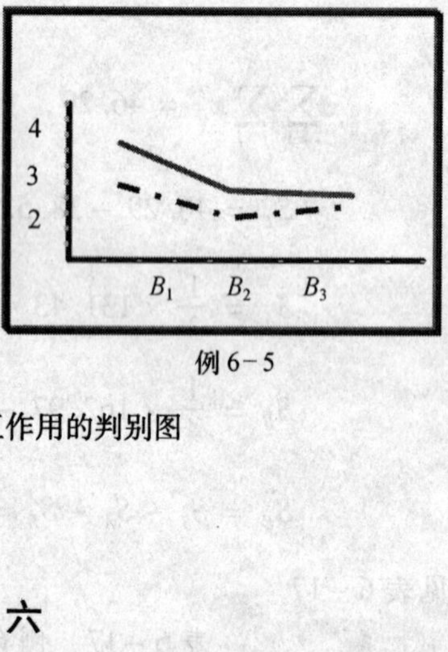

例 6－5

图 6－2　有无交互作用的判别图

习题六

1. 有某种型号的电池三批，它们分别是 A、B、C 三个工厂所生产的. 为评比其质量，各随机抽取 5 只电池为样品，经试验得其寿命(单位：小时)如表 6－18 所列.

表 6－18　(h)

工厂	寿命				
A	40	48	38	42	45
B	26	34	30	28	32
C	39	40	43	50	50

试在显著性水平0.05下,检验电池的平均寿命有无显著差异.若差异是显著的,试求均值差$\mu_A-\mu_B$,$\mu_A-\mu_C$及$\mu_B-\mu_C$的置信度为95%的置信区间,设各工厂所生产的电池的寿命服从同方差的正态分布.

2. 为寻求适应本地区的高产油菜品种,今选了5种不同品种进行试验,每一品种在4块试验田上得到在每一块田上的亩产量如表6-19所列.

表6-19

品种 / 田块	A_1	A_2	A_3	A_4	A_5
1	256	244	250	288	206
2	222	300	277	280	212
3	280	290	230	315	220
4	298	275	322	259	212

试问各种不同品种的平均亩产量是否有显著差异.

3. 下面给出了随机选取的,用于计算器的四种类型的电路的响应时间如表6-20所列.

表6-20 (ms)

类型Ⅰ	类型Ⅱ	类型Ⅲ	类型Ⅳ
19	20	16	18
15	40	17	22
22	21	15	19
20	33	18	
18	27	26	

试问各类型电路的响应时间是否有显著差异.

4. 对5种不同操作方法生产某种产品作节约原料试验,在其他条件尽可能相同情况下,各就4批试样测得原料节约额资料如表6-21所列.

表6-21

操作法	Ⅰ	Ⅱ	Ⅲ	Ⅳ	Ⅴ
节约额	4.3	6.1	6.5	9.3	9.5
	7.8	7.3	8.3	8.7	8.8
	3.2	4.2	8.6	7.2	11.4
	6.5	4.1	8.2	10.1	7.8

问:操作法对原料节约额的影响的差异是否显著?哪些水平间的差异是显著的?

5. 一家牛奶公司有4台机器装填牛奶,每桶的容量为4L. 表6-22是从4台机器中抽取的样本数据.

表 6-22

机器Ⅰ	机器Ⅱ	机器Ⅲ	机器Ⅳ
4.05	3.99	3.97	4.00
4.01	4.02	3.98	4.02
4.02	4.01	3.97	3.99
4.04	3.99	3.95	4.01
	4.00	4.00	
	4.00		

取显著性水平 $\alpha=0.01$，检验 4 台机器的装填量是否相同？

6. 在某种金属材料的生产过程中，对热处理温度(因素 B)与时间(因素 A)各取两个水平，产品强度的测定结果(相对值)如表 6-23 所列. 在同一条件下每个试验重复两次. 设各水平搭配下强度的总体服从正态分布且方差相同，各样本独立. 问热处理温度、时间以及这两者的交互作用对产品强度是否有显著的影响(取显著性水平为 0.05)？

表 6-23

A \ B	B_1	B_2	$T_{i\cdot\cdot}$
A_1	38.0, 38.6 (76.6)	47.0, 44.8 (91.8)	168.4
A_2	45.0, 43.8 (88.8)	42.4, 40.8 (83.2)	172
$T_{\cdot j\cdot}$	165.4	175	340.4

7. 表 6-24 给出了在某 5 个不同地点、不同时间空气中的颗粒状物的含量的数据.

表 6-24 (mg/m^3)

时间 \ 地点	因素 B(地点)					
	1	2	3	4	5	$T_{i\cdot}$
因素 A(时间)						
2009 年 5 月	76	67	81	56	51	331
2010 年 1 月	82	69	96	59	70	376
2010 年 5 月	68	59	67	54	42	290
2010 年 10 月	63	56	64	58	37	278
$T_{\cdot j}$	289	251	308	227	200	1275

设各因素之间不存在交互作用，试在显著性水平 $\alpha=0.05$ 下检验：在不同时间下颗粒状物含量的均值有无显著差异，在不同地点下颗粒状物含量的均值有无显著差异.

8. 为了研究金属管的防腐蚀的功能，考虑了4种不同的涂料涂层．将金属管埋设在3种不同性质的土壤中，经历了一定时间，测得金属管腐蚀的最大深度如表6－25所列．

表6－25 (mm)

	土壤类型(因素 B)		
	1	2	3
涂层(因素 A)	1.63	1.35	1.27
	1.34	1.30	1.22
	1.19	1.14	1.27
	1.30	1.09	1.32

试取显著性水平 $\alpha=0.05$ 检验在不同涂层下腐蚀的最大深度的平均值有无显著差异，在不同土壤下腐蚀的最大深度的平均值有无显著差异．设两因素没有交互效应．

9. 一家超市连锁店进行一项研究，确定超市所在的位置和竞争者的数量对销售额是否有显著影响．表6－26是获得的月销售额数据．

表6－26 （万元）

超市位置	竞争者数量			
	0	1	2	>3
位于市内居民小区	41	38	59	47
	30	31	48	40
	45	39	51	39
位于写字楼	25	29	44	47
	31	35	48	40
	22	30	50	53
位于郊区	18	22	29	24
	29	17	28	27
	33	25	26	32

取显著性水平 $\alpha=0.01$，检验：

(1) 竞争者的数量对销售额是否有显著影响？

(2) 超市的位置对销售额是否有显著影响？

(3) 竞争者的数量和超市的位置对销售额是否有交互影响？

欣赏与提高(六)

回归分析与方差分析的联系与异同

回归分析与方差分析是统计学中两种常用的统计分析方法，比较分析它们的不同和相似之处,无论对把握两种方法的基本原理,还是对拓广其应用范围,无疑都是十分重要的.

一、两种方法的联系

回归分析与方差分析之间有许多相似之处,这体现了两者之间的内在联系. 我们把这种相似性具体归纳为如下几个方面.

1. 在概念上具有相似性

回归分析是为了分析一个变数如何依赖其他变数而提出的一种统计分析方法. 运用回归分析法,可以从变数的总变差中分解出回归因子解释的变差和未被解释的变差. 回归分析的目的是要确定引起因变数变异的各个因素. 而方差分析是为了分析试验数据而提出的一种统计分析方法. 运用方差分析,可以从变数的总变差中分解出因子的效应和随机因子的效应. 方差分析的目的是要确定产生变差的有关各种因素. 两种分析在概念上所具有的相似性是显而易见的.

2. 在目的实现上具有相似性

回归分析确定因素 X 是否为 Y 的影响因素时,从实现程序上先进行变数 X 与变数 Y 的相关分析,然后建立变数间的回归模型,最后进行对参数的统计显著性检验. 方差分析确定因素 X 是否是 Y 的影响因素时,从实现程序上,先从试验数据的分析入手,然后考察数据模型,最后对样本均值是否相等进行统计显著性检验. 实现程序显然是相近的.

3. 在假设条件上具有相似性

回归分析有 4 条基本假定:

(1) 线性假定,即模型为 $Y = a + bX + u$.

(2) 随机性、零均值、同方差、正态性假定,即 $\mu \sim N(0, \delta_u^2)$.

(3) 独立性假定,即 $\mathrm{Cov}(\mu_i, \mu_j) = 0$.

(4) 扰动项与解释变量无关假定,即 $\mathrm{Cov}(X, \mu) = 0$.

方差分析对试验数据也有 4 条假定:

(1) 线性假定,即数据模型为 $Y_{ij} = \overline{Y_j} + \varepsilon_{ij}$ ($\overline{Y_j}$为影响因素 X 在 X_i 水平上变数 Y 的试验均值).

(2) 正态假定,即 $Y_{ij} \sim N(\overline{Y_j}, \sigma_j^2)$.

(3) 独立性假定,即所有数据都是独立取得的.

(4) 方差齐次性假定,即 $\sigma_1^2 = \sigma_2^2 = \cdots = \sigma^2$.

4. 在总变差分解的形式上具有相似性

在回归分析中,变数 Y 的总变差为 $\Sigma(Y_i - \overline{Y})^2$,未被解释的变差为 $\Sigma(Y_i - \hat{Y})^2$,影响因素 X 解释的变差为 $\Sigma(\hat{Y} - \overline{Y})^2$. 因此,变数 Y 的总变差可分解为由回归自变数解释的变差和未被解释的变差之和,即 $\Sigma(Y_i - \overline{Y})^2 = \Sigma(\hat{Y}_i - \overline{Y})^2 + \Sigma(Y_i - \hat{Y}_i)^2$. 而在方差分析中变数 Y 的试验数据总变差为 $\sum_{j=1}^{m}\sum_{i=1}^{n_j}(Y_{ij} - \overline{Y_{..}})^2$,组间变差为 $\sum_{j=1}^{m}\sum_{i=1}^{n_j}(\overline{Y_{.j}} - \overline{Y_{..}})^2$,组内变差为 $\sum_{j=1}^{m}\sum_{i=1}^{n_j}(Y_{ij} - \overline{Y_{.j}})^2$. 因此变数 Y 的总变差可分解为组间变差与组内变差之和,即

$$\sum_{j=1}^{m}\sum_{i=1}^{n_j}(Y_{ij}-\overline{Y_{..}})^2=\sum_{j=1}^{m}\sum_{i=1}^{n_j}(Y_{.j}-\overline{Y_{..}})^2+\sum_{j=1}^{m}\sum_{i=1}^{n_j}(Y_{ij}-\overline{Y_{.j}})^2.$$

式中:Y_{ij}为因素 X 在 X_j 水平上第 i 次试验变数 Y 的试验数值;$\overline{Y_{.j}}=\frac{1}{n_j}\sum_{i=1}^{n_j}Y_{ij}$;$\overline{Y_{..}}=\frac{1}{N}\sum_{j=1}^{m}n_j\overline{Y_{.j}}$,$n_j$ 为因素 X 在 X_j 水平上变数 Y 的试验次数,N 为试验的总次数,$N=\sum_{j=1}^{m}n_j$.

5. 在确定影响因素的基本思路上具有相似性

为简化分析起见,假设只有一个因素 X 影响变数 Y. 在回归分析中,要确定因素 X 是否是 Y 的影响因素,就要看当因素 X 已知时,对变数 Y 的总偏差有无影响. 如果因素 X 不是影响 Y 的因素,那么已知数据列 $\{X_i\}$ 和 $\{Y_i\}$ 就等同于只知变数 Y 的数据列一样,此时用$\overline{Y}$去估计每个 Y_i 的值,所犯的错误(即偏差)$\Sigma(Y_i-\overline{Y})^2$ 为最小. 如果因素 X 是影响 Y 的因素,那么当已知 X 值后就要用 X_i 所对应的$\overline{Y_i}$去估计每个 Y_i 的值,这时变数 Y 的总偏差为 $\Sigma(Y_i-\overline{Y_i})^2$,所有$\overline{Y_i}$的连线即为回归线,当回归线是光滑线时就是回归直线,即$\hat{Y}_i=\hat{a}+\hat{b}X_i(\hat{Y}_i=\overline{Y}_i)$. 由于$(Y_i-\overline{Y})-(Y_i-\hat{Y}_i)=\hat{Y}_i-\overline{Y}$,故有 $\Sigma(Y_i-\hat{Y}_i)^2<\Sigma(Y_i-\overline{Y})^2$,因此,$X$ 是影响 Y 的总偏差的因素. 这一事实告诉我们,当因素 X 取水平 X_i 时,变数 Y 的均值$\overline{Y}_i$不等于$\overline{Y}$时,就意味着因素 X 是影响变数 Y 的因素. 这种确定影响因素的基本思路正是方差分析所遵循的思想. 在方差分析中,数据模型为 $Y_{ij}=\overline{Y}_{.J}+\varepsilon_{ij}=\overline{Y}_{..}+\alpha_j+\varepsilon_{ij}(i=1,2,\cdots,n_j;j=1,2,\cdots,m)$,可见,在每个数据中都携带因素 X 的影响 α_j 和随机误差 ε_{ij}的信息. 如果 $\alpha_1\neq\alpha_2\neq\cdots\neq\alpha_m\neq0$ 等价于$\overline{Y}_{.1}\neq\overline{Y}_{.2}\neq\cdots\neq\overline{Y}_{.m}\neq\overline{Y}_{..}$ 可见,两种方法在确定影响因素的基本思路上是一致的.

6. 在统计显著性检验上具有相似性

在回归分析和方差分析中为构造模型的检验统计量都要分析总偏差平方和,即每个因变量的观测值与总平均的偏差平方和 S_t. 在回归分析中总偏差平方和 S_t 分解为

$$S_t=\Sigma(Y_i-\overline{Y})^2=\Sigma(\hat{Y}_i-\overline{Y})^2+\Sigma(Y_i-\hat{Y}_i)^2=S_r+S_e$$

其中残差平方和 S_e 是受误差影响引起部分,这里误差包括试验的随机误差和模型不足引起的误差. 回归平方和 S_r 是引进回归自变量后引起的残差平方和的减少量,自变量对模型影响大时 S_r 也变的较大. 因此,当回归平方和 S_r 相对残差平方和 S_e 比较大时认为回归模型显著,即拟合的较好,于是检验统计量是利 S_r 和 S_e 用的比值来构造的 F 分布统计量.

方差分析的显著性检验是一种根据样本数据提取信息所进行的显著性检验. 零假设为 $\alpha_1=\alpha_2=\cdots=\alpha_m=0$,即$\overline{Y}_{.1}=\overline{Y}_{.2}=\cdots=\overline{Y}_{.m}$,它也是通过 F 检验进行的. 令

$$ST=\sum_{j=1}^{m}\sum_{i=1}^{n_j}(Y_{ij}-\overline{Y}_{..})^2,SA=\sum_{j=1}^{m}\sum_{i=1}^{n_j}(\overline{Y}_{.j}-\overline{Y}_{..})^2,SE=\sum_{j=1}^{m}\sum_{i=1}^{n_j}(Y_{ij}-\overline{Y}_{.j})^2,$$

则 F 统计量为 $F=\dfrac{SA/(m-1)}{SE/(N-m)}$.

若 $F>F_{0.05}(m-1,N-m)$,则拒绝零假设,即接受平均值之间有显著差异,或者说变

数 Y 的每个数据 Y_{ij}都含有因素 X 的影响 α_j，因此 X 是引起 Y 变差的因素.

二、两种方法的区别

回归分析与方差分析尽管有上述诸多相似之处，但毕竟是两种不同的统计分析方法，因此，对两种方法的差异性分析，从某种意义上讲比相似性分析显得更重要，我们认为，至少存在以下几点差异：

1. 使用的数据不同

回归分析使用的是非试验资料的数据，因此，不需要试验设计，数据的结构为应变数 Y 和因素 X 对应的顺序数据，即 $\{Y_i, X_i \mid i=1,2,\cdots,n\}$. 方差分析使用的是试验资料因数据，要进行试验设计，在试验方案确定之后，得到试验数据结构如表 6－27 所列.

表 6－27

因素 X / 变数 Y / 试验次数	X_1	X_2	…	X_j	…	X_m
1	Y_{11}	Y_{12}	…	Y_{1j}	…	Y_{1m}
2	Y_{12}	Y_{22}	…	Y_{2j}	…	Y_{2m}
…	…	…	…	…	…	…
i	Y_{i1}	Y_{i2}	…	Y_{ij}	…	Y_{im}
⋮	⋮	⋮	⋱	⋮	⋱	⋮
n	Y_{n1}	Y_{n2}	…	Y_{nj}	…	Y_{nm}

2. 研究变数的侧重不同

回归分析方法既研究变数 Y，又研究变数 X，并在此基础上集中研究变数 Y 与变数 X 的函数关系，因此需建立模型并估计参数. 方差分析法集中研究变数 Y 的值及其变差，而变数 X 值仅用来把 Y 值划分为子群或组，因此不需要建立模型和估计参数，前边提到变数 Y 的数据模型只是一种定义式或叫会计恒等式.

3. 提供的信息不同

回归分析可提供两种类型的信息：一是不同解释变数对于因变数影响的数值；二是因变数 Y 的总变差分解为相加的分量. 而方差分析仅仅提供后一种类型的信息. 因此，当用非试验资料数据研究经济关系时，回归分析法比方差分析法更为有效.

4. 确定因变数 Y 的影响因素的属性和所应用变量的范围不同

回归分析研究的是定量因素 X 对因变数 Y 的影响，变数 Y 与 X 均用定距尺度去测量. 当然，在回归分析中也不是绝对排斥定性因素对因变数 Y 的影响，因为对定性因素可采用虚拟变数的处理方法. 方差分析多数或主要研究的是定性因素 X 对因变数 Y 的影响，变数 Y 用定距尺度去测量，变数 X 用定类尺度测量. 由于方差分析无需知道 X 的确切数值，因此，通常认为研究定性因素对某一变数的影响时，采用方差分析法比较合适.

方差分析中的因素与总量的数据可以是定性的，计数的，也可以是计量的，或者说是离散的（回归分析无能为力）或连续的. 尤其方差分析对于因素是定性数据也非常有效. 而回归分析的数据则要求是连续的，总量也要求是连续的，所以回归分析对连续性变量非常有效.

5. 研究变量之间的关系不同

方差分析不管变量之间(因素与总量 Y)的关系有多么复杂,总能得到因素对总量 Y 的影响是否显著的整体判断. 回归分析只能分析出变量之间关系比较简单的回归函数式,对比较复杂的关系无能为力. 方差分析若得到因素与总量 Y 之间有显著性关系,但到底是怎样的关系做不出具体的回答,只能用回归分析来得到它们之间的回归函数关系式. 如用表 6-8 中的数据来说的话,无论因素 A 和 B 与总量 Y 之间得关系有多复杂,其样本数据的结构都是完全一样的,分析过程不会增加任何难度,作出的结果也只是因素 A 和因素 B 与总量 Y 是否独立的整体判断. 而对于回归分析的特点,是在分析时首先通过散点图得到变量 X_1 及 X_2 与总量 Y 之间函数关系式的初步判断,而这种判断只能根据图形,经验及某种理论作出,因此只能找出简单的,特殊的函数关系,对于一般的复杂的关系则无能为力.

6. 确定影响因素 X 在某一水平上对应的因变数 Y 的均值方法不同

回归分析由于使用的对应顺序数据,即 X_i 只有一个 Y_i 与之对应,因此$\overline{Y}_i$无法由已知数据确定,它是建立回归方程$\hat{Y}_i = \hat{a} + \hat{b}X_i$ 求得的($\overline{Y}_i = \hat{Y}_i$). 而方差分析因素 X_i 对应的$\overline{Y}_i$是直接通过试验数据求得的,即$\overline{Y}_i = \dfrac{1}{n_j}\sum_{i=1}^{n_j} Y_{ij}$.

综上所述,回归分析与方差分析是两种既有联系又有区别的重要的统计分析方法,应用的时候要特别注意这种区别和联系,因为正确方法的使用是得出正确结论的前提. 方差分析给出自变量(因素)与因变量(总量)是否相互独立的初步判断,不需要自变量(因素)的具体数据,只需要因变量(总量)的观察数据. 在不独立即相关的条件下,自变量与因变量到底是什么样的关系类型,则需应用回归分析作出进一步的判断,此时需要自变量(因素)及因变量(总量)的具体观察数据,得到它们之间的回归函数关系. 另外,由于这两种方法都可以编制方差分析表,用来检验与研究目的有关的假设,因此,方差分析通常可以与回归分析结合使用.

第 7 章　实用多元统计分析

在研究社会、经济现象和许多实际问题时，经常会遇到多指标的问题．例如研究职工工资构成情况时，计时工资、基础工资与职务工资、各种奖金、各种津贴等都是同时需要考察的指标；又如研究股票的运营情况时，要涉及公司的资金周转能力、偿债能力、获得能力及竞争能力等财务指标，这些都是多指标研究的问题．显然，这些指标之间往往不独立，仅研究某个指标或者将这些指标割裂开来分别研究，都不能从整体上把握研究的实质．一般，假设所研究的问题涉及 p 个指标，进行了 n 次独立观测，将得到 np 个数据，我们的目的就是对观测对象进行分组、分类或分析这 p 个变量之间的相互关联程度，找出内在规律．多元统计分析就是研究客观事物中多个随机变量（或多个指标）之间相互依赖关系以及内在统计规律的一门学科．它是一元统计分析的延伸和拓展，利用其中的不同方法可对研究对象进行分类和简化．

7.1 多元分析的基本概念

7.1.1 随机向量

假定所讨论的是多个变量的总体，所研究的数据是同时观测 p 个指标（即变量），进行了 n 次观测得到的，把这 p 个指标表示为 $X_1,X_2,\cdots,X_p$，常用向量 $\boldsymbol{X}=(X_1,X_2,\cdots,X_p)'$ 表示对同一个体观测的 p 个变量．若观测了 n 个个体，则可得到如表 7－1 所列的数据，称每个个体的 p 个变量为一个样品，而全体 n 个样品形成一个样本．

表 7－1

变量 / 序号	X_1	X_2	$\cdots$	X_p
1	x_{11}	x_{12}	$\cdots$	x_{1p}
2	x_{21}	x_{22}	$\cdots$	x_{2p}
$\vdots$	$\vdots$	$\vdots$	$\ddots$	$\vdots$
n	x_{n1}	x_{n2}	$\cdots$	x_{np}

横看表 7－1，记

$$X_{(\alpha)}=(X_{\alpha1},X_{\alpha2},\cdots,X_{\alpha p})',\alpha=1,2,\cdots,n,$$

它表示第 α 个样品的观测值。竖看表 7－1，第 j 列的元素为

$$X_j=(X_{1j},X_{2j},\cdots,X_{nj})',j=1,2,\cdots,p,$$

表示对 j 个变量 X_j 的 n 次观测数值．

因此,样本资料矩阵可用矩阵语言表示为

$$X=\begin{bmatrix}\chi_{11} & \chi_{12} & \cdots & \chi_{1p}\\ \chi_{21} & \chi_{22} & \cdots & \chi_{2p}\\ \vdots & \vdots & \ddots & \vdots\\ \chi_{n1} & \chi_{n2} & \cdots & \chi_{np}\end{bmatrix}=[X_1,X_2,\cdots,X_p]=\begin{bmatrix}X'_{(1)}\\ X'_{(2)}\\ \vdots\\ X'_{(n)}\end{bmatrix}. \qquad (7-1)$$

定义 1 设 $X_1,X_2,\cdots X_p$ 为 p 个随机变量,由它们组成的向量 $\boldsymbol{X}=(X_1,X_2,\cdots,X_p)'$ 称为随机向量.

7.1.2 分布函数与密度函数

描述随机变量的最基本工具是分布函数.类似地,描述随机向量的最基本工具还是分布函数.

定义 2 设 $\boldsymbol{X}=(X_1,X_2,\cdots,X_p)'$ 是一随机变量,它的多元分布函数是

$$F(x)=F(x_1,x_2,\cdots,x_p)=P(X_1\leqslant x_1,X_2\leqslant x_2,\cdots,X_p\leqslant x_p). \qquad (7-2)$$

式中:$x=(x_1,x_2,\cdots x_p)\in\mathbf{R}^p$,并记成 $\boldsymbol{X}\sim F$.

定义 3 设 $\boldsymbol{X}\sim F_{(x)}=F(x_1,x_2,\cdots,x_p)$,若存在一个非负的函数 $f(\cdot)$,使得

$$F(x)=\int_{-\infty}^{x_1}\cdots\int_{-\infty}^{x_p}f(t_1,t_2,\cdots,t_p)\,\mathrm{d}_{t_1}\cdots\mathrm{d}_{t_p}, \qquad (7-3)$$

对一切 $x\in\mathbf{R}^p$ 成立,则称 $\boldsymbol{X}$ 或 $F(x)$ 有分布密度 $f(\cdot)$,并称 $\boldsymbol{X}$ 为连续型随机向量.

一个 p 维变量的函数 $f(\cdot)$ 能作为 $\mathbf{R}^p$ 中某个随机向量的分布密度,当且仅当

(1) $f(x)\geqslant 0,\ \forall x\in\mathbf{R}^p$.

(2) $\int_{\mathbf{R}^p}f(x)\,\mathrm{d}x=1$.

例 7-1 若随机向量 (X_1,X_2,X_3) 有密度函数

$$f(x_1,x_2,x_3)=x_1^2+6x_3^2+\frac{1}{3}x_1x_2,0<x_1<1,0<x_2<2,0<x_3<\frac{1}{2},$$

容易验证它符合分布密度函数的两个条件.

7.1.3 多元变量的独立性

定义 4 两个随机变量 $\boldsymbol{X}$ 和 $\boldsymbol{Y}$ 称为相互独立的,若

$$P(\boldsymbol{X}\leqslant x,\boldsymbol{Y}\leqslant y)=P(\boldsymbol{X}\leqslant x)P(\boldsymbol{Y}\leqslant y) \qquad (7-4)$$

对一切 x,y 成立.若 $F(x,y)$ 为 $(\boldsymbol{X},\boldsymbol{Y})$ 的联合分布函数,$G(x)$ 和 $H(y)$ 分别为 $\boldsymbol{X}$ 和 $\boldsymbol{Y}$ 的分布函数,则 $\boldsymbol{X}$ 与 $\boldsymbol{Y}$ 独立当且仅当

$$F(x,y)=G(x)H(y).$$

若 $(\boldsymbol{X},\boldsymbol{Y})$ 有分布密度 $f(x,y)$,用 $g(x)$ 和 $h(y)$ 分别表示 $\boldsymbol{X}$ 和 $\boldsymbol{Y}$ 的分布密度,则 $\boldsymbol{X}$ 和 $\boldsymbol{Y}$ 独立当且仅当

$$f(x,y)=g(x)h(y).$$

注意在上述定义中,$\boldsymbol{X}$ 和 $\boldsymbol{Y}$ 的维数一般是不同的.

类似地，若它们的联合分布等于各自分布的乘积，称 P 个随机变量 $X_1, X_2, \cdots X_P$ 相互独立．由 $X_1, X_2, \cdots X_P$ 相互独立可以推知任何 X_i 与 $X_j(i \neq j)$ 独立，但是，若已知任何 X_i 与 $X_j(i \neq j)$ 独立，并不能推出 $X_1, X_2, \cdots X_P$ 相互独立.

7.1.4 随机向量的数字特征

1. 随机向量 $\boldsymbol{X}$ 的均值

设 $\boldsymbol{X}=(X_1, X_2, \cdots X_p)'$ 有 p 个分量. 若 $E(X_i)=\mu_i(i=1,2,\cdots,p)$ 存在，定义随机向量 $\boldsymbol{X}$ 的均值为

$$E(\boldsymbol{X})=\begin{bmatrix} E(X_1) \\ E(X_2) \\ \vdots \\ E(X_p) \end{bmatrix}=\begin{bmatrix} \mu_1 \\ \mu_2 \\ \vdots \\ \mu_p \end{bmatrix}=\boldsymbol{\mu}. \tag{7-5}$$

式中：$\boldsymbol{\mu}$ 为一个 p 维向量，称为均值变量.

当 $\boldsymbol{A}, \boldsymbol{B}$ 为常数矩阵时，由定义可立即推出如下性质：

(1) $E(\boldsymbol{AX})=\boldsymbol{A}E(\boldsymbol{X})$.

(2) $E(\boldsymbol{AXB})=\boldsymbol{A}E(\boldsymbol{X})\boldsymbol{B}$.

2. 随机向量的协方差阵

$$\begin{aligned}\sum &= \operatorname{cov}(\boldsymbol{X},\boldsymbol{X}) = E(\boldsymbol{X}-E\boldsymbol{X})(\boldsymbol{X}-E\boldsymbol{X})' = D(\boldsymbol{X}) \\ &= \begin{bmatrix} D(X_1) & \operatorname{cov}(X_1,X_2) & \cdots & \operatorname{cov}(X_1,X_p) \\ \operatorname{cov}(X_2,X_1) & D(X_2) & \cdots & \operatorname{cov}(X_2,X_p) \\ \vdots & \vdots & \ddots & \vdots \\ \operatorname{cov}(X_p,X_1) & \operatorname{cov}(X_p,X_2) & \cdots & D(X_p) \end{bmatrix} \\ &= (\sigma_{ij}) \end{aligned} \tag{7-6}$$

称为 p 维随机向量 $\boldsymbol{X}$ 的协方差阵，简称为 $\boldsymbol{X}$ 的协方差阵.

称 $|\operatorname{cov}(\boldsymbol{X},\boldsymbol{X})|$ 为 $\boldsymbol{X}$ 的广义方差，它是协方差阵的行列式之值.

3. 随机向量和的协方差阵

设 $\boldsymbol{X}=(X_1, X_2, \cdots X_n)'$ 和 $\boldsymbol{Y}=(Y_1, Y_2, \cdots Y_p)'$ 分别为 n 维和 p 维随机向量，它们之间的协方差阵定义为一个 $n \times p$ 矩阵，其元素是 $\operatorname{cov}(X_i, Y_j)$，即

$$\operatorname{cov}(\boldsymbol{X},\boldsymbol{Y}) = [\operatorname{cov}(X_i,Y_j)], i=1,2,\cdots,n; j=1,2,\cdots,p.$$

若 $\operatorname{cov}(\boldsymbol{X},\boldsymbol{Y})=0$，称 $\boldsymbol{X}$ 和 $\boldsymbol{Y}$ 是不相关的.

当 $\boldsymbol{A}, \boldsymbol{B}$ 为常数矩阵时，由定义可推出协方差阵有如下性质：

(1) $D(\boldsymbol{AX})=\boldsymbol{A}D(\boldsymbol{X})\boldsymbol{A}'=\boldsymbol{A}\Sigma\boldsymbol{A}'$.

(2) $\operatorname{cov}(\boldsymbol{AX},\boldsymbol{BY})=\boldsymbol{A}\operatorname{cov}(\boldsymbol{X},\boldsymbol{Y})\boldsymbol{B}'$.

(3) 设 $\boldsymbol{X}$ 为 n 维随机向量，期望和协方差阵存在，记 $\boldsymbol{\mu}=E(\boldsymbol{X})$，$\Sigma=D(\boldsymbol{X})$，$\boldsymbol{A}$ 为 $n \times n$ 的常数阵，则 $E(\boldsymbol{X}'\boldsymbol{AX})=\operatorname{tr}(\boldsymbol{A}\Sigma)+\boldsymbol{\mu}'\boldsymbol{A}\boldsymbol{\mu}$ 对于任何随机向量 $\boldsymbol{X}=(X_1, X_2, \cdots, X_P)'$ 来说，其协方差阵 Σ 都是对称阵，同时总是非负定（也称半正定）的.

4. 随机向量的相关阵

若随机向量 $\boldsymbol{X}=(X_1,X_2,\cdots,X_p)'$ 的协方差阵存在,且每个分量的方差大于零,则 $\boldsymbol{X}$ 的相关阵定义为

$$\boldsymbol{R} = (\operatorname{cov}(X_i,X_j)) = (r_{ij})_{p\times p},$$

$$r_{ij} = \frac{\operatorname{cov}(X_i,X_j)}{\sqrt{D(X_i)}\ \sqrt{D(X_j)}}, i,j = 1,2,\cdots p. \tag{7-7}$$

r_{ij} 也称为分量 X_i 与 X_j 之间的(线性)相关系数.

对于两组不同的随机向量 $\boldsymbol{X}$ 及 $\boldsymbol{Y}$,它们之间的相关问题将在典型相关分析的章节中详细讨论.

在数据处理时,为了克服由于指标的量纲不同对统计分析结果带来的影响,往往在使用某种统计方法之前,将每个指标"标准化",即做如下变换:

$$X_j^* = \frac{X_j - E(X_j)}{(\operatorname{var}X_j)^{\frac{1}{2}}}, j = 1,2,\cdots,p,$$

$$\boldsymbol{X}^* = (X_1^*,X_2^*,\cdots,X_p^*).$$

于是

$$E(\boldsymbol{X}^*) = 0,$$

$$D(\boldsymbol{X}^*) = \operatorname{corr}(\boldsymbol{X}) = \boldsymbol{R}.$$

即标准化数据的协方差阵正好是原指标的相关阵:

$$\boldsymbol{R} = \frac{1}{n-1}\boldsymbol{X}^{*\prime}\boldsymbol{X}^*.$$

7.2 多元正态分布的参数估计与检验

多元正态分布是一元正态分布的推广. 迄今为止,多元分析的主要理论都是建立在多元正态总体基础上的,多元正态分布是多元分析的基础. 另一方面,许多实际问题的分布常是多元正态分布或近似正态分布,或虽本身不是正态分布,但它的样本均值近似于多元正态分布.

本节将介绍多元正态分布的定义,并简要给出它的基本性质.

7.2.1 多元正态分布的定义

在概率论中已经讲过,一元正态分布的密度函数为

$$f(x) = \frac{1}{\sqrt{2\pi}\sigma}\mathrm{e}^{-\frac{(x-\mu)^2}{2\sigma^2}}, \sigma > 0.$$

上式可以改写成

$$f(x) = (2\pi)^{-\frac{1}{2}}\sigma^{-1}\exp\left[-\frac{1}{2}(x-\mu)'(\sigma^2)^{-1}(x-\mu)\right].$$

用 $(x-\mu)'$ 代表 $(x-\mu)$ 的转置. 由于 x,μ 均为一维的数字,转置与否都相同,所以可以这么写.

当一元正态分布的随机变量 $\boldsymbol{X}$ 的概率密度函数改写成上式时，我们就可以将其推广，给出多元正态分布的定义.

定义 1 若 p 元随机向量 $\boldsymbol{X}=(X_1,X_2,\cdots,X_p)'$的概率密度函数为

$$f(X_1,X_2,\cdots,X_p)=\frac{1}{(2\pi)^{\frac{p}{2}}|\boldsymbol{\Sigma}|^{\frac{1}{2}}}\exp\left\{-\frac{1}{2}(x-\mu)'\boldsymbol{\Sigma}^{-1}(x-\mu)\right\},\boldsymbol{\Sigma}>0,$$

则称 $\boldsymbol{X}=(X_1,X_2,\cdots,X_p)'$遵从 p 元正态分布，也称 $\boldsymbol{X}$ 为 p 元正态变量，记为 $\boldsymbol{X}\sim N_p(\mu,\boldsymbol{\Sigma})$.

$|\boldsymbol{\Sigma}|$为协方差阵 $\boldsymbol{\Sigma}$ 的行列式. 上式实际是在 $|\boldsymbol{\Sigma}|\neq 0$ 时定义的. 若 $|\boldsymbol{\Sigma}|=0$，此时不存在通常意义下的密度，但可以在形式上给出一个表达式，使有些问题可以利用这一形式对 $|\boldsymbol{\Sigma}|\neq 0$ 及 $|\boldsymbol{\Sigma}|=0$ 的情况给出统一的处理，当 $p=2$ 时，可以得到二元正态分布的密度公式.

设 $\boldsymbol{X}=(X_1,X_2)'$遵从二元正态分布，则

$$\boldsymbol{\Sigma}=\begin{bmatrix}\sigma_{11} & \sigma_{12}\\ \sigma_{21} & \sigma_{22}\end{bmatrix}=\begin{bmatrix}\sigma_1^2 & \sigma_1\sigma_2\gamma\\ \sigma_2\sigma_1\gamma & \sigma_2^2\end{bmatrix},\gamma\neq\pm 1.$$

这里 σ_1^2,σ_2^2 分别是 X_1 与 X_2 的方差，γ 是 X_1 与 X_2 的相关系数. 此时，有

$$|\boldsymbol{\Sigma}|=\sigma_1^2\sigma_2^2(1-\gamma^2),$$

$$\boldsymbol{\Sigma}^{-1}=\frac{1}{\sigma_1^2\sigma_2^2(1-\gamma^2)}\begin{bmatrix}\sigma_1^2 & \sigma_1\sigma_2\gamma\\ \sigma_2\sigma_1\gamma & \sigma_1^2\end{bmatrix}.$$

故 X_1与 X_2的密度函数为

$$f(x_1,x_2)=\frac{1}{2\pi\sigma_1^2\sigma_2^2(1-\gamma^2)^{\frac{1}{2}}}\begin{bmatrix}\sigma_1^2 & \sigma_1\sigma_2\gamma\\ \sigma_2\sigma_1\gamma & \sigma_1^2\end{bmatrix},$$

$$\exp\left\{-\frac{1}{2(1-\gamma^2)}\left[\frac{(x_1-\mu_1)^2}{\sigma_1^2}-2\gamma\frac{(x_1-\mu_1)(x_2-\mu_2)}{\sigma_1\sigma_2}+\frac{(x_2-\mu_2)^2}{\sigma_2^2}\right]\right\}.\quad(7-8)$$

这与概率统计中的结果是一致的.

如果 $\gamma=0$，那么 X_1 与 X_2 是独立的；若 $\gamma>0$ 则 X_1 与 X_2 趋于正相关；若 $\gamma<0$，则 X_1 与 X_2 趋于负相关. 定理 1 将正态分布的参数 μ 和 $\boldsymbol{\Sigma}$ 赋予了明确的统计意义. 多元正态分布不止一种定义形式，更广泛的可采用特征函数来定义，也可用一切线形组合均为正态的性质来定义等.

7.2.2 多元正态分布的性质

(1) 如果正态随机向量 $\boldsymbol{X}=(X_1,X_2,\cdots,X_p)'$的协方差阵 $\boldsymbol{\Sigma}$ 是对角阵，则 $\boldsymbol{X}$ 的各分量是相互独立的随机变量.

(2) 多元正态分布随机向量 $\boldsymbol{X}$ 的任何一个分量子集多变量$(X_1,X_2,\cdots,X_p)'$中的一部分变量构成的集合的分布（称为 $\boldsymbol{X}$ 的边缘分布）仍然遵从正态分布. 反之若一个随机向量的任何边缘分布均为正态，并不能说明它是多元正态分布. 例如，设 $\boldsymbol{X}=(X_1,X_2)'$有分布密度 $f(x_1,x_2)=\frac{1}{2\pi}\mathrm{e}^{-\frac{1}{2}(x_1^2+x_2^2)}[1+x_1x_2\mathrm{e}^{-\frac{1}{2}(x_1^2+x_2^2)}]$，容易验证，$X_1\sim N(0,1)$，$X_2\sim N(0,1)$，

但(X_1, X_2)显然不是正态分布.

(3) 多元正态向量$\boldsymbol{X}=(X_1, X_2, \cdots, X_p)'$的任意线性变换仍然遵从多元正态分布. 即设$\boldsymbol{X} \sim N_p(\boldsymbol{\mu}, \boldsymbol{\Sigma})$，而$m$维随机向量$\boldsymbol{Z}_{m\times 1}=\boldsymbol{AX}+\boldsymbol{b}$，其中$\boldsymbol{A}=(a_{ij})$是$m\times p$阶的常数矩阵，$\boldsymbol{b}$是$m$维的常向量，则$m$维随机向量$\boldsymbol{Z}$也是正态的，且$\boldsymbol{Z}\sim N_m(\boldsymbol{A\mu}+\boldsymbol{b}, \boldsymbol{A\Sigma A}')$. 即$\boldsymbol{Z}$遵从$m$元正态分布，其均值向量为$\boldsymbol{A\mu}+\boldsymbol{b}$，协方差阵为$\boldsymbol{A\Sigma A}'$.

(4) 若$\boldsymbol{X}\sim N_p(\mu, \boldsymbol{\Sigma})$，则$d^2=(\boldsymbol{X}-\boldsymbol{\mu})'\boldsymbol{\Sigma}^{-1}(\boldsymbol{X}-\boldsymbol{\mu})\sim\chi^2(p)$.

d^2若为定值，随着$\boldsymbol{X}$的变化，其轨迹为唯一椭球面，是$\boldsymbol{X}$的密度函数的等值面. 若$\boldsymbol{X}$给定，则d^2为$\boldsymbol{X}$到$\boldsymbol{\mu}$的马氏距离.

7.2.3 条件分布和独立性

设$\boldsymbol{X}\sim N_p(\boldsymbol{\mu}, \boldsymbol{\Sigma})$，$p\geqslant 2$，将$\boldsymbol{X}$,$\boldsymbol{\mu}$和$\boldsymbol{\Sigma}$剖分如下：

$$\boldsymbol{X}=\begin{bmatrix}\boldsymbol{X}^{(1)}\\ \boldsymbol{X}^{(2)}\end{bmatrix}, \boldsymbol{\mu}=\begin{bmatrix}\boldsymbol{\mu}^{(1)}\\ \boldsymbol{\mu}^{(2)}\end{bmatrix}, \boldsymbol{\Sigma}=\begin{bmatrix}\boldsymbol{\Sigma}_{(11)} & \boldsymbol{\Sigma}_{(12)}\\ \boldsymbol{\Sigma}_{(21)} & \boldsymbol{\Sigma}_{(22)}\end{bmatrix}$$

其中$\boldsymbol{X}^{(1)}$,$\boldsymbol{\mu}^{(1)}$为$q\times 1$，$\boldsymbol{\Sigma}_{11}$为$q\times q$，我们希望求给定$\boldsymbol{X}^{(2)}$时$\boldsymbol{X}^{(1)}$的条件分布，即$(X_{(1)} \mid X_{(2)})$的分布. 下一个定理指出：正态分布的条件分布仍为正态分布.

定理1 设$\boldsymbol{X}\sim N_p(\boldsymbol{\mu}, \boldsymbol{\Sigma})$，$\boldsymbol{\Sigma}>0$，则$(X_{(1)} \mid X_{(2)})\sim N_p(\boldsymbol{\mu}_{1\cdot 2}, \boldsymbol{\Sigma}_{11\cdot 2})$其中

$$\begin{aligned}\boldsymbol{\mu}_{(1\cdot 2)} &= \boldsymbol{\mu}^{(1)}+\boldsymbol{\Sigma}_{12}\boldsymbol{\Sigma}_{22}^{-1}(\boldsymbol{X}^{(2)}-\boldsymbol{\mu}^{(2)}),\\ \boldsymbol{\Sigma}_{11\cdot 2} &= \boldsymbol{\Sigma}_{11}-\boldsymbol{\Sigma}_{12}\boldsymbol{\Sigma}_{22}^{-1}\boldsymbol{\Sigma}_{21}.\end{aligned} \tag{7-9}$$

该定理告诉我们，$\boldsymbol{X}^{(1)}$的分布与$(X_{(1)} \mid X_{(2)})$均为正态，它们的协方差阵分别为$\boldsymbol{\Sigma}_{11}$与$\boldsymbol{\Sigma}_{11\cdot 2}=\boldsymbol{\Sigma}_{11}-\boldsymbol{\Sigma}_{12}\boldsymbol{\Sigma}_{22}^{-1}\boldsymbol{\Sigma}_{21}$. 由于$\boldsymbol{\Sigma}_{12}\boldsymbol{\Sigma}_{22}^{-1}\boldsymbol{\Sigma}_{21}\geqslant 0$，故$\boldsymbol{\Sigma}_{11}\geqslant\boldsymbol{\Sigma}_{11\cdot 2}$，等号成立当且仅当$\boldsymbol{\Sigma}_{12}=0$. 协方差阵是用来描述指标之间关系及散布程度的，$\boldsymbol{\Sigma}_{11}\geqslant\boldsymbol{\Sigma}_{11\cdot 2}$，说明已知$\boldsymbol{X}^{(2)}$的条件下，$\boldsymbol{X}^{(1)}$散布的程度比不知道$\boldsymbol{X}^{(2)}$的情况下减小了，只有当$\boldsymbol{\Sigma}_{12}=0$时，两者相同. 还可以证明，$\boldsymbol{\Sigma}_{12}=0$，等价于$\boldsymbol{X}^{(1)}$和$\boldsymbol{X}^{(2)}$独立，这时，即使给出$\boldsymbol{X}^{(2)}$，对$\boldsymbol{X}^{(1)}$的分布也是没有影响的.

定理2 设$\boldsymbol{X}\sim N_p(\boldsymbol{\mu}, \boldsymbol{\Sigma})$，$\boldsymbol{\Sigma}>0$，，将$\boldsymbol{X}$,$\boldsymbol{\mu}$,$\boldsymbol{\Sigma}$部分如下：

$$\boldsymbol{X}=\begin{bmatrix}X^{(1)}\\ X^{(3)}\\ X^{(3)}\end{bmatrix}\begin{matrix}r\\ s\\ t\end{matrix}, \boldsymbol{\mu}=\begin{bmatrix}\mu^{(1)}\\ \mu^{(2)}\\ \mu^{(3)}\end{bmatrix}\begin{matrix}r\\ s\\ t\end{matrix}, \boldsymbol{\Sigma}=\begin{bmatrix}\Sigma_{11} & \Sigma_{12} & \Sigma_{13}\\ \Sigma_{21} & \Sigma_{22} & \Sigma_{23}\\ \Sigma_{31} & \Sigma_{32} & \Sigma_{33}\end{bmatrix}\begin{matrix}r\\ s\\ t\end{matrix}.$$

则$\boldsymbol{X}^{(1)}$有如下的条件均值和条件协方差的递推公式：

$$\begin{aligned}E(\boldsymbol{X}^{(1)} \mid \boldsymbol{X}^{(2)}, \boldsymbol{X}^{(3)}) &= \boldsymbol{\mu}_{1\cdot 3}+\boldsymbol{\Sigma}_{12\cdot 3}\boldsymbol{\Sigma}_{22\cdot 3}^{-1}(\boldsymbol{X}^{(2)}-\boldsymbol{\mu}_{2\cdot 3}),\\ D(\boldsymbol{X}^{(1)} \mid \boldsymbol{X}^{(2)}, \boldsymbol{X}^{(3)}) &= \boldsymbol{\mu}_{11\cdot 3}-\boldsymbol{\Sigma}_{12\cdot 3}\boldsymbol{\Sigma}_{22\cdot 3}^{-1}\boldsymbol{\Sigma}_{21\cdot 3}.\end{aligned}$$

其中

$$\begin{aligned}\boldsymbol{\Sigma}_{ij\cdot k} &= \boldsymbol{\Sigma}_{ij}-\boldsymbol{\Sigma}_{ik}\boldsymbol{\Sigma}_{kk}^{-1}\boldsymbol{\Sigma}_{kj}, i,j,k=1,2,3,\\ \boldsymbol{\mu}_{1\cdot 3} &= E(\boldsymbol{X}^{(i)} \mid \boldsymbol{X}^{(3)}), i=1,2.\end{aligned} \tag{7-10}$$

定理1给出了对$\boldsymbol{X}$,$\boldsymbol{\mu}$和$\boldsymbol{\Sigma}$剖分时条件协方差阵$\boldsymbol{\Sigma}_{11\cdot 2}$的表达式及其与非条件协方差阵的关系. 令$\sigma_{ij}$, $q+1,\cdots,p$表示$\boldsymbol{\Sigma}_{11\cdot 2}$的元素，则可以定义偏相关系数的概念如下：

定义 5　当 $X^{(2)}$ 给定时,X_i 与 X_j 的偏相关系数为

$$r_{ij},q+1,\cdots,p=\frac{\sigma_{ij},q+1,\cdots,p}{(\sigma_{ii},q+1,\cdots,p\sigma_{jj},q+1,\cdots,p)^{\frac{1}{2}}}.$$

定理 3　设 $\boldsymbol{X}\sim N_P(\boldsymbol{\mu},\boldsymbol{\Sigma})$,将 $\boldsymbol{X},\boldsymbol{\mu},\boldsymbol{\Sigma}$ 按同样方式剖分为

$$\boldsymbol{X}=\begin{bmatrix}\boldsymbol{X}^{(1)}\\ \vdots\\ \boldsymbol{X}^{(k)}\end{bmatrix},\boldsymbol{\mu}=\begin{bmatrix}\boldsymbol{\mu}^{(1)}\\ \vdots\\ \boldsymbol{\mu}^{(k)}\end{bmatrix},\boldsymbol{\Sigma}=\begin{bmatrix}\boldsymbol{\Sigma}_{11} & \cdots & \boldsymbol{\Sigma}_{1k}\\ \vdots & \ddots & \vdots\\ \boldsymbol{\Sigma}_{k1} & \cdots & \boldsymbol{\Sigma}_{kk}\end{bmatrix}.$$

其中 $\boldsymbol{X}^{(j)}:S_j\times 1,\boldsymbol{\mu}^{(j)}:S_j\times 1,\boldsymbol{\Sigma}_{jj}:S_j\times S_j(j=1,\cdots,k)$,则 $\boldsymbol{X}^{(1)},\boldsymbol{X}^{(2)},\cdots,\boldsymbol{X}^{(k)}$ 相互独立当且仅当 $\boldsymbol{\Sigma}_{ij}=0$,对一切 $i\neq j$.

因为 $\boldsymbol{\Sigma}_{12}=\text{cov}(\boldsymbol{X}^{(1)},\boldsymbol{X}^{(2)})$,该定理同时指出对多元正态分布而言,"$\boldsymbol{X}^{(1)}$ 和 $\boldsymbol{X}^{(2)}$ 不相关"等价于"$\boldsymbol{X}^{(1)}$ 和 $\boldsymbol{X}^{(2)}$ 独立".

7.2.4　均值向量和协方差阵的估计

7.2.3 节已经给出了多元正态分布的定义和有关的性质,在实际问题中,通常可以假定被研究的对象是多元正态分布,但分布中的参数 $\boldsymbol{\mu}$ 和 $\boldsymbol{\Sigma}$ 是未知的,一般的做法是通过样本来估计.

在一般情况下,如果样本资料阵为

$$\boldsymbol{X}=\begin{bmatrix}x_{11} & x_{12} & \cdots & x_{1p}\\ x_{21} & x_{22} & \cdots & x_{2p}\\ \vdots & \vdots & \ddots & \vdots\\ x_{n1} & x_{n1} & \cdots & x_{np}\end{bmatrix}=[X_1,X_2,\cdots X_p]=\begin{bmatrix}X'_{(1)}\\ X'_{(2)}\\ \vdots\\ X'_{(n)}\end{bmatrix},$$

设样本 $X_{(1)},X_{(2)},\cdots X_{(n)}$ 相互独立,同遵从于 p 元正态分布 $N_p(\boldsymbol{\mu},\boldsymbol{\Sigma})$,而且 $\boldsymbol{n}>p,\boldsymbol{\Sigma}>0$,则总体参数均值 $\boldsymbol{\mu}$ 的估计量是

$$\hat{\boldsymbol{\mu}}=\overline{\boldsymbol{X}}=\frac{1}{n}\sum_{i=1}^{n}X_{(i)}=\frac{1}{n}\begin{bmatrix}\sum_{i=1}^{n}X_{i1}\\ \sum_{i=1}^{n}X_{i2}\\ \vdots\\ \sum_{i=1}^{n}X_{ip}\end{bmatrix}=\begin{bmatrix}\overline{X}_1\\ \overline{X}_2\\ \vdots\\ \overline{X}_p\end{bmatrix},$$

即均值向量 $\boldsymbol{\mu}$ 的估计量,就是样本均值向量. 这可由极大似然法推导出来. 很显然,当样本资料选取的是 p 个指标的数据时,当然 $\hat{\boldsymbol{\mu}}=\overline{\boldsymbol{X}}$ 也是 p 维向量.

总体参数协方差阵 $\boldsymbol{\Sigma}$ 的极大似然估计是

$$\hat{\boldsymbol{\Sigma}}_p=\frac{1}{n}L=\frac{1}{n}\sum_{i=1}^{n}(X_{(i)}-\overline{\boldsymbol{X}})(X_{(i)}-\overline{\boldsymbol{X}})'$$

$$=\frac{1}{n}\begin{bmatrix} \sum_{i=1}^{n}(X_{i1}-\overline{X}_1)^2 & \cdots & \sum_{i=1}^{n}(X_{i1}-\overline{X}_1)(X_{ip}-\overline{X}_p) \\ & \sum_{i=1}^{n}(X_{i2}-\overline{X}_2)^2 \quad \cdots & \sum_{i=1}^{n}(X_{i2}-\overline{X}_2)(X_{ip}-\overline{X}_p) \\ & & \vdots \\ & & \sum_{i=1}^{n}(X_{ip}-\overline{X}_p)^2 \end{bmatrix}.$$

其中,$\boldsymbol{L}$ 为离差阵,它是每个样品(向量)与样本均值(向量)的离差积形成的 n 个 $p\times p$ 阶对称阵的和. 同一元相似,$\hat{\boldsymbol{\Sigma}}_p$不是 $\boldsymbol{\Sigma}$ 的无偏估计. 为了得到无偏估计,常用样本协方差阵 $\hat{\boldsymbol{\Sigma}}_p=\frac{1}{n-1}L$ 作为总体协方差阵的估计.

可以证明,$\overline{\boldsymbol{X}}$是$\boldsymbol{\mu}$ 的无偏估计,是极小极大估计,是强相合估计,$\overline{\boldsymbol{X}}$还是$\boldsymbol{\mu}$ 的充分统计量;$\hat{\boldsymbol{\Sigma}}$是 $\boldsymbol{\Sigma}$ 的强相合估计,但用$\hat{\boldsymbol{\Sigma}}$估计 $\boldsymbol{\Sigma}$ 是有偏的,$\frac{1}{n-1}\boldsymbol{L}$ 才是 $\boldsymbol{\Sigma}$ 的无偏估计. 在实际应用中,当 n 不是很大时,人们常用$\frac{1}{n-1}\boldsymbol{L}$ 估计 $\boldsymbol{\Sigma}$,但当 n 比较大时,用$\hat{\boldsymbol{\Sigma}}$或$\frac{1}{n-1}\boldsymbol{L}$ 差别不大.

关于多元正态分布参数的区间估计,由于高维数据的特征不易处理,这里用二元正态分布为例进行说明.

设 x_1,x_2 服从二元正态分布,x_1 的均值为μ_1,方差为 σ_1^2,x_2 的均值为μ_2,方差为 σ_2^2,x_1 与 x_2 的相关系数为ρ,则 x_1 和 x_2 的 $100(1-\alpha)\%$ 的取值范围为

$$\frac{1}{1-\rho^2}\left\{\left(\frac{x_1-\mu_1}{\sigma_1}\right)^2-2\rho\left(\frac{x_1-\mu_1}{\sigma_1}\right)\left(\frac{x_2-\mu_2}{\sigma_2}\right)+\left(\frac{x_2-\mu_2}{\sigma_2}\right)^2\right\}=\chi^2_{\alpha(2)}.$$

该范围是一个椭圆,它是两变量的联合参考值范围. 设 $z_i=\frac{x_i-\mu_i}{\sigma_i}(i=1,2)$,则 x_1,x_2 的 $100(1-\alpha)\%$ 的取值范围转化为

$$z_1^2-2\rho z_1z_2+z_2^2=(1-\rho^2)\chi^2_{\alpha(2)}.$$

当$\rho>0$ 时,该椭圆的长轴在过原点的 45°线上,长轴长 $2\sqrt{(1+\rho)\chi^2_{\alpha(2)}}$,短轴长 $2\sqrt{(1-\rho)\chi^2_{\alpha(2)}}$;当$\rho<0$,该椭圆的长轴在过原点 135°的线上,长轴长 $2\sqrt{(1-\rho)\chi^2_{\alpha(2)}}$,短轴长 $2\sqrt{(1+\rho)\chi^2_{\alpha(2)}}$.

7.2.5 总体均值向量的检验

设 $X_1,X_2,\cdots,X_N$ 是来自于 p 元正态分布总体 $\boldsymbol{X}\sim N_p(\mu,\boldsymbol{\Sigma})$ 中容量为 n 的随机样本,$\boldsymbol{\Sigma}>0$,$\boldsymbol{n}>p$,进行单个总体均值向量的检验问题,就是检验如下假设:对于给定的常数向量$\boldsymbol{\mu}_0$,要检验如下的假设:

$$H_0:\boldsymbol{\mu}=\boldsymbol{\mu}_0,H_1:\boldsymbol{\mu}\neq\boldsymbol{\mu}_0.$$

若 $p=1$,上述问题就是一元总体均值的假设检验问题. 此时,协方差阵 $\boldsymbol{\Sigma}$ 就退化为方差 σ^2,由统计学原理可知,此时检验统计量依据总体方差是否可知的情况有两种选择. 若

总体方差 σ^2 已知,此时采用标准正态分布 Z 检验统计量:

$$Z = \frac{\bar{x} - \mu_0}{\frac{\sigma}{\sqrt{n}}} \sim N(0,1).$$

若总体方差未知,此时采用 t 分布,t 检验统计量为

$$t = \frac{\bar{x} - \mu_0}{\frac{\sigma}{\sqrt{n}}} \sim t(n-1).$$

当原假设为真时,上述检验统计量服从相应的分布,$Z \sim N(0,1)$,$t \sim t(n-1)$,在给定的显著性水平之下,由相应分布可确定相应的原假设的拒绝域.

当 $p>1$ 时,为便于与多元情形进行对比,可将上述统计量转化为

$$Z = \sqrt{n}\sigma^{-1}(\bar{x} - \mu_0),$$

$$t = \sqrt{n}s^{-1}(\bar{x} - \mu_0).$$

将上面两式平方,可得到两个平方形式的一元统计量,分别为

$$Z^2 = n(\bar{x} - \mu_0)(\sigma^2)^{-1}(\bar{x} - \mu_0),$$

$$t^2 = n(\bar{x} - \mu_0)(s^2)^{-1}(\bar{x} - \mu_0).$$

由统计学原理可知,上述两个统计量分别服从卡方分布和 F 分布. 现将此两平方统计量推广到多元情形,可得与上述两个一元平方统计量相应的多元平方统计量为

$$Z^2 = n(\bar{X} - \mu_0)'\Sigma^{-1}(\bar{X} - \mu_0),$$

$$T^2 = n(\bar{X} - \mu_0)'S^{-1}(\bar{X} - \mu_0).$$

从而可用这两个多元平方统计量的分布来确定原假设的拒绝域.

若总体协方差阵 $\boldsymbol{\Sigma}$ 已知,则 $(\bar{x} - \boldsymbol{\mu}_0) \sim N_p\left(0, \frac{1}{n}\Sigma\right)$,于是有

$$Z = \left(\frac{1}{n}\boldsymbol{\Sigma}\right)^{-\frac{1}{2}}(\bar{\boldsymbol{x}} - \boldsymbol{\mu}_0) \sim N_p(0, I_p),$$

由卡方分布的定义可知 $Z^2 = Z'Z \sim \chi^2(p)$.

在给定的显著性水平之下,可得原假设 H_0 的拒绝域为 $(Z^2 > \chi^2(p))$.

若总体协方差 $\boldsymbol{\Sigma}$ 未知,则上述 T^2 统计量就是霍特林统计量,当原假设 H_0 为真时,它服从霍特林 T^2 分布,于是有

$$T^2 = n(\bar{\boldsymbol{X}} - \boldsymbol{\mu}_0)'S^{-1}(\bar{\boldsymbol{X}} - \boldsymbol{\mu}_0) \sim T^2(p, n-1).$$

在给定的显著性水平 α 之下,可得原假设 H_0 的拒绝域为 $(T^2 > T_\alpha^2(p, n-1))$. 由霍特林分布与 F 分布关系可知,当原假设 H_0 为真时,有

$$F = \frac{n-p}{(n-1)p}T^2 \sim F(p, n-p),$$

故对原假设的检验,亦可由 F 分布进行. 利用此 F 分布,可得原假设的拒绝域为

$$\left(\frac{n-p}{(n-1)p}T^2 > F_\alpha(p, n-p)\right).$$

例 7-2 在企业市场结构研究中,起关键作用的指标有市场份额 X_1,企业规模(资产净值总额的自然对数)X_2,资产收益率 X_3,总收益增长率 X_4. 为了研究市场结构的变动,夏菲尔德(Shepherd,1972)抽取了美国 231 个大型企业,调查了这些企业 1960—1969 年的资料. 假设以前企业市场结构指标的均值向量,而该次调查所得到的企业市场结构指标的均值向量和协方差阵数据为

$$\bar{\boldsymbol{x}} = \begin{bmatrix} 20.92 \\ 8.06 \\ 11.78 \\ 1.09 \end{bmatrix}, \boldsymbol{S} = \begin{bmatrix} 0.260 & 0.080 & 1.639 & 0.156 \\ 0.080 & 1.513 & -0.222 & -0.019 \\ 1.639 & -0.222 & 26.626 & 2.233 \\ 0.156 & -0.019 & 2.233 & 1.346 \end{bmatrix}.$$

试问企业市场结构是否发生了变化?

这是一个均值向量的假设检验问题,检验的原假设和备择假设分别为

$$H_0:\boldsymbol{\mu} = \boldsymbol{\mu}_0, H_1:\boldsymbol{\mu} \neq \boldsymbol{\mu}_0.$$

首先,计算出样本协方差阵的逆阵和样本均值向量与假设均值向量的离差向量分别为

$$\boldsymbol{S}^{-1} = \begin{bmatrix} 6.536 & -0.405 & -0.397 & -0.105 \\ -0.405 & 0.687 & 0.030 & 0.007 \\ -0.397 & 0.030 & 0.068 & -0.066 \\ -0.105 & 0.007 & -0.066 & 0.865 \end{bmatrix},$$

$$\bar{\boldsymbol{x}} - \boldsymbol{\mu}_0 = \begin{bmatrix} 20.92 & -20 \\ 8.06 & -7.5 \\ 11.78 & -10 \\ 1.09 & -2 \end{bmatrix}.$$

其次,计算霍特林 T^2 统计量的值. 该统计量的值为

$$T^2 = n(\bar{\boldsymbol{x}} - \boldsymbol{\mu}_0)'S^{-1}(\bar{\boldsymbol{x}} - \boldsymbol{\mu}_0) = 231 \times 5.40 = 1247.4.$$

最后,计算拒绝域. 取显著性水平 $\alpha = 0.05$,查 T^2 表,得临界值 $T^2_{0.05}(4230) = 9.817$. 因此在显著性水平 $\alpha = 0.05$ 时,拒绝原假设,认为市场结构已发生了显著的变化. 如果用 F 统计量,则有

$$F = \frac{n-p}{(n-1)p}T^2 = \frac{231-4}{230 \times 4} \times 1247.4 = 307.78.$$

在显著性水平 $\alpha = 0.05$ 下,查 F 表,得临界值 $F_{0.05}(4227) = 2.37$,从而也拒绝原假设.

利用霍特林 T^2 统计量,也可给出均值向量的置信区域. 回顾一元统计中,利用 t 统计量可得到均值 μ 的置信区间,其做法是利用 t 分布,可给出

$$p\left[\frac{\bar{\boldsymbol{x}} - \boldsymbol{\mu}}{s/\sqrt{n}} \leqslant t_{\alpha/2}(n-1)\right] = 1 - \alpha.$$

从而在给定显著性水平下,得均值的置信区间为

$$\bar{\boldsymbol{x}} - t_{\alpha/2}(n-1)s/\sqrt{n} \leqslant \bar{\boldsymbol{x}} + t_{\alpha/2}(n-1)s/\sqrt{n}.$$

类似地，在多元的情况下，由霍特林分布可得

$$p\{n(\bar{\boldsymbol{x}}-\boldsymbol{\mu})'\boldsymbol{S}^{-1}(\bar{\boldsymbol{x}}-\boldsymbol{\mu}) \leqslant T_{\alpha}^{2}(p,n-1) = 1-\alpha.$$

从而在给定的显著性水平 α 之下，可求出 $\boldsymbol{\mu}$ 的置信区间为

$$n(\bar{\boldsymbol{x}}-\boldsymbol{\mu})'\boldsymbol{S}^{-1}(\bar{\boldsymbol{x}}-\boldsymbol{\mu}) \leqslant T_{\alpha}^{2}(p,n-1).$$

因为 $S^{-1}>0$，所以上式给出的置信区域是以样本均值点为中心的椭球，通常称为总体均值向量 $\boldsymbol{\mu}$ 的置信椭球.

例 7-3 对 20 名健康女性的汗水进行测量和化验，数据列在表 7-2 中. 其中，X_1 = 排汗量，X_2 = 汗水中钠的含量，X_3 = 汗水中钾的含量，为了探索新的诊断技术，需要检验假设 $H_0:\boldsymbol{\mu}'=(4,50,10)$ 对 $H_1:\boldsymbol{\mu}'\neq(4,50,10)$，取显著性水平 $\alpha=0.10$.

表 7-2 健康女性的汗水进行测量和化验

试验者	X_1（排汗量）	X_2（钠含量）	X_3（钾含量）
1	3.7	48.5	9.3
2	5.7	65.1	8.0
3	3.8	47.2	10.9
4	3.2	53.2	12.0
5	3.1	55.5	9.7
6	4.6	36.1	7.9
7	2.4	24.8	14.0
8	7.2	33.1	7.6
9	6.7	47.4	8.5
10	5.4	54.1	11.3
11	3.9	36.9	12.7
12	4.5	53.8	12.3
13	3.5	27.3	9.8
14	4.5	40.2	3.4
15	1.5	13.5	10.1
16	8.5	56.4	7.1
17	4.5	71.6	8.2
18	6.5	52.3	10.9
19	4.1	44.1	11.2
20	5.5	40.9	9.4

从数据可以算得

$$\bar{\boldsymbol{x}} = \begin{bmatrix} 4.640 \\ 45.400 \\ 9.965 \end{bmatrix}, \boldsymbol{S} = \begin{bmatrix} 2.879 & 10.002 & -1.810 \\ 10.002 & 199.798 & -5.627 \\ -1.810 & -5.627 & 3.628 \end{bmatrix},$$

$$\boldsymbol{S}^{-1} = \begin{bmatrix} 0.586 & -0.022 & 0.258 \\ -0.022 & 0.006 & -0.002 \\ 0.058 & -0.002 & 0.402 \end{bmatrix}.$$

于是，$T^2=9.74$，而临界值

$$\frac{(n-1)p}{(n-p)}F_{0.1}(p,n-p) = \frac{19\times 3}{17}F_{0.1}(3,17) = 8.18.$$

可见 $T^2=9.74>8$，于是，以显著性水平 0.10 拒绝原假设 H_0.

7.2.6 两个总体均值向量的假设检验

俗话说：有比较才有鉴别. 对两个总体均值向量进行比较，是我们在社会经济生活中经常碰到的问题. 例如对两个商品市场，可用产品、类别、结构等多个指标进行刻画其基本结构. 我们想比较两个商品市场的基本结构是否一致，就是两个总体均值向量的假设检验问题.

设有两个 p 维正态总体 $N_P(\boldsymbol{\mu}_1,\boldsymbol{\Sigma}_1)$ 和 $N_P(\boldsymbol{\mu}_2,\boldsymbol{\Sigma}_2)$，现从两总体中分别抽取一个样本，它们分别为$(x_{(1)},x_{(2)},\cdots,x_{(n)})$和$(y_{(1)},y_{(2)},\cdots,y_{(n)})$. 两个样本的均值向量可分别记为

$$\bar{\boldsymbol{x}} = \frac{1}{n}\sum_{i=1}^{n} x_{(i)},$$

$$\bar{\boldsymbol{y}} = \frac{1}{m}\sum_{i=1}^{m} y_{(i)}.$$

要进行两总体均值向量的检验，此时可构造的假设为：原假设 $H_0:\boldsymbol{\mu}_1=\boldsymbol{\mu}_2$，备择假设 $H_1:\boldsymbol{\mu}_1\neq\boldsymbol{\mu}_2$.

由于要考虑不同的情形，需采用不同的检验统计量和检验方法，因而下面分不同的情形进行讨论.

1. 协方差阵相等的情形

若两正态总体的协方差阵相等且已知，即 $\boldsymbol{\Sigma}_1=\boldsymbol{\Sigma}_2=\boldsymbol{\Sigma}$，则当原假设成立时，两个 p 维正态总体实质上为同一个正态总体，即两个样本均来自于同一个总体. 由多元正态分布的性质可知，两样本均值向量之差服从多元正态分布，即

$$\bar{\boldsymbol{x}}-\bar{\boldsymbol{y}} \sim N_p\left(0,\left(\frac{1}{n}+\frac{1}{m}\right)\boldsymbol{\Sigma}\right) = N_p\left(0,\frac{n+m}{nm}\boldsymbol{\Sigma}\right),$$

对上述向量进行标准化变换，则有

$$\sqrt{\frac{nm}{n+m}}\boldsymbol{\Sigma}^{-\frac{1}{2}}(\bar{\boldsymbol{x}}-\bar{\boldsymbol{y}}) \sim N_p(0,I_p).$$

计算上述检验统计量的各分量的平方和，可得如下服从卡方分布的统计量：

$$U^2 = \frac{nm}{n+m}(\bar{\boldsymbol{x}}-\bar{\boldsymbol{y}})\boldsymbol{\Sigma}^{-1}(\bar{\boldsymbol{x}}-\bar{\boldsymbol{y}}) \sim \chi^2(p),$$

于是给定显著性水平 ，可得到原假设 H_0 的拒绝域为$\{U^2>\chi^2_\alpha(p)\}$.

若两正态总体的协方差阵未知但相等，即 $\boldsymbol{\Sigma}_1=\boldsymbol{\Sigma}_2$. 则当原假设 $\boldsymbol{\mu}_1=\boldsymbol{\mu}_2$ 成立时，可将两样本的协方差阵 $\boldsymbol{S}_1$ 和 $\boldsymbol{S}_2$ 或叉积矩阵 $\boldsymbol{A}_1$ 和 $\boldsymbol{A}_2$ 合并，用此合并的协方差阵或叉积矩阵估计这一共同的协方差阵，即有

$$\hat{\boldsymbol{\Sigma}} = \boldsymbol{S} = \frac{(n-1)\boldsymbol{S}_1+(m-1)\boldsymbol{S}_2}{n+m-2} = \frac{\boldsymbol{A}_1+\boldsymbol{A}_2}{n+m-2}.$$

用上述统计量 $\boldsymbol{S}$ 替代 U^2统计量总的总体协方差阵 $\boldsymbol{\Sigma}$，可得统计量

$$T^2 = \frac{nm}{n+m}(\bar{x}-\bar{y})'S^{-1}(\bar{x}-\bar{y}) \sim T^2(p,n+m-2).$$

在原假设$\boldsymbol{\mu}_1 = \boldsymbol{\mu}_2$成立时，有$\bar{\boldsymbol{x}}-\bar{\boldsymbol{y}} \sim N_p\left(0,\frac{nm}{n+m}\boldsymbol{\Sigma}\right)\boldsymbol{A}_1 \sim W_p(n-1,\Sigma) \sim W_p(m-1,\boldsymbol{\Sigma})$且$\boldsymbol{A}_1$与$\boldsymbol{A}_2$相互独立，由维希特分布的定义可知，$\boldsymbol{A}_1+\boldsymbol{A}_2 \sim W_p(n+m-2,\boldsymbol{\Sigma})$. 由于$\bar{\boldsymbol{x}}$与$\boldsymbol{A}_1$相互独立，$\bar{\boldsymbol{y}}$与$\boldsymbol{A}_2$相互独立，因而$\bar{\boldsymbol{x}}-\bar{\boldsymbol{y}}$与$\boldsymbol{A}_1+\boldsymbol{A}_2$相互独立. 由霍特林$T^2$分布的定义可知，上述统计量服从霍特林分布.

于是给定显著性水平α，可得到原假设H_0的拒绝域为$\{T^2 > T^2_\alpha(p,n+m-2)\}$.

由霍特林T^2分布与F分布的关系可知，上述统计量可转化为如下F统计量进行检验.

$$F = \frac{n+m-p-1}{(n+m-2)p}T^2 \sim F(p,n+m-p-1). \qquad (7-11)$$

在给定的显著性水平α之下，可得到原假设H_0的拒绝域为

$$\{F > F_\alpha(p,n+m-p-1)\}.$$

例7-4 为了研究日、美两国在华投资企业对中国经营环境的评价是否存在差异，现从两国在华投资企业中各抽出10家，让其对中国的政治、经济、法律、文化等环境进行打分，其评价如表7-3所列.

表7-3 中国的政治、经济、法律、文化的打分

序号	政治环境	经济环境	法律环境	文化环境
1	65	35	25	60
2	75	50	20	55
3	60	45	35	65
4	75	40	40	70
5	70	30	30	50
6	55	40	35	65
7	60	45	30	60
8	65	40	25	60
9	60	50	30	70
10	55	55	35	75
11	55	55	40	65
12	50	60	45	70
13	45	45	35	75
14	50	50	50	70
15	55	50	30	75
16	60	40	45	60
17	65	55	45	75
18	50	60	35	80
19	40	45	30	65
20	45	50	45	70

1~10号为美国在华投资企业的代号，10~20号为日本在华投资企业的代号.

数据来源：国务院发展研究中心（APEC）在华投资企业情况调查.

设两组样本来自整个总体，分别记为

$$\boldsymbol{X}_{(\alpha)} \sim N_4(\boldsymbol{\mu}_1, \boldsymbol{\Sigma}), \alpha = 1, \cdots, 10,$$
$$\boldsymbol{Y}_{(\alpha)} \sim N_4(\boldsymbol{\mu}_2, \boldsymbol{\Sigma}), \alpha = 1, \cdots, 10.$$

且两组样本相互独立，共同位置协方差阵 $\boldsymbol{\Sigma} > 0$.

$$H_0: \boldsymbol{\mu}_1 = \boldsymbol{\mu}_2, H_2: \boldsymbol{\mu}_1 \neq \boldsymbol{\mu}_2.$$

检验统计量：

$$F = \frac{(n+m-2)-p+1}{(n+m-2)p} T^2 \sim F(p, n+m-p-1),$$

经计算

$$\overline{\boldsymbol{X}} = (64, 43, 30.5, 63)',$$
$$\overline{\boldsymbol{Y}} = (50.5, 51, 40, 70.5)',$$

$$\boldsymbol{S}_1 = \sum_{\alpha=1}^{10} (\boldsymbol{X}_{(\alpha)} - \overline{\boldsymbol{X}})(\boldsymbol{X}_\alpha - \overline{\boldsymbol{X}})' = \begin{bmatrix} 410 & -170 & -80 & 8 \\ -170 & 510 & 3 & 422 \\ -80 & 3 & 332.5 & 84 \\ 8 & 422 & 84 & 510 \end{bmatrix},$$

$$\boldsymbol{S}_2 = \sum_{\alpha=1}^{10} (\boldsymbol{Y}_{(\alpha)} - \overline{\boldsymbol{Y}})(\boldsymbol{Y}_{(\alpha)} - \overline{\boldsymbol{Y}})' = \begin{bmatrix} 512.5 & 60 & 165 & -5 \\ 60 & 390 & 140 & 139 \\ 165 & 140 & 475 & -52.5 \\ -5 & 139 & -52.5 & 252.5 \end{bmatrix},$$

$$\boldsymbol{S} = \boldsymbol{S}_1 + \boldsymbol{S}_2 = \begin{bmatrix} 922.5 & -110 & 85 & 3 \\ -110 & 900 & 143 & 561 \\ 85 & 143 & 807.5 & 31.5 \\ 3 & 561 & 31.5 & 762.5 \end{bmatrix},$$

$$\boldsymbol{S}^{-1} = \begin{bmatrix} 0.0011 & 0.0003 & -0.0002 & -0.0002 \\ 0.0003 & 0.0022 & -0.0004 & -0.0016 \\ -0.0002 & -0.0004 & 0.0013 & 0.0002 \\ -0.0002 & -0.0016 & 0.0002 & 0.0025 \end{bmatrix}.$$

代入统计量，得 $F = 7.6913$.

查 F 分布表，得 $F_{0.01}(4, 15) = 4.89$.

显然：$F > F_{0.01}(4, 15)$.

故否定 H_0，即认为日、美两国在华投资企业对中国经营环境评价存在显著差异.

2. 协方差阵不等的情形

两正态总体均值与标准差均未知时的均值差的统计推断问题，称为贝伦斯—费希尔问题（Behrens – Fisher problems）.

设有两个 p 维正态总体 $N_p(\mu_1, \boldsymbol{\Sigma}_1)$ 和 $N_p(\mu_2, \boldsymbol{\Sigma}_2)$，现从两总体中分别抽取一个容量为 n 和 m 的样本，分别为 $\boldsymbol{X}_{(\alpha)} = (x_{\alpha 1}, x_{\alpha 2}, \cdots, x_{\alpha p})'(\alpha = 1, 2, \cdots, n)$，$\boldsymbol{Y}_{(\alpha)} = (y_{\alpha 1}, y_{\alpha 2}, \cdots$

$y_{\alpha p})'(\alpha=1,2,\cdots,m)$. 两个样本的均值向量可分别记为

$$\bar{\boldsymbol{x}} = \frac{1}{n}\sum_{i=1}^{n} x_{(i)},$$

$$\bar{\boldsymbol{y}} = \frac{1}{m}\sum_{i=1}^{n} y_{(i)}.$$

下面分两种情况进行讨论.

第一,当 $n=m$ 时. 此时,令 $\boldsymbol{Z}_{(i)} = \boldsymbol{X}_{(i)} - \boldsymbol{Y}_{(i)}$,则有 $\boldsymbol{Z}_{(i)} \sim N_p(\boldsymbol{\mu}_1 - \boldsymbol{\mu}_2, \boldsymbol{\Sigma}_1 + \boldsymbol{\Sigma}_2)$. 记 $\boldsymbol{\mu}_1 - \boldsymbol{\mu}_2 = \boldsymbol{\nu}$,则原假设可转化为

原假设 $H_0:\boldsymbol{\nu}=0$,备择假设 $H_1:\boldsymbol{\nu}\neq 0$.

在原假设为真时,此时适用的检验统计量为

$$T^2 = n(n-1)\boldsymbol{Z}'\boldsymbol{S}^{-1}\bar{\boldsymbol{Z}} \sim T^2(p,n-1).$$

式中

$$\bar{\boldsymbol{Z}} = \frac{1}{n}\sum_{i=1}^{n}\boldsymbol{Z}_{(i)} = \bar{\boldsymbol{X}} - \bar{\boldsymbol{Y}},$$

$$\boldsymbol{S}_z = \sum_{i=1}^{N}(\boldsymbol{Z}_{(i)} - \bar{\boldsymbol{Z}})(\boldsymbol{Z}_{(i)} - \bar{\boldsymbol{Z}})'.$$

可以用霍特林分布统计量进行检验. 在给定的显著性水平 α 之下,可得到原假设 H_0 的拒绝域为 $\{T^2 > T_\alpha^2(p,n-1)\}$.

若采用 F 分布进行检验,可将霍特林统计量转化为 F 统计量,此时有

$$F = \frac{n-p}{(n-1)p}T^2 \sim F(p,n-p). \tag{7-12}$$

在给定的显著性水平 α 之下,可得到原假设 H_0 的拒绝域为 $\{F > F_\alpha(p,n-p)\}$.

第二,当 $n\neq m$ 时,不妨假设为 $n<m$. 此问题的解法有多种,这里介绍 Scheffe 解法. 需要指出的是,北京大学许宝先生于 1938 年发表了数理统计学的第一篇论文,到现在,“许方法”仍被公认为解决贝伦斯—费希尔问题最实用的方法.

若两总体的协方差阵 $\boldsymbol{\Sigma}_1$ 和 $\boldsymbol{\Sigma}_2$ 相差不大,可将原来两样本各观测向量对应合并,并构造成 n 个新观测向量为

$$\boldsymbol{z}_{(i)} = \boldsymbol{x}_{(i)} - \bar{\boldsymbol{y}} - \sqrt{\frac{n}{m}}y_{(i)}, i = 1,2\cdots,n.$$

这样就定义了一个新的指标向量 z,上述 n 个新观测向量就是指标向量 z 的样本观测值. 在此向量中,由于

$$-1 - \sqrt{\frac{n}{m}} + \frac{n}{\sqrt{nm}} = -1,$$

因此每一样本观测向量的数学期望都必然等于两总体均值向量之差. 从而有

$$E[\boldsymbol{z}_{(i)}] = \boldsymbol{\mu}_1 - \boldsymbol{\mu}_2,$$

其中两个观测向量之间的协方差阵为

$$\mathrm{cov}(z_{(i)}, z_{(j)}) = \begin{cases} \boldsymbol{\Sigma}_1 + \frac{n}{m}\boldsymbol{\Sigma}_2, i = j, \\ 0, i \neq j. \end{cases}$$

从上式可以看出,当 $i \neq j$ 时,$\mathrm{cov}(z_{(i)}, z_{(j)}) = 0$,两个观测向量之间是相互独立的. 表明 $z_{(i)}$ 为独立同分布的正态变量,其分布为

$$z_{(i)} \sim N_p\left(\boldsymbol{\mu}_1 - \boldsymbol{\mu}_2, \boldsymbol{\Sigma}_1 + \frac{n}{m}\boldsymbol{\Sigma}_2\right).$$

可将 $z_{(1)}, z_{(2)}, \cdots, z_{(n)}$ 看做来自于上述正态分布的一个随机样本,记样本均值向量和样本协方差阵分别为

$$\bar{z} = \frac{1}{n}\sum_{i=1}^{n} z_{(i)} = \bar{x} - \bar{y},$$

$$\boldsymbol{S} = \frac{1}{n-1}\sum_{i=1}^{n}(z_{(i)} - \bar{z})(z_{(i)} - \bar{z})'.$$

由此可构造出一个新的霍特林检验统计量:

$$T^2 = n\bar{z}\boldsymbol{S}^{-1}\bar{z}.$$

当原假设为真时,此统计量服从霍特林 $T^2(p, n-1)$ 分布.

在给定的显著性水平 α 之下,可得到原假设 H_0 的拒绝域为 $\{T^2 > T_\alpha^2(p, n-1)\}$. 若采用 F 分布进行检验,可将霍特林统计量转化为 F 统计量,此时有

$$F = \frac{n-p}{(n-1)p}T^2 \sim F(p, n-p).$$

在给定的显著性水平 α 之下,可得到原假设 H_0 的拒绝域为 $\{F > F_\alpha^2(p, n-p)\}$. 若两总体的协方差阵 $\boldsymbol{\Sigma}_1$ 和 $\boldsymbol{\Sigma}_2$ 相差较大,则有一个近似的方法可以采用. 记两样本的协方差阵为 $\boldsymbol{S}_1$ 和 $\boldsymbol{S}_2$,并将两个协方差阵加权平均得到一个共同的协方差阵为

$$\boldsymbol{S} = \frac{1}{n}\boldsymbol{S}_1 + \frac{1}{m}\boldsymbol{S}_2.$$

由此可构造一个类似的 T^2 统计量为

$$T^2 = n(\bar{x} - \bar{y})'\boldsymbol{S}^{-1}(\bar{x} - \bar{y}).$$

上述统计量的极限分布为卡方分布,即有

$$\lim T^2 \sim \sigma\chi^2(p).$$

式中

$$\sigma = 1 + \frac{1}{2}\left[\frac{a}{2} + \frac{b\chi^2(p)}{p(p+2)}\right],$$

$$a = \frac{1}{n}\left[\mathrm{tr}\boldsymbol{S}^{-1}\left(\frac{\boldsymbol{S}_1}{n}\right)\right]^2 + \frac{1}{m}\left[\mathrm{tr}\boldsymbol{S}^{-1}\left(\frac{\boldsymbol{S}_2}{m}\right)\right]^2,$$

$$b = a + \frac{2}{n}\mathrm{tr}\left[\boldsymbol{S}^{-1}\left(\frac{\boldsymbol{S}_1}{n}\right)\boldsymbol{S}^{-1}\left(\frac{\boldsymbol{S}_1}{n}\right)\right] + \frac{2}{m}\mathrm{tr}\left[\boldsymbol{S}^{-1}\left(\frac{\boldsymbol{S}_2}{m}\right)\boldsymbol{S}^{-1}\left(\frac{\boldsymbol{S}_2}{m}\right)\right]. \quad (7-13)$$

例 7-5 在对 1958—1967 年期间美国制造业中垄断作用的经验检验中,阿瑟(Asch)和赛尼卡(Seneca)调查了由 45 个消费资料生产企业和 56 个生产资料生产企业组

成的样本,被调查指标有 5 个:① 利润率,即税后净利润对该时期股票持有者的股票数量之比率的平均值;② 产业集中度,即四个大企业货运量的比率;③ 风险,即关于趋势线的声誉利润率的标准差;④ 企业规模,即平均总资产的对数;⑤ 销售增长率,即该时期销售收入的平均增长率. 消费资料企业样本观测矩阵记为 $\boldsymbol{X}$,生产资料企业样本观测矩阵记为 $\boldsymbol{Y}$,由这两个样本观测矩阵计算得到两样本各自的均值向量和叉积矩阵分别为

$$\bar{\boldsymbol{x}}' = (115.828, 57.933, 23.664, 5.586, 0.078),$$
$$\bar{\boldsymbol{y}}' = (95.533, 61.732, 27.154, 5.540, 0.070),$$

$$\boldsymbol{A}_1 = \begin{bmatrix} 1694.310 & 2952.721 & 1977.249 & -584.067 & 24.815 \\ 2953.721 & 12204.726 & 4575.176 & 239.037 & -11.156 \\ 1977.249 & 4575.176 & 21876.18 & -480.041 & 3.514 \\ -584.067 & 239.037 & -480.041 & 69.256 & -0.791 \\ 24.815 & -11.156 & 3.514 & -0.791 & 0.088 \end{bmatrix},$$

$$\boldsymbol{A}_2 = \begin{bmatrix} 80074.285 & 10368.309 & 2355.126 & 227.307 & 43.657 \\ 10368.309 & 14916.958 & 5654.126 & 331.117 & 0.050 \\ 2355.886 & 5654.126 & 27725.247 & 417.979 & 1.352 \\ 227.307 & 331.117 & 417.979 & 100.882 & -0.285 \\ 43.657 & 0.050 & 1.352 & -0.285 & 0.165 \end{bmatrix}.$$

试分析两类企业的相关指标向量均值是否相同.

解 由于两类企业相关指标的样本协方差阵差异较大,因而由所给出的两样本均值向量和叉积矩阵,可计算得到 T^2 统计量的值为

$$T^2 = (\bar{\boldsymbol{x}} - \bar{\boldsymbol{y}})'\left[\frac{\boldsymbol{A}_1}{n(n-1)} + \frac{\boldsymbol{A}_2}{m(m-1)}\right](\bar{\boldsymbol{x}} - \bar{\boldsymbol{y}}) = 8.17312.$$

在显著性水平 $\alpha = 0.05$ 下,查 χ^2 分布表,得 $\chi^2_\alpha(p) = \chi^2_{0.05}(5) = 11.07$,并且可计算得

$$a = (2.67856)^2/45 + (2.32044)^2/56 = 0.25559,$$
$$b = 0.25559 + (2/45)(1.574445) + (2/56)(1.215318) = 0.36889,$$
$$\sigma = 1 + \frac{1}{2}\left[\frac{0.25559}{2} + \frac{0.36889 \times 11.07}{5 \times (5+2)}\right] = 1.122235.$$

由此,可计算出检验的临界值为

$$\sigma\chi^2_\alpha(p) = 1.122235 \times 1.07 = 12.4238.$$

因为 $T^2 = 8.17312 < 12.4238$,所以原假设 $H_0: \mu_1 - \mu_2 = 0$ 不能被拒绝. 表明在所考察的 5 个指标组成的向量上,消费资料生产企业和生产资料生产企业的均值没有显著差别.

7.3 主成分分析

在社会经济领域问题的研究中,往往会涉及众多有关的变量. 但是,变量太多不但会增加计算的复杂性,而且也会给合理地分析问题和解释问题带来困难. 一般说来,虽然每个变量都提供了一定的信息,但其重要性有所不同,而在很多情况下,变量间有一定的相

关性，从而使得这些变量所提供的信息在一定程度上有所重叠. 因而人们希望对这些变量加以“改造”，用为数极少的互不相关的新变量来反映原变量所提供的绝大部分的信息，使分析简化，通过对新变量的分析达到解决问题的目的. 例如，一个人的身材需要用好多项指标才能完整的描述，如身高、臂长、腿长、肩宽、胸围、腰围、臀围等，但人们购买衣服时一般只用长度和肥瘦两个指标就够了，这里长度和肥瘦就是描述人体形状的多项指标组合而成的两个综合指标. 再如，企业经济效益的评价，它涉及很多指标. 如百元固定资产原值实现产值、百元固定资产原值实现利税，百元资金实现利税、百元资金实现利税、百元工业总产值实现利税、百元销售收入实现利税、每吨标准煤实现工业产值、每千瓦时电力实现工业产值、全员劳动生产率和百元流动资金实现产值等，可通过主成分分析找出几个综合指标，以评价企业的效益. 主成分分析就是将多个指标转化为少数几个综合指标的一种常用的多元统计分析方法，如表 7-4 所列.

表 7-4　主成分分析表

	F_1	F_2	F_3	I	ΔI	t
F_1	1					
F_2	0	1				
F_3	0	0	1			
I	0.995	-0.041	0.057	1		
ΔI	-0.056	0.948	-0.124	-0.102	1	
t	-0.369	-0.282	-0.836	-0.414	-0.112	t

7.3.1 主成分的含义及其思想

主成分分析(Principal Component Analysis)也称为主分量分析，是由霍特林(Hotelling)于 1933 年首先提出来的. 主成分分析是利用降维的思想，在保留原始变量尽可能多的信息把多个指标转化为几个综合指标的多元统计方法. 通常把转化生成的综合指标称为主成分，而每个主成分都是原始变量的线性组合，但各个主成分之间没有相关性，这就使得主成分比原始变量具有某些更优越的反映问题实质的性能，使得我们在研究复杂的经济问题时能够容易抓住主要矛盾. 人们对某一事物进行实证研究的过程中，为了更加全面、准确地反映事物的特征及其发展规律，往往要考虑与其有关系的多个指标，这些指标在多元统计分析中也称为变量. 因为研究某一问题涉及的多个变量之间具有一定的相关性，就必然存在着起支配作用的共同因素.

主成分分析就是设法将这些具有一定线性相关性的多个指标，重新组合成一组新的相互无关的综合指标来代替原来指标. 通常数学上的处理就是将原来的几个指标做线性组合，作为新的综合指标，但是这种线性组合，如果不加限制，则可以有很多个. 我们主要是遵循这样的原则去选择：将选取的第一个线性组合指标记为 $\boldsymbol{Y}_1$，$\boldsymbol{Y}_1$ 应该尽可能多地反映原来指标的信息，可以用 $\boldsymbol{Y}_1$ 的方差 $\mathrm{var}(\boldsymbol{Y}_1)$ 表达 $\boldsymbol{Y}_1$ 包含的信息，$\mathrm{var}(\boldsymbol{Y}_1)$ 越大，表示 $\boldsymbol{Y}_1$ 包含的信息越多. 因此在所有的线性组合中所选取的 $\boldsymbol{Y}_1$ 应该是方差最大的，故称为第一主成分. 如果第一主成分不足以代替原来的几个指标的信息，再考虑选取 $\boldsymbol{Y}_2$，即选取第二个线性组合,为了有效地反映原来信息,$\boldsymbol{Y}_1$ 已有的信息就不需要出现在 $\boldsymbol{Y}_2$ 中,即要求 $\boldsymbol{Y}_1$,$\boldsymbol{Y}_2$ 的协方差 $\mathrm{cov}(\boldsymbol{Y}_1,\boldsymbol{Y}_2)=0$,称 $\boldsymbol{Y}_2$ 为第二主成分,以此类推可以选出第三主成分、第四主成分,这些主成分之间不仅互不相关,而且它们的方差依次递减.

通过上述方法,在保留原始变量主要信息的前提下起到降维与简化问题的作用,使得在研究复杂问题时更容易抓住其主要矛盾,揭示事物内部变量之间的规律性,同时使问题得到简化,提高分析效率.

7.3.2 主成分模型及其几何意义

1. 主成分模型

假设在实际问题中有 n 个样品,对每个样品观测 p 个指标(变量),分别用 $X_1,X_2,\cdots,X_p$ 表示,得到原始数据的数据资料矩阵:

$$\boldsymbol{X}=\begin{bmatrix} x_{11} & x_{12} & \cdots & x_{1p} \\ x_{21} & x_{22} & \cdots & x_{2p} \\ \vdots & \vdots & \ddots & \vdots \\ x_{n1} & x_{n2} & \cdots & x_{np} \end{bmatrix}.$$

主成分分析就是要把这 p 个指标的问题,转变为讨论 p 个指标的线性组合的问题,而这些新的指标 $F_1,F_2,\cdots,F_k(k\leqslant p)$,按照保留主要信息量的原则充分反映原指标的信息,并且相互独立.这种由讨论多个指标降为少数几个综合指标的过程在数学上就叫做降维.主成分分析通常的做法是,对 $\boldsymbol{X}$ 作正交变换,寻求原指标的线性组合 F_i.

$$\begin{aligned} F_1 &= u_{11}X_1+u_{21}X_2+\cdots+u_{p1}X_p, \\ F_2 &= u_{12}X_1+u_{22}X_2+\cdots+u_{p2}X_p, \\ F_p &= u_{1p}X_1+u_{2p}X_2+\cdots+u_{pp}X_p. \end{aligned}$$

满足如下条件:

(1) 每个主成分的系数平方和为1,即 $u_{1i}^2+u_{2i}^2+\cdots+u_{pi}^2=1$;

(2) 主成分之间相互独立,即无重叠的信息,即 $\mathrm{cov}(F_i,F_j)=0,i\neq j,i,j=1,2,\cdots,p$;

(3) 主成分的方差依次递减,重要性依次递减,即 $\mathrm{var}(F_1)\geqslant\mathrm{var}(F_2)\geqslant\cdots\geqslant\mathrm{var}(F_p)$.

基于以上条件确定的综合变量 $F_1,F_2,\cdots,F_p$ 分别称为原始变量的第1个主成分,……,第 p 个主成分.其中,各综合变量在总方差中所占的比重依次递减,在实际研究工作中,通常是挑选前几个方差最大的主成分,达到简化问题的目的.

2. 主成分的几何意义

为了方便,在二维空间中讨论主成分的几何意义,设有 n 个样品,每个样品有两个观测变量 x_1 和 x_2,在由变量 x_1 和 x_2 所确定的二维平面中,n 个样本点所散布的情况如椭圆状.这 n 个样本点无论是沿着 x_1 轴方向和 x_2 轴方向都具有较大的离散性,其离散的程度可以分别用观测变量 x_1 的方差和 x_2 的方差定量地表示.显然,如果只考虑 x_1 和 x_2 中的任何一个,那么包含在原始数据中的经济信息将会有较大损失.

如果将 x_1 轴和 x_2 轴先平移,再同时按逆时针方向旋转 θ 角度,得到新坐标轴 F_1 和 F_2.F_1 和 F_2 是两个新变量.根据旋转变换的公式

$$\begin{cases} F_1 = x_1\cos\theta + x_2\sin\theta, \\ F_2 = -x_1\sin\theta + x_2\cos\theta, \end{cases}$$

即

$$\begin{bmatrix} F_1 \\ F_2 \end{bmatrix} = \begin{bmatrix} \cos\theta & \sin\theta \\ -\sin\theta & \cos\theta \end{bmatrix} \begin{bmatrix} X_1 \\ X_2 \end{bmatrix} = \boldsymbol{UX}.$$

且有 $\boldsymbol{U'U}=\boldsymbol{I}$,即 $\boldsymbol{U}$ 是正交矩阵. 旋转变换的目的是为了使得 n 个样品点在 F_1 轴方向上的离散程度最大,即 F_1 的方差最大. 变量 F_1 代表了原始数据的绝大部分信息,在研究某经济问题时,即使不考虑变量 F_2 也无损大局. 经过上述旋转变换,原始数据的大部分信息集中到 F_1 轴上,对数据中包含的信息起到了降维和浓缩的作用.

F_1,F_2 除了可以对包含在 X_1,X_2 中的信息起到浓缩作用之外,还具有不相关的性质,这就使得在研究复杂的问题时避免了信息重叠所带来的虚假性. 二维平面上的 n 个点的方差大部分都归结在 F_1 轴上,而 F_2 轴上的方差很小. F_1 和 F_2 称为原始变量 x_1 和 x_2 的综合变量. F_1 简化了系统结构,抓住了主要矛盾.

3. 主成分的推导及性质

在主成分的推导过程中,要用到如下线性代数中的定理.

定理 4 若 $\boldsymbol{A}$ 是 p 阶实对称阵,则一定可以找到正交阵 $\boldsymbol{U}$,使得

$$\boldsymbol{U}^{-1}\boldsymbol{AU} = \begin{bmatrix} \lambda_1 & 0 & \cdots & 0 \\ 0 & \lambda_2 & \cdots & 0 \\ \vdots & \vdots & \ddots & \vdots \\ 0 & 0 & \cdots & \lambda_p \end{bmatrix}.$$

其中,$\lambda_i, i=1,2,\cdots,p$ 为 $\boldsymbol{A}$ 的特征根.

定理 5 若上述矩阵的特征根所对应的单位特征向量为 $u_1,u_2,\cdots,u_p$,令

$$\boldsymbol{U} = (u_1,\cdots,u_p) = \begin{bmatrix} u_{11} & u_{12} & \cdots & u_{1p} \\ u_{21} & u_{22} & \cdots & u_{2p} \\ \vdots & \vdots & \ddots & \vdots \\ u_{p1} & u_{p2} & \cdots & u_{pp} \end{bmatrix}.$$

则实对称阵 $\boldsymbol{A}$ 属于不同特征根所对应的特征向量是正交的,即有 $\boldsymbol{U'U}=\boldsymbol{UU'}=\boldsymbol{I}$.

7.3.3 总体主成分的推导

1. 第一主成分

设 $X_1,X_2,\cdots,X_p$ 为某实际问题所涉及的 p 个随机变量. 记 $\boldsymbol{X}=(X_1,X_2,\cdots X_P)'$,其均值向量与协方差阵分别记为

$$\boldsymbol{\mu} = E(\boldsymbol{X}),$$

$$\boldsymbol{\Sigma}_x = \begin{bmatrix} \sigma_1^2 & \sigma_{12} & \cdots & \sigma_{1p} \\ \sigma_{21} & \sigma_2^2 & \cdots & \sigma_{2p} \\ \vdots & \vdots & \ddots & \vdots \\ \sigma_{p1} & \sigma_{p2} & \cdots & \sigma_p^2 \end{bmatrix}.$$

$\boldsymbol{\Sigma}_x$ 是一个 p 阶非负定矩阵.

由于 $\boldsymbol{\Sigma}_x$ 为非负定的对称阵,则利用线性代数的知识可知,必存在正交阵 $\boldsymbol{U}$,使得

$$\boldsymbol{U}'\boldsymbol{\Sigma}_x\boldsymbol{U} = \begin{bmatrix} \lambda_1 & & 0 \\ & \ddots & \\ 0 & & \lambda_p \end{bmatrix}.$$

其中,$\lambda_1,\lambda_2,\cdots\lambda_p$ 为 $\boldsymbol{\Sigma}_x$ 的特征根,不妨假设 $\lambda_1 \geqslant \lambda_2 \geqslant \cdots \geqslant \lambda_p$. 而 $\boldsymbol{U}$ 恰好是由特征根相对应的特征向量所组成的正交阵.

$$\boldsymbol{U} = (\boldsymbol{u}_1,\cdots,\boldsymbol{u}_p) = \begin{bmatrix} u_{11} & u_{12} & \cdots & u_{1p} \\ u_{21} & u_{22} & \cdots & u_{2p} \\ \vdots & \vdots & \ddots & \vdots \\ u_{p1} & u_{p2} & \cdots & u_{pp} \end{bmatrix}.$$

下面看由 $\boldsymbol{U}$ 的第一列元素所构成的原始变量的线性组合是否有最大的方差. 设有 p 维正交向量 $\boldsymbol{a}_1 = (a_{11},a_{21},\cdots,a_{p1})'$, $F_1 = a_{11}X_1 + \cdots + a_{p1}X_p = a'X$.

$$V(F_1) = \boldsymbol{a}'_1 \sum \boldsymbol{a}_1 = \boldsymbol{a}'_1\boldsymbol{U}\begin{bmatrix} \lambda_1 & & & \\ & \lambda_2 & & \\ & & \ddots & \\ & & & \lambda_p \end{bmatrix}\boldsymbol{U}'\boldsymbol{a}_1$$

$$= \boldsymbol{a}'_1[\boldsymbol{u}_1,\boldsymbol{u}_2,\cdots,\boldsymbol{u}_p]\begin{bmatrix} \boldsymbol{u}'_i \\ \boldsymbol{u}'_2 \\ \vdots \\ \boldsymbol{u}'_p \end{bmatrix}\boldsymbol{a}'_0$$

$$= \sum_{i=1}^{p} \lambda_i \boldsymbol{a}'\boldsymbol{u}_i\boldsymbol{u}'_i\boldsymbol{a} = \sum_{i=1}^{p} (\boldsymbol{a}'\boldsymbol{u}_i)^2 \leqslant \lambda_1 \sum_{i=1}^{p} (\boldsymbol{a}'\boldsymbol{u}_i)^2$$

$$= \lambda_1 \sum_{i=1}^{p} \boldsymbol{a}'\boldsymbol{u}_i\boldsymbol{u}'_i\boldsymbol{a} = \lambda_1\boldsymbol{a}'\boldsymbol{U}\boldsymbol{U}'\boldsymbol{a} = \lambda_1\boldsymbol{a}'\boldsymbol{a} = \lambda_1. \qquad (7-14)$$

由此可看出,当且仅当 $\boldsymbol{a}_1 = \boldsymbol{u}_1$ 时,即 $F_1 = u_{11}X_1 + \cdots + u_{p1}X_p$ 时,F_1 有最大的方差 $\boldsymbol{\lambda}_1$. 因为 $\mathrm{var}(F_1) = \mathrm{var}(\boldsymbol{u}'_1\boldsymbol{X}) = \boldsymbol{u}'_1\boldsymbol{\Sigma}_x\boldsymbol{u}_1 = \lambda_1$. 第一主成分的信息反映了原始变量的大部分信息. 但如果第一主成分的信息不够,则需要寻找第二主成分.

在约束条件 $\mathrm{cov}(F_1,F_2) = 0$ 下,寻找第二主成分 $F_2 = u_{12}X_1 + \cdots + u_{p2}X_p$.

因为 $\mathrm{cov}(F_1,F_2) = \mathrm{cov}(\boldsymbol{u}'_1\boldsymbol{X},\boldsymbol{u}'_2\boldsymbol{X}) = \boldsymbol{u}'_2 \sum \boldsymbol{u}_1 = \lambda_1\boldsymbol{u}'_2\boldsymbol{u}_1 = 0$,所以 $\boldsymbol{u}'_2\boldsymbol{u}_1 = 0$,则对 p 维向量 $\boldsymbol{u}_2$,有

$$V(F_2) = \boldsymbol{u}'_2 \sum \boldsymbol{u}_2 = \sum_{i=1}^{p} \lambda_i \boldsymbol{u}'_2\boldsymbol{u}_i\boldsymbol{u}'_i\boldsymbol{u}_2 = \sum_{i=1}^{p} \lambda_i(\boldsymbol{u}'_2\boldsymbol{u}_i)^2 \leqslant \lambda_2 \sum_{i=1}^{p} (\boldsymbol{u}'_2\boldsymbol{u}_i)^2$$

$$= \lambda_2 \sum_{i=1}^{p} \boldsymbol{u}'_2\boldsymbol{u}_i\boldsymbol{u}'_i\boldsymbol{u}_2 = \lambda_2\boldsymbol{u}'_2\boldsymbol{U}\boldsymbol{U}'\boldsymbol{u}_2 = \lambda_2\boldsymbol{u}'_2\boldsymbol{u}_2 = \lambda_2,$$

所以,如果取线性变换

$$F_2 = u_{12}X_1 + u_{22}X_2 \cdots + u_{p2}X_p,$$

则 F_2 的方差次大. 以此类推,同理,有

$$V(F_i) = \mathrm{var}(\boldsymbol{u}'_i\boldsymbol{X},\boldsymbol{u}'_j\boldsymbol{X}) = \boldsymbol{u}'_i \sum{}_x \boldsymbol{u}_i = \lambda_i,$$

而且

$$\mathrm{cov}(\boldsymbol{u}'_i\boldsymbol{X},\boldsymbol{u}'_j\boldsymbol{X}) = \boldsymbol{u}'_i \sum{}_x \boldsymbol{u}_j = \boldsymbol{u}'_i\left(\sum_{\alpha=1}^{p}\lambda_a\boldsymbol{u}_a\boldsymbol{u}'_a\right)\boldsymbol{u}_j = \sum_{\alpha=1}^{p}\lambda_a(\boldsymbol{u}'_i\boldsymbol{u}_a)(\boldsymbol{u}'_a\boldsymbol{u}_j) = 0, i \neq j.$$

上式表明,$\boldsymbol{X}=(X_1,X_2,\cdots,X_p)'$的主成分就是以 $\boldsymbol{\Sigma}_x$ 的特征向量为系数的线性组合,它们互不相关,其方差是 $\boldsymbol{\Sigma}_x$ 的特征根.

由于 $\boldsymbol{\Sigma}_x$ 的特征根 $\lambda_1 \geqslant \lambda_2 \geqslant \cdots \lambda_p > 0$,因此有

$$\mathrm{var}(F_1) \geqslant \mathrm{var}(F_2) \geqslant \cdots \geqslant \mathrm{var}(F_p) > 0.$$

2. 主成分的性质

主成分实际上是各原始变量经过标准化变换后的线性组合. 作为原始变量的综合指标,各主成分所包含的信息互不重叠,全部主成分反映了原始变量的全部信息. 一般来说,主成分具有如下性质:

第一,主成分的均值为 $E(\boldsymbol{U}'\boldsymbol{X}) = \boldsymbol{U}'\boldsymbol{\mu}$. 若数据经过标准化处理,则主成分的均值为零.

第二,主成分的方差为所有特征值之和. 即主成分分析是把 p 个原始变量 $X_1,X_2,\cdots X_p$ 的总方差分解成为 p 个互不相关的随机变量的方差之和. 协方差阵 $\boldsymbol{\Sigma}$ 的对角线上的元素之和等于特征根之和,即

$$\sum_{i=1}^{p}\mathrm{var}(F_1) = \lambda_1 + \lambda_2 + \cdots \lambda_p = \sigma_1^2 + \sigma_2^2 + \cdots + \sigma_p^2.$$

第三,精度分析. 在解决实际问题时,一般不是取 p 个主成分,而是根据累计贡献率的大小取前 k 个. 所谓第 i 个主成分的贡献率是指第 i 个主成分方差在全部方差中所占的比例 $\dfrac{\lambda_i}{\sum_{i=1}^{p}\lambda_i}$ 称为贡献率,反映了此主成分对原来 p 个指标信息的反映能力和综合能力大小.

累计贡献率:前 k 个主成分共有多大的综合能力,用这 k 个主成分的方差和在全部方差中所占的比例 $\sum_{i=1}^{k}\lambda_i \Big/ \sum_{i=1}^{p}\lambda_i$ 来描述,称为累积贡献率.

进行主成分分析的目的之一是希望用尽可能少的主成分 $F_1,F_2,\cdots,F_k(k \leqslant p)$代替原来的 p 个指标. 到底应该选择多少个主成分? 在实际工作中,主成分个数的多少以能够反映原来变量 85% 以上的信息量为依据,即当累积贡献率 ≥85% 时的主成分的个数就足够了. 最常见的情况是主成分为 2 ~ 3 个.

虽然主成分的贡献率这一指标给出了选取主成分的这一准则,但是累计贡献率只是表达了前 k 个主成分提取了 $\boldsymbol{X}$ 的多少信息,并没有表达某个变量被提取了多少信息,因此仅仅使用累计贡献率这一准则,并不能保证每个变量都被提取了足够的信息. 因此,有

时还往往需要另一个辅助的准则,即原始变量被主成分的提取率.

第四,第 j 个主成分与变量 X_j 的相关系数. 由于

$$F_i = u_{1j}X_1 + u_{2j}X_2 + \cdots + u_{pj}X_p,$$

$$\operatorname{cov}(X_i, F_j) = \operatorname{cov}(u_{i1}F_1 + u_{i2}F_2 + \cdots + u_{ip}F_p, F_j) = u_{ij}\lambda_i,$$

由此可得,X_i 与 F_j 的相关系数为

$$\rho(X_i, F_j) = \frac{u_{ij}\lambda_i}{\sigma_i\sqrt{\lambda_i}} = \frac{u_{ij}\lambda_i}{\sigma_i}.$$

可见,第 j 个主成分与变量 X_j 的相关的密切程度取决于对应线性组合系数的大小.

第五,原始变量被主成分的提取率. 前面讨论了主成分的贡献率和累计贡献率,它度量了 $F_1, F_2, \cdots, F_m$ 分别从原始变量 $X_1, X_2, \cdots, X_p$ 各有多少信息分别被 $F_1, F_2, \cdots, F_m$ 提取了. 应该用什么指标来度量? 在讨论 F_1 与 $X_1, X_2, \cdots, X_p$ 的关系时,可以讨论 F_1 分别与 $X_1, X_2, \cdots, X_p$ 的相关系数,但是由于相关系数有正有负,所以只有考虑相关系数的平方.

$$\operatorname{var}(X_1) = \operatorname{var}(u_{i1}F_1 + u_{i2}F_2 + \cdots + u_{ip}F_p). \tag{7-15}$$

于是,有

$$u_{i1}^2\lambda_1 + u_{i2}^2\lambda_2 + \cdots + u_{ip}^2\lambda_p = \sigma_i^2.$$

$u_{ij}^2\lambda_i$ 是 F_j 能说明的第 i 个原始变量的方差,$u_{ij}^2\lambda_i/\sigma_i^2$ 是 F_1 提取的第 i 个原始变量信息的比例.

如果仅仅提出了 m 个主成分,则第 i 个原始变量信息的被提取率为

$$\Omega_1 = \sum_{j=1}^{m}\lambda_i u_{ij}^2/\sigma_i^2 = \sum_{j=1}^{m}\rho_{ij}^2.$$

如果一个主成分仅仅对某一个原始变量有作用,则称为特殊成分. 如果一个主成分对所有的原始变量都起作用,则称为公共成分.

3. 样本主成分的计算

前面讨论的是总体主成分,但在实际问题中,一般 $\boldsymbol{\Sigma}$(或 ρ)是未知的,需要通过样本来估计. 设 $x_i = (x_{i1}, x_{i2}, \cdots, x_{ip})'(i = 1, 2, \cdots, n)$ 为取自 $\boldsymbol{X} = (X_1, X_2, \cdots, X_p)'$ 的一个容量为 n 的简单随机样本,则样本协方差阵及样本相关系数阵分别为

$$\boldsymbol{S} = (s_{ij})_{p\times p} = \frac{1}{n-1}\sum_{k=1}^{n}(x_k - \bar{x})(x_k - \bar{x})',$$

$$\boldsymbol{R} = (r_{ij})_{p\times p} = \left(\frac{s_{ij}}{\sqrt{s_{ii}s_{ij}}}\right).$$

式中

$$\bar{\boldsymbol{x}} = (\bar{x}_1, \bar{x}_2, \cdots \bar{x}_p)', \bar{x}_{ij} = \frac{1}{n}\sum_{i=1}^{n}x_{ij}, j = 1, 2, \cdots, p,$$

$$s_{ij} = \frac{1}{n-1}\sum_{k=1}^{n}(x_{ki} - \bar{x}_i), i,j = 1,2,\cdots,p.$$

分别以 $\boldsymbol{S}$ 和 $\boldsymbol{R}$ 作为 $\boldsymbol{\Sigma}$ 和 ρ 的估计，然后按总体主成分分析的方法作样本主成分分析.

在实际问题中，不同的变量往往有不同的量纲会引起各变量取值的分散程度差异较大，这时总体方差主要受方差较大的变量的控制. 为了消除由于量纲的不同可能带来的影响，则必须基于相关系数阵进行主成分分析. 不同的是，计算得分时应采用标准化后的数据.

7.3.4 主成分分析的应用

根据主成分分析的定义及性质，已大体上能看出主成分分析的一些应用. 概括起来说，主成分分析主要有以下几方面的应用.

第一，主成分分析能降低所研究的数据空间的维数. 即用研究 m 维的 Y 空间代替 p 维的 X 空间（$m<p$），而低维的 Y 空间代替高维的 X 空间所损失的信息很少. 即使只有一个主成分 Y_1（即 $m=1$）时，这个 Y_1 仍是使用全部 X 变量（p 个）得到的. 例如要计算 Y_1 的均值也得使用全部 X 的均值. 在所选的前 m 个主成分中，如果某个 X_1 的系数全部近似于零，就可以把这个 X_1 删除，这也是一种删除多余变量的方法.

第二，多维数据的一种图形表示方法. 当维数大于 3 时就不能画出几何图形，多元统计研究问题大都多于 3 个变量. 要把研究的问题用图形表示出来是不可能的. 然而，经过主成分分析后，可以选取前两个主成分或其中某两个主成分，根据主成分的得分，画出 n 个样品在二维平面上的分布状况，由图形可直观地看出各样品在主成分中的地位.

第三，用主成分分析筛选回归变量. 回归变量的选择有着重要的实际意义，为了使模型本身易于做结构分析、控制和预报，以从原始变量所构成的子集合中选择最佳变量，构成最佳变量集合. 用主成分分析筛选变量，可以用较少的计算量来选择最佳变量，获得选择最佳变量子集合的效果.

例 7-6 对世界上各主要国家的综合竞争力进行分析，可以明确我国所处的位置及优劣势. 本例通过主成分分析法研究了 2004 年世界上各个主要国家的综合竞争力的综合排名，并给出分析.

20 个主要国家 2004 年度的数据如表 7-5 所列，共选取了 9 个主要指标：X_1，国内生产总值（美元）；X_2，人均国民生产输入（美元）；X_3，最终消费支出占国民经济比例（%）；X_4，居民消费价格指数（2000 年 =100）；X_5，全员劳动率（美元/人）；X_6，人均医疗支出（现价美元）；X_7，公共教育经费支出占国内生产总值比例（%）；X_8，军事支出占国内生产总值的比例（% of GDP）；X_9，平均寿命预期（岁）.

表 7-5 特征值(方差)及主成分贡献表

国家	X_1	X_2	X_3	X_4	X_5	X_6	X_7	X_8	X_9
中国	15909.00	1230.00	55.40	104.00	1912.64	63.00	2.10	2.30	70.00
印度尼西亚	1686.28	1360.00	78.50	141.00	4545.96	26.00	1.30	1.20	66.90
以色列	1108.73	16567.50	90.70	100.00	47779.28	1496.00	7.30	8.70	78.80
日本	42954.44	34725.00	74.40	98.00	68019.26	2476.00	3.60	1.00	81.70
韩国	5364.85	10920.00	68.10	115.00	27323.77	577.00	4.30	2.40	74.20
马来西亚	1154.00	3557.50	57.70	106.00	10687.35	149.00	7.90	2.30	73.00
新加坡	889.91	21712.50	53.30	101.00	45096.16	898.00	3.10	5.20	74.30
加拿大	7499.65	22670.00	81.84	110.00	54979.32	2222.00	5.20	1.20	79.30
美国	102978.4	35615.00	84.20	110.00	79856.02	5274.00	5.70	4.10	77.40
法国	14558.30	23445.00	78.16	108.00	72588.14	2348.00	5.70	2.60	79.30
德国	20287.93	242345.00	77.90	106.00	66104.42	2631.00	4.60	1.50	78.30
西班牙	6600.51	15232.50	75.90	110.00	50899.91	1192.00	4.40	1.20	79.60
英国	15572.05	26147.50	86.60	110.00	63833.77	2031.00	4.70	2.40	77.60
澳大利亚	4225.52	20377.50	77.85	113.00	55848.35	1995.00	4.90	1.80	79.80
新西兰	609.23	14030.00	77.48	110.00	41902.05	1255.00	6.70	1.00	79.10
意大利	12049.16	20077.50	79.91	111.00	66658.22	1737.00	5.00	1.90	79.80
荷兰	4211.50	24755.00	73.25	111.00	64392.53	2298.00	5.00	1.60	78.50
巴西	4697.89	2670.00	78.50	119.00	6254.65	206.00	4.30	1.50	68.70
阿根廷	1446.00	5732.50	74.10	148.00	15626.19	238.00	4.60	1.10	74.50
俄罗斯	5530.00	3280.00	68.80	130.00	6545.00	150.00	3.10	4.30	65.70

由表 7-5 可知，第一个主成分 PC_1，主要由 X_2、X_5、X_6 和 X_9 决定，这几个指标从平均量成分方面反映了一个国家的综合竞争力.

从表 7-6 可以看出，第二个主成分 PC_2 主要由 X_1、X_4 决定，其中 X_1 是从总量这个侧面来反映国家的总体竞争能力.

表 7-6 主要成分负荷矩阵

	成分			
	1	2	3	4
X_1	0.609	0.420	-0.495	0.245
X_2	0.944	0.131	-0.126	-0.118
X_3	0.530	0.233	0.528	0.531
X_4	-0.597	0.541	0.333	0.358
X_5	0.957	0.064	0.056	-0.117
X_6	0.933	0.243	-0.141	0.119
X_7	0.476	-0.575	0.421	0.151
X_8	0.132	-0.614	-0.385	0.618
X_9	0.853	-0.134	0.315	-0.302

第三个主成分 PC_3 主要由 X_3、X_7 构成，与第一个主成分类似，是从平均量成分反映

国家综合竞争力.

第四个主成分 PC_4 主要由 X_8 决定.

例 7-7 农村饮用水水质评价的主成分分析.

良好的饮用水是人类生存的基本条件之一,它关系到国民的身体健康. 农村饮用水安全是反映农村社会经济发展和居民生活质量的重要标志. 目前,常用的农村饮用水水质评价方法通常有两种:一种是检测若干个水样后,计算单项指标超标率(或合格率),这种方法能得出主要污染物,但不能对水质进行综合评价. 另一种是根据《农村实施 <生活饮用水卫生标准> 准则》中的一、二、三级水质标准对水样进行分级,水样中一旦有一个指标超过某一级水质标准就降为下一级. 水质是由多个因子构成的复杂系统,此方法不能反映多指标的综合作用,所以结论具有一定的片面性. 对涉及多因素的水质评价主要是分析影响水质的各因素之间的相互作用,从而得出反映各因素特征信息的综合评价结果. 对饮用水水质的评价通常要检测十几项指标,是典型的多维问题,因此考虑运用主成分分析进行简化降维处理.

目前,农村自来水分为完全处理、部分处理、未处理三种形式. 完全处理自来水指原水经过混凝沉淀、过滤和消毒处理后通过管网送往住户. 部分处理自来水指原水经过混凝沉淀、过滤、消毒中的一步或两步处理后通过管网送往住户. 未处理自来水指原水不经过任何处理,直接通过管网送往住户. 本例选取了饮用水水质常规检测的 13 项指标,包括:X_1,pH 值;X_2,色度;X_3,混浊度;X_4,总硬度(mg/L);X_5,铁(mg/L);X_6,锰(mg/L);X_7,氯化物(mg/L);X_8,硫酸盐(mg/L);X_9,化学耗氧量(mg/L);X_{10},氟化物(mg/L);X_{11},砷(mg/L);X_{12},硝酸盐(mg/L);X_{13},细菌总数(个/mL). 原始数据来源于中国农村饮用水水质检测网络 2004 年的数据如表 7-7 所列.

表 7-7 农村饮用水水质原始数据表

	完全处理(丰水期)	完全处理(枯水期)	部分处理(丰水期)	部分处理(枯水期)	未处理(丰水期)	未处理(枯水期)
X_1	7.32	7.27	7.42	7.38	7.41	7.36
X_2	3.69	5.28	4.83	4.32	4.62	4.55
X_3	1.77	2.64	2.88	2.65	1.9219	1.66
X_4	125.86	128.73	183.27	154	1.51	65.09
X_5	0.1	0.13	0.15	0.12	0.18	0.14
X_6	0.05	0.04	0.05	0.04	0.1	0.09
X_7	31.88	21.7	39.35	29.77	64.15	65.09
X_8	33.93	27.6	49.96	41.24	71.69	71.22
X_9	2.31	1.66	1.54	1.32	1.23	1.45
X_{10}	0.21	0.11	0.27	0.3	0.69	0.7
X_{11}	0.007	0.007	0.008	0.009	0.009	0.01
X_{12}	2.62	2.61	4.29	2.84	3.52	3.18
X_{13}	21	33	54	29	30	24

由表 7-8 可见，前 5 个主成分的累计贡献为 100%，表明它们所携带的信息概括了 13 个原始指标的全部信息. 但根据主成分个数选取标准(累计贡献率大于 85%)，前 3 个主成分的累计贡献率为 89.21%，因此选取 p_1, p_2, p_3 这单个主成分对水质进行综合评价就可以了. 用这三个主成分进行评价仅损失了原始信息的 10.79%，但评价指标却由原来的 13 个降为 3 个，指标数量大为简化.

表 7-8 主成分的特征值、贡献率和累积贡献率

成份	初始特征值			提取的载荷平方和		
	总计	方差贡献率	累积贡献	总计	方差贡献率	累积贡献
1	6.448	49.597	49.597			
2	3.826	29.431	79.029			
3	1.324	10.181	89.210			
4	0.784	6.031	95.240			
5	0.619	4.760	100.000			
6	5.111E-16	3.931E-15	100.000			
7	2.356E-16	1.812E-15	100.000			
8	1.075E-16	8.269E-16	100.000			
9	-2.12E-18	-1.634E-17	100.000			
10	-1.35E-16	-1.041E-15	100.000	6.448	49.597	49.597
11	-1.79E-16	-1.377E-15	100.000	3.826	29.431	79.029
12	-1.97E-15	-1.514E-14	100.000	1.324	10.181	89.216

从表 7-9 可知，第一主成分与原始指标 X_5、X_6、X_7、X_8、X_{10}、X_{11} 关系最密切，主要反映了饮用水中无机矿物质的含量. 第二主成分与原始指标 X_3、X_4、X_{12}、X_{13} 关系最密切，主要反映了饮用水的感官性状和微生物污染状况. 第三主成分与原始指标 X_2 关系密切.

表 7-9 主成分的特征向量

	成份		
	1	2	3
X_1	0.731	0.402	0.483
X_2	0.115	0.507	-0.755
X_3	-0.358	0.885	-0.151
X_4	0.112	0.733	0.409
X_5	0.824	0.404	-0.157
X_6	0.892	0.342	-0.025
X_7	0.944	0.283	0.037
X_8	0.985	0.146	0.033
X_9	0.699	0.395	0.417
X_{10}	0.941	0.334	-0.044
X_{11}	0.830	0.197	-0.163
X_{12}	0.594	0.651	0.303
X_{13}	0.076	0.936	0.088

7.4 判别分析

判别分析(distinguish analysis)是根据所研究的个体的观测指标来推断该个体所属类型的一种统计方法. 在自然科学和社会科学的研究中经常会碰到这种统计问题,例如在地质找矿中要根据某异常点的地质结构、化探和物探的各项指标来判断该异常点属于哪一种矿化类型;医生要根据某人的各项化验指标的结果来判断该人属于什么病症;调查了某地区的土地生产率、劳动生产率、人均收入、费用水平、农村工业比重等指标,来确定该地区属于哪一种经济类型地区等. 该方法起源于1921年Pearson的种族相似系数法,1936年费舍尔提出线性判别函数,并形成把一个样本归类到两个总体之一的判别法.

判别问题用统计的语言来表达,就是已有 q 个总体 $X_1,X_2,\cdots,X_q$,它们的分布函数分别为 $F_1(x),F_2(x),\cdots,F_q(x)$,每个 $F_i(x)$ 都是 p 维函数. 对于给定的样本 $\boldsymbol{X}$,要判断它来自哪一个总体. 当然,应该要求判别准则在某种意义下是最优的,例如错判的概率最小或错判的损失最小等. 本章仅介绍最基本的几种判别方法,即距离判别、贝叶斯判别和费舍尔判别.

7.4.1 距离判别

1. 两总体的情况

设有两个具有相同协方差阵 $\boldsymbol{\Sigma}(\boldsymbol{\Sigma}>0)$ 的总体 $\boldsymbol{X}_1,\boldsymbol{X}_2$,均值向量分别为 $\boldsymbol{\mu}_1,\boldsymbol{\mu}_2$,对于一个新给定的样本 $\boldsymbol{x}$ 要判断它是来自于哪一个总体(或者说要判断它属于哪一个总体). 一个最直观的想法是分别计算 $\boldsymbol{x}$ 与两个总体的距离(这里用点 $\boldsymbol{x}$ 到 $\boldsymbol{\mu}_i$ 的距离表示点 x 到总体 $\boldsymbol{X}_i$ 的距离)$d(\boldsymbol{x},\boldsymbol{\mu}_i)$ $(i=1,2)$. 然后根据下列规则进行判别,即

$$\begin{cases}\boldsymbol{x}\in X_1, & d(\boldsymbol{x},\boldsymbol{\mu}_1)\leqslant d(\boldsymbol{x},\boldsymbol{\mu}_2),\\ \boldsymbol{x}\in X_2 & d(\boldsymbol{x},\boldsymbol{\mu}_2)>d(\boldsymbol{x},\boldsymbol{\mu}_2).\end{cases}$$

当 $d(\boldsymbol{x},\boldsymbol{\mu}_1)=d(\boldsymbol{x},\boldsymbol{\mu}_2)$ 时,$\boldsymbol{x}$ 可归属于 $\boldsymbol{X}_1,\boldsymbol{X}_2$ 中的任何一个,为了方便叙述,不妨将它归属于 $\boldsymbol{X}_1$. 在这里采用定义的马氏距离. 为了简化,计算两个马氏距离平方之差,即

$$\begin{aligned}d^2(\boldsymbol{x},\boldsymbol{\mu}_1)-d^2(\boldsymbol{x},\boldsymbol{\mu}_2)&=(\boldsymbol{x}-\boldsymbol{\mu}_1)^{\mathrm{T}}\boldsymbol{\Sigma}^{-1}(\boldsymbol{x}-\boldsymbol{\mu}_1)-(\boldsymbol{x}-\boldsymbol{\mu}_2)^{\mathrm{T}}\boldsymbol{\Sigma}^{-1}(\boldsymbol{x}-\boldsymbol{\mu}_2)\\&=-2[-(\boldsymbol{\mu}_1+\boldsymbol{\mu}_2)/2]^{\mathrm{T}}\boldsymbol{\Sigma}^{-1}(\boldsymbol{\mu}_1-\boldsymbol{\mu}_2)].\end{aligned}\tag{7-16}$$

其中

$$W(\boldsymbol{x})=(\boldsymbol{x}-\bar{\boldsymbol{\mu}})^{\mathrm{T}}\boldsymbol{\Sigma}^{-1}(\boldsymbol{\mu}_1-\boldsymbol{\mu}_2),$$

$$\bar{\boldsymbol{\mu}}=\frac{1}{2}(\boldsymbol{\mu}_1+\boldsymbol{\mu}_2).$$

于是在马氏距离之下规则变为 $W(\boldsymbol{x})$ 是 $\boldsymbol{x}$ 的一个线性函数,一般将 $W(\boldsymbol{x})$ 称为线性判别函数,显然 p 维平面 $W(\boldsymbol{x})=0$ 把 p 维空间分成两部分,即得到 p 维空间一个划分:

$$\boldsymbol{R}_1=\{\boldsymbol{x}:W(\boldsymbol{x})\geqslant 0\},$$

$$\boldsymbol{R}_2=\{\boldsymbol{x}:W(\boldsymbol{x})<0\}.$$

当样本 $\boldsymbol{x}\in\boldsymbol{R}_1$ 时,则判断 $\boldsymbol{x}\in X_1$;当样本 $\boldsymbol{x}\in\boldsymbol{R}_2$ 时,则判断 $\boldsymbol{x}\in\boldsymbol{X}_2$.

对于上述判别规则作几点说明,这对于理解判断分析很重要.

(1) 按最小距离规则判别是会产生误判的,为了说明问题,不妨设 $p=1$ 且 $\boldsymbol{X}_1 \sim N(\boldsymbol{\mu}_1, \delta^2)$, $\boldsymbol{X}_2 \sim N(\boldsymbol{\mu}_2, \delta^2)$, $\boldsymbol{\mu}_1 > \boldsymbol{\mu}_2$. 当 $\boldsymbol{x}$ 事实上取自 $\boldsymbol{X}_1$,但它的观测值却落在 $\bar{\boldsymbol{\mu}} = \frac{1}{2}(\boldsymbol{\mu}_1 + \boldsymbol{\mu}_2)$ 的右边时,按上述的规则应把 $\boldsymbol{x}$ 判断为 $\boldsymbol{X}_2$,此时发生误判,误判的概率正是图中的阴影部分的面积. 另外判别限(或称阈值)的选取是很重要的,如果不以 $\bar{\boldsymbol{\mu}}$ 为判别限,而以另一点 ξ 为判别限,这时将 $\boldsymbol{X}_1$ 误判为 $\boldsymbol{X}_2$ 的概率减小了,但 $\boldsymbol{X}_2$ 误判为 $\boldsymbol{X}_1$ 的概率却增大了. 对于正态总体,可以直接验证最小距离判别的判别限 $\bar{\boldsymbol{\mu}}$,以保证这两个误判概率相同.

(2) 当两个总体 $\boldsymbol{X}_1, \boldsymbol{X}_2$ 十分接近时,则无论用什么办法,误判概率都很大,这时判别是没有意义的,因此在判别之前应对两总体的均值是否有显著差异进行检验.

(3) 由于落在 $\bar{\boldsymbol{\mu}}$ 附近的点误判概率比较大,有时可划出一个待判区域,例如取 $(c,d) = \left(\bar{\boldsymbol{\mu}} - \frac{1}{5}|\boldsymbol{\mu}_1 - \boldsymbol{\mu}_2|, \bar{\boldsymbol{\mu}} + \frac{1}{5}|\boldsymbol{\mu}_1 - \boldsymbol{\mu}_2|\right)$ 作为待判区域.

(4) 以上判别函数及规则并没有涉及具体的分部类型,只要二阶矩存在就可以了. 如果两总体的均值向量及公共协方差阵未知,Wald 和 Anderson 提出用相应的估计来代替. 设 $\boldsymbol{x}_i(i=1,2,\cdots,n_1)$, $\boldsymbol{y}_i(i=1,2,\cdots,n_2)$ 分别是来自 $\boldsymbol{X}_1$ 和 $\boldsymbol{X}_2$ 的样本,令

$$\bar{\boldsymbol{x}} = \frac{1}{n_1}\sum_{i=1}^{n_1}\boldsymbol{x}_i,$$

$$\bar{\boldsymbol{y}} = \frac{1}{n_2}\sum_{i=1}^{n_2}\boldsymbol{y}_i,$$

$$\boldsymbol{A}_1 = \sum_{i=1}^{n_1}(\boldsymbol{x}_i - \bar{\boldsymbol{x}})(\boldsymbol{x}_i - \bar{\boldsymbol{x}})^{\mathrm{T}},$$

$$\boldsymbol{A}_2 = \sum_{i=1}^{n_2}(\boldsymbol{y}_i - \bar{\boldsymbol{y}})(\boldsymbol{y}_i - \bar{\boldsymbol{y}})^{\mathrm{T}},$$

$$\boldsymbol{\Sigma} = \frac{1}{n_1 + n_2 - 2}(\boldsymbol{A}_1 + \boldsymbol{A}_2).$$

那么判别函数可取为 $W(\boldsymbol{x}) = \left[\boldsymbol{x} - \frac{1}{2}(\bar{\boldsymbol{x}} + \bar{\boldsymbol{y}})\right]^{\mathrm{T}}\boldsymbol{\Sigma}^{-1}(\bar{\boldsymbol{x}} - \bar{\boldsymbol{y}})$,又称 Anderson 判别函数(统计量).

7.4.2 多总体的情况

设有 q 个总体 $\boldsymbol{X}_1, \boldsymbol{X}_2, \cdots, \boldsymbol{X}_q$,它们具有相同的正定协方差阵和不同的均值向量 $\boldsymbol{\mu}_i(i=1,2,\cdots,q)$. 那么判别函数可取为(这里仍采用马氏距离)

$$W_{ij}(\boldsymbol{x}) = \left[\boldsymbol{x} - \frac{1}{2}(\boldsymbol{\mu}_i + \boldsymbol{\mu}_j)\right]^{\mathrm{T}}\boldsymbol{\Sigma}^{-1}(\boldsymbol{\mu}_i - \boldsymbol{\mu}_j), i = 1,2,\cdots,q. \quad (7-17)$$

当 $\boldsymbol{\mu}_i$ 和 $\boldsymbol{\Sigma}$ 都是未知时,可用它们相应的估计代替.

除了最基本的距离判别外,还有很多其他的判别方法,下面仅介绍费舍尔判别和贝叶斯判别.

1. 弗舍尔判别

费舍尔判别的基本思想是投影,即将表面上不易分类的数据通过投影到某个方向上,使得投影类与类之间得以分离的一种判别方法.

仅考虑两总体的情况,设两个 p 维总体为 $\boldsymbol{X}_1,\boldsymbol{X}_2$,且都有二阶矩存在. 费舍尔的判别思想是变换多元观察 $\boldsymbol{x}$ 到一元观察 $\boldsymbol{y}$,使得由总体 $\boldsymbol{X}_1,\boldsymbol{X}_2$ 产生的 $\boldsymbol{y}$ 尽可能地分离开来. 例如$(\boldsymbol{X}_1,\boldsymbol{X}_2)$为二维总体. 要用原变量 $\boldsymbol{x}_1,\boldsymbol{x}_2$ 的取值范围把 $\boldsymbol{X}_1,\boldsymbol{X}_2$ 分离开来是困难的. 费舍尔提出把 $\boldsymbol{y}$ 取做 $\boldsymbol{x}=(\boldsymbol{x}_1,\boldsymbol{x}_2)^{\mathrm{T}}$ 的线性组合,即 $\boldsymbol{y}=c_1\boldsymbol{x}_1+c_2\boldsymbol{x}_2$,它是三维空间中的一个平面 $\boldsymbol{\pi}$,只要适当选取 c_1 与 c_2 使得 $\boldsymbol{X}_1$ 上的点与 $\boldsymbol{X}_2$ 上的点投影在 $\boldsymbol{\pi}$ 平面上尽可能地分离开来,即在 y 轴上尽可能分离开来,$\boldsymbol{X}_1$ 的 5 个点与 $\boldsymbol{X}_2$ 的 5 个点在 $\boldsymbol{y}$ 轴上已完全分离开了.

设在 p 维的情况下,$\boldsymbol{x}$ 的线性组合为 $\boldsymbol{y}=\boldsymbol{l}^{\mathrm{T}}\boldsymbol{x}$,其中 $\boldsymbol{l}$ 为 p 维实向量. 设 $\boldsymbol{x}_1,\boldsymbol{x}_2$ 的均值向量分别为$\boldsymbol{\mu}_1,\boldsymbol{\mu}_2$(均为 p 维),且有公共的协方差矩阵 $\boldsymbol{\Sigma}(\boldsymbol{\Sigma}>0)$,那么线性组合 $\boldsymbol{y}=\boldsymbol{l}^{\mathrm{T}}\boldsymbol{x}$ 的均值为

$$\boldsymbol{\mu}_{y1} = E(\boldsymbol{y} \mid \boldsymbol{x} \in \boldsymbol{X}_1) = \boldsymbol{l}^{\mathrm{T}}\boldsymbol{\mu}_1,$$
$$\boldsymbol{\mu}_{y_2} = E(\boldsymbol{y} \mid \boldsymbol{x} \in \boldsymbol{X}_2) = \boldsymbol{l}^{\mathrm{T}}\boldsymbol{\mu}_2.$$

其方差为

$$\delta_y^2 = \operatorname{var}(\boldsymbol{y}) = \boldsymbol{l}^{\mathrm{T}}\boldsymbol{\Sigma}\boldsymbol{l}.$$

考虑比为

$$\frac{(\boldsymbol{\mu}_{y_1}-\boldsymbol{\mu}_{y_2})^2}{\delta_y^2} = \frac{[\boldsymbol{l}^{\mathrm{T}}(\boldsymbol{\mu}_1-\boldsymbol{\mu}_2)]^2}{\boldsymbol{l}^{\mathrm{T}}\boldsymbol{\Sigma}\boldsymbol{l}} = \frac{(\boldsymbol{l}^{\mathrm{T}}\boldsymbol{\delta})^2}{\boldsymbol{l}^{\mathrm{T}}\boldsymbol{\Sigma}\boldsymbol{l}}.$$

其中,$\boldsymbol{\delta}=\boldsymbol{\mu}_1-\boldsymbol{\mu}_2$ 为两总体均值向量差,根据费舍尔的思想,我们要选择 $\boldsymbol{l}$ 使得上式达到最大.

定理 6 $\boldsymbol{x}$ 为 p 维随机向量,设 $\boldsymbol{y}=\boldsymbol{l}^{\mathrm{T}}\boldsymbol{x}$,当选取 $\boldsymbol{l}=c\Sigma^{-1}\boldsymbol{\delta}$,$c\neq0$ 为常数时,达到最大.

特别当 $c=1$ 时,线性函数 $\boldsymbol{y}=\boldsymbol{l}^{\mathrm{T}}\boldsymbol{x}=(\boldsymbol{\mu}_1-\boldsymbol{\mu}_2)^{\mathrm{T}}\Sigma^{-1}\boldsymbol{x}$ 称为费舍尔线性判别函数. 令

$$K = \frac{1}{2}(\boldsymbol{\mu}_{y_1}+\boldsymbol{\mu}_{y_2}) = \frac{1}{2}(\boldsymbol{l}^{\mathrm{T}}\boldsymbol{\mu}_1+\boldsymbol{l}^{\mathrm{T}}\boldsymbol{\mu}_2) = \frac{1}{2}(\boldsymbol{\mu}_1+\boldsymbol{\mu}_2)^{\mathrm{T}}\boldsymbol{\Sigma}^{-1}(\boldsymbol{\mu}_1+\boldsymbol{\mu}_2).$$

定理 7 利用上面的记号,取 $\boldsymbol{l}^{\mathrm{T}}=(\boldsymbol{\mu}_1-\boldsymbol{\mu}_2)^{\mathrm{T}-1}$,则有

$$\boldsymbol{\mu}_{y_1}-\boldsymbol{K}>0\ ,\boldsymbol{\mu}_{y_2}-\boldsymbol{K}<0.$$

证明从略.

从定理 2 得到如下的费舍尔判别规则:实际中若出现时,要慎重处理,注意到上式中的定义,那么由

$$\begin{aligned}W(\boldsymbol{x}) &= (\boldsymbol{\mu}_1-\boldsymbol{\mu}_2)^{\mathrm{T}}\boldsymbol{\Sigma}^{-1}-\boldsymbol{K}\\ &= (\boldsymbol{\mu}_1-\boldsymbol{\mu}_2)^{\mathrm{T}}\boldsymbol{\Sigma}^{-1}-\frac{1}{2}(\boldsymbol{\mu}_1-\boldsymbol{\mu}_2)^{\mathrm{T}}\boldsymbol{\Sigma}^{-1}\boldsymbol{\Sigma}^{-1}(\boldsymbol{\mu}_1+\boldsymbol{\mu}_2)\\ &= \left(\boldsymbol{x}-\frac{1}{2}(\boldsymbol{\mu}_1+\boldsymbol{\mu}_2)\right)^{\mathrm{T}}\boldsymbol{\Sigma}^{-1}(\boldsymbol{\mu}_1-\boldsymbol{\mu}_2).\end{aligned} \tag{7-18}$$

容易发现它们完全是一样的. 此外,当总体的参数未知时,仍然用样本来对$\boldsymbol{\mu}_1,\boldsymbol{\mu}_2$ 及 $\boldsymbol{\Sigma}$ 进行估计,注意到这里的费舍尔判别与最小距离判别一样不需要知道总体的分部类型,

但两总体的均值向量必须有显著的差异才行,否则判别无意义.

2. 贝叶斯判别

贝叶斯判别和贝叶斯估计的思想方法是一样的,即假定对研究的对象已经有一定的认识,这种认识常用先验概率来描述,当取得一个样本后,就可以用样本来修正已有的先验概率分布,得出后验概率分布,再通过后验概率分布进行各种统计推断.

关于误判概率的概念在本节第一部分距离判别中已谈过. 设有两个总体 $\boldsymbol{X}_1$ 和 $\boldsymbol{X}_2$,根据某一个判别规则,将实际上为 $\boldsymbol{X}_1$ 的个体判为 $\boldsymbol{X}_2$ 或者将实际上为 $\boldsymbol{X}_2$ 的个体判为 $\boldsymbol{X}_1$ 的概率就是误判概率,一个好的判别规则应该使误判概率最小. 除此之外还有一个误判损失问题或者说误判产生的花费(cost)问题,如把 $\boldsymbol{X}_1$ 的个体误判到 $\boldsymbol{X}_2$ 的损失比把 $\boldsymbol{X}_2$ 的个体误判到 $\boldsymbol{X}_1$ 严重得多,因此在作前一种判断时就要特别谨慎. 例如,在药品检验中把有毒的样品判为无毒的后果比把无毒样品判为有毒要严重得多,因此一个好的判别规则还必须使误判损失最小.

为了说明问题,仍以两个总体的情况来讨论. 设所考虑的两个总体 $\boldsymbol{X}_1$ 与 $\boldsymbol{X}_2$ 分别具有密度函数 $f_1(\boldsymbol{x})$ 与 $f_2(\boldsymbol{x})$,其中 $\boldsymbol{x}$ 为 p 维向量. 记 $\boldsymbol{\Omega}$ 为 $\boldsymbol{x}$ 的所有可能观测值的全体,$\boldsymbol{R}_1$ 为根据规则要判为 $\boldsymbol{X}_1$ 的那些 $\boldsymbol{x}$ 的全体,而 $\boldsymbol{R}_2=\boldsymbol{\Omega}-\boldsymbol{R}_2$ 是要判为 $\boldsymbol{X}_2$ 的那些 $\boldsymbol{x}$ 的全体. 显然 $\boldsymbol{R}_1$ 与 $\boldsymbol{R}_2$ 互斥完备. 某样本实际是来自 $\boldsymbol{X}_1$,但被判为 $\boldsymbol{X}_2$ 的概率为

$$P(2\mid 1) = P(\boldsymbol{x}\in \boldsymbol{R}_2\mid \boldsymbol{X}_1) = \int_{\boldsymbol{R}_2}\cdots\int f_1(x)\,\mathrm{d}x,$$

来自 $\boldsymbol{X}_2$,但被判为 $\boldsymbol{X}_1$ 的概率为

$$P(1\mid 2) = P(\boldsymbol{x}\in \boldsymbol{R}_2\mid \boldsymbol{X}_2) = \int_{\boldsymbol{R}_1}\cdots\int f_2(x)\,\mathrm{d}x.$$

类似地,来自 $\boldsymbol{X}_1$ 但被判为 $\boldsymbol{X}_1$ 的概率和来自 $\boldsymbol{X}_2$ 但被判为 $\boldsymbol{X}_2$ 的概率分别为

$$P(1\mid 1) = P(\boldsymbol{x}\in \boldsymbol{R}_1\mid \boldsymbol{X}_1) = \int_{\boldsymbol{R}_1}\cdots\int f_1(x)\,\mathrm{d}x,$$

$$P(2\mid 2) = P(\boldsymbol{x}\in \boldsymbol{R}_2\mid \boldsymbol{X}_2) = \int_{\boldsymbol{R}_2}\cdots\int f_2(x)\,\mathrm{d}x.$$

又设 p_1,p_2 分别表示总体 $\boldsymbol{X}_1$ 和 $\boldsymbol{X}_2$ 的先验概率,且 $p_1+p_2=1$,于是,有 P(正确地判为 $\boldsymbol{X}_1$) = P(来自 $\boldsymbol{X}_1$,被判为 $\boldsymbol{X}_1$) $=P(\boldsymbol{x}\in\boldsymbol{R}_1|\boldsymbol{X}_1)P(\boldsymbol{X}_1)=P(1|1)p_1$,

P(误判为 $\boldsymbol{X}_1$) $=P$(来自 $\boldsymbol{X}_2$,被判为 $\boldsymbol{X}_1$) $=P(\boldsymbol{x}\in\boldsymbol{R}_1|\boldsymbol{X}_2)P(\boldsymbol{X}_2)=P(1|2)p_2$. 类似地,有

P(正常地判为 $\boldsymbol{X}_2$) $=P(2|2)p_2$,

P(误判为 $\boldsymbol{X}_2$) $=P(2|1)p_1$.

设 $L(1|2)$ 表示来自 $\boldsymbol{X}_2$ 误判为 $\boldsymbol{X}_1$ 引起的损失,$L(2|1)$ 表示来自 $\boldsymbol{X}_1$ 误判为 $\boldsymbol{X}_2$ 引起的损失,并规定 $L(1|1)=L(2|2)=0$.

将上述的误判与误判损失结合起来,定义平均误判损失(Expected Cost of Misclassification,ECM)为

$$\mathrm{ECM}(R_1,R_2) = L(2\mid 1)P(2\mid 1)p_1 + L(1\mid 2)P(1\mid 2)p_2,$$

一个合理的判别规则应使 ECM 达到极小.

3. 两总体的贝叶斯判别

由上面叙述知道，要选择样本空间 $\boldsymbol{\Omega}$ 的一个划分：$\boldsymbol{R}_1$ 和 $\boldsymbol{R}_2=\boldsymbol{\Omega}-\boldsymbol{R}_1$，使得平均损失式达到极小.

定理 8 极小化平均误判损失的区域 $\boldsymbol{R}_1$ 和 $\boldsymbol{R}_2$ 为

$$\boldsymbol{R}_1=\left\{\boldsymbol{x}:\frac{f_1(\boldsymbol{x})}{f_2(\boldsymbol{x})}\geqslant\frac{L(1\mid 2)}{L(2\mid 1)}\frac{p_2}{p_1}\right\},$$

$$\boldsymbol{R}_2=\left\{\boldsymbol{x}:\frac{f_1(\boldsymbol{x})}{f_2(\boldsymbol{x})}<\frac{L(1\mid 2)}{L(2\mid 1)}\frac{p_2}{p_1}\right\}.$$

（当 $\frac{f_1(\boldsymbol{x})}{f_2(\boldsymbol{x})}=\frac{L(1|2)p_2}{L(2|1)p_1}$ 时，即 $\boldsymbol{x}$ 为边界点，它可归入 $\boldsymbol{R}_1$，$\boldsymbol{R}_2$ 中的任何一个，为了方便就将它归入 $\boldsymbol{R}_1$.）

证明从略.

由上述定理，可得到两总体的贝叶斯判别准则：

应用此准则时仅仅需要计算：

(1) 新样本点 $\boldsymbol{x}_0=(x_{01},x_{02},\cdots,x_{0p})^{\mathrm{T}}$ 的密度函数比 $f_1(\boldsymbol{x}_0)/f_2(\boldsymbol{x}_0)$.

(2) 损失比 $L(1|2)/L(2|1)$.

(3) 先验概率比 p_2/p_1.

损失和先验概率以比值的形式出现时很重要的，因为确定两种损失的比值（或两总体的先验概率的比值）往往比确定损失本身（或先验概率本身）来得容易. 下面列举三种特殊情况：

(1) 当 $p_2/p_1=1$ 时.

(2) 当 $L(1|2)/L(2|1)=1$ 时.

(3) 当 $p_1/p_2=L(1|2)/L(2|1)=1$ 时.

对于具体问题，如果先验概率或者其比值都难以确定，此时就利用规则，同样如误判损失或者其比值都是难以确定，此时就利用规则，如果上述两者都难以确定则利用规则，最后这种情况是一种无可奈何的办法，当然判别也变得很简单：若 $f_1(\boldsymbol{x})\geqslant f_2(\boldsymbol{x})$，则判 $\boldsymbol{x}\in\boldsymbol{X}_1$，否则判 $\boldsymbol{x}\in\boldsymbol{X}_2$.

将上述两总体贝叶斯判别应用于正态总体 $X_i\sim N_p(\mu_i,\Sigma_i)\,(i=1,2)$，即

$$\boldsymbol{\Sigma}_1=\boldsymbol{\Sigma}_2=\boldsymbol{\Sigma}(\boldsymbol{\Sigma}>0),$$

此时 $\boldsymbol{X}_i$ 的密度为

$$f_i(\boldsymbol{x})=(2\pi)^{-p/2}\mid\boldsymbol{\Sigma}\mid^{-1/2}\exp\left\{-\frac{1}{2}(\boldsymbol{x}-\boldsymbol{\mu}_i)^{\mathrm{T}}\boldsymbol{\Sigma}^{-1}(\boldsymbol{x}-\boldsymbol{\mu}_i)\right\}.$$

如果总体的 $\boldsymbol{\mu}_1,\boldsymbol{\mu}_2$ 及 $\boldsymbol{\Sigma}$ 未知，Anderson 判别函数用总体的样本算出 $\bar{\boldsymbol{x}}_1,\bar{\boldsymbol{x}}_2$ 和

$$\boldsymbol{\Sigma}=\frac{1}{n_1+n_2-2}(\boldsymbol{A}_1+\boldsymbol{A}_2),$$

来代替 $\boldsymbol{\mu}_1,\boldsymbol{\mu}_2$ 和 $\boldsymbol{\Sigma}$.

这里应该指出，总体参数用其估计来代替，所得到的规则，仅仅只是最优（在平均误判损失达到极小的意义下）规则的一个估计，这时对于一个具体问题来讲，并没有把握让

所得到的规则使平均误判损失达到最小，但当样本的容量充分大时，估计 $\bar{\boldsymbol{x}}_1,\bar{\boldsymbol{x}}_2,\boldsymbol{S}$ 分别和 $\boldsymbol{\mu}_1,\boldsymbol{\mu}_2,\boldsymbol{\Sigma}$ 很接近，因此有理由认为“样本”判别规则的性质会很好.

例 7 - 8 表 7 - 11 是某气象站预报有无春旱的实际资料，x_1 与 x_2 都是综合预报因子(气象含义从略)，有春旱的是 6 个年份的资料，无春旱的是 8 个年份的资料，它们的先验概率分别用 6/14 和 8/14 来估计，并设误判损失相等，试建立 Anderson 线性判别函数.

表 7 - 11　某气象站有无春旱的资料

序号		1	2	3	4	5	6	7	8
春旱	x_{11}	24.8	24.1	26.6	23.5	25.5	27.4		
	x_{12}	−2.0	−2.4	−3.0	−1.9	−2.1	−3.1		
	$W(x_{11},x_{12})$	3.0165	2.8795	10.93	−0.032	4.811	12.097		
无春旱	x_{21}	22.1	21.6	22.0	22.8	22.7	21.5	22.1.	21.4
	x_{22}	−0.7	−1.4	−0.8	−1.6	−1.5	−1.0	−1.2	−1.3
	$W(x_{21},x_{22})$	−6.9359	−5.660	−5.141	−2.699	−4.389	−7.195	−5.278	−6.409

由表中的数据，计算可得

$$\bar{\boldsymbol{x}}_1 = (25.3167,\ -2.4167)',\bar{\boldsymbol{x}}_2 = (22.025,\ -1.1875)',$$

$$\bar{\boldsymbol{x}}_1-\bar{\boldsymbol{x}}_2 = (3.2917,\ -1.2292)',\frac{1}{2}(\bar{\boldsymbol{x}}_1+\bar{\boldsymbol{x}}_2) = (23.6708,\ -1.8021)',$$

$$\boldsymbol{A}_1 = \begin{bmatrix} 11.0683 & -3.2882 \\ -3.2883 & 1.3483 \end{bmatrix},\boldsymbol{A}_2 = \begin{bmatrix} 0.865 & 0.0494 \\ 0.0494 & 0.7488 \end{bmatrix}$$

$$\boldsymbol{\Sigma} = \frac{1}{6+8-2}(\boldsymbol{A}_1+\boldsymbol{A}_2) = \begin{bmatrix} 0.9944 & -0.2670 \\ -0.2670 & 0.1748 \end{bmatrix},$$

$$\boldsymbol{\Sigma}^{-1} = \begin{bmatrix} 1.7048 & 2.6040 \\ 2.6040 & 9.6982 \end{bmatrix},$$

$$\beta = \ln\frac{p_1}{p_2} = \ln\frac{8}{6} = 0.288.$$

将上述计算结果代入 Anderson 线性判别函数，得 $2.4019\boldsymbol{x}_1-3.3494\boldsymbol{x}_2-63.1039$. 为计算和验证方便，取判别函数为 $W(\boldsymbol{x}) = W(\boldsymbol{x}_1,\boldsymbol{x}_2) = 2.4109\boldsymbol{x}_1-3.3494\boldsymbol{x}_2-63.1039$，判别限为 0.288，将表的数据代入 $W(\boldsymbol{x})$，计算的结果添在表中 $W(\boldsymbol{x}_1,\boldsymbol{x}_2)$ 相应的栏目中，错判的只有一个，即春旱中的第 4 号，与历史资料的拟合率达 93%.

7.5　聚类分析

将认识对象进行分类是人类认识世界的一种重要方法，例如，有关世界的时间进程的研究，就形成了历史学；而有关世界空间地域的研究，则形成了地理学. 又如在生物学中，为了研究生物的演变，需要对生物进行分类，生物学家根据各种生物的特征，将它们归属于不同的界、门、纲、目、科、属、种之中. 事实上，分门别类地对事物进行研究，要远比在一个混杂多变的集合中更清晰、明了和细致，这是因为同一类事物会具有更多的近似特性.

在企业的经营管理中,为了确定其目标市场,首先要进行市场细分. 因为无论一个企业多么庞大和成功,它也无法满足整个市场的各种需求. 而市场细分,可以帮助企业找到适合自己特色,并使企业具有竞争力的分市场,将其作为自己的重点开发目标.

通常,人们可以凭经验和专业知识来实现分类. 而聚类分析(cluster analyses)作为一种定量方法,将从数据分析的角度,给出一个更准确、细致的分类工具.

7.5.1 相似性度量

1. 样本的相似性度量

要用数量化的方法对事物进行分类,就必须用数量化的方法描述事物之间的相似程度. 一个事物常常需要用多个变量来刻画. 如果对于一群有待分类的样本点需用 p 个变量描述,则每个样本点可以看成是 R^p 空间中的一个点. 因此,很自然地想到可以用距离来度量样本点间的相似程度.

记 Ω 是样本点集,距离 $d(\cdot,\cdot)$ 是 $\Omega\times\Omega\to R^+$ 的一个函数,它满足条件:

(1) $d(\boldsymbol{x},\boldsymbol{y})\geqslant 0,\boldsymbol{x},\boldsymbol{y}\in\Omega$.

(2) $d(\boldsymbol{x},\boldsymbol{y})=0$ 当且仅当 $\boldsymbol{x}=\boldsymbol{y}$.

(3) $d(\boldsymbol{x},\boldsymbol{y})=d(\boldsymbol{y},\boldsymbol{x}),\boldsymbol{x},\boldsymbol{y}\in\Omega$.

(4) $d(\boldsymbol{x},\boldsymbol{y})\leqslant d(\boldsymbol{x},\boldsymbol{z})+d(\boldsymbol{z},\boldsymbol{y}),\boldsymbol{x},\boldsymbol{y},\boldsymbol{z}\in\Omega$.

这一距离的定义是我们所熟知的,它满足正定性、对称性和三角不等式. 在聚类分析中,对于定量变量,最常用的是 Minkowski 距离

$$d_q(\boldsymbol{x},\boldsymbol{y})=\left[\sum_{k=1}^{p}|\boldsymbol{x}_k-\boldsymbol{y}_k|^q\right]^{1/q},q>0.$$

当 $q=1,2$ 或 $q\to+\infty$ 时,则分别得到

(1) 绝对值距离

$$d_1(\boldsymbol{x},\boldsymbol{y})=\sum_{k=1}^{p}|\boldsymbol{x}_k-\boldsymbol{y}_k|.$$

(2) 欧氏(Euclid)距离

$$d_2(\boldsymbol{x},\boldsymbol{y})=\left[\sum_{k=1}^{p}(\boldsymbol{x}_k-\boldsymbol{y}_k)^2\right]^{1/2}.$$

(3) Chebyshev 距离

$$d_\infty(\boldsymbol{x},\boldsymbol{y})=\max_{1\leqslant k\leqslant p}|\boldsymbol{x}_k-\boldsymbol{y}_k|.$$

在 Minkowski 距离中,最常用的是欧氏距离. 它的主要优点是当坐标轴进行正交旋转式,欧式距离是保持不变的. 因此,如果对原坐标系进行平移和旋转变换,则变换后样本点间的相似情况(即相互之间的距离)和变换前完全相同.

值得注意的是在采用 Minkowski 距离时,一定要采用相同量纲的变量. 如果变量的量纲不同,测量值变异范围相差悬殊时,建议首先进行数据的标准化处理,然后再计算距离. 在采用 Minkowski 距离时,还应尽可能地避免变量的多重相关性(multicollinearity). 多重相关性所造成的信息重叠,会片面强调某些变量的重要性. 定义如下

(4) 马氏(Mahalanobis)距离:

$$d^2(\boldsymbol{x},\boldsymbol{y}) = (\boldsymbol{x}-\boldsymbol{y})^{\mathrm{T}}\boldsymbol{\Sigma}^{-1}(\boldsymbol{x}-\boldsymbol{y}).$$

其中,$\boldsymbol{x}$,$\boldsymbol{y}$ 为来自 p 维总体 $\boldsymbol{Z}$ 的样本观测值,$\boldsymbol{\Sigma}$ 为 $\boldsymbol{Z}$ 的协方差矩阵,实际中 $\boldsymbol{\Sigma}$ 往往是不知道的,常常需要用样本协方差来估计,判断分析部分. 马氏距离对一切线性变换是不变的,故不受量纲的影响.

此外,还可采用样本相关系数、夹角余弦和其他关联性度量作为相似度量. 近年来随着数据挖掘研究的深入,这方面的新方法层出不穷,感兴趣的读者可以参考相关书籍.

2. 类与类间的相似性度量

如果有两个样本类 $\boldsymbol{G}_1$ 和 $\boldsymbol{G}_2$,可以用下面的一系列方法度量它们之间的距离.

(1) 最短距离法(nearest neighbor or single linkage method):

$$D(\boldsymbol{G}_1,\boldsymbol{G}_2) = \min_{\substack{x_i\in G_1\\ x_j\in G_2}}\{d(\boldsymbol{x}_i,\boldsymbol{x}_j)\},$$

它的直观意义为两个类中最近两点的距离.

(2) 最长距离法(farthest neighbor or complete linkage method):

$$D(\boldsymbol{G}_1,\boldsymbol{G}_2) = \max_{\substack{x_i\in G_1\\ x_j\in G_2}}\{d(\boldsymbol{x}_i,\boldsymbol{x}_j)\},$$

直观意义为两个类中最远两点间的距离.

(3) 重心法(centroid method):

$$D(\boldsymbol{G}_1,\boldsymbol{G}_2) = d(\bar{\boldsymbol{x}},\bar{\boldsymbol{y}}),$$

其中分别为 $\boldsymbol{G}_1$,$\boldsymbol{G}_2$ 的重心.

(4) 类平均法(grou Paverage method):

$$D(\boldsymbol{G}_1,\boldsymbol{G}_2) = \frac{1}{n_1 n_2}\sum_{x_i\in G_1}\sum_{x_j\in G_2} d(\boldsymbol{x}_i,\boldsymbol{x}_j),$$

它等于 $\boldsymbol{G}_1$,$\boldsymbol{G}_2$ 中两两样本点距离的平均,式中 n_1,n_2 分别为 $\boldsymbol{G}_1$,$\boldsymbol{G}_2$ 中的样本点个数.

(5) 离差平方和法(sum of squares method),若记

$$\boldsymbol{D}_1 = \sum_{x_i\in G_1}(\boldsymbol{x}_i-\bar{\boldsymbol{x}}_1)^{\mathrm{T}}(\boldsymbol{x}_i-\bar{\boldsymbol{x}}_1),\boldsymbol{D}_2 = \sum_{x_j\in G_2}(\boldsymbol{x}_j-\bar{\boldsymbol{x}}_2)^{\mathrm{T}}(\boldsymbol{x}_j-\bar{\boldsymbol{x}}_2), \qquad (7-19)$$

$$\boldsymbol{D}_{1+2} = \sum_{x_k\in G_1\cup G_2}(\boldsymbol{x}_k-\bar{\boldsymbol{x}})^{\mathrm{T}}(\boldsymbol{x}_k-\bar{\boldsymbol{x}}). \qquad (7-20)$$

其中,$\bar{\boldsymbol{x}}_1 = \frac{1}{n_1}\sum_{x_i\in G_1}\boldsymbol{x}_i$,$\bar{\boldsymbol{x}}_2 = \frac{1}{n_2}\sum_{x_j\in G_2}\boldsymbol{x}_j$,$\bar{\boldsymbol{x}} = \frac{1}{n_3}\sum_{x_k\in G_1\cup G_2}\boldsymbol{x}_k$.

n_3 为 $\boldsymbol{G}_1\cup\boldsymbol{G}_2$ 中的样本点个数,则定义

$$\boldsymbol{D}(\boldsymbol{G}_1,\boldsymbol{G}_2) = \boldsymbol{D}_{1+2}-\boldsymbol{D}_1-\boldsymbol{D}_2.$$

事实上,若 $\boldsymbol{G}_1$,$\boldsymbol{G}_2$ 内部点与点距离很小,则它们能很好地各自聚为一类,并且这两类又能够充分分离(即 $\boldsymbol{D}_{1+2}$很大),这时必然有 $\boldsymbol{D}=\boldsymbol{D}_{1+2}-\boldsymbol{D}_1-\boldsymbol{D}_2$ 很大. 因此,按定义可以认为,$\boldsymbol{G}_1$,$\boldsymbol{G}_2$ 两类之间的距离很大. 离差平方和法最初由 Ward 在 1936 年提出,后经 Orloci 等人于 1976 年发展起来的,故又称为 Ward 方法.

3. 系统聚类法的功能与特点

系统聚类法是聚类分析方法中最常用的一种方法. 它的优点在于可以指出由粗到细的多种分类情况,典型的系统聚类结果可由一个聚类图展示出来.

例如,在平面空间中有 7 个点 $w_1,w_2,\cdots,w_7$.

记 $\Omega=\{w_1,w_2,\cdots,w_7\}$,聚类结果如下:

当距离值为 f_5 时,分为一类:$\boldsymbol{G}_1=\{w_1,w_2,w_3,w_4,w_5,w_6,w_7\}$;

距离值为 f_4 分为两类:$\boldsymbol{G}_1=\{w_1,w_2,w_3\}$,$\boldsymbol{G}_2=\{w_4,w_5,w_6,w_7\}$;

距离值为 f_3 分为三类:$\boldsymbol{G}_1=\{w_1,w_2,w_3\}$,$\boldsymbol{G}_2=\{w_4,w_5,w_6\}$,$\boldsymbol{G}_3=\{w_7\}$;

距离值为 f_2 分为四类:$\boldsymbol{G}_1=\{w_1,w_2,w_3\}$,$\boldsymbol{G}_2=\{w_4,w_5\}$,$\boldsymbol{G}_3=\{w_6\}$,$\boldsymbol{G}_4=\{w_7\}$;

距离值为 f_1 分为六类:$\boldsymbol{G}_1=\{w_4,w_5\}$,$\boldsymbol{G}_2=\{w_1\}$,$\boldsymbol{G}_3=\{w_2\}$,$\boldsymbol{G}_4=\{w_3\}$,$\boldsymbol{G}_5=\{w_6\}$,$\boldsymbol{G}_6=\{w_7\}$;

距离小于 f_1 分为七类,每一个点自成一类.

怎样才能生成这样的聚类图呢?步骤如下:设 $\Omega=\{w_1,w_2,\cdots,w_7\}$.

(1) 计算 n 个样本两两之间的距离 $\{d_{ij}\}$,记为矩阵 $\boldsymbol{D}=(d_{ij})_{n\times n}$.

(2) 首先构造 n 个类,每一个类中只包含一个样本,每一类的平台高度均为零.

(3) 合并距离最近的两类为新类,并且以这两类间的距离值作为聚类图中的平台高度.

(4) 计算新类与当前各类的距离,若类的个数已经等于 1,转入步骤(5),否则,回到步骤(3).

(5) 画聚类图.

(6) 决定类的个数和类.

显而易见,这种系统归类过程与计算类与类之间的距离有关,采用不同的距离定义,有可能得出不同的聚类结果.

4. 最短距离法与最长距离法

如果使用最短距离法来测量类与类之间的距离,即称其为系统聚类法中的最短距离法(又称最近邻法),最先由 Florek 等人于 1951 年和 Sneath 于 1957 年引入. 下面举例说明最短距离法的计算步骤.

设有 5 个销售员 w_1,w_2,w_3,w_4,w_5,他们的销售业绩由二维变量 v_1,v_2 描述,如表7-12 所列.

表 7-12 销售员业绩表

销售员	v_1(销售量)/百件	v_2(回收款项)/万元
w_1	1	0
w_2	1	1
w_3	3	2
w_4	4	3
w_5	2	5

如果使用绝对值距离来测量点与点之间的距离,使用最短距离法来测量类与类之间的距离,即 $d(\boldsymbol{w}_i,\boldsymbol{w}_j)=\sum\limits_{k=1}^{p}|\boldsymbol{w}_{ik}-\boldsymbol{w}_{jk}|$,$\boldsymbol{D}(\boldsymbol{G}_P,\boldsymbol{G}_q)=\min\limits_{\substack{w_i\in G_p\\ w_j\in G_q}}\{d(\boldsymbol{w}_i,\boldsymbol{w}_j)\}$. 由距离公式可以算出距离矩阵.

第一步,所有的元素自成一类 $H=\{w_1,w_2,\cdots,w_5\}$. 如果以 P 表示 Ω 的所有可能的类集合,则 $H\subset P$,每一个类的平台高度为零,即 $f(\boldsymbol{w}_i)=0(i=1,2,\cdots,5)$. 显然,这时 $D(\boldsymbol{G}_P,\boldsymbol{G}_q)=d(\boldsymbol{w}_p,\boldsymbol{w}_q)$.

从距离矩阵汇总可以看出,w_1 和 w_2 的销售成绩最为近似,把它们聚为一个新类 h_6,新类的平台高度等于这两类间的距离,即 $f(h_6)=1$.

第二步,此时的分类情况是 $H_1=\{w_3,w_4,w_5,h_6\}$. 计算新类 h_6 与 w_3,w_4,w_5 的距离. 例如,$D(w_3,h_6)=\min\{d(w_3,w_1),d(w_3,w_2)\}=\min\{4,3\}=3$,即 w_3 与 h_6 的距离等于 w_3 与 h_6 中各元素距离的最小者.

选择距离最近的两类合并. 在此步中,w_3 和 w_4 被选中,$h_7=\{w_3,w_4\}$. 新类的平台高度 $f(h_7)=2$.

第三步,此时分类情况为 $H_2=\{w_5,h_6,h_7\}$. 计算新类 h_7 和 w_5,h_6 的距离:

$$D(w_5,h_7)=\min\{d(w_5,w_3),d(w_5,w_4)\}=\min\{4,4\}=4,$$

$$D(h_6,h_7)=\min\{d(h_6,w_3),d(h_6,w_4)\}=\min\{3,5\}=3.$$

选择距离最小的两类合并 $h_8=h_6\cup h_7$,新类的平台高度 $f(h_8)=3$.

第四步,$H_3=\{w_5,h_8\}$. 计算新类 h_8 与 w_5 的距离:

$$D(w_5,h_8)=\min\{d(w_5,h_6),d(w_5,h_7)\}=\min\{5,4\}=4.$$

将 h_8 与 w_5 聚为一类 $h_9=h_8\cup\{w_5\}$,h_9 的平台高度为 $f(h_9)=4$.

有了聚类图,就可以按要求进行分类. 可以看出,在这 5 个推销员中 w_5 的工作成绩最佳,w_3,w_4 的工作成绩良好,而 w_1,w_2 的工作成绩较差.

完全类似于以上步骤,但以最长距离法来计算类间距离,就成为系统聚类法中的最长距离法.

7.5.2 变量聚类法

在实际工作中,变量聚类法的应用也是十分重要的. 在系统分析或评估过程中,为避免遗漏某些重要因素,往往在一开始选取指标时,尽可能地多考虑所有的相关因素. 而这样做的结果则是变量过多、变量间的相关度高,给系统分析与建模带来很大的不便. 因此,人们常常希望能研究变量间的相似关系,按照变量的相似关系把它们聚合成若干类,进而找出影响系统的主要因素.

在对变量进行聚类分析时,首先要确定变量的相似性度量,常用的变量相似性度量有两种. 相关系数:记变量 $\boldsymbol{x}_j=(x_{1j},x_{2j},\cdots,x_{nj})^{\mathrm{T}}\in R^n(j=1,2,\cdots,p)$. 则可以用两变量 $\boldsymbol{x}_j$ 与 $\boldsymbol{x}_k$ 的样本相关系数作为它们的相似性度量

$$r_{jk}=\frac{\sum_{i=1}^{n}(\boldsymbol{x}_{ij}-\bar{\boldsymbol{x}}_j)(\boldsymbol{x}_{ik}-\bar{\boldsymbol{x}}_k)}{\left[\sum_{i=1}^{n}(\boldsymbol{x}_{ij}-\bar{\boldsymbol{x}}_j)^2\sum_{i=1}^{n}(\boldsymbol{x}_{ik}-\bar{\boldsymbol{x}}_k)^2\right]^{1/2}}.$$

在对变量进行聚类分析时,利用相关系数矩阵是最多的.

夹角余弦:也可以直接利用两变量 $\boldsymbol{x}_j$ 与 $\boldsymbol{x}_k$ 的夹角余弦 $\boldsymbol{x}_{jk}$ 来定义它们的相似性度量,有

$$r_{jk} = \frac{\sum_{i=1}^{n} x_{ij} x_{ik}}{\left(\sum_{i=1}^{n} x_{ij}^2 \sum_{i=1}^{n} x_{ik}^2 \right)^{1/2}}.$$

各种定义的相似度量均应有以下两个性质：

(1) $|r_{jk}| \leqslant 1$，对于一切 j,k.

(2) $r_{jk} = r_{kj}$，对于一切 j,k.

$|r_{jk}|$ 越接近 1，x_j 与 x_k 越相关或越相似. $|r_{jk}|$ 越接近零，x_j 与 x_k 的相似性越弱.

例 7－9 服装标准制定汇总的变量类聚法.

在服装标准制定中，对某地成年女子的各部位尺寸进行了统计，通过 14 个部位的测量资料，获得的各因素之间的相关系数表如表 7－13 所列.

表 7－13 成年女子各部位相关系数表

	x_1	x_2	x_3	x_4	x_5	x_6	x_7	x_8	x_9	x_{10}	x_{11}	x_{12}	x_{13}	x_{14}	x_{15}
x_1	1														
x_2	0.366	1													
x_3	0.242	0.233	1												
x_4	0.280	0.194	0.590	1											
x_5	0.360	0.324	0.476	0.435	1										
x_6	0.282	0.262	0.483	0.470	0.452	1									
x_7	0.245	0.265	0.540	0.478	0.535	0.663	1								
x_8	0.448	0.345	0.452	0.404	0.431	0322	0.266	1							
x_9	0.486	0,367	0.365	0.357	0.429	0.283	0.287	0.820	1						
x_{10}	0.648	0.662	0.216	0.032	0.429	0.283	0.263	0.527	0.547	1					
x_{11}	0.689	0.671	0.243	0.313	0.430	0.302	0.294	0.520	0.558	0.957	1				
x_{12}	0.486	0.636	0.174	0.243	0.375	0.296	0.255	0.403	0.417	0.857	0.852	1			
x_{13}	0.133	0.153	0.732	0.477	0.339	0.392	0.446	0.266	0.241	0.054	0.099	0.055	1		
x_{14}	0.376	0.252	0.676	0.581	0.441	0.447	0.440	0.424	0.372	0.363	0.376	0.321	0.627	1	

注：x_1 为上体长，x_2 为手臂长，x_3 为胸围，x_4 为颈围，x_5 为总肩围，x_6 为总胸围，x_7 为后背宽，x_8 为前腰节高，x_9 为后腰节长，x_{10} 为总体长，x_{11} 为身高，x_{12} 为下体长，x_{13} 为腰围，x_{14} 为臀围

习 题 七

1. 设 $\boldsymbol{X}=(\boldsymbol{X}_1,\boldsymbol{X}_2)^{\mathrm{T}}$,其联合概率分布表如下:

X_2 \ X_1	0	1
-1	0.24	0.06
0	0.16	0.14
1	0.4	0

求 $E(\boldsymbol{X})$, $\mathrm{cov}(\boldsymbol{X},\boldsymbol{X})$.

2. 设 $\boldsymbol{X}=(\boldsymbol{X}_1,\boldsymbol{X}_2)'$, $E(\boldsymbol{X})=\begin{bmatrix}\boldsymbol{\mu}_1\\ \boldsymbol{\mu}_2\end{bmatrix}$, $\mathrm{cov}(\boldsymbol{X},\boldsymbol{X})=\begin{bmatrix}\boldsymbol{\sigma}_{11} & \boldsymbol{\sigma}_{12}\\ \boldsymbol{\sigma}_{21} & \boldsymbol{\sigma}_{22}\end{bmatrix}$, $\boldsymbol{Y}=(\boldsymbol{Y}_1,\boldsymbol{Y}_2)'$,求线性组合 $\boldsymbol{Y}=\begin{bmatrix}1 & -1\\ 1 & 1\end{bmatrix}\boldsymbol{X}$ 的均值向量和协方差阵.

3. 为了更深入地了解我国人口的文化程度状况,现利用 1990 年全国人口普查数据对全国 30 个省、直辖市、自治区进行聚类分析. 分析选用了三个指标:① 大学以上文化程度的人口的比例(DXBZ);② 初中文化程度的人口占全部人口的比例(CZBZ);③ 文盲半文盲人口占全国人口的比例(WMBZ),分别用来反映较高、中等、较低文化程度人口状况,原始数据如表 7-14 所列.

表 7-14

地区	序号	DXBZ	CZBZ	WMBZ	地区	序号	DXBZ	CZBZ	WMBZ
北京	1	9.3	30.55	8.7	河南	16	0.85	26.55	16.15
天津	2	4.67	29.38	8.92	河北	17	1.57	23.16	15.79
河北	3	0.96	24.69	15.21	湖南	18	1.14	22.57	12.1
山西	4	1.38	29.24	11.3	广东	19	1.34	23.04	10.45
内蒙	5	1.48	25.47	15.39	广西	20	0.79	19.14	10.61
辽宁	6	2.6	32.32	8.81	河南	21	1.24	22.53	13.97
吉林	7	2.15	26.31	10.49	四川	22	0.96	21.65	16.24
黑龙江	8	2.14	28.46	10.87	贵州	23	0.78	14.65	24.27
上海	9	6.53	31.59	11.04	云南	24	0.81	13.85	25.44
江苏	10	1.47	26.43	17.23	西藏	25	0.57	3.85	44.43
浙江	11	1.17	23.74	17.46	陕西	26	1.67	24.36	17.62
安徽	12	0.88	19.97	24.43	甘肃	27	1.1	16.85	27.93
福建	13	1.23	16.87	15.63	青海	28	1.49	17.76	27.7
江西	14	0.99	18.84	16.22	宁夏	29	1.61	20.27	22.06
山东	15	0.98	25.18	16.87	新疆	30	1.85	20.66	12.75

4. 服装定型分类问题. 对 128 个成年男子的身材进行测量,每人各测得 16 项指标:身高(X_1)、坐高(X_2)、胸围(X_3)、头高(X_4)、裤长(X_5)、下档(X_6)、手长(X_7)、领围(X_8)、前胸(X_9)、后背(X_{10})、肩厚(X_{11})、肩宽(X_{12})、袖长(X_{13})、肋围(X_{14})、腰围(X_{15})和腿肚(X_{16}). 16 项指标的相关阵见表 7 - 15. 试从相关阵出发进行主成分分析,并对 16 项指标进行分类.

表 7 - 15　16 项身体指标数据的相关阵

	X_1	X_2	X_3	X_4	X_5	X_6	X_7	X_8	X_9	X_{10}	X_{11}	X_{12}	X_{13}	X_{14}	X_{15}	X_{16}
X_1	1	0.79	0.36	0.96	0.89	0.79	0.76	0.26	0.21	0.26	0.07	0.52	0.77	0.25	0.51	0.21
X_2		1	0.31	0.74	0.58	0.58	0.55	0.19	0.07	0.16	0.21	0.41	0.47	0.17	0.35	0.16
X_3			1	0.38	0.31	0.30	0.35	0.58	0.28	0.33	0.38	0.35	0.41	0.64	0.58	0.51
X_4				1	0.9	0.78	0.75	0.25	0.20	0.22	0.08	0.53	0.79	0.27	0.57	0.26
X_5					1	0.79	0.74	0.25	0.18	0.23	-0.02	0.48	0.79	0.27	0.51	0.23
X_6						1	0.73	0.18	0.18	0.23	0.00	0.38	0.69	0.14	0.26	0.00
X_7							1	0.24	0.29	0.25	0.10	0.44	0.67	0.16	0.38	0.12
X_8								1	-0.04	0.49	0.44	0.30	0.32	0.51	0.51	0.38
X_9									1	-0.34	-0.16	-0.05	0.23	0.21	0.15	0.18
X_{10}										1	0.23	0.50	0.31	0.15	0.29	0.14
X_{11}											1	0.24	0.10	0.31	0.28	0.31
X_{12}												1	0.62	0.17	0.41	0.18
X_{13}													1	0.26	0.50	0.24
X_{14}														1	0.63	0.50
X_{15}															1	0.65
X_{16}																1

欣赏与提高(七)

数据挖掘简介

需要强调的是,数据挖掘技术从一开始就是面向应用的. 数据挖掘所能解决的典型商业问题包括数据库营销(Database Marketing)、客户群体划分(Customer Segmentation & Classification)、背景分析(Profile Analysis)、交叉销售(Cross - selling)等市场分析,以及客户流失性分析(Churn Analysis)、客户信用记分(Credit Scoring)、欺诈发现(Fraud Detection)等. 实际的数据挖掘应考虑三个方面的问题:一是用数据挖掘解决什么样的商业问题;二是为进行数据挖掘所做的数据准备;三是数据挖掘的各种分析算法.

数据挖掘的分析算法主要来自以下两个方面:统计分析和人工智能(机器学习、模式识别等). 数据挖掘研究人员和数据挖掘软件供应商,在这一方面所做的主要工作是优化现有的一些算法,以适应大数据量. 另外需要强调的是,任何一种数据挖掘的算法,不管是统计分析方法、神经网络、各种树分析方法，还是遗传算法，没有一种算法是万能的. 不同的商业问题，需要用不同的方法去解决. 即使对于同一个商业问题，可能有多种算法，这个时候，也需要评估对于这一特定问题和特定数据，哪一种算法表现好.

做数据挖掘研究的人，往往把主要的精力用于改进现有算法和研究新算法上. 人们都知道数据准备是必不可少的一步，但很少有人真正花时间和精力去研究. 其实数据挖掘最后成功与失败，是否有经济效益，数据准备起到了至关重要的作用. 数据准备包含很多方面：一是从多种数据源于综合数据挖掘所需要的数据，保证数据的质量及其综合性、易用性、实效性，这有可能要用到数据仓库的思想和技术；另一方面就是如何从现有数据中衍生出所需要的指标，这主要取决于数据挖掘者的分析经验和工具的方便性. 下面通过简单的例子对数据挖掘的应用加以说明，要在这里介绍详细的实例是不现实的，因为这方面的工作都很庞大.

例 7－10 竞技运动中的数据挖掘.

美国著名的国家篮球队 NBA 的教练，利用 IBM 公司提供的数据挖掘工具临场决定替换队员. 想象你是 NBA 的教练，你靠什么带领你的球队取得胜利呢？当然，最容易想到的是全场紧逼、交叉扯动和快速抢断等具体的战术和技术. 但是今天，NBA 的教练又有了他们的新式武器：数据挖掘. 大约 20 个 NBA 球队使用了 IBM 公司开发的数据挖掘应用软件 Advanced Scout 系统来优化他们的战术组合. 例如 Scout 就因为研究了魔术队队员不同的布阵安排，在与迈阿密热队的比赛中找到了胜利的机会.

系统显示分析魔术队先发阵容中的两个后卫 Hardaway 和 Shaw 在前两场中被评为－17 分，这意味着他俩在场上，本队输掉的分数比得到的分数多 17 分. 然而，当 Hardaway 与替补后卫 Armstrong 组合时，魔术队的得分为正 14 分.

在下一场中，魔术队增加了 Armstrong 的上场时间. 此招果然见效：Armstrong 得到了 21 分，Hardaway 得了 42 分，魔术队以 88 比 79 获胜. 魔术队在第四场让 Armstrong 进入先发阵容，再一次打败了热队. 在第五场比赛中，这个靠数据挖掘支持的阵容没能拖住热队，但 Advanced Scout 毕竟帮助了魔术队赢得了打满 5 场，直到最后才决出胜负的机会.

Advanced Scout 就是一个数据挖掘工具，教练可以用便携式计算机在家里或者在路上挖掘存储在 NBA 中心的服务器上的数据. 每一场比赛的事件都被统计分类，如按得分、助攻、失误等. 时间标记让教练非常容易地通过搜索 NBA 比赛的录像来理解统计发现的含义. 例如，教练通过 Advanced Scout 发现本队的球员在与对方一个球星对抗时有犯规记录，他可以在对方球星与这个球员头碰头的瞬间分解双方接触的动作，进而设计合理的防守策略.

习题答案

习题一

1. 0.15.　2. 0.784.　3. (1) $0\leqslant A\leqslant\frac{1}{2}$; (2) 1.　4. $p^2(2-p)^2$.

5.

X	0	1	2	3	4
P_k	0.1^4	$0.1^3\times0.9$	$0.1^2\times0.9$	0.1×0.9	0.9

$$F(x)=\begin{cases}0,\ x<0,\\ 0.0001,\ 0\leqslant x<1,\\ 0.0010,\ 1\leqslant x<2,\\ 0.0100,\ 2\leqslant x<3,\\ 0.1000,\ 3\leqslant x<4,\\ 1,\ x\geqslant4.\end{cases}$$

6. (1) $A=2$; (2) 0.25;　(3) $F(x)=\begin{cases}0,\ x<0,\\ 2x-x^2, 0<x<1,\\ 1, x\geqslant1;\end{cases}$　(4) $\frac{1}{3}$.

7. (1) 0.3413; (2) $a\geqslant3.92$.

8. $f_Y(y)=\begin{cases}\dfrac{1}{\sqrt{2\pi}y}e^{-\frac{(\ln y)^2}{2}}, y>0,\\ 0, 其他.\end{cases}$

9. (1) (X,Y)的分布律为

Y \ X	0	1	2	3
0	$\frac{1}{27}$	$\frac{1}{9}$	$\frac{1}{9}$	$\frac{1}{27}$
1	$\frac{1}{9}$	$\frac{2}{9}$	$\frac{1}{9}$	0
2	$\frac{1}{9}$	$\frac{1}{9}$	0	0
3	$\frac{1}{27}$	0	0	0

(2) X 的边缘分布律为

X	0	1	2	3
p_k	$\frac{8}{27}$	$\frac{4}{9}$	$\frac{2}{9}$	$\frac{1}{27}$

Y 的边缘分布律为

Y	0	1	2	3
p_k	$\frac{8}{27}$	$\frac{4}{9}$	$\frac{2}{9}$	$\frac{1}{27}$

(3)

$Y \mid X=1$	0	1	2
$P_{j\mid 1}$	$\frac{1}{4}$	$\frac{1}{2}$	$\frac{1}{4}$

10. (1)0.000634;(2)0.5.　11. 约 262 天.　12. 略.

13. (1)$\alpha=\frac{1}{9},\beta=\frac{1}{3}$. (2)不存在能使 X,Y 相互独立的 α,β.

14. (1) 1;(2) $F(x,y)=\begin{cases}(1-e^{-x})(1-e^{-y}), & x>0,y>0\\ 0, & 其他\end{cases}$;

(3) $f_X(x)=\begin{cases}e^{-x}, & x>0,\\ 0, & x\leqslant 0.\end{cases}$;$f_Y(y)=\begin{cases}e^{-y}, & y>0,\\ 0, & y\leqslant 0.\end{cases}$ X 与 Y 相互独立;

(4)$1+e^{-2}-2e^{-1}$;　(5) 1,1.

15. $\geqslant 0.7685$.　16. 0.8164.　17. 0.952.　18. 254.

习 题 二

1. (1) $P\{X_1=x_1,X_2=x_2,\cdots,X_n=x_n\}=p^{\sum_{i=1}^{n}x_i}(1-p)^{n-\sum_{i=1}^{n}x_i}$;

(2) $\binom{n}{k}p^k(1-p)^{n-k},k=0,1,2,\cdots,n$.

2. (1) $X_1,X_2,\cdots,X_{10}$ 的联合概率密度为 $\frac{1}{(2\pi\sigma^2)^5}e^{-\sum_{i=1}^{10}(x_i-\mu)^2/(2\sigma^2)}$;

(2) $f_{\bar{X}}(x)=\frac{\sqrt{5}}{\sqrt{\pi}\sigma}e^{-5(x-\mu)^2/\sigma^2}$.

3. $c=\frac{1}{3}$, $n=2$.

4. (1) 3.94, 18.31,　0.55,　15.09.

(2) 2.353,　3.365,　-1.330,　-2.228.

(3) 8.45, 4.53, $\frac{1}{6.16}$, $\frac{1}{27.67}$.

5. $\sqrt{\frac{3}{2}}$. 6. 略. 7. $E(Z)=\mu$. 8. (1) 0.99; (2) $\frac{2\sigma^4}{15}$.

9. (1) $P\{\max(X_1,X_2,\cdots,X_5)>15\}=0.2923$;

(2) $P\{\min(X_1,X_2,\cdots,X_5)<10\}=0.5785$.

10. (1) $E(\overline{X})=0;D(\overline{X})=1/100;E(S^2)=\frac{1}{2};E(B_2)=0.49$;

(2) $P\{|\overline{X}|>0.02\}=0.8414$.

11. (1) $P\{-0.21<\overline{X}<0.06\}=0.7221$;

(2) $P\left\{\frac{1}{10}\sum_{i=1}^{10}(X_i-\overline{X})^2\leqslant 0.1712\right\}=0.975$.

12. 0.6744.

13. (1) $\frac{(n-1)(S_X^2+S_Y^2)}{\sigma^2}\sim\chi^2(2n-2)$; (2) $\frac{n[(\overline{X}-\overline{Y})-(\mu_1-\mu_2)]^2}{S_X^2+S_Y^2}\sim F(1,2n-2)$.

14. (1) $\frac{nB_2}{\sigma^2}\sim\chi^2(n-1)$; (2) $\frac{\overline{X}-\mu}{\sqrt{B_2}/\sqrt{n-1}}\sim t(n-1)$; (3) $\frac{\sum_{i=1}^{n}(X_i-\mu)^2}{\sigma^2}\sim\chi^2(n)$;

(4) $\left(\frac{n}{5}-1\right)\sum_{i=1}^{5}(X_i-\mu)^2/\sum_{i=6}^{n}(X_i-\mu)^2\sim F(5,n-5)$.

15. 证明略.

16. $\sigma=\frac{6}{\sqrt{\ln 3}}$.

习 题 三

1. $\hat{a}=\overline{X}-\sqrt{\frac{3}{n}\sum_{i=1}^{n}(X_i-\overline{X})^2}$; $\hat{b}=\overline{X}+\sqrt{\frac{3}{n}\sum_{i=1}^{n}(X_i-\overline{X})^2}$.

2. $\hat{\mu}=\overline{X},\hat{\sigma}^2=\frac{1}{n}\sum_{i=1}^{n}(X_i-\overline{X})^2$.

3. $\hat{\theta}=\frac{5}{6}$.

4. $\hat{\mu}=1511$; $\hat{\sigma}^2=6652$.

5. $\hat{\theta}=\left(\frac{\overline{X}}{1-\overline{X}}\right)^2,\hat{\theta}=\frac{n^2}{\left(\sum_{i=1}^{n}\ln X_i\right)^2}$.

6. $\hat{\theta}=\max\{X_1,X_2,\cdots,X_n\}$

7. $\hat{\beta}=\frac{\overline{X}}{\overline{X}-1},\hat{\beta}=\frac{n}{\left(\sum_{i=1}^{n}\ln X_i\right)}$.

8. $\hat{\lambda} = \frac{1}{n}\sum_{i=1}^{n} X_i = \overline{X}$.

9. $\hat{\theta} = \frac{s(t_0)}{m}$.

10. 略. 11. 略. 12. 略. 13 略. 14. 略.

15. (2.121,2.129).

16. (9.969,10.131).

17. (1.932,3.468).

18. (0.0224,0.0962).

19. (−4.15,0.11).

20. (0.258,2.133).

习题四

1. 答:(1)可以认为总体均值等于100(mm);(2)可以认为总体均值等于100(mm).
2. 答:可以认为该批木材小头直径的均值不小于12.00cm.
3. 答:认为这批电子元件不合格.
4. 答:可以认为 $\sigma^2 = 12^2$.
5. 答:可以接受 H_0.
6. 答:可以认为两台机床生产的滚珠的直径服从相同的正态分布.
7. 答:拒绝 H_0.
8. 答:(1)可以认为两种淬火温度下振动板硬度的方差无显著差异;

   (2)可以认为淬火温度对振动板的硬度有显著影响.
9. 答:$F = 0.32 < 0.34$,故拒绝原假设,认为两厂生产的电阻值的方差不同.
10. 答:拒绝 H_0,即认为 A 比 B 耐穿.
11. 答:谷物产量无显著差异.
12. 答:拒绝 H_0,认为各鱼类数量之比较10年前有显著改变.
13. 答:可以认为这些数字服从等概率分布.
14. 答:服从 Poisson 分布.
15. 答:接受 H_0,即认为样本来自泊松布总体.
16. 答:地下水位变化与发生地震无关.
17. 答:零件是正品还是次品与由哪位工人生产的无关.
18. 答:该高校的未婚小姐与已婚女士该门课考试成绩无显著差异.
19. 答:两位工人加工的主轴外径服从相同的分布.
20. 答:两种材料的灯丝制成的灯泡的寿命有显著差异(由所给数据可知甲材料的灯丝所做灯泡的寿命比乙种材料做的长).

习 题 五

1. $\hat{b} = \dfrac{\sum_{i=1}^{n} x_i y_i}{\sum_{i=1}^{n} x_i^2}$.

2. (1)$\hat{y} = 9.121 + 0.223x$;(2) 回归方程显著;(3)18.487,(17.3203,19.6566)
(4) (38.9248,49.6627).

3. (−0.3148,1.8748)、(−0.2071,1.4071).

4. $\begin{cases} \hat{a} = \bar{y} - \hat{b}\bar{f}, \\ \hat{b} = \dfrac{\sum_{i=1}^{n} (f(x_i) - \bar{f})(y_i - \bar{y})}{\sum_{i=1}^{n} (f(x_i) - \bar{f})^2}. \end{cases}$

其中 $\bar{y} = \dfrac{1}{n}\sum_{i=1}^{n} y_i$, $\bar{f} = \dfrac{1}{n}\sum_{i=1}^{n} f(x_i)$.

5. $\hat{a}_n = \dfrac{1}{n}\sum_{i=1}^{n} X_i$, $\hat{a}_{n+1} = \hat{a}_n + \dfrac{1}{n+1}(X_{n+1} - \hat{a}_n)$.

6. $\ln E(y/x) = E(\ln y/x) = \ln a + bx$.

7. 证明:$(\boldsymbol{A}+\boldsymbol{BCD})(\boldsymbol{A}+\boldsymbol{BCD})^{-1} = (\boldsymbol{A}+\boldsymbol{BCD})(\boldsymbol{A}^{-1} - \boldsymbol{A}^{-1}\boldsymbol{B}(\boldsymbol{C}^{-1}+\boldsymbol{DA}^{-1}\boldsymbol{B})^{-1}\boldsymbol{DA}^{-1})$
$= \boldsymbol{I} + \boldsymbol{BCDA}^{-1} - \boldsymbol{B}(\boldsymbol{C}^{-1}+\boldsymbol{DA}^{-1}\boldsymbol{B})^{-1}\boldsymbol{DA}^{-1} - \boldsymbol{BCDA}^{-1}\boldsymbol{B}(\boldsymbol{C}^{-1}+\boldsymbol{DA}^{-1}\boldsymbol{B})\boldsymbol{DA}^{-1}$
$= \boldsymbol{I} + \boldsymbol{BCDA}^{-1} - \boldsymbol{B}(\boldsymbol{C}^{-1}+\boldsymbol{DA}^{-1}\boldsymbol{B})^{-1}\boldsymbol{DA}^{-1} - \boldsymbol{BC}(\boldsymbol{C}^{-1}+\boldsymbol{DA}^{-1}\boldsymbol{B}-\boldsymbol{C}^{-1})(\boldsymbol{C}^{-1} + \boldsymbol{DA}^{-1}\boldsymbol{B})^{-1}\boldsymbol{DA}^{-1}$
$= \boldsymbol{I}$.

习 题 六

1. 电池的平均寿命有显著差异;(6.75,18.45),(−7.65,4.05),(6.75,18.45).
2. 各种不同品种的平均亩产量有显著差异.
3. 各类型电路的响应时间有显著差异.
4. 操作法对原料节约额的影响之差是高度显著的; Ⅰ和Ⅳ、Ⅰ和Ⅴ、Ⅱ和Ⅳ、Ⅱ和Ⅴ的差异是显著的.
5. 4 台机器的装填量有显著差异.
6. 时间对强度的影响不显著,而温度的影响显著,且交互作用的影响显著.
7. 时间和地点对颗粒状物含量的影响均为显著.
8. 两种因素的影响均不显著.
9. (1)竞争者的数量对销售额有显著影响;(2)超市的位置对销售额有显著影响;(3)竞争者的数量和超市的位置对销售额的有交互影响不显著.

习 题 七

1. $E(X)=\begin{bmatrix}0.1\\0.2\end{bmatrix}$，$\mathrm{cov}(X,X)=\begin{bmatrix}0.69 & -0.08\\-0.08 & 0.16\end{bmatrix}$

2. $E(Y)=\begin{bmatrix}1 & -1\\1 & 1\end{bmatrix}\begin{bmatrix}\mu_1\\\mu_2\end{bmatrix}=\begin{bmatrix}\mu_1 & \mu_2\\\mu_1 & \mu_2\end{bmatrix}$

$\mathrm{cov}(Y,Y)=\begin{bmatrix}\delta_{11}+\delta_{22}+2\delta_{12} & \delta_{11}-\delta_{22}\\\delta_{11}-\delta_{22} & \delta_{11}+\delta_{22}+2\delta_{12}\end{bmatrix}$

3. Rescaled Distance Cluster Combine

```
Label      Num  +---------+---------+---------+---------+---------+
浙江        11   -+
陕西        26   -+
山东        15   -+
河北         3   -+
内蒙         5   -+
江苏        10   -+
河南        16   -+
河北        17   -+
四川        22   -+---+
河南        21   -+   |
福建        13   -+   |
江西        14   -+   |
湖南        18   -+   |
广东        19   -+   |
新疆        30   -+   +----+
广西        20   -+   |    |
山西         4   -+   |    |
黑龙江       8   -+   |    |
吉林         7   -+   |    |
天津         2   -+   |    +----------------------------------------+
上海         9   -+---+    |                                        |
宁夏        29   -+--------+                                        |
甘肃        27   -+                                                 |
青海        28   -+                                                 |
贵州        23   -+                                                 |
云南        24   -+                                                 |
西藏        25   ---------------------------------------------------+
```

4. 解：当 $n=16$ 取时，相关阵的最大特征值为 8.2543，由此 3 个特征值为

$$\lambda_1=7.0365\quad \lambda_2=2.6140\quad \lambda_3=1.6321$$

对应的 3 个特征向量可以计算因子负荷向量，

$a_1 = [0.3417 \quad 0.2649 \quad 0.2341 \quad 0.3442 \quad 0.3261 \quad 0.2859 \quad 0.2952 \quad 0.1892$
$0.0847 \quad 0.1542 \quad 0.0983 \quad 0.2425 \quad 0.3171 \quad 0.1801 \quad 0.2663 \quad 0.1583]$

$a_2 = [0.2004 \quad 0.3286 \quad 0.1811 \quad 0.1996 \quad 0.2698 \quad 0.1921 \quad 0.3702 \quad 0.0674 \quad 0.1742$
$0.3478 \quad 0.0176 \quad 0.1119 \quad 0.3713 \quad 0.2712 \quad 0.3628]$

$a_3 = [0.0052 \quad 0.0565 \quad 0.0322 \quad 0.0329 \quad 0.0295 \quad 0.0196 \quad 0.1502 \quad 0.6255 \quad 0.5275$
$0.2021 \quad 0.3147 \quad 0.0188 \quad 0.02524 \quad 0.1354 \quad 0.2434]$

16 个指标可分为三类：

第一类为长的指标：身长，坐高，头高，裤长，下档，手长，袖长；

第二类为围的指标：胸围，领围，肩厚，肋围，腰围，腿肚；

第三类为体形特征指标：前胸，后背，肩宽.

附　录

附1　SPSS 在数理统计中的应用

1. SPSS 软件简介

SPSS 是统计分析软件,统计功能是 SPSS 的核心部分,可以进行数据导入、假设检验、方差分析、回归分析等.还可以描绘统计图形.SPSS 中的主要窗口包括数据编辑器、语法编辑器、输出察看器、草稿输出器和脚本编辑器.进入 SPSS,系统自动打开数据编辑器,包括 Data View(附图 1-1)和 Variable View(附图 1-2).

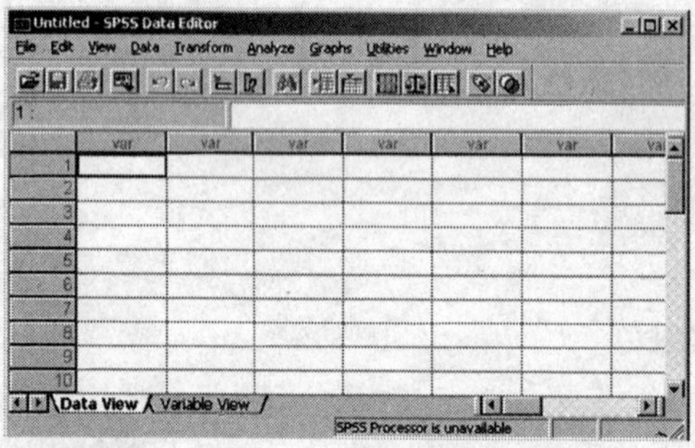

附图 1-1　Data View

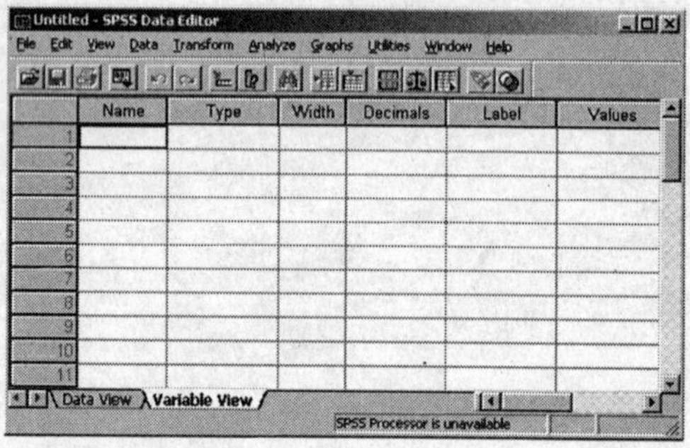

附图 1-2　Variable View

在 Variable View 中定义变量,变量包括 Name、Type 等. Name 为变量名,SPSS 中变量的命名主要规则:① 变量名称的第 1 个字符必须以英文字母开始,后面可以是英文字母、数字等;② 变量名的长度一般不能超过 8 个字符;③ 变量名唯一,不区分大小写. Type 为变量类型,包括数值型、逗号型、句点型、科学计数型、日期格式型、字符串型等.

2. SPSS 在数理统计中的应用

1）区间估计

两个正态总体的区间估计

步骤:(1)在数据编辑器中打开指定数据文件.

(2) Analyze → Compare Means →Independent - Samples T Test(附图 1-3).

(3) 分别在 Test Variable 和 Groups Variable 中输入变量名.

(4) 单击 Define Groups 按钮,分别在 Group 1 和 Group 2 中输入相应数字.

(5) 单击 Continue 按钮返回到 Independent - Samples T Test;单击 OK 按钮,生成表格.

(6) 得到两个独立样本在方差齐和方差不齐两种情况下均值差的 95% 置信区间. Lower→区间下限;Upper→区间上限.

2）假设检验

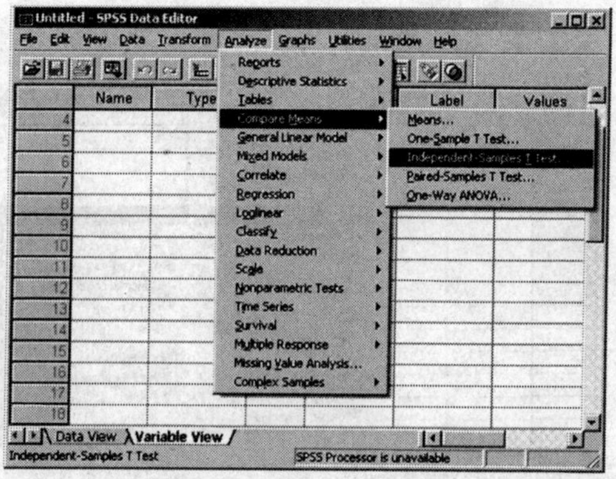

附图 1－3　路径

正态分布假设检验

步骤:(1) 在数据编辑器中打开指定数据文件.

(2) Analyze→Descriptive statistics→Descriptive…→Explore(附图 1－4).

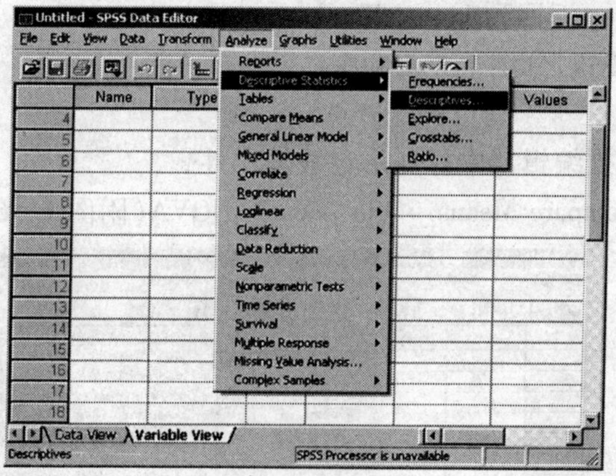

附图 1－4　路径

(3) 在 Dependent List 输入变量名.

(4) 单击 Plots 按钮,打开 Explore:Plots.

(5) 选择"Normality Plots with tests".

(6) 单击 Continue 按钮返回到 Explore.

(7) 单击 OK 按钮生成正态分布检验表.

3) 回归分析

一元线性回归

步骤:(1)在数据编辑器中打开指定数据文件.

(2)Analyze→Regression→Linear Regression(附图 1－5).

(3) 分别在 Dependent 窗口和 Independent 列表框中输入变量名.

(4) 单击 Statistics 按钮打开 Linear Regression:Statistics 对话框,选择全部核选框.

(5) 单击 Continue 按钮返回到 Linear Regression.

(6) 分别选择 Histogram 和 Normal Probability plot 核选框.

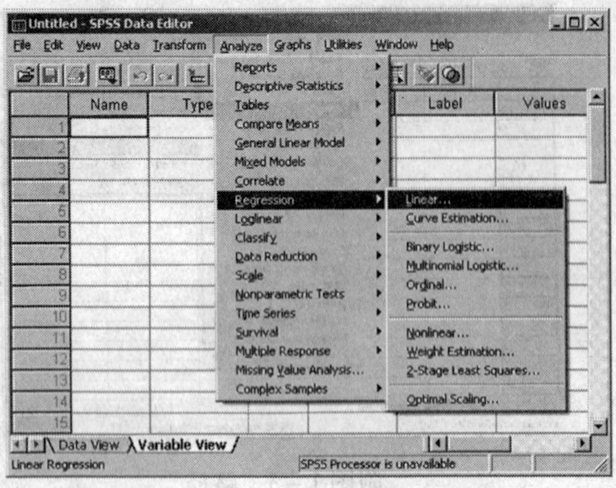

附图1－5　路径

(7) 单击 Next 按钮.

(8) 分别选择 ZPRED、SPESID 输入到相应的文本框中.

(9) 单击 Continue 返回到 Linear Regression.

(10) 单击 OK 按钮,分别生成表和图.

4) 方差分析

步骤:(1) 在数据编辑器中打开指定数据文件.

(2) Analyze→Compare Means→One－Way ANOVA(附图1－6).

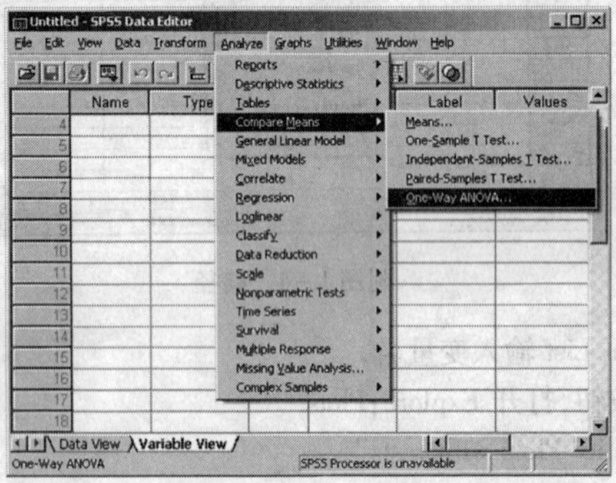

附图1－6　路径

(3) 分别在 Dependent list 列表框和 Factor 文本框中输入变量名.

(4) 单击 OK 按钮,生成方差分析表.

5) 直方图

步骤:(1)在数据编辑器中打开指定数据文件.

(2) Graphs→Histogram(附图1－7).

(3) 在 Variable 窗口中输入变量名.

(4) 选择 Display normal curve 核选框.

(5) 单击 OK 按钮,生成直方图和正态曲线.

6) 箱线图

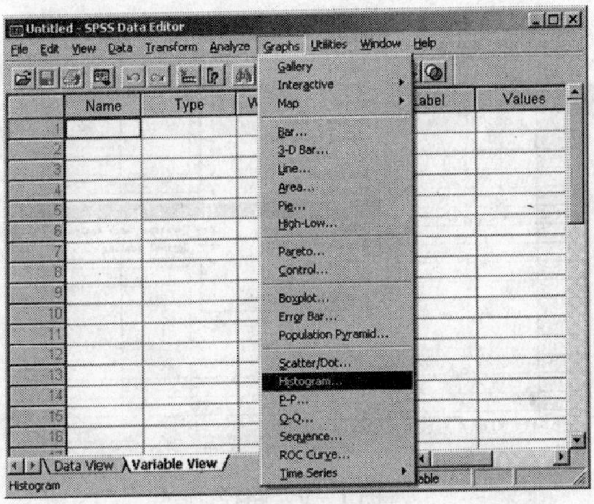

附图 1 - 7　路径

步骤：(1) Graphs→Boxplot(附图 1 - 8).

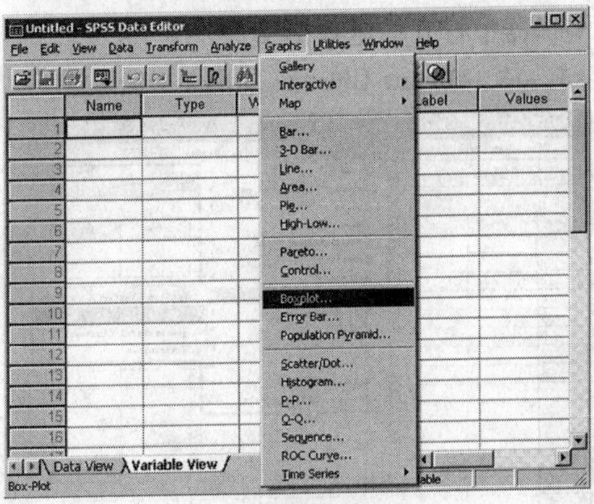

附图 1 - 8　路径

(2) Simple→Summaries for groups of cases.

(3) Define→Define Simple Boxplot：Summaries for groups of cases.

(4) Options 设置.

(5) 单击 OK 按钮，生成简单的箱线图.

7) 主成分分析

步骤：(1)在数据编辑器中打开指定数据文件(附图 1 - 9).

(2) Analyze→Data Reduction→Factor.

(3) 进入 Factor Analysis 主对话框.

(4) Value→Factor Analysis：Set Value.

(5) Descriptives→Factor Analysis：Descriptives 进行相应的选择→Continue.

(6) Extraction→Factor Analysis：Extraction 进行选择.

(7) Method→Principal components→Continue.

(8) Rotation→Factor Analysis：Rotation 进行相应的选择→Continue.

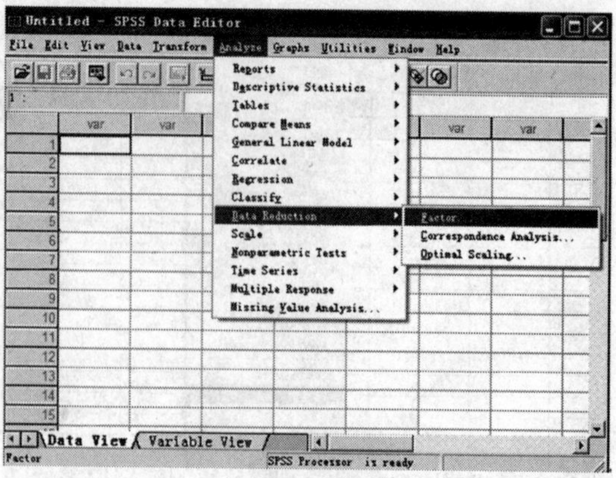

图 1－9　路径

(9) Options→Factor Analysis : Options→Continue→OK.

8）聚类分析

步骤:(1)在数据编辑器中打开指定数据文件.

(2) Analyze→Classify→K－Means Cluster(附图 1－10).

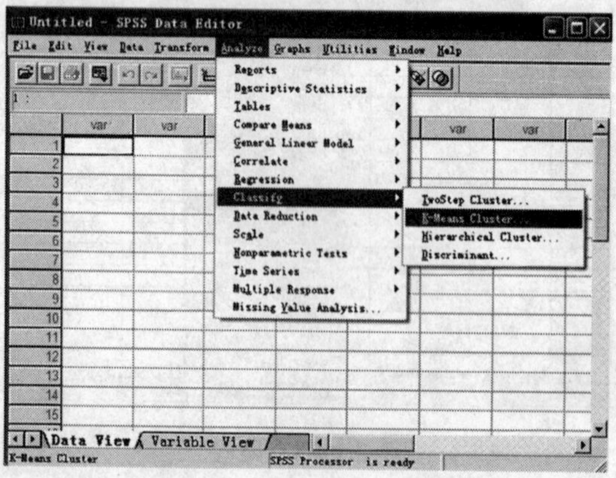

图 1－10 路径

(3) 进入 K－Means Cluster Analysis 对话框,进行选择和设置.

(4) Options→K－Means Cluster Analysis : Options.

(5) Continue→OK.

9）判别分析

步骤:(1)在数据编辑器中打开指定数据文件.

(2) Analyze→Classify→Discriminant(附图 1－11).

(3) 进入 Discriminant Analysis 对话框,进行选择和设置.

(4) Value→Discriminant Analysis : Set Value.

(5) Method→Discriminant Analysis : Stepwise Method 进行选择.

(6) Classify→Discriminant Analysis : Classification 进行选择.

(7) Save→Discriminant Analysis : Save.

(8) Continue→OK.

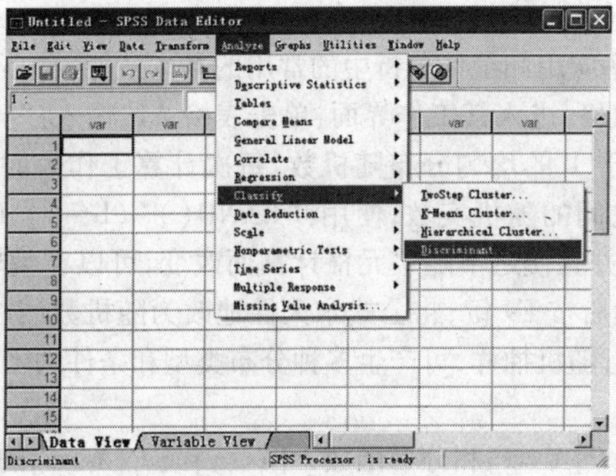

图 1-11　路径

附 2　Excel 在数理统计中的应用

Excel 是微软公司出品的 Office 系列办公软件中的重要应用软件之一,它可以进行各种数据的处理、统计分析和辅助决策操作,广泛应用于管理科学,统计财经和金融保险等众多行业. 它有大量的应用公式可以选用,可方便地实现许多应用功能.

Excel 是办公室自动化中非常重要的一款软件,很多巨型国际企业都是依靠 Excel 进行数据管理. 它不仅仅能够方便的处理表格和进行图形分析,其更强大的功能体现在对数据的自动处理和计算.

本部分内容是基于 Excel2003 编写,大部分内容也适用于更高版本.

启动 Excel 后就会自动打开 Excel 的用户界面窗口,如附图 2-1 所示. 该窗口自上而下有标题栏、菜单栏、常用工具栏、格式工具栏、编辑栏、工作表区、工作表标签、水平滚动条、垂直滚动条和状态栏.

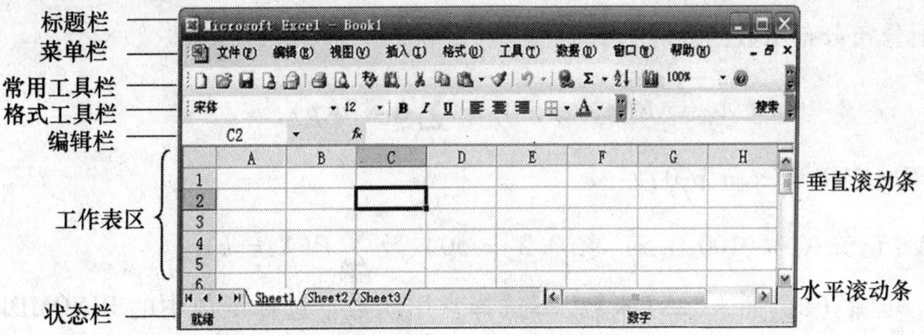

附图 2-1　Excel 的用户界面窗口

检查 Excel 的工具菜单,看是否已安装了分析工具. 如果在"工具"菜单中没有"数据分析"项,则需调用"加载宏"来安装"分析工具库".

单击"数据分析"对话框,其中有 19 个模块,例如"描述统计""回归分析""相关系数""指数平滑""回归""抽样""t 检验""方差分析"等. 要进行相关分析就必须先加载相应的模块,在本书中,只讲述 Excel 在以下几个方面的应用.

1. 随机数生成

随机数生成是概率应用和统计分析中的常用的基本技能,有必要熟练学习和掌握.

打开 Excel 工作表格,进入其工作界面,单击表格 A1,输入:" = RAND( )". RAND( )返回大于等于 0 及小于 1 的均匀分布随机数,每次计算工作表时都将返回一个新的数值. 若要生成 a 与 b 之间的随机实数,使用:"RAND( ) * (b - a) + a". 如果要使用函数 RAND 生成一随机数,并且使之不随单元格计算而改变,可以在编辑栏中输入:″ = RAND( )″,保持编辑状态,然后按 F9 键,将公式永久性地改为随机数(注:还可以使用 Excel 自带的随机数发生器进行随机抽样,可产生多种分布类型和条件的随机数.)

2. 概率分布

Excel 提供分布律 $P\{X = x\}$和分布函数 $P\{X \leqslant x\}$或 $P\{X > x\}$的一般形式 xDIST(但泊松分布 POISSON 和韦伯分布 WEIBULL 例外),也提供分布函数(在 Excel 中称为累积概率分布函数)的逆函数的一般形式 xINV(但二项分布 CRITBINOM 的分布函数例外). 按随机变量取值的特点,概率分布可以分为离散型随机变量和连续型随机变量,下面分别讨论.

1) 离散型概率分布(以二项分布为例)

Excel 提供的常用二项分布函数有两个:二项分布的分布函数 BINOMDIST 和二项分布的分布函数的反函数 CRITBINOM.

BINOMDIST(number_s, trials, probability_s, cumulative) 返回一元二项式分布的概率值. Number_s 为试验成功的次数, Trials 为独立试验的次数. Probability_s 为每次试验中成功的概率. Cumulative 若为 0,相当于 FALSE,返回为分布律,若为 1,相当于 TRUE,返回为分布函数.

二项分布分布律的计算公式为

$$b(x,n,p) = \binom{n}{x} p^x (1-p)^{n-x},$$

相当于 BINOMDIST(x,n,p,0).

二项分布分布函数的计算公式为

$$B(n,x,p,1) = \sum_{x=0}^{n} b(x,n,p),$$

相当于 BINOMDIST(x,n,p,0).

例 1 已知 $X \sim b(100,0.5)$,求 $P(X = 50)$,及 $\sum_{k=0}^{50} P(X = k)$.

解 步骤:(1)"插入"⇒"函数"⇒选择常用函数下选择函数中的 BINOMDIST ⇒在"函数参数"窗口中,number_s 内输入 50, trials 内输入 100, probability_s 内输入 0.5, cumulative 输入 0(或直接输入 = BINOMDIST(50,100,0.5,0)),得 0.0796.

(2)"插入"⇒"函数"⇒选择常用函数下选择函数中的 BINOMDIST ⇒在"函数参数"窗口中, Number_s 内输入 50, trials 内输入 100, probability_s 内输入 0.5, Cumulative 输入 1(或直接输入 = BINOMDIST (50,100,0.5,1)),得 0.5398.

CRITBINOM(trials, probability_s, alpha)返回使累积二项式分布大于等于临界值 α 的最小值.

其中:trials 为伯努利试验次数;probability_s 为每次试验中成功的概率;alpha 为临界值.

NEGBINOMDIST (number_f, number_s, probability_s)返回负二项式分布当成功概率为常量 probability_s 时,在到达 number_s 次成功之前,出现 number_f 次失败的概率. number_f 为失败次数. number_s 为成功的极限次数. probability_s 成功的概率.

例 2 某车间有 200 台车床,它们独立地工作着,开工率各为 0.6,开工时耗电为 1kW,问:(1) 至少需要 120kW 电力的概率是多少? (2)供电所至少要供给这个车间多少电力才能以 99.9% 的概率保证这个车间不会因供电不足而影响生产.

解 步骤:(1)"插入"⇒"函数"⇒选择常用函数下选择函数中的 BINOMDIST ⇒在"函数参数"窗口中,Number_s 内输入 119,Trials 内输入 200,Probability_s 内输入 0.6,Cumulative 输入 1(或直接输入 = BINOMDIST(119,200,0.6,1)),得 0.4693.

(2)"插入"⇒"函数"⇒选择常用函数下选择函数中的 CRITBINOM⇒在"函数参数"窗口中,trials 内输入 200,probability_s 内输入 0.6,alpha 输入 0.999(或直接输入 CRITBINOM(200,0.6,0.999))得 141.

至少需要 120kW 电力的概率是 1 - 46.93% = 53.07%;对于(2),用积分极限定理算出的与二项分布算出的一致,即同时开工的车床数不超过 141 台的概率大于 99.9%.

2) 连续型概率分布(以正态分布为例)

Excel 提供的正态分布函数有 4 个:正态分布函数 NORMDIST、标准正态分布函数 NORMSDIST、正态分布函数的反函数 NORMINV 和标准正态分布函数的反函数 NORMSINV.

NORMDIST(x, mean, standard_dev, cumulative)返回指定平均值和标准差的正态分布函数. 其中,x 为需要计算其分布的数值;mean 为分布的算术平均值;standard_dev 为分布的标准差. 如果 mean = 0, standard_dev = 1 且 cumulative = 1,则函数 NORMDIST 返回标准正态分布的分布函数. 正态分布分布函数计算公式为

$$f(x) = \int_{-\infty}^{x} \frac{1}{\sqrt{2\pi}\sigma} e^{-\frac{(x-\mu)^2}{2\sigma^2}} dx,$$

相当于 NORMDIST(x, μ, σ, 1).

NORMSDIST(z)返回标准正态分布的分布函数,该分布的平均值为 0,标准差为 1. z 为需要计算其分布的数值.

正态分布分布函数计算公式为

$$\int_{-\infty}^{z} \frac{1}{\sqrt{2\pi}} e^{-z^2} dz,$$

相当于 NORMSDIST(z).

NORMSINV(probability)返回标准正态分布函数的反函数. 该分布的平均值为 0,标准差为 1. 如果已给定概率值,则 NORMSINV 相当于使用 NORMSDIST(z) = probability 求解数值 z. Probability 为正态分布在区间(-∞, z)的概率值.

NORMINV(probability, mean, standard_dev)返回指定平均值和标准差的正态分布函数的反函数. 如果已给定概率值,则 NORMINV 使用 NORMDIST(x, mean, standard_dev,

TRUE) = probability 求解数值 x. probability 为正态分布的概率值;mean 为分布的算术平均值;standard_dev 为分布的标准差.

例 3 假定某支股票的收益率呈正态分布,对应的正态分布的均值为 0.05,标准差为 0.02,试确定:(1)收益率为 4% 对应的概率密度函数值和股票收益率小于等于 4% 的概率;(2)股票获得收益率 80% 的可能性不超过某值,求该临界收益率.

解 (1)在 Excel 单元格输入" = NORMDIST(0.04,0.05,0.02,0)",回车得到收益率为 4% 对应的概率密度函数值 17.60. 在另一单元格输入" = NORMDIST(0.04,0.05,0.02,1)",得到股票收益率小于等于 4% 的概率为 30.85%.

(2) 在 Excel 单元格输入" = NORMINV(0.8,0.05,0.02)",得到临界收益率为 6.68%.

3) 其他分布的函数

HYPGEOMDIST(0, k, M, N)计算超几何分布的分布律;

HYPGEOMDIST(1, k, M, N)计算超几何分布的分布函数;

POISSON(k, λ, 0)计算参数为 λ 的泊松分布的分布律;

POISSON(k, λ, 1)计算参数为 λ 泊松分布的分布函数;

EXPONDIST(x, λ, 0)计算指数分布的概率密度函数在 x 处的函数值;

EXPONDIST(x, λ, 1)计算指数分布的分布函数在 x 处的函数值;

CHIDIST(x, n)计算分布函数在 x 处的函数值;

CHIINV(p, n)计算分布函数的反函数在 p 处的函数值;

TDIST(x, n, 1)计算 $t(n)$ 分布的右尾概率 $P(T>x)$;

TDIST(x, n, 2)计算 $t(n)$ 分布的双尾概率 $P(|T|>x)$;

TINV(p, n)计算分布 $t(n)$ 的满足 $p(|T|>x)$ 的 x;

FDIST(x, m, n)计算分布 $F(m,n)$ 的右尾概率 $p(F>x)$;

FINV(p, m, n) 计算分布 $F(m,n)$ 的反函数在 p 处的函数值.

3. 数字特征

随机变量的概率分布函数或概率密度函数完整地描述了随机变量的统计特征. 但是,在统计学应用中,往往不易求出随机变量的概率分布或概率密度函数,这时,就要研究随机变量的数字特征. 本节主要研究用 Excel 计算随机变量数学期望、方差、协方差、相关系数.

1) 期望与方差

Excel 只提供离散随机变量的数学期望,AVERAGE 是计算算术平均值函数,SUMPRODUCT 是成绩求和函数. Excel 还提供函数 VAR 和 VARP 计算样本和总体的方差. 具体函数用法如下:

AVERAGE (number1, number2,...) 返回参数的平均值(算术平均值). number1, number2,... 为需要计算平均值的 1 ~ 30 个参数.

SUMPRODUCT(array1, array2, ...) 表示在给定的几组数组中将数组间对应的元素相乘,并返回乘积之和. array1, array2, ..., array30 为 1 ~ 30 个数组,注意,各数组之间必须是同维数的.

例如,计算 $10\times0.5+9\times0.2+8\times0.1+7\times0.1+6\times0.05+5\times0.05+0\times0$,可

以在单元格 B6 输入“=SUMPRODUCT(B1:H1,B2:H2)”回车得到 8.85. 如附图 2-2 所示.

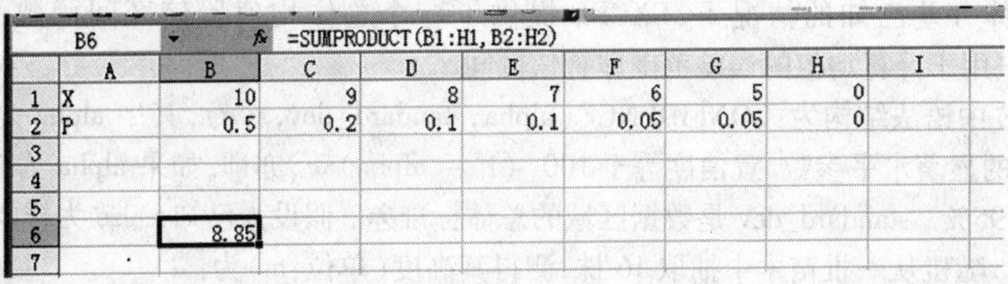

B6 =SUMPRODUCT(B1:H1,B2:H2)

	A	B	C	D	E	F	G	H	I
1	X	10	9	8	7	6	5	0	
2	P	0.5	0.2	0.1	0.1	0.05	0.05	0	
3									
4									
5									
6		8.85							
7									

附图 2-2

VAR(number1,number2,...)计算基于给定样本的方差. number1,number2,... 为对应于样本的 1~30 个参数.

VARP(number1,number2,...)计算基于给定样本总体的方差. number1, number2, ... 为对应于样本总体的 1~30 个参数.

STDEVP(number1, number2,...) 计算基于给定样本的标准差, number1, number2,... 为对应于样本的 1~30 个参数.

例 4 甲、乙两班各有 10 名同学参加一场智力测验,其成绩如附表 2-1 所列,试计算两班的成绩的均值和方差.

附表 2-1 智力测验成绩表

甲班	98	89	87	78	95	76	93	92	93	62
乙班	91	87	94	96	91	93	97	88	91	86

解 步骤:(1) 求样本均值,“插入”⇒“函数”⇒选择常用函数下选择函数中的 AVERAGE⇒在“函数参数”窗口参数选择数据区域 B2:K2(或直接输入 =AVERAGEZ(B2:K2)),回车得到样本均值为 86.30;同样,在另一个单元格中输入“=AVERAGE(B3:K3)”,回车得到样本均值为 91.40.

(2) 求样本方差,在 Excel 单元格中输入“=VAR(B2:K2)”, 回车得到样本方差为 123.12,在另一个单元格中输入“=VAR(B3:K3)”, 回车得到样本方差为 13.60. 估计甲班平均成绩 86.30,乙班平均成绩 91.40,甲班成绩方差 123.12,乙班成绩方差 13.60. 明显乙班的智力比甲班的强,且智力波动范围比甲班小.

2) 协方差与相关系数

COVAR(array1,array2)返回协方差. array1 为第 1 组数值单元格区域;array2 为第 2 组数值单元格区域.

CORREL(array1,array2)返回相关系数. array1 为第 1 组数值单元格区域;array2 为第 2 组数值单元格区域.

4. 参数估计

1) 点估计

矩估计和极大似然估计都是点估计. 设 $\varepsilon_1,\varepsilon_2,\cdots\varepsilon_n$ 是取自正态总体的一个样本,μ 和 σ^2 未知,$\theta=\{-\infty<\mu<\infty,\sigma^2>0\}$. 则均值 μ 的矩估计和极大似然估计都是样本均值,即 $\bar{\varepsilon}=\frac{1}{n}\sum_{i=1}^{n}\varepsilon_i$,方差 σ^2 的矩估计和极大似然估计都是 $S_n{}^2=\frac{1}{n}\sum_{i=1}^{n}(\varepsilon_i-\bar{\varepsilon})^2$.

2）区间估计

在总体方差已知的情况下，EXCEL 提供了一个总体均值置信区间函数：CONFIDENCE，来用于计算均值的误差范围即置信区间.

EXCE 中语法结构为：CONFIDENCE(alpha, standard_dev, size)，其中 alpha 是用于计算置信度的显著水平参数. 置信度等于 100*(1 - alpha)%，亦即，如果 alpha 为 0.05，则置信度为95%；standard_dev 是数据区域的总体标准差，假设为已知；size 为样本容量.

例 5 随机从一批苗木中抽取 16 株，测得其高度(单位：m)为：

1.14 1.10 1.13 1.15 1.20 1.12 1.17 1.19 1.15 1.12 1.14 1.20 1.23 1.11 1.14 1.16

设苗高服从正态分布，求总体均值 μ 的 0.95 的置信区间. 已知 $\sigma = 0.01$(m).

解 EXCEL 求解过程如下：

步骤：(1) 在 EXCEL 中编制数据表，输入样本数据，如附图 2-3 中的 A 列和 B 列所示.

(2) 列出求解所需要的有关统计量，如附图 2-3 中的 C 列：样本容量、样本均值、总体标准差、置信度、估计误差、置信上限和置信下限.

	A	B	C	D	E
1	1.19	1.14	样本容量	16	C中所用函数
2	1.15	1.1	样本均值	1.15357143	AVERAGE(A1:A9)
3	1.12	1.13	总体标准差	0.01	
4	1.14	1.15	置信度	0.95	
5	1.2	1.2	估计误差	0.00489991	CONFIDENCE(1-D4,D3,D1)
6	1.23	1.12	置信上限	1.15847134	D2+D5
7	1.11	1.17	置信下限	1.14867152	D2-D5
8	1.14				
9	1.16				

附图 2-3

其中：

计算"样本均值"可在"D2"中输入公式" = AVERAGE(A1:B7)"；

计算"估计误差"可在"D5"中输入公式" = CONFIDENCE(1 - D4, D3, D1)"；

计算"置信上限"可在"D6"中输入" = D2 + D5"；

计算"置信下限"可在"D7"中输入" = D2 - D5".

步骤 3：从附图 2-3 可以看出参数的置信度为 95% 的置信区间为(1.15, 1.16).

正态总体参数的其他情况的置信区间求法与之类似，这里不在陈述.

5. 假设检验

1）单个正态总体参数的假设检验

例 6 外地一良种作物，其 1000m^2 产量(单位：kg)服从 $N(800, 50^2)$，引入本地试种，收获时任取 5 块地，其 1000m^2 产量分别是 800, 850, 780, 900, 820 (kg)，假定引种后 1000m^2 产量 X 也服从正态分布，试问：

(1) 若方差未变，本地平均产量 μ 与原产地的平均产量 $\mu_0 = 800$kg 有无显著变化；

(2) 本地平均产量 μ 是否比原产地的平均产量 $\mu_0 = 800\text{kg}$ 高;

(3) 本地平均产量 μ 是否比原产地的平均产量 $\mu_0 = 800\text{kg}$ 低.

解 步骤:(1) 先建一个如附图 2-4 所示的工作表,输入数据.

	A	B	C	D	E	F
1			产量试验 数据			
2						
3	800	850	780	900	820	
4						
5	平均亩产量			830		
6	样本数			5		
7						
8	U检验值			1.341641		
9	临界值(双侧)			1.959961		
10	临界值(右侧)			1.644853		
11	临界值(左侧)			-1.64485		

附图 2-4

(2) 计算样本均值(平均产量),在单元格 D5 输入公式"=AVERAGE(A3:E3)".

(3) 在单元格 D6 输入样本数 5;在单元格 D8 输入 Z 检验值计算公式"=(D5-800)/(50/SQRT(D6))".在单元格 D9 输入 Z 检验的临界值 NORMSINV(0.975);根据算出的数值作出推论.

本例中,Z 的检验值 1.341641 小于临界值 1.959961,故接受原假设,即平均产量与原产地无显著差异.

注:问题(2)要计算 Z 检验的右侧临界值:在单元格 D10 输入 Z 检验的右侧临界值 NORMSINV(0.95).

问题(3)要计算 Z 检验的下侧临界值,在单元格 D11 输入 Z 检验左侧的临界值 = NORMSINV(0.05).

单个正态总体参数的其他情况的假设检验求法与之类似,只是相应语句改变,这里不在陈述.

2) 两个正态总体参数的假设检验

例 7 某班 20 人进行了数学测验,第 1 组和第 2 组测验结果如下:

第 1 组:91 88 76 98 94 92 90 87 100 69

第 2 组:90 91 80 92 92 94 98 78 86 91

已知两组的总体方差分别是 57 与 53,取 $\alpha = 0.05$,可否认为两组学生的成绩有差异?

解 步骤:(1) 建立如附图 2-5 所示工作表.

(2) 选取"工具"→"数据分析";选定"z-检验:双样本平均差检验";选择"确定",显示一个"z-检验:双样本平均差检验"对话框;在"变量 1 的区域"输入 A2:A11;在"变量 2 的区域"输入 B2:B11;在"输出区域"输入 D1;在显著水平"α"框,输入 0.05;在"假设平均差"窗口输入 0;在"变量 1 的方差"窗口输入 57.

(3) 在"变量 2 的方差"窗口输入 53;选择"确定",得到结果如附图 2-5 所示.

计算结果得到 $z = -0.21106$(即 Z 统计量的值),其绝对值小于"z 双尾临界"值 1.959961,故接收原假设,表示无充分证据表明两组学生数学测验成绩有差异.

	A	B	C	D	E	F
1	第一组	第二组		z-检验：双样本均值分析		
2	91	90				
3	88	91			变量 1	变量 2
4	76	80		平均	88.5	89.2
5	98	92		已知协方差	57	53
6	94	92		观测值	10	10
7	92	94		假设平均差	0	
8	90	98		z	-0.21106	
9	87	78		P(Z<=z) 单尾	0.416421	
10	100	86		z 单尾临界	1.644853	
11	69	91		P(Z<=z) 双尾	0.832842	
12				z 双尾临界	1.959961	
13						

附图 2-5

两个正态总体参数的其他情况的假设检验求法与之类似，只是相应语句改变，这里不再陈述.

3）拟合优度检验

例 8 设总体 X 抽取 120 个样本观察值，经计算整理得样本均值 $\bar{x}=209$，样本方差 $s=42.77$ 及附表 2-2. 试检验 X 是否服从正态分布（$\alpha=0.05$）.

附表 2-2 样本分区间频数分布表

组号	小区间	频数
1	$(-\infty,198]$	6
2	$(198,201]$	7
3	$(210,204]$	14
4	$(204,207]$	20
5	$(207,210]$	23
6	$(210,213]$	22
7	$(213,216]$	14
8	$(216,219]$	8
9	$(219,+\infty)$	6
$\sum$		120

解 步骤：(1) 输入基本数据，建立如附图 2-6 所示工作表，输入区间（A2:A10），端点值（B2:B10），实测频数的值（D2:D10）. 区间可以不输入，输入是为了更清晰；端点值为区间右端点的值，当右端点是 $+\infty$ 时，为了便于处理，可输入一个很大的数（本例取 10000）代替 $+\infty$.

(2) 计算理论频数，由极大似然估计得参数，$\hat{\mu}=\bar{x}=209$，$\hat{\sigma}=s=6.539877675$，假设 $X\sim N(\mu,\sigma^2)$，则 $P\{a<X\leqslant b\}=F(b)-F(a)$，因此，事件 $\{a<X\leqslant b\}$ 发生的理论频数为 $n(F(b)-F(a))$.

将计算的理论频数值放入 D 列.

在 D2 输入"=120*(NORMDIST(198,209,6.539877675,TRUE))"；

在 D3 输入"=120*(NORMDIST(B3,209,6.539877675,TRUE)

-NORMDIST(B2,209,6.539877675,TRUE))".

类似地,可算出 D4 ~ D10 的值.

应用小技巧:计算 D4 ~ D10 值的简便方法:选定 D3 单元格,单击鼠标右键弹出快捷菜单从中选择"复制",然后选定单元格 D4 到 D10,单击鼠标右键弹出快捷菜单从中选择"粘贴",即可得到 D4 ~ D10 的值.

	A	B	C	D	E
1	区间	端点	实测频数	理论频数	
2	(-∞,198]	198	6	5.55425935	
3	(198,201]	201	7	7.71953764	
4	(201,204]	204	14	13.3989145	
5	(204,207]	207	20	18.9119756	
6	(207,210]	210	23	21.707068	
7	(210,213]	213	22	20.2613853	
8	(213,216]	216	14	15.3793211	
9	(216,219]	219	8	9.49286813	
10	(219,+∞)	10000	6	7.57467032	
11					
12	样本均值	209		临界概率	0.997499
13	样本标准差	6.539877675		统计量的值	1.104413
14				卡方临界值	12.59158
15					

附图 2-6

(3) 计算卡方统计量的值. 本例中,估计参数 2 个,分组数 $k=9$.

① 使用 CHITEST 函数计算临界概率 p_0.

在单元格 E12 输入"=CHITEST(C2:C10,D2:D10)",得到 $p_0 = 0.997499$.

② 根据临界概率 p_0,利用函数 CHIINV($p_0,k-1$)确定 χ^2 统计量的值.

在单元格 E13 输入 =CHIINV(E12, 8), 得到统计量的值 $\chi^2 = 1.104413$.

(4) 结果分析. 先查出临界值:在单元格 E14 输入"=CHIINV(0.05,6)",得到 12.59158. 由于统计量的值 1.104413 小于临界值 12.5918,故接受原假设,认为 X 服从正态分布.

6. 方差分析

1) 单因素方差分析

例 9 检验某种激素对羊羔增重的效应. 选用 3 个剂量进行试验,加上对照(不用激素)在内,每次试验要用 4 只羊羔,若进行 4 次重复试验,则共需 16 只羊羔. 一种常用的试验方法,是将 16 只羊羔随机分配到 16 个试验单元. 在试验单元间的试验条件一致的情况下,经过 200 天的饲养后,羊羔的增重数据如附表 2-3 所列.

附表 2-3 羊羔增重数据对照表 (kg)

重复 \ 处理	1(对照)	2	3	4
1	47	50	57	54
2	52	54	53	65
3	62	67	69	75
4	51	57	57	59

试问各种处理之间有无显著差异?

解 步骤:(1) 输入数据,如附图 2 -7 所示.

Book1

	A	B	C	D	E
1			单因子方差分析		
2	第一组	第二组	第三组	第四组	
3	47	50	57	54	
4	52	54	53	65	
5	62	67	69	75	
6	51	57	57	59	
7					

Sheet1 / Sheet2 / Shee

附图 2 -7

选取"工具"→"数据分析";选定"单因素方差分析";选定"确定",显示"方差分析,单因素方差分析"对话框;在"输入区域"框输入数据矩阵"(首坐标):(尾坐标)",如上例为"A2:D6",其中第 2 行"第一组,…,第四组"作为标记行;在"分组方式"框选定"列".

(3) 打开"分类轴标记行在第一行上"复选框.若关闭,则数据输入域应为 A3:D6.指定显著水平 $\alpha = 0.05$;选择输出选项,本例选择"输出区域"紧接在数据区域下为 A7;选择"确定",则得输出结果如附图 2 -8 所示.

	A	B	C	D	E	F	G
9	SUMMARY						
10	组	计数	求和	平均	方差		
11	列 1	4	212	53	40.66667		
12	列 2	4	228	57	52.66667		
13	列 3	4	236	59	48		
14	列 4	4	253	63.25	81.58333		
15							
16							
17	方差分析	平方和	自由度	均方	F比		
18	差异源	SS	df	MS	F	P-value	F crit
19	组间	218.1875	3	72.72917	1.305047	0.31798	3.4903
20	组内	668.75	12	55.72917			
21							
22	总计	886.9375	15				
23							

附图 2 -8

结果分析:(1) 临界值法. F crit = 3.4903 是 $\alpha = 0.05$ 的 F 统计量临界值,$F = 1.305047$ 是 F 统计量的计算值,由于 $1.30505 < 3.4903$,因此接受原假设,即无显著差异.

(2) p 值法. P - value = 0.318 > 0.05,故接受原假设.

2) 双因素无重复试验的方差分析

例 10 将土质基本相同的一块耕地分成均等的 5 个地块,每块又分成均等的 4 个小区.有 4 个品种的小麦,在每一地块内随机分种在 4 个小区上,每小区的播种量相同,测得收获量如附表 2 -4 所列(单位:kg).试以显著性水平 $\alpha = 0.05$,考察品种和地块对收获量的影响是否显著.

附表 2-4　不同地块不同品种的收获量比较表

品种＼地块	B1	B2	B3	B4	B5
A1	32.3	34.0	34.7	36.0	35.5
A2	33.2	33.6	36.8	34.3	36.1
A3	30.8	34.4	32.3	35.8	32.8
A4	29.5	26.2	28.1	28.5	29.4

解　步骤:(1) 输入数据,如附图 2-9 所示.

Book1

	A	B	C	D	E	F
1		B1	B2	B3	B4	B5
2	A1	32.3	34	34.7	36	35.5
3	A2	33.2	33.6	36.8	34.3	36.1
4	A3	30.8	34.4	32.3	35.8	32.8
5	A4	29.5	26.2	28.1	28.5	29.4
6						

Sheet1 / Sheet2 / Sheet3 / She

附图 2-9

(2) 选取“工具”→“数据分析”. 选定“方差分析:无重复双因素分析”选项;选定“确定”,显示“方差分析:无重复双因素分析”对话框;在“输入区域”框输入 A1:F5. 在“输出区域”输入 A7.

(3) 打开“标记”复选框;指定显著水平“α”为“0.05”;选择“确定”,则得输出结果从第 7 行起显示出来,如附图 2-10 所示.

	A	B	C	D	E	F	G
7	方差分析:无重复双因素分析						
8							
9	SUMMARY	观测数	求和	平均	方差		
10	行 1	5	172.5	34.5	2.095		
11	行 2	5	174	34.8	2.485		
12	行 3	5	166.1	33.22	3.732		
13	行 4	5	136.7	27.34	6.383		
14							
15	列 1	4	125.8	31.45	2.67		
16	列 2	4	128.2	32.05	15.31667		
17	列 3	4	131.9	32.975	13.9425		
18	列 4	4	129.6	32.4	35.78		
19	列 5	4	133.8	33.45	9.35		
20							
21							
22	方差分析						
23	差异源	SS	df	MS	F	P-value	F crit
24	行	182.1455	3	60.71517	14.85932	0.000241	3.490295
25	列	9.748	4	2.437	0.596427	0.672125	3.259167
26	误差	49.032	12	4.086			
27							
28	总计	240.9255	19				
29							

附图 2-10

结果分析：(1)临界值法. F = 14.86 > F crit = 3.4903；F = 0.0.596 < F crit = 3.26，故认为不同地块对收获量有显著影响；不同品种对收获量无显著影响.

(2) 也可以由 p 值来判断. P - value = 0.00024 < 0.05，故拒绝原假设，认为不同地块对收获量有显著影响；

由于 P - value = 0.6721 > 0.05，因此接受原假设，即不同品种对收获量无显著影响.

7. 回归分析

1) 利用 Excel 进行一元线性回归分析

例 11 今收集到某地区 1950 年—1975 年的工农业总产值(X)与货运周转量(Y)的历史数据如下：

X：0.50 0.87 1.20 1.60 1.90 2.20 2.50 2.80 3.60 4.00
4.10 3.20 3.40 4.4 4.70 5.40 5.65 5.60 5.70 5.90
6.30 6.65 6.70 7.05 7.06 7.30

Y：0.90 1.20 1.40 1.50 1.70 2.00 2.05 2.35 3.00 3.50
3.20 2.40 2.80 3.2 3.40 3.70 4.00 4.40 4.35 4.34
4.35 4.40 4.55 4.70 4.60 5.20

试分析 X 与 Y 间的关系.

解 步骤：(1) 首先在 Excel 中建立工作表，样本 X 数据存放在 A1：A27，其中 A1 存标记 X；样本 Y 数据存放在 B1：B27，其中 B1 存标记 Y. 选取"工具"→"数据分析"；选定"回归"；选择"确定".

(2) 在"输入 Y 区域"框输入 B1：B27；在"输入 X 区域"框输入 A1：A27. 关闭"常数为零"复选框，表示保留截距项，使其不为 0.

(3) 打开"标记"复选框，表示有标记行. 打开"置信水平"复选框，并使其值为 95%. 在"输出区域"框，确定单元格 E2. 结果如附图 2 - 11 所示.

	A	B	C	D	E	F	G	H	I	J	K	L	M
7	2.2	2			Adjusted	0.977914							
8	2.5	2.05			标准误差	0.187682							
9	2.8	2.35			观测值	26							
10	3.6	3											
11	4	3.5			方差分析								
12	4.1	3.2				df	SS	MS	F	Significance F			
13	3.2	2.4			回归分析	1	39.02671	39.02671	1107.942	1.34353E-21			
14	3.4	2.8			残差	24	0.845388	0.035224					
15	4.4	3.2			总计	25	39.8721						
16	4.7	3.4											
17	5.4	3.7				Coefficien	标准误差	t Stat	P-value	Lower 95%	Upper 95%	下限 95.0	上限 95.0%
18	5.65	4			Intercept	0.675373	0.084296	8.011927	3.07E-08	0.501394798	0.849351	0.501395	0.849351
19	5.6	4.4			X	0.595124	0.017879	33.28577	1.34E-21	0.558223282	0.632025	0.558223	0.632025
20	5.7	4.35											
21	5.9	4.34											
22	6.3	4.35											
23	6.65	4.4											
24	6.7	4.55											
25	7.05	4.7											
26	7.06	4.6											
27	7.3	5.2											

附图 2 - 11

其中 SS 为平方和、MS 表示均方、df 为自由度. 由此可义看出：

(1) 回归方程：$Y = 0.6754 + 0.5951X$；

(2) F 统计量的值:$F=1107.942$. 由于 $P\{F>1107.942\}=1.34353E-21$,故所建回归方程极显著.

2) 利用 EXCEL 进行多元线性回归分析

例 12 今收集到历史数据如下:

X_1:7 1 11 11 7 11 3 1 2 21 1 11 10 14 12

X_2:26 29 56 31 52 55 71 31 54 47 40 66 68 43 58

X_3:6 15 8 8 6 9 17 22 18 4 23 9 8 12 18

X_4:60 52 20 47 33 22 6 44 22 26 34 12 12 28 37

Y:79 75 103 88 96 108 100 75 94 116 84 115 110 99 107

试分析 X_1, X_2, X_3, X_4 与 Y 之间的关系.

解 首先在 Excel 中建立工作表,其中样本 X 数据输入在 A2:D16;样本 Y 数据输入在 E2:E16.

选取"工具"→"数据分析";选定"回归";选择"确定";在"输入 Y 区域"框输 E2:E16;在"输入 X 区域"框输入 A2:D16;关闭"常数为零"复选框,表示保留截距项,使其不为 0;关闭"标记"复选框;打开"置信水平"复选框,并使其值为 95%;在"输出区域"框,确定单元格 G2;结果如附图 2-12 所示.

	A	B	C	D	E	F	G	H	I	J	K	L	M	N	O
1							多元线性回归分析								
2	7	26	6	60	79		SUMMARY OUTPUT								
3	1	29	15	52	75										
4	11	56	8	20	103		回归统计								
5	11	31	8	47	88		Multiple R	0.9865							
6	7	52	6	33	96		R Square	0.9733							
7	11	55	9	22	108		Adjusted R	0.9626							
8	3	71	17	6	100		标准误差	2.6737							
9	1	31	22	44	75		观测值	15							
10	2	54	18	22	94										
11	21	47	4	26	116		方差分析								
12	1	40	23	34	84			df	SS	MS	F	gnificance F			
13	11	66	9	12	115		回归分析	4	2602.11	650.53	90.9964	8.0184E-08			
14	10	68	8	12	110		残差	10	71.4894	7.1489					
15	14	43	12	28	99		总计	14	2673.6						
16	12	58	18	37	107										
17								Coefficie	标准误差	t Stat	P-value	Lower 95%	Upper 95%	下限 95.0%	上限 95.0%
18							Intercept	59.688	10.3066	5.7913	0.00018	36.7236232	82.65251	36.723623	82.65251
19							X Variable	1.4544	0.17745	8.1962	9.5E-06	1.05902729	1.849791	1.0590273	1.849791
20							X Variable	0.5496	0.12578	4.3696	0.0014	0.26934755	0.829838	0.2693476	0.829838
21							X Variable	0.0677	0.16411	0.4126	0.68859	-0.2979366	0.433365	-0.297937	0.433365
22							X Variable	-0.082	0.11899	-0.686	0.50811	-0.3468014	0.183465	-0.346801	0.183465

附图 2-12

由此可义看出:① 回归方程:$Y=59.6881+1.45441X_1+0.54959X_2+0.06771X_3—0.0817X_4$.

② 回归方程的显著性检验:由于 F 统计量值为 $F=90.9964$,而 $P\{F>90.9964\}=8.01843E-08$,故所建回归方程是极显著的.

③ 回归系数的显著性检验:

关于 X_1,由于 $P\{t>8.196\}=9.5E-6$,故 X_1 是显著的;

关于 X_2,由于 $P\{t>4.369\}=0.0014$,故 X_2 是显著的;

关于 X_3,由于 $P\{t>0.413\}=0.68859$,故 X_3是不显著的;

关于 X_4,由于 $P\{t>-0.6863\}=0.50811$,故 X_4是不显著的.

8. 利用 Excel 进行主成分分析

例 13 今收集到历史数据如附表 2-4 所示:对下面几种因素进行主成分分析.

附表 2-4

序号	因素 1(X1)	因素 2(X2)	因素 3(X3)	因素 4(X4)	因素 5(X5)	因素 6(X6)	因素 7(X7)
1	5	3650	1450	400	125	1500	600
2	7	4170	1320	400	115	1000	800
3	7	3830	2180	400	135	1500	800
4	7	4470	2260	420	150	1500	1000
5	6	4060	2180	400	150	1500	1000
6	7	5530	1240	400	106	1500	800
7	10	6850	2340	750	180	2000	1000
8	9	7430	2340	800	200	2500	1200
9	9	7750	2340	900	220	2500	1200
10	14	12160	1880	850	200	3500	1500
11	18	6780	2130	1250	235	6000	2000

步骤 1:输入数据

打开 Microsoft Excel 电子表格,输入如下表 1 所示的原始数据. 在单元格 B15 中输入公式:=Average(B4:B14),回车得到 B 列数据的均值,同理可以得到 C-H 列数据的均值,然后在 B16 中输入公式:=STDEV(B4:B15),回车得到 B 列数据的标准差,然后用 Excel 的拖拽功能,得到 C-H 列数据的均值.

	A	B	C	D	E	F	G	H
1						主成分分析		
2								
3	序号	因素1(X1)	因素2(X2)	因素3(X3)	因素4(X4)	因素5(X5)	因素6(X6)	因素7(X7)
4	1	5	3650	1450	400	125	1500	600
5	2	7	4170	1320	400	115	1000	800
6	3	7	3830	2180	400	135	1500	800
7	4	7	4470	2260	420	150	1500	1000
8	5	6	4060	2180	400	150	1500	1000
9	6	7	5530	1240	400	106	1500	800
10	7	10	6850	2340	750	180	2000	1000
11	8	9	7430	2340	800	200	2500	1200
12	9	9	7750	2340	900	220	2500	1200
13	10	14	12160	1880	850	200	3500	1500
14	11	18	6780	2130	1250	235	6000	2000

附图 2-13

步骤 2:将指标数据标准化

在单元格 B18 中输入公式:=(B4-B$15)/$B$16,回车得到 B4 单元格经标准化后的数值,然后按住鼠标下拖得到因素 X1 的所有的标准化变量,同理可得到 X1-X7 的所有的标准化变量如附图 2-14 所示.

15	均值	9	6061.818	1969.091	633.6364	165.0909	2272.727	1081.818
16	标准差	3.668044	2416.751	409.2666	279.196	42.13712	1354.515	373.7237

附图 2-14

步骤 3:求标准化数据的相关系数矩阵 R

在 C32 中输入公式 CORREL($B18$28:$B18$28,B18:B28),回车得到相关系数为"1",鼠标按住 C32,右拖至 I32,单元格,相应生成得到 X1 分别与 X2-X7 的相关系数,同样方法,我们可以得到相关系数矩阵 A. 如附图 2-15 所示.

	X1	X2	X3	X4	X5	X6	X7
X1	1	0.67570996	0.27674684	0.90633621	0.78403972	0.95146396	0.948327119
X2	0.67570996	1	0.23068989	0.67230917	0.67807417	0.55054746	0.63153052
X3	0.27674684	0.23068989	1	0.45041497	0.68250886	0.29480917	0.419510809
X4	0.90633621	0.67230917	0.45041497	1	0.9386188	0.91686489	0.910228373
X5	0.78403972	0.67807417	0.68250886	0.9386188	1	0.80711033	0.861417132
X6	0.95146396	0.55054746	0.29480917	0.91686489	0.80711033	1	0.952622908
X7	0.94832712	0.63153052	0.41951081	0.91022837	0.86141713	0.95262291	1

附图 2-15

为了便于对矩阵的运算和使用,有必要先对相关系数矩阵进行命名,选择矩阵所在的单元格区域 B31-I38,单击编辑栏左端的"名称"框,输入 A 后回车确认. 这样,在当前工作簿的所有工作表中,名称 A 的数组代表该矩阵. 同理,也可以建立 10 阶单位矩阵,并命名为 I.

步骤 3:求相关系数矩阵 A 的特征值和对应的单位特征向量.

求特征根的方法,打开 sheet2 后在单元格 A1 输入 0,A2 输入 0.00001(视求解精度而定),选定单元格区域 A1:A2 后,用鼠标按住右下角垂直下拖至整个单元格区域(如 A8550),在 B1 单元格中,输入公式:MDETERM(A-A1*I),按 Ctrl+Shift+Enter 键,形成数组公式:{=MDETERM(A-A1*I)},于是 B1 单元格中的值 1.43501E-06 即为特征多项式 λ 取 0 的值. 在选择 B1 单元格,用鼠标拖至 B8550,

观察 B1:B8550,单元格区域返回值的正负符号的变化情况,每一次符号改变都说明此间有一个特征根,这样就得到了每个特征值所在的区间。然后在特征根所在的区间输入更准确的数值进行逐个测试,最终将使返回值最接近于 0 的那个数作为一个特征值. 重复以上的操作可得到全部特征值为, 5.3142,0.9483,0.5369,0.1271,0.0461, 0.0236, 0.0038,找到特征值后求出对应的单位特征向量,如附表 2-5 所列 .

附表 2-5 单位特征向量

0.408	0.2662	0.1368	-0.3818	-0.618	-0.2332	-0.4022
0.3185	0.1794	-0.8913	-0.1528	0.0355	0.1772	0.1265
0.2203	-0.8754	-0.0004	-0.3219	-0.1911	0.1287	0.1685
0.4216	0.0255	0.0683	0.5957	-0.3231	-0.2496	0.5435
0.4098	-0.2713	-0.0832	0.4705	0.2984	-0.0618	-0.6613
0.4042	0.2174	0.3646	-0.0156	0.1001	0.8004	0.0747
0.4178	0.0949	0.206	-0.3884	0.6138	-0.4369	0.2355

步骤 4:确定主成分个数

计算累计贡献率:由公式,$\varphi(m)=\frac{\sum_{i=1}^{m}\lambda_i}{\sum_{j=1}^{p}\lambda_j}\geqslant 85\%$ 的标准,当 m =2 时累计贡献率为89%,确定 m =2,即为主成分个数,然后确定各主成分关于原变量的表达式的系数,即为特征向量的分量,如附表 2 -6 所列.

附表 2 -6 主成分表达式的系数

	第 1 主成分	第 2 主成分
贡献率	0.75917298	0.13546807
特征值	5.31421083	0.94827646
X1 系数	0.40802399	-0.2661844
X2 系数	0.31852077	-0.1794224
X3 系数	0.22029045	0.87544475
X4 系数	0.42155159	-0.0254607
X5 系数	0.40980782	0.27130877
X6 系数	0.40418774	-0.2174449
X7 系数	0.41775248	-0.0949261

因此确定前两个主成分的表达式为:F1 = 0.4080X1 + 0.3185X2 + 0.2203X3 + 0.4216X4 + 0.404098X5 + 0.4042X6 + 0.4178X7

F2 = -0.2662X1 - 0.1794X2 + 0.8754X3 - 0.0255X4 + 0.2713X5 - 0.2174X6 - 0.0949X7

附 3 Mathematica 在数理统计中的应用

1. Mathematica 简介

Mathematica 由美国物理学家 Stephen Wolfram 领导开发的一款科学计算软件,它把符号运算、数值计算与图形显示集于一体. 此外,Mathematica 还是一个易于扩充的系统,即实际上提供了功能强大的程序设计语言,可以定义用户需要的各种函数,完成用户需要的各种工作. 系统本身还提供了一大批用这个语言写出的专门程序或软件包. 很多功能在相应领域内处于世界领先地位,截至 2009 年,它是使用最广泛的数学软件之一. Mathematica 是世界上通用计算系统中最强大的系统. 自从 1988 年发布以来,它已经对计算机在科技和其他领域的运用产生了深刻的影响.

Mathematica 可以处理概率统计方面的计算,有关的命令都在 Mathematica 自带的统计软件包中,要想应用这些统计软件包,必须先加载相应的统计软件包. Mathematica 中的部分统计软件包文件名,调用名称及涉及的问题如附表 3 -1 所列.

附表 3－1　Mathematica 中的统计软件包文件名、调用名称及涉及的问题

软件包文件名	调用名称	涉及的问题
confiden. m	Statistics'ConfidenceIntervals'	置信区间
continuo. m	Statistics'ContinuousDistributions'	连续分布
descript. m	Statistics'DescriptiveStatistics	统计函数的说明
discrete. m	Statistics'DiscreteDistributions'	离散分布
hypothes. m	Statistics'HypothesisTests'	假设检验
linearre. m	Statistics'LinearRegression'	线性回归
nonlinear. m	Statistics'NonlinearFit'	非线性拟合

假设在 Windows 环境下已安装好 Mathematica4.0，启动 Windows 后，在“开始”菜单的“程序”中单击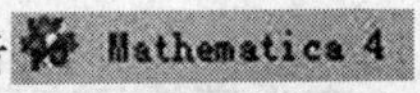

，就启动了 Mathematica4.0，在屏幕上显示如附图 3－1 的 Notebook 窗口，系统暂时取名 Untitled－1，直到用户保存时重新命名为止.

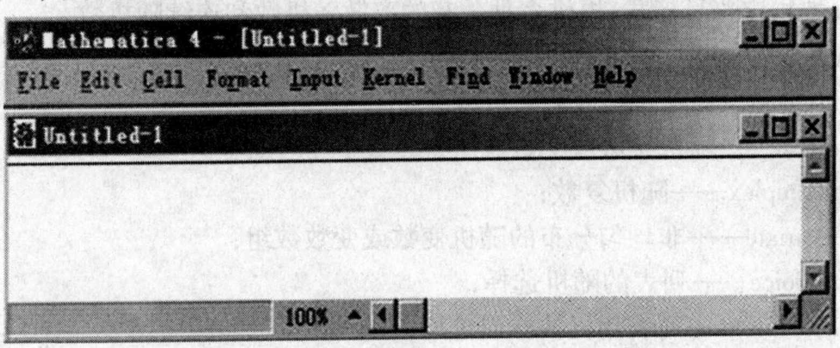

附图 3－1

输入 1＋1，然后按下 Shif＋Enter 键，这时系统开始计算并输出计算结果，并给输入和输出附上次序标识 In[1]和 Out[1]，注意 In[1]是计算后才出现的；再输入第 2 个表达式，要求系统将一个二项式展开，按 Shift＋Enter 输出计算结果后，系统分别将其标识为 In[2]和 Out[2]. 如附图 3－2 所示.

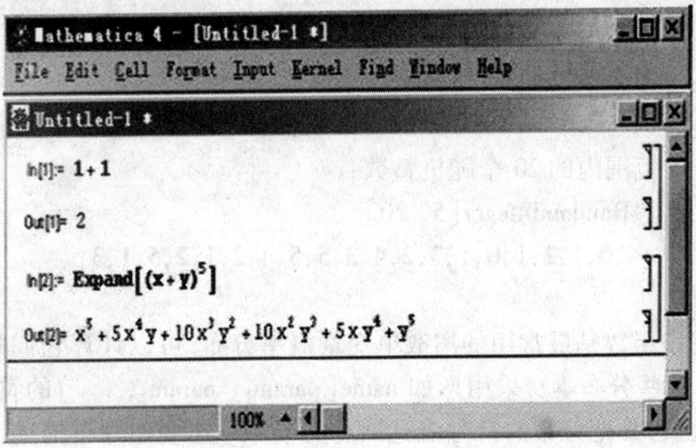

附图 3－2

在 Mathematica 的 Notebook 界面下，可以用这种交互方式完成各种运算，如函数作图，求极限、解方程等，也可以用它编写像 C 那样的结构化程序. 在 Mathematica 系统中定义了许多功能强大的函数，我们称之为内建函数(built - in function)，直接调用这些函数可以取得事半功倍的效果. 这些函数分为两类，1 类是数学意义上的函数，如绝对值函数 Abs[x]，正弦函数 Sin[x]，余弦函数 Cos[x]，以 e 为底的对数函数 Log[x]，以 a 为底的对数函数 Log[a,x]等；第 2 类是命令意义上的函数，如作函数图形的函数 Plot[f[x],{x,xmin,xmax}]，解方程函数 Solve[eqn,x]，求导函数 D[f[x],x]等.

完成各种计算后，单击 File→Exit 命令退出，如果文件未存盘，系统提示用户存盘，文件名以".nb"作为后缀，称为 Notebook 文件. 以后想使用本次保存的结果时可以通过 File - >Open菜单读入，也可以直接双击它，系统自动调用 Mathematica 将它打开.

本书将就 Mathematica 在数理统计中以下几个方面的应用作以介绍.

2. 随机数的生成

基于 Wolfram Research 公司开发的原算法，Mathematica 产生高效且高质量的随机数. Mathematica 按指定符号形式，提供多种分布的离散随机数和连续随机数.

Mathematica 提供这样几种生成随机数的符号函数：

RandomInteger——随机整数或整数数组；

RandomReal——随机实数或实数数组；

RandomComplex——随机复数；

RandomVariate——非均匀分布的随机变数或变数数组；

RandomChoice——列表的随机选择；

RandomSample——列表随机抽样或排列；

RandomPrime——随机素数.

以 RandomInteger 为例，RandomInteger[{imin, imax}]在{imin, imax}范围内等概率地选择整数.

例 1 从 1 到 10 范围内的随机整数.

解 In[1]: = RandomInteger[{1, 10}]

Out[1] =4

从 0 到 3 范围内的随机整数：

In[1]: = RandomInteger[3]

Out[1] =0

从 0 到 5 范围内的 20 个随机整数：

In[1]: = RandomInteger[5, 20]

Out[1] = {4,0,1,2,1,0,1,3,2,4,3,5,5,4,2,1,2,5,1,3}

3. 概率分布

这里所描述的函数是最常用的离散单变量概率分布. 可以计算它们的密度、均值、方差和其他性质. 这些分布本身采用形如 name[$param_1$, $param_2$, ...]的符号来表示，提供了概率分布的性质，并把分布的符号表达式作为参数. 连续型分布描述了许多连续型随机变量的概率分布.

以下列出需调用 Statistics'DiscreteDistributions'软件包才能使用的离散型概率分布的函数：

BernoulliDistribution[p]　表示均值为 p 的离散伯努力分布；

BinomialDistribution[n, p]　表示参数为 n,p 的二项分布 b(n,p)；

GeometricDistribution[p]　表示参数为 p 的几何分布；

HypergeometricDistribution[n, nsucc, ntot]表示参数为 n, nsucc, ntot 的超几何分布；

PoissonDistribution[λ]　表示参数为 λ 的泊松分布；

PDF[distribution, k]　离散分布 distribution 的分布律 $P\{\xi=k\}$；

CDF[distribution, x]　概率分布为 distribution 且随机变量小于值 x 的概率 $P\{\xi<x\}$；

Mean[distribution]　计算离散分布 distribution 的均值；

Variance[distribution]　计算离散分布 distribution 的方差；

StandardDeviation[distribution]　计算离散分布 distribution 的标准差；

Random[distribution]　产生具有概率分布为 distribution 一个伪随机数.

例 2　(二项分布)利用 Mathematica 绘出二项分布 $b(n,p)$ 的概率分布与分布函数的图形.

解　设 $n=20$, $p=0.2$, 输入

```
<<Statistics'
<<Graphics'Graphics'
n=20;p=0.2;dist=BinomialDistribution[n,p];
t=Table[{PDF[dist,x+1],x},{x,0,20}];g1=BarChart[t,PlotRange->All];
g2=Plot[Evaluate[CDF[dist,x]],{x,0,20},PlotStyle->{Thickness[0.008],RGBColor
  [0,0,1]}];
```

则分别输出二项分布概率分布图形(附图 3-3)与分布函数图形(附图 3-4).

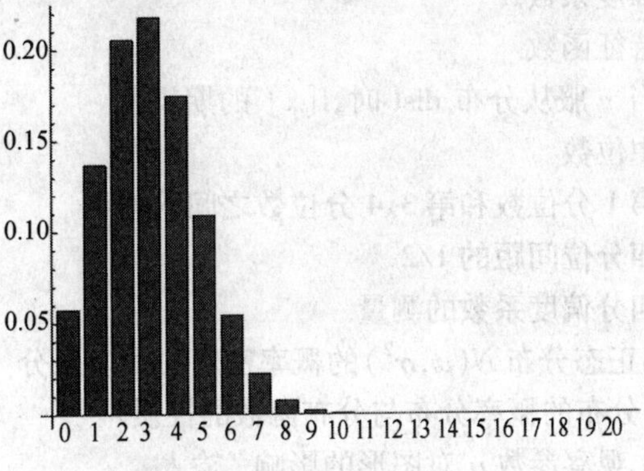

附图 3-3

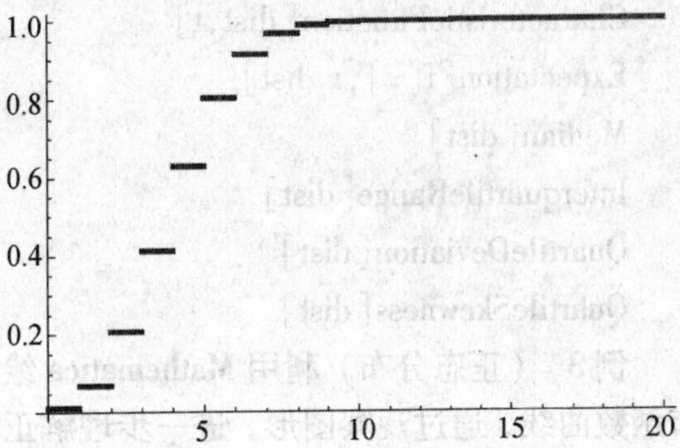

附图 3-4

计算二项分布在各个可能取值处的概率:

In[1]:= t=Table[{x,PDF[dist,x]},{x,0,20}]

Out[1] = {{0, 0.0115292}, {1, 0.0576461}, {2, 0.136909}, {3, 0.205364}, {4, 0.218199}, {5, 0.17456}, {6, 0.1091}, {7, 0.0545499}, {8, 0.0221609}, {9, 0.00738696}, {10, 0.00203141}, {11, 0.000461685}, {12, 0.0000865659}, {13, 0.0000133178}, {14, 1.66473×10^{-6}}, {15, 1.66473×10^{-7}}, {16, 1.30057×10^{-8}}, {17, 7.65041×10^{-10}}, {18, 3.18767×10^{-11}}, {19, 8.38861×10^{-13}}, {20, 1.04858×10^{-14}}}

二项分布的平均值和方差：

```
In[1]:=n=20,p=0.2; Mean[BinomialDistribution[n, p]]
Out[1]=4
In[2]:=   Variance[BinomialDistribution[n, p]]
Out[2]=3.2
```

需调用 Statistics'ContinuousDistributions' 软件包才能使用的连续性概率分布和函数：

UniformDistribution[{min,max}]	区间在{min, max}上的均匀分布
NormalDistribution[μ,σ]	具有均值μ和标准差σ的正态分布
ChiSquareDistribution[n]	有 n 个自由度的χ^2连续分布
StudentTDistribution[n]	具有 n 个自由度的 t 连续 分布
PDF[distribution, x]	概率分布为 distribution 的概率密度函数 f(x)
CDF[distribution, x]	概率分布为 distribution 且随机变量小于值 x 的概率 P{ <x}
InverseCDF[dist,q]	使 CDF[dist, x] 等于 q 的 x 的值
Mean[data]	计算样本数据 data 的均值(data 是由离散数据组成的表)
Median[data]	计算样本数据 data 的中值
Variance[data]	计算样本数据 data 的方差
StandardDeviation[data]	计算样本数据 data 的标准差
Skewness[dist]	偏度系数
Kurtosis[dist]	峰度系数
CharacteristicFunction[dist,t]	特征函数
Expectation[f[x],x dist]	当 x 服从分布 dist 时,f[x] 的期望值
Median[dist]	中位数
InterquartileRange[dist]	第 1 分位数和第 3、4 分位数之间的差距
QuartileDeviation[dist]	四分位间距的 1/2
QuartileSkewness[dist]	四分偏度系数的测量

例 3 （正态分布）利用 Mathematica 绘出正态分布 $N(\mu,\sigma^2)$ 的概率密度曲线以及分布函数曲线，通过观察图形，进一步理解正态分布的概率分布与分布函数的性质.

解 (1)固定 $\sigma=1$ 取 $\mu=-2,\mu=0,\mu=2$ 观察参数 μ 对图形的影响，输入

```
<<Statistics'
<<Graphics'Graphics'
dist=NormalDistribution[0,1];
dist1=NormalDistribution[-2,1];
dist2=NormalDistribution[2,1];
Plot[{PDF[dist1,x],PDF[dist2,x],PDF[dist,x]},{x,-6,6},
PlotStyle->{Thickness[0.008],RGBColor[0,0,1]},PlotRange->All];
Plot[{CDF[dist1,x],CDF[dist2,x],CDF[dist,x]},{x,-6,6},
```

PlotStyle - > {Thickness[0.008],RGBColor[1,0,0]}];

则分别输出相应参数的正态分布的概率密度曲线,如附图 3 - 5 所示,分布函数曲线如附图 3 - 6 所示.

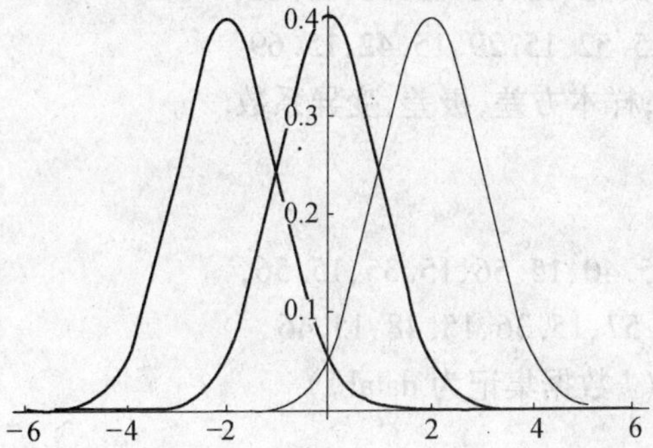

附图 3 - 5

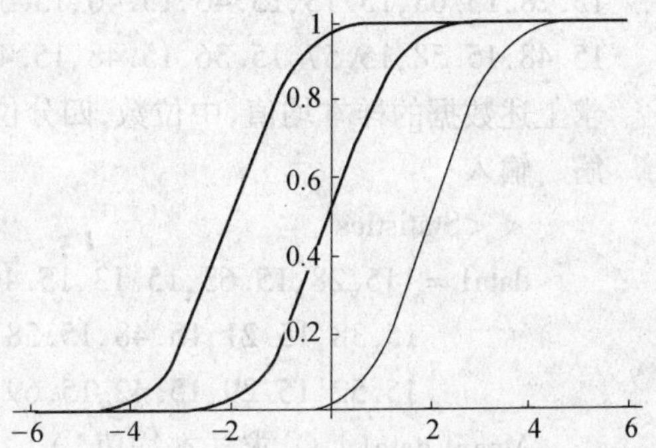

附图 3 - 6

例 4 已知样本数据为 dat = {3.2,5.1,1,4,2},(1)试计算 dat 的均值、中值、方差、标准差.

(2) 产生[0,1]上的 20 个随机实数,并计算它们的均值、中值、方差、标准差.

解:

In[1]: = < < Statistics'DescriptiveStatistics' * 调用统计软件包

In[2]: = dat = {3.2, 5.1, 1, 4, 2};

In[3]: = Mean[dat]

Out[3]: = 3.06

In[4]: = Median[dat]

Out[4]: = 3.2

In[5]: = Variance[dat]

Out[5]: = 2.608

In[6]: = StandardDeviation[dat]

Out[6]: = 1.61493

In[7]: = dat1 = Table[Random[],{20}]

Out[7]: = {0.93234, 0.439331, 0.407442, 0.469035, 0.741679, 0.884562, 0.111029, 0.696056, 0.0591917, 0.622276, 0.825287, 0.540449, 0.594691, 0.597846, 0.490196, 0.463414, 0.404672, 0.19069, 0.105273, 0.942455}

In[8]: = Mean[dat1]

Out[8]: = 0.525896

In[9]: = Median[dat1]

Out[9]: = 0.515323

In[10]: = Variance[dat1]

Out[10]: = 0.0724088

In[11]: = StandardDeviation[dat1]

Out[11]: = 0.269089

4. 数据统计

例 5 在某工厂生产的某种型号的圆轴中任取 20 个,测得其直径数据如下:

15.28,15.63,15.13,15.46,15.40,15.56,15.35,15.56,15.38,15.21,

15.48,15.58,15.57,15.36,15.48,15.46.15.52,15.29,15.42,15.69

求上述数据的样本均值,中位数,四分位数;样本方差,极差,变异系数.

解 输入

```
<<Statistics'
data1 = {15.28,15.63,15.13,15.46,15.40,15.56,15.35,15.56,
        15.38,15.21,15.48,15.58,15.57,15.36,15.48,15.46,
        15.52,15.29,15.42,15.69}; (*数据集记为 datal*)
Mean[data1] (*求样本均值*)
Median[data1] (*求样本中位数*)
Quartiles[data1] (*求样本的 0.25 分位数, 中位数, 0.75 分位数*)
Quantile[data1,0.05] (*求样本的 0.05 分位数*)
Quantile[data1,0.95] (*求样本的 0.95 分位数*)
```

则输出

```
15.4405
15.46
{15.355,15.46,15.56}
15.13
15.63
```

即样本均值为 15.4405,样本中位数为 15.46,样本的 0.25 分位数为 15.355,样本的 0.75 分位数

15.56, 样本的 0.05 分位数是 15.13, 样本的 0.95 分位数是 15.63.

输入

```
Variance[data1] (*求样本方差 s^2*)
StandardDeviation[data1] (*求样本标准差 s*)
VarianceMLE[data1] (*求样本方差 s*2*)
StandardDeviationMLE[data1] (*求样本标准差 s**)
SampleRange[data1] (*求样本极差 R*)
```

则输出

```
0.020605
0.143544
0.0195748
0.13991
0.56
```

即样本方差 s^2 为 0.020605, 样本标准差 s 为 0.143544, 样本方差 s^{*2} 为 0.0195748, 样本标准差 s^* 为 0.13991, 极差 R 为 0.56.

5. 区间估计

调用区间估计软件包的命令 < < Statistics\ConfidenceIntervals. m

用 Mathematica 作区间估计，必须先调用相应的软件包. 要输入并执行命令

< < Statistics′

或

< < Statistics\ConfidenceIntervals. m

1）单正态总体的参数的置信区间

例 6 某车间生产滚珠，从长期实践中知道，滚珠直径可以认为服从正态分布. 从某天产品中任取 6 个测得直径如下(单位:mm)： 15.6 16.3 15.9 15.816.2 16.1 若已知直径的方差是 0.06，试求总体均值 μ 的置信度为 0.95 的置信区间与置信度为 0.90 的置信区间.

解 输入

< < Statistics\ConfidenceIntervals. m

data1 = {15.6,16.3,15.9,15.8,16.2,16.1};

MeanCI[data1,KnownVariance - >0.06]（*置信度采取缺省值*）

则输出

{15.7873,16.1793}

即均值 μ 的置信度为 0.95 的置信区间是(15.7063,16.2603).

为求出置信度为 0.90 的置信区间，输入

MeanCI[data1,ConfidenceLevel - >0.90,KnownVariance - >0.06]

则输出

{15.8188,16.1478}

即均值 μ 的置信度为 0.90 的置信区间是(15.7873,16.1793).

比较两个不同置信度所对应的置信区间可以看出置信度越大所作出的置信区间越大.

单正态总体参数的其他情况的置信区间求法与之类似,这里不在陈述.

2）双正态总体方差比的置信区间

例 7 设两个工厂生产的灯泡寿命近似服从正态分布 $N(\mu_1,\sigma_1^2)$ 和 $N(\mu_2,\sigma_2^2)$. 样本分别为

工厂甲：1600 1610 1650 1680 1700 1720 1800

工厂乙：1460 1550 1600 1620 1640 1660 1740 1820

设两样本相互独立,且 $\mu_1,\mu_2,\sigma_1^2,\sigma_2^2$ 均未知，求置信度分别为 0.95 与 0.90 的方差比 σ_1^2/σ_2^2 的置信区间.

解 输入

Clear[list1,list2];

list1 = {1600,1610,1650,1680,1700,1720,1800};

list2 = {1460,1550,1600,1620,1640,1660,1740,1820};

VarianceRatioCI[list1,list2]

则输出{0.076522,2.23083}

即是置信度为 0.95 时方差比的置信区间.

为了求置信度为 0.90 时的置信区间，输入

VarianceRatioCI[list1,list2,ConfidenceLevel - >0.90]

则输出结果为

{0.101316,1.64769}.

6. 假设检验

用 Mathematica 作假设检验,必须调用相应的软件包. 对 Mathematica2.2 版本,首先要输入并执行 < < statisti\hypothes. m.

对 Mathematica4.0 版本,要输入并执行 < < Statistics\HypothesisTests. m

1）单个正态总体参数的假设检验

例 8 测定矿石中的铁,根据长期测定积累的资料,已知方差为 0.083,现对矿石样品进行分析,测得铁的含量为 x(%)63.27,63.30,64.41,63.62. 设测定值服从正态分布,问能否接受这批矿石的含铁量为 63.62 ?

解 这是正态总体方差已知时对均值的双边检验,需要检验假设

$$H_0:\mu = 63.62,\ H_1:\mu \neq 63.62.$$

调入假设检验软件包后,输入

datal = {63.27,63.30,64.41,63.62};

MeanTest[datal,63.62,SignificanceLevel - >0.05,

KnownVariance - >0.083,TwoSided - >True,FullReport - >True]

(*检验均值,显著性水平 $\alpha=0.05$, 方差 $\sigma^2=0.083$ 已知,双边检验*)

执行后的输出结果为:

{FullReport - >

Mean　TestStat　Distribution

63.65　0.208263　NormalDistribution[0,1]

TwoSidedPValue - > 0.835024,

Fail to reject null hypothesis at significance level - > 0.05}

结果给出检验报告:样本均值 $\bar{X}=63.65$,所用的检验统计量为 $\boldsymbol{u}$ 统计量(正态分布),检验统计量的观测值为 0.208263,双边检验的 P 值为 0.835024,在显著性水平 $\alpha=0.05$ 时,接受原假设,即认为这批矿石的含铁量为 63.62.

单正态总体参数的其他情况的假设检验求法与之类似,只是相应语句改变,这里不在陈述.

2）两个正态总体参数的假设检验

例 9 在平炉上进行一项试验以确定改变操作方法的建议是否会增加钢的得率,试验是在同一平炉上进行的,每炼一炉钢时除操作方法外,其他方法都尽可能做到相同. 先用标准方法炼一炉,然后用建议的新方法炼一炉,以后交替进行,各炼了 10 炉,其得率分别为

(1) 标准方法　78.1　72.4　76.2　74.3　77.4　78.4　76.0　75.5　76.7　77.3

(2) 新方法　79.1　81.0　77.3　79.1　80.0　79.1　79.1　77.3　80.2　82.1

设这两个样本相互独立,且分别来自正态总体 $N(\mu_1,\sigma^2)$ 和 $N(\mu_2,\sigma^2)$,μ_1,μ_2,和 σ^2 均未知. 问建议的新操作方法能否提高得率(取 $\alpha=0.05$)?

解　这是两个正态总体在方差相等但未知时,对其均值差的单边检验,需要检验假设

$$H_0:\mu_1 \geqslant \mu_2,\ H_1:\mu_1 < \mu_2.$$

输入

```
data3 = {78.1,72.4,76.2,74.3,77.4,78.4,76.0,75.5,76.7,77.3};
data4 = {79.1,81.0,77.3,79.1,80.0,79.1,79.1,77.3,80.2,82.1};
MeanDifferenceTest[data3,data4,0,SignificanceLevel - >0.05,
EqualVariances - >True,FullReport - >True]
(*指定显著性水平 α=0.05,且方差相等*)
```

输出结果为

```
{FullReport - >
MeanDiff    TestStat    Distribution
-3.2        -4.29574    StudentTDistribution[18],
OneSidedPValue - > 0.000217593,
Reject null hypothesis at significance level - > 0.05}
```

检验报告给出：两个正态总体的均值差为 -3.2，检验统计量为自由度 18 的 T 分布(T 检验),检验统计量的观察值为 -4.29574，单边检验的 P 值为 0.000217593，结果显示在显著性水平 $\alpha=0.05$ 下拒绝 H_0,即认为建议的新操作方法较原来的方法为优.

例 10　测得两批电子器件的样品的电阻(Ω)为

A 批(x):0.140　0.138　0.143　0.142　0.144　0.137

B 批(y):0.135　0.140　0.142　0.136　0.138　0.140

设这两批器件的电阻值总体服从分布 $N(\mu_1,\sigma_1^2)$、$N(\mu_2,\sigma_2^2)$,其中 $\mu_1,\sigma_1^2,\mu_2,\sigma_2^2$ 均未知,且两样本独立. 检验这两批器件的电阻值的方差是否有显著差异($\alpha=0.05$)?

解　这是两个正态总体的方差比是否等于 1 的双边检验问题. 即检验问题

$$H_0:\frac{\sigma_1^2}{\sigma_2^2}=1,\ H_1:\frac{\sigma_1^2}{\sigma_2^2}\neq 1.$$

输入

```
list1 = {0.140,0.138,0.143,0.142,0.144,0.137};
list2 = {0.135,0.140,0.142,0.136,0.138,0.140};
VarianceRatioTest[list1,list2,1,SignificanceLevel - >0.05,
TwoSided - >True,FullReport - >True](*方差比检验,使用双边检验,α=0.05*)
```

输出结果为

```
{FullReport - >
Ratio       TestStat    Distribution
1.10789     1.10789     FratioDistribution[5,5],
TwoSidedPValue - >0.913152,
```

Fail to reject null hypothesis at significance level - >0.05}

检验报告给出:两个正态总体的样本方差之比$\frac{s_1^2}{s_2^2}$为 1. 10789，检验统计量的分布为 $F(5,5)$分布(F 检验),检验统计量的观察值为 1. 10789，双边检验的 P 值为 0. 913152. 由检验报告知两总体方差相等的假设成立.

7. 回归分析

基本命令

1）调用线性回归软件包的命令 < <Statistics\LinearRegression. m

作回归分析时，必须调用线性回归软件包的命令

< <Statistics\LinearRegression. m

或输入调用整个统计软件包命令

< <Statistics'

2）线性设计回归的命令 DesignedRegress

在线性回归模型 $\boldsymbol{Y}=\boldsymbol{a}+\boldsymbol{bx}+\boldsymbol{\varepsilon}$ 中,向量 $\boldsymbol{Y}$ 是因变量,也称为响应变量. 矩阵 $\boldsymbol{X}$ 称为设计矩阵,$\boldsymbol{b}$ 是参数向量,$\boldsymbol{\varepsilon}$ 是误差向量.

DesignedRegress 也是作一元和多元线性回归的命令，它的应用范围更广些. 其格式与命令 Regress 的格式略有不同：

DesignedRegress[设计矩阵 $\boldsymbol{X}$,因变量 $\boldsymbol{Y}$ 的值集合，RegressionReport - >{选项 1，选项 2，选项 3，…}].

RegressionReport(回归报告)可以包含 ParameterCITable(参数的置信区间表))、PredictedResponse (因变量的预测值)、MeanPredictionCITable(均值的预测区间)、FitResiduals (拟合的残差)、SummaryReport(总结性报告)等，但不含 BestFit.

例 11 矿脉中 10 个相邻样本点处一种伴生金属的含量数据如附表 3 -2 所列.

附表 3 -2 某矿脉中 10 个相邻样本点处一种伴生金属的含量

编号	1	2	3	4	5	6	7	8	9	10
距离(x)	2	3	4	5	7	8	10	11	14	15
含量(y)	106.42	108.2	109.58	109.5	110	109.93	110.49	110.59	110.6	110.9

解 1）分析

本题没有事先指定回归关系,因此应改通过散点图形状自己尝试,从中找出较为合适的回归形式.

2）试验操作

In[1]: = dat = {{2,106.42},{3,108.2},{4,109.58},{5,109.5},{7,110.},{8, 109.93},
{10,110.49},{11,110.59},{14,110.6},{15,110.9}}

In[2]: = ListPlot[d]

输出结果如附图 3 -7 所示.

粗劣观察此散点图,觉得似乎回归方程形式可取线性形式:$y=a+bx$.

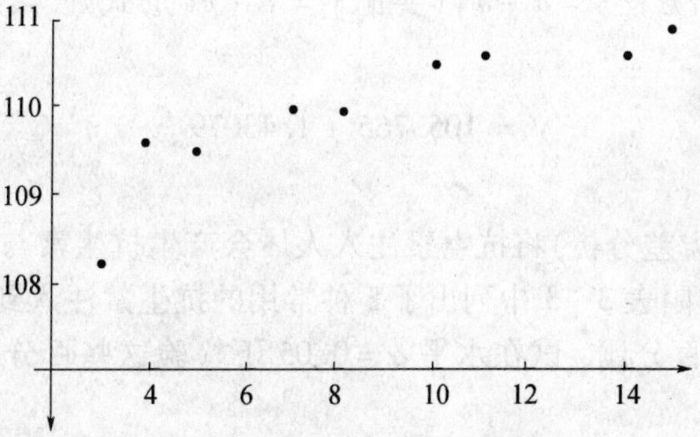

附图 3 - 7

但仔细观察，发现散点图有一些上凸，而上凸的图形具有 $y = a + b\sqrt{x}$ 形式. 下面用 Mathematica 数学软件尝试这两种形式回归的优劣.

In[3]：= < < Statistics'LinearRegression'

In[4]：= r = Regress[dat, {1, x}, x]

输出结果如附图 3 - 8 所示，

```
                           Estimate  SE         TStat    PValue
Out[14]= {ParameterTable → 1  107.659   0.543436   198.107  4.44089×10^-16,
                           x  0.24841   0.0604191  4.11145  0.00338387

   RSquared → 0.678766, AdjustedRSquared → 0.638612,
   EstimatedVariance → 0.674972, ANOVATable →
            DF   SumOfSq   MeanSq     FRatio   PValue
   Model    1    11.4097   11.4097    16.904   0.00338387}
   Error    8    5.39977   0.674972
   Total    9    16.8095
```

附图 3 - 8

In[5]：= r = Regress[dat, {1, Sqrt[x]}, x]

输出结果如附图 3 - 9 所示，

```
                            Estimate  SE         TStat    PValue
Out[15]= {ParameterTable → 1   105.765   0.764214   138.397  8.43769×10^-15,
                           √x  1.43097   0.271895   5.26293  0.000761788

   RSquared → 0.775901, AdjustedRSquared → 0.747888,
   EstimatedVariance → 0.470874, ANOVATable →
            DF   SumOfSq   MeanSq     FRatio    PValue
   Model    1    13.0425   13.0425    27.6985   0.000761788}
   Error    8    3.76699   0.470874
   Total    9    16.8095
```

附图 3 - 9

试验结果发现，两个回归方程的线性关系都是高度显著的，但回归方程 $y = a + b\sqrt{x}$ 无论在变量系数 b 的检验概率还是对应回归方程检验概率都比回归方程 $y = a + bx$ 要小近

一个数量级,因此回归方程 $y=a+b\sqrt{x}$ 要比 $y=a+bx$ 形式好. 最后选定本题的回归方程为

$$y=105.765+1.43079\sqrt{x}$$

8. 方差分析

例 12 (单因素方差分析)将抗生素注入人体会产生抗生素与血浆蛋白质结合的现象,以致减少了药效. 附表 3-3 中列出了 5 种常用的抗生素注入到牛的体内时,抗生素与血浆蛋白质结合的百分比. 试在水平 $\alpha=0.05$ 下检验这些百分比的均值有无显著的差异.

附表 3-3　五种抗生素与血浆蛋白结合的百分比表

青霉素	四环素	链霉素	红霉素	氯霉素
29.6	27.3	5.8	21.6	29.2
24.3	32.6	6.2	17.4	32.8
28.5	30.8	11.0	18.3	25.0
32.0	34.8	8.3	19.0	24.2

本例是单因素方差分析问题. 输入

```
X3 = {{1.0,0,0,0,0},{1,0,0,0,0},{1,0,0,0,0},{1,0,0,0,0},{1,1,0,0,0},
     {1,1,0,0,0},
     {1,1,0,0,0},{1,1,0,0,0},{1,0,1,0,0},{1,0,1,0,0},{1,0,1,0,0},{1,
     0,1,0,0},
     {1,0,0,1,0},{1,0,0,1,0},{1,0,0,1,0},{1,0,0,1,0},{1,0,0,0,1},{1,
     0,0,0,1},
     {1,0,0,0,1},{1,0,0,0,1}};
Y3 = {29.6,24.3,28.5,32.0,27.3,32.6,30.8,34.8,5.8,6.2,11.0,8.3,21.6,17.4,
18.3, 19.0,29.2,32.8,25.0,
  24.2};
DesignedRegress[X3,Y3,RegressionReport - >
              {ParameterCITable,MeanPredictionCITable,SummaryReport}]
```

执行以后输出

```
{ParameterCITable →

   Estimate  SE       CI
 1 28.6      1.50456  {25.3931, 31.8069}
 2 2.775     2.12777  {-1.76024, 7.31024}
 3 -20.775   2.12777  {-25.3102, -16.2398}
 4 -9.525    2.12777  {-14.0602, -4.98976}
 5 -0.8      2.12777  {-5.33524, 3.73524}

MeanPredictionCITable →
```

Observed	Predicted	SE	CI
29.6	28.6	1.50456	{25.3931, 31.8069}
24.3	28.6	1.50456	{25.3931, 31.8069}
28.5	28.6	1.50456	{25.3931, 31.8069}
32.	28.6	1.50456	{25.3931, 31.8069}
27.3	31.375	1.50456	{28.1681, 34.5819}
32.6	31.375	1.50456	{28.1681, 34.5819}
30.8	31.375	1.50456	{28.1681, 34.5819}
34.8	31.375	1.50456	{28.1681, 34.5819}
5.8	7.825	1.50456	{4.6181, 11.0319}
6.2	7.825	1.50456	{4.6181, 11.0319}
11.	7.825	1.50456	{4.6181, 11.0319}
8.3	7.825	1.50456	{4.6181, 11.0319}
21.6	19.075	1.50456	{15.8681, 22.2819}
17.4	19.075	1.50456	{15.8681, 22.2819}
18.3	19.075	1.50456	{15.8681, 22.2819}
19.	19.075	1.50456	{15.8681, 22.2819}
29.2	27.8	1.50456	{24.5931, 31.0069}
32.8	27.8	1.50456	{24.5931, 31.0069}
25.	27.8	1.50456	{24.5931, 31.0069}
24.2	27.8	1.50456	{24.5931, 31.0069}

ParameterTable →

	Estimate	SE	TStat	PValue
1	28.6	1.50456	19.0088	6.58118×10^{-12}
2	2.775	2.12777	1.30418	0.21183
3	-20.775	2.12777	-9.76373	6.83788×10^{-8}
4	-9.525	2.12777	-4.47651	0.000443597
5	-0.8	2.12777	-0.37598	0.712196

EstimatedVariance → 9.05483, ANOVATable →

	DF	SumOfSq	MeanSq	FRatio	PValue
Model	4	1480.82	370.206	40.8849	6.73978×10^{-8}
Error	15	135.822	9.05483		
Total	19	1616.65			

}

从结果看出,F 检验的 P 值为 6.73978×10^{-8},非常小,所以即使在检验的水平 $\alpha=0.01$时,这些百分比的均值仍有显著差异.

附　表

附表1　几种常用的概率分布表

分布	参数	分布律或概率密度	数学期望	方差
(0—1)分布	$0<p<1$	$P\{X=k\}=p^k(1-p)^{1-k},k=0,1$	p	$p(1-p)$
二项分布	$n\geqslant 1$ $0<p<1$	$P\{X=k\}=\binom{n}{k}p^k(1-p)^{n-k}$, $k=0,1,\cdots,n$	np	$np(1-p)$
负二项分布 (巴斯卡分布)	$r\geqslant 1$ $0<p<1$	$P\{X=k\}=\binom{k-1}{r-1}p^r(1-p)^{k-r}$, $k=r,r+1,\cdots$	$\frac{r}{p}$	$\frac{r(1-p)}{p^2}$
几何分布	$0<p<1$	$P\{X=k\}=(1-p)^{k-1}p,k=1,2,\cdots$	$\frac{1}{p}$	$\frac{1-p}{p^2}$
超几何分布	N,M,n $(M\leqslant N)$ $(n\leqslant N)$	$P\{X=k\}=\frac{\binom{M}{k}\binom{N-M}{n-k}}{\binom{N}{k}}$, k为整数,$\max\{0,n-N+M\}\leqslant k\leqslant\min\{n,M\}$	$\frac{nM}{N}$	$\frac{nM}{N}\left(1-\frac{M}{N}\right)\left(\frac{N-n}{N-1}\right)$
泊松分布	$\lambda>0$	$P\{X=k\}=\frac{\lambda^k e^{-\lambda}}{k!},k=0,1,2,\cdots$	λ	λ
均匀分布	$a<b$	$f(x)=\begin{cases}\frac{1}{b-a}, & a<x<b,\\ 0, & 其他\end{cases}$	$\frac{1}{2}(a+b)$	$\frac{(b-a)^2}{12}$
正态分布	μ $\sigma>0$	$f(x)=\frac{1}{\sqrt{2\pi}\sigma}e^{-\frac{(x-\mu)^2}{2\sigma^2}}$	μ	σ^2
Γ分布	$\alpha>0$ $\beta>0$	$f(x)=\begin{cases}\frac{1}{\beta^\alpha\Gamma(\alpha)}x^{\alpha-1}e^{-\frac{x}{\beta}} & x>0,\\ 0, & 其他\end{cases}$	$\alpha\beta$	$\alpha\beta^2$

（续）

分布	参数	分布律或概率密度	数学期望	方差
指数分布（负指数分布）	$\theta>0$	$f(x)=\begin{cases}\frac{1}{\theta}e^{-x/\theta}, & x>0,\\ 0, & 其他\end{cases}$	θ	θ^2
χ^2分布	$n\geqslant1$	$f(x)=\begin{cases}\frac{1}{2^{\frac{n}{2}}\Gamma(\frac{n}{2})}x^{\frac{n}{2}-1}e^{-\frac{x}{2}}, & x>0,\\ 0, & 其他\end{cases}$	n	$2n$
韦布尔分布	$\eta>0$ $\beta>0$	$f(x)=\begin{cases}\frac{\beta}{\eta}\left(\frac{x}{\eta}\right)^{\beta-1}e^{-\left(\frac{x}{\eta}\right)^{\beta}}, & x>0,\\ 0, & 其他\end{cases}$	$\eta\Gamma\left(\frac{1}{\beta}+1\right)$	$\eta^2\left\{\Gamma\left(\frac{2}{\beta}+1\right)-\left[\Gamma\left(\frac{1}{\beta}+1\right)\right]^2\right\}$
瑞利分布	$\sigma>0$	$f(x)=\begin{cases}\frac{x}{\sigma^2}e^{-x^2/(2\sigma^2)}, & x>0,\\ 0, & 其他\end{cases}$	$\sqrt{\frac{\pi}{2}}\sigma$	$\frac{4-\pi}{2}\sigma^2$
β分布	$\alpha>0$ $\beta>0$	$f(x)=\begin{cases}\frac{\Gamma(\alpha+\beta)}{\Gamma(\alpha)\Gamma(\beta)}x^{\alpha-1}(1-x)^{\beta-1}, & 0<x<1,\\ 0, & 其他\end{cases}$	$\frac{\alpha}{\alpha+\beta}$	$\frac{\alpha\beta}{(\alpha+\beta)^2(\alpha+\beta+1)}$
对数正态分布	μ $\sigma>0$	$f(x)=\begin{cases}\frac{1}{\sqrt{2\pi}\sigma x}e^{-(\ln x-\mu)^2/(2\sigma^2)}, & x>0,\\ 0, & 其他\end{cases}$	$e^{\mu+\frac{\sigma^2}{2}}$	$e^{2\mu+\sigma^2}(e^{\sigma^2}-1)$
柯西分布	a $\lambda>0$	$f(x)=\frac{1}{\pi}\frac{1}{x^2+(x-a)^2}$	不存在	不存在
t分布	$n\geqslant1$	$f(x)=\frac{\Gamma\left(\frac{n+1}{2}\right)}{\sqrt{n\pi}\Gamma(\frac{n}{2})}\left(1+\frac{x^2}{n}\right)^{-\frac{n+1}{2}}$	$0, n>1$	$\frac{n}{n-2}, n>2$
F分布	n_1, n_2	$f(x)=\begin{cases}\frac{\Gamma\left(\frac{n_1+n_2}{2}\right)\left(\frac{n_1}{n_2}\right)^{\frac{n_1}{2}}x^{\frac{n_1}{2}-1}}{\Gamma\left(\frac{n_1}{2}\right)\Gamma\left(\frac{n_2}{2}\right)\left[1+\left(\frac{n_1x}{n_2}\right)\right]^{\frac{n_1+n_2}{2}}}, & x>0,\\ 0, & 其他\end{cases}$	$\frac{n_2}{n_2-2}$ $n_2>2$	$\frac{2n_2^{\,2}(n_1+n_2-2)}{n_1(n_2-2)^2(n_2-4)}$ $n_2>4$

附表2　标准正态分布表

$$\Phi(x)=\int_{-\infty}^{x}\frac{1}{\sqrt{2\pi}}\mathrm{e}^{-t^2/2}\mathrm{d}t$$

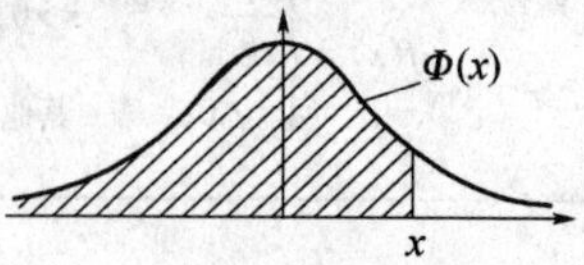

x	0.00	0.01	0.02	0.03	0.04	0.05	0.06	0.07	0.08	0.09
0.0	0.5000	0.5040	0.5080	0.5120	0.5160	0.5199	0.5239	0.5279	0.5319	0.5359
0.1	0.5398	0.5438	0.5478	0.5517	0.5557	0.5596	0.5636	0.5675	0.5714	0.5753
0.2	0.5793	0.5832	0.5871	0.5910	0.5948	0.5987	0.6026	0.6064	0.6103	0.6141
0.3	0.6179	0.6217	0.6255	0.6293	0.6331	0.6368	0.6406	0.6443	0.6480	0.6517
0.4	0.6554	0.6591	0.6628	0.6664	0.6700	0.6736	0.6772	0.6808	0.6844	0.6879
0.5	0.6915	0.6950	0.6985	0.7019	0.7054	0.7088	0.7123	0.7157	0.7190	0.7224
0.6	0.7257	0.7291	0.7324	0.7357	0.7389	0.7422	0.7454	0.7486	0.7517	0.7549
0.7	0.7580	0.7611	0.7642	0.7673	0.7704	0.7734	0.7764	0.7794	0.7823	0.7852
0.8	0.7881	0.7910	0.7939	0.7967	0.7995	0.8023	0.8051	0.8078	0.8106	0.8133
0.9	0.8159	0.8186	0.8212	0.8238	0.8264	0.8289	0.8315	0.8340	0.8365	0.8389
1.0	0.8413	0.8438	0.8461	0.8485	0.8508	0.8531	0.8554	0.8577	0.8599	0.8621
1.1	0.8643	0.8665	0.8686	0.8708	0.8729	0.8749	0.8770	0.8790	0.8810	0.8830
1.2	0.8849	0.8869	0.8888	0.8907	0.8925	0.8944	0.8962	0.8980	0.8997	0.9015
1.3	0.9032	0.9049	0.9066	0.9082	0.9099	0.9115	0.9131	0.9147	0.9162	0.9177
1.4	0.9192	0.9207	0.9222	0.9236	0.9251	0.9265	0.9278	0.9292	0.9306	0.9319
1.5	0.9332	0.9345	0.9357	0.9370	0.9382	0.9394	0.9406	0.9418	0.9429	0.9441
1.6	0.9452	0.9463	0.9474	0.9484	0.9495	0.9505	0.9515	0.9525	0.9535	0.9545
1.7	0.9554	0.9564	0.9573	0.9582	0.9591	0.9599	0.9608	0.9616	0.9625	0.9633
1.8	0.9641	0.9649	0.9656	0.9664	0.9671	0.9678	0.9686	0.9693	0.9699	0.9706
1.9	0.9713	0.9719	0.9726	0.9732	0.9738	0.9744	0.9750	0.9756	0.9761	0.9767
2.0	0.9772	0.9778	0.9783	0.9788	0.9793	0.9798	0.9803	0.9808	0.9812	0.9817
2.1	0.9821	0.9826	0.9830	0.9834	0.9838	0.9842	0.9846	0.9850	0.9854	0.9857
2.2	0.9861	0.9864	0.9868	0.9871	0.9875	0.9878	0.9881	0.9884	0.9887	0.9890
2.3	0.9893	0.9896	0.9898	0.9901	0.9904	0.9906	0.9909	0.9911	0.9913	0.9916
2.4	0.9918	0.9920	0.9922	0.9925	0.9927	0.9929	0.9931	0.9932	0.9934	0.9936
2.5	0.9938	0.9940	0.9941	0.9943	0.9945	0.9946	0.9948	0.9949	0.9951	0.9952
2.6	0.9953	0.9955	0.9956	0.9957	0.9959	0.9960	0.9961	0.9962	0.9963	0.9964
2.7	0.9965	0.9966	0.9967	0.9968	0.9969	0.9970	0.9971	0.9972	0.9973	0.9974
2.8	0.9974	0.9975	0.9976	0.9977	0.9977	0.9978	0.9979	0.9979	0.9980	0.9981
2.9	0.9981	0.9982	0.9982	0.9983	0.9984	0.9984	0.9985	0.9985	0.9986	0.9986
3.0	0.9987	0.9987	0.9987	0.9988	0.9988	0.9989	0.9989	0.9989	0.9990	0.9990
3.1	0.9990	0.9991	0.9991	0.9991	0.9992	0.9992	0.9992	0.9992	0.9993	0.9993
3.2	0.9993	0.9993	0.9994	0.9994	0.9994	0.9994	0.9994	0.9995	0.9995	0.9995
3.3	0.9995	0.9995	0.9995	0.9996	0.9996	0.9996	0.9996	0.9996	0.9996	0.9997
3.4	0.9997	0.9997	0.9997	0.9997	0.9997	0.9997	0.9997	0.9997	0.9997	0.9998

附表3 泊松分布表

$$P(X\leqslant x)=\sum_{k=0}^{x}\frac{\lambda^{k}\mathrm{e}^{-\lambda}}{k!}$$

x	λ								
	0.1	0.2	0.3	0.4	0.5	0.6	0.7	0.8	0.9
0	0.9048	0.8187	0.7408	0.6730	0.6065	0.5488	0.4966	0.4493	0.4066
1	0.9953	0.9825	0.9631	0.9384	0.9098	0.8781	0.8442	0.8088	0.7725
2	0.9998	0.9989	0.9964	0.9921	0.9856	0.9769	0.9659	0.9526	0.9371
3	1.0000	0.9999	0.9997	0.9992	0.9982	0.9966	0,9942	0.9909	0.9865
4		1.0000	1.0000	0.9999	0.9998	0.9996	0.9992	0.9986	0.9977
5				1.0000	1.0000	1.0000	0.9999	0.9998	0.9997
6							1.0000	1.0000	1.0000

x	λ								
	1.0	1.5	2.0	2.5	3.0	3.5	4.0	4.5	5.0
0	0.3679	0.2231	0.1353	0,0821	0.0498	0.0302	0.0183	0.0111	0.0067
1	0.7358	0.5578	0.4060	0.2873	0.1991	0.1359	0.0916	0.0611	0.0404
2	0.9197	0.8088	0.6767	0.5438	0.4232	0.3208	0.2381	0.1736	0.1247
3	0.9810	0.9344	0.8571	0.7576	0.6472	0.5366	0.4335	0.3423	0.2650
4	0.9963	0.9814	0.9473	0.8912	0.8153	0.7254	0.6288	0.5321	0.4405
5	0.9994	0.9955	0.9834	0.9580	0.9161	0.8576	0.7851	0.7029	0.6160
6	0.9999	0.9991	0.9955	0.9858	0.9665	0.9347	0.8893	0.8311	0.7622
7	1.0000	0.9998	0.9989	0.9958	0.9881	0.9733	0.9489	0.9134	0.8666
8		1.0000	0.9998	0.9989	0.9962	0.9901	0.9786	0.9597	0.9319
9			1.0000	0.9997	0.9989	0.9967	0.9919	0.9829	0.9682
10				0.9999	0.9997	0.9990	0.9972	0.9933	0.9863
11				1.0000	0.9999	0.9997	0.9991	0.9976	0.9945
12					1.0000	0.9999	0.9997	0.9992	0.9980

x	λ								
	5.5	6.0	6.5	7.0	7.5	8.0	8.5	9.0	9.5
0	0.0041	0.0025	0.0015	0.0009	0.0006	0.0003	0.0002	0.0001	0.0001
1	0.0266	0.0174	0.0113	0.0073	0.0047	0.0030	0.0019	0.0012	0.0008
2	0.0884	0.0620	0.0430	0.0296	0.0203	0.0138	0.0093	0.0062	0.0042
3	0.2017	0.1512	0.1118	0.0818	0.0591	0.0424	0.0301	0.0212	0.0149
4	0.3575	0.2851	0.2237	0.1730	0.1321	0.0996	0.0744	0.0550	0.0403
5	0.5289	0.4457	0.3690	0.3007	0.2414	0.1912	0.1496	0.1157	0.0885
6	0.6860	0.6063	0.5265	0.4497	0.3782	0.3134	0.2562	0.2068	0.1649
7	0.8095	0.7440	0.6728	0.5987	0.5246	0.4530	0.3856	0.3239	0.2687
8	0.8944	0.8472	0.7916	0.7291	0.6620	0.5925	0.5231	0.4557	0.3918
9	0.9462	0.9161	0.8774	0.8305	0.7764	0.7166	0.6530	0.5874	0.5218
10	0.9747	0.9574	0.9332	0.9015	0.8622	0.8159	0.7634	0.7060	0.6453
11	0.9890	0.9799	0.9661	0.9466	0.9208	0.8881	0.8487	0.8030	0.7520
12	0.9955	0.9912	0.9840	0.9730	0.9573	0.9362	0.9091	0.8758	0.8364
13	0.9983	0.9964	0.9929	0.9872	0.9784	0.9658	0.9486	0.9261	0.8981
14	0.9994	0.9986	0.9970	0.9943	0.9897	0.9827	0.9726	0.9585	0.9400

（续）

x	λ								
	5.5	6.0	6.5	7.0	7.5	8.0	8.5	9.0	9.5
15	0.9998	0.9995	0.9988	0.9976	0.9954	0.9918	0.9862	0.9780	0.9665
16	0.9999	0.9998	0.9996	0.9990	0.9980	0.9963	0.9934	0.9889	0.9823
17	1.0000	0.9999	0.9998	0.9996	0.9992	0.9984	0.9970	0.9947	0.9911
18		1.0000	0.9999	0.9999	0.9997	0.9994	0.9987	0.9976	0.9957
19			1.0000	1.0000	0.9999	0.9997	0.9995	0.9989	0.9980
20					1.0000	0.9999	0.9998	0.9996	0.9991

x	λ								
	10.0	11.0	12.0	13.0	14.0	15.0	16.0	17.0	18.0
0	0.0000	0.0000	0.0000						
1	0.0005	0.0002	0.0001	0.0000	0.0000				
2	0.0028	0.0012	0.0005	0.0002	0.0001	0.0000	0.0000		
3	0.0103	0.0049	0.0023	0.0010	0.0005	0.0002	0.0001	0.0000	0.0000
4	0.0293	0.0151	0.0076	0.0037	0.0018	0.0009	0.0004	0.0002	0.0001
5	0.0671	0.0375	0.0203	0.0107	0.0055	0.0028	0.0014	0.0007	0.0003
6	0.1301	0.0786	0.0458	0.0259	0.0142	0.0076	0.0040	0.0021	0.0010
7	0.2202	0.1432	0.0895	0.0540	0.0316	0.0180	0.0100	0.0054	0.0029
8	0.3328	0.2320	0.1550	0.0998	0.0621	0.0374	0.0220	0.0126	0.0071
9	0.4579	0.3405	0.2424	0.1658	0.1094	0.0699	0.0433	0.0261	0.0154
10	0.5830	0.4599	0.3472	0.2517	0.1757	0.1185	0.0774	0.0491	0.0304
11	0.6968	0.5793	0.4616	0.3532	0.2600	0.1848	0.1270	0.0847	0.0549
12	0.7916	0.6887	0.5760	0.4631	0.3585	0.2676	0.1931	0.1350	0.0917
13	0.8645	0.7813	0.6815	0.5730	0.4644	0.3632	0.2745	0.2009	0.1426
14	0.9165	0.8540	0.7720	0.6751	0.5704	0.4657	0.3675	0.2808	0.2081
15	0.9513	0.9074	0.8444	0.7636	0.6694	0.5681	0.4667	0.3715	0.2867
16	0.9730	0.9441	0.8987	0.8355	0.7559	0.6641	0.5660	0.4677	0.3750
17	0.9857	0.9678	0.9370	0.8905	0.8272	0.7489	0.6593	0.5640	0.4686
18	0.9928	0.9823	0.9626	0.9302	0.8826	0.8195	0.7423	0.6550	0.5622
19	0.9965	0.9907	0.9787	0.9573	0.9235	0.8752	0.8122	0.7363	0.6509
20	0.9984	0.9953	0.9884	0.9750	0.9521	0.9170	0.8682	0.8055	0.7307
21	0.9993	0.9977	0.9939	0.9859	0.9712	0.9469	0.9108	0.8615	0.7991
22	0.9997	0.9990	0.9970	0.9924	0.9833	0.9673	0.9418	0.9047	0.8551
23	0.9999	0.9995	0.9985	0.9960	0.9907	0.9805	0.9633	0.9367	0.8989
24	1.0000	0.9998	0.9993	0.9980	0.9950	0.9888	0.9777	0.9594	0.9317
25		0.9999	0.9997	0.9990	0.9974	0.9938	0.9869	0.9748	0.9554
26		1.0000	0.9999	0.9995	0.9987	0.9967	0.9925	0.9848	0.9718
27			0.9999	0.9998	0.9994	0.9983	0.9959	0.9912	0.98227
28			1.0000	0.9999	0.9997	0.9991	0.9978	0.9950	0.9897
29				1.0000	0.9999	0.9996	0.9989	0.9973	0.9941
30					0.9999	0.9998	0.9994	0.9986	0.9967
31					1.0000	0.9999	0.9997	0.9993	0.9982
32						1.0000	0.9999	0.9996	0.9990
33							0.9999	0.9998	0.9995
34							1.0000	0.9999	0.9998
35								1.0000	0.9999
36									0.9999
37									1.0000

附表4　t 分布表

$P\{t(n) > t_\alpha(n)\} = \alpha$

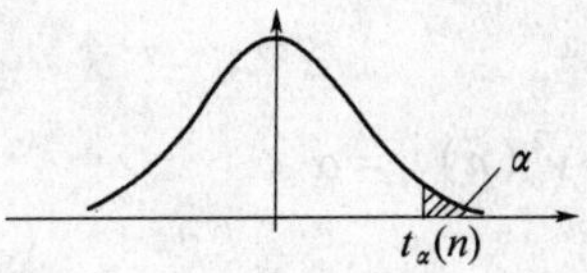

n \ α	0.2	0.15	0.1	0.05	0.025	0.01	0.005
1	1.376	1.963	3.078	6.314	12.71	31.82	63.66
2	1.061	1.386	1.886	2.920	4.303	6.965	9.925
3	0.978	1.250	1.638	2.353	3.182	4.541	5.841
4	0.941	1.190	1.533	2.132	2.776	3.747	4.604
5	0.920	1.156	1.476	2.015	2.571	3.365	4.032
6	0.906	1.134	1.440	1.943	2.447	3.143	3.707
7	0.896	1.119	1.415	1.895	2.365	2.998	3.499
8	0.889	1.108	1.397	1.860	2.306	2.896	3.355
9	0.883	1.100	1.383	1.833	2.262	2.821	3.250
10	0.879	1.093	1.372	1.812	2.228	2.764	3.169
11	0.876	1.088	1.363	1.796	2.201	2.718	3.106
12	0.873	1.083	1.356	1.782	2.179	2.681	3.055
13	0.870	1.079	1.350	1.771	2.160	2.650	3.012
14	0.868	1.076	1.345	1.761	2.145	2.624	2.977
15	0.866	1.074	1.341	1.753	2.131	2.602	2.947
16	0.865	1.071	1.337	1.746	2.120	2.583	2.921
17	0.863	1.069	1.333	1.740	2.110	2.567	2.898
18	0.862	1.067	1.330	1.734	2.101	2.552	2.878
19	0.861	1.066	1.328	1.729	2.093	2.539	2.861
20	0.860	1.064	1.325	1.725	2.086	2.528	2.845
21	0.859	1.063	1.323	1.721	2.080	2.518	2.831
22	0.858	1.061	1.321	1.717	2.074	2.508	2.819
23	0.858	1.060	1.319	1.714	2.069	2.500	2.807
24	0.857	1.059	1.318	1.711	2.064	2.492	2.797
25	0.856	1.058	1.316	1.708	2.060	2.485	2.787
26	0.856	1.058	1.315	1.706	2.056	2.479	2.779
27	0.855	1.057	1.314	1.703	2.052	2.473	2.771
28	0.855	1.056	1.313	1.701	2.048	2.467	2.763
29	0.854	1.055	1.311	1.699	2.045	2.462	2.756
30	0.854	1.055	1.310	1.697	2.042	2.457	2.750
31	0.8535	1.0541	1.3095	1.6955	2.0395	2.4528	2.7440
32	0.8531	1.0536	1.3086	1.6939	2.0369	2.4487	2.7385
33	0.8527	1.0531	1.3077	1.6924	2.0345	2.4448	2.7333
34	0.8524	1.0526	1.3070	1.6909	2.0322	2.4411	2.7284
35	0.8521	1.0521	1.3062	1.6896	2.0301	2.4377	2.7238
36	0.8518	1.0516	1.3055	1.6883	2.0281	2.4345	2.7195
37	0.8515	1.0512	1.3049	1.6871	2.0262	2.4314	2.7154
38	0.8512	1.0508	1.3042	1.6860	2.0244	2.4286	2.7116
39	0.8510	1.0504	1.3036	1.6849	2.0227	2.4258	2.7079
40	0.8507	1.0501	1.3031	1.6839	2.0211	2.4233	2.7045
41	0.8505	1.0498	1.3025	1.6829	2.0195	2.4208	2.7012
42	0.8503	1.0494	1.3020	1.6820	2.0181	2.4185	2.6981
43	0.8501	1.0491	1.3016	1.6811	2.0167	2.4163	2.6951
44	0.8499	1.0488	1.3011	1.6802	2.0154	2.4141	2.6923
45	0.8497	1.0485	1.3006	1.6794	2.0141	2.4121	2.6896

附表 5　χ^2 分布表

$$P\{\chi^2(n) > \chi^2_\alpha(n)\} = \alpha$$

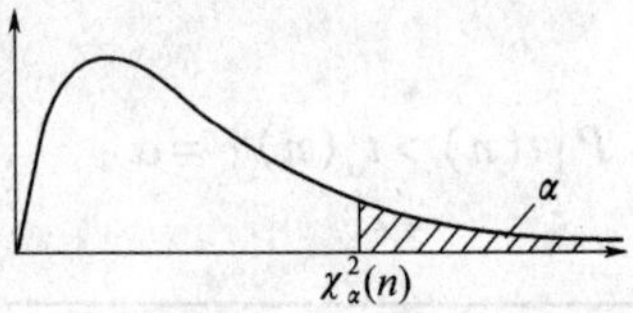

n \ α	0.995	0.99	0.975	0.95	0.9	0.1	0.05	0.025	0.01	0.005
1	0.00	0.00	0.00	0.00	0.02	2.71	3.84	5.02	6.63	7.88
2	0.01	0.02	0.02	0.10	0.21	4.61	5.99	7.38	9.21	10.60
3	0.07	0.11	0.22	0.35	0.58	6.25	7.81	9.35	11.34	12.84
4	0.21	0.3	0.48	0.71	1.06	7.78	9.49	11.14	13.28	14.86
5	0.41	0.55	0.83	1.15	1.61	9.24	11.07	12.83	15.09	16.75
6	0.68	0.87	1.24	1.64	2.20	10.64	12.59	14.45	16.81	18.55
7	0.99	1.24	1.69	2.17	2.83	12.02	14.07	16.01	18.48	20.28
8	1.34	1.65	2.18	2.73	3.49	13.36	15.51	17.53	20.09	21.96
9	1.73	2.09	2.70	3.33	4.17	14.68	16.92	19.02	21.67	23.59
10	2.16	2.56	3.25	3.94	4.87	15.99	18.31	20.48	23.21	25.19
11	2.60	3.05	3.82	4.57	5.58	17.28	19.68	21.92	24.72	26.76
12	3.07	3.57	4.40	5.23	6.30	18.55	21.03	23.34	26.22	28.30
13	3.57	4.11	5.01	5.89	7.04	19.81	22.36	24.74	27.69	29.82
14	4.07	4.66	5.63	6.57	7.79	21.06	23.68	26.12	29.14	31.32
15	4.60	5.23	6.27	7.26	8.55	22.31	24.10	27.49	30.58	32.80
16	5.14	5.81	6.91	7.96	9.31	23.54	26.30	28.85	32.00	34.27
17	5.70	6.41	7.56	8.67	10.09	24.77	27.59	30.19	33.41	35.72
18	6.26	7.01	8.23	9.39	10.86	25.99	28.87	31.53	34.81	37.16
19	6.84	7.63	8.91	10.12	11.65	27.20	30.14	32.85	36.19	38.58
20	7.43	8.26	9.59	10.85	12.44	28.41	31.41	34.17	37.57	40.00
21	8.03	8.90	10.28	11.59	13.24	29.62	32.67	35.48	38.93	41.40
22	8.64	9.54	10.98	12.34	14.04	30.81	33.92	36.78	40.29	42.80
23	9.26	10.20	11.69	13.09	14.85	32.01	35.17	38.08	41.64	44.18
24	9.89	10.86	12.40	13.85	15.66	33.20	36.42	39.36	42.98	45.56
25	10.52	11.52	13.12	14.61	16.47	34.38	37.65	40.65	44.31	46.93
26	11.16	12.20	13.84	15.38	17.29	35.56	38.89	41.92	45.64	48.29
27	11.81	12.88	14.57	16.15	18.11	36.74	40.11	43.19	46.96	49.64
28	12.46	13.56	15.31	16.93	18.94	37.92	41.34	44.46	48.28	50.99
29	13.12	14.26	16.05	17.71	19.77	39.09	42.56	45.72	49.59	52.34
30	13.79	14.95	16.79	18.49	20.6	40.26	43.77	46.98	50.89	53.67
31	14.46	15.66	17.54	19.28	21.43	41.42	44.99	48.23	52.19	55.00
32	15.13	16.36	18.29	20.07	22.27	42.59	46.19	49.48	53.49	56.33
33	15.81	17.07	19.05	20.87	23.11	43.75	47.40	50.72	54.77	57.65
34	16.50	17.79	19.81	21.66	23.95	44.90	48.60	51.97	56.06	58.96
35	17.19	18.51	20.57	22.47	24.80	46.06	49.80	53.20	57.34	60.27
36	17.89	19.23	21.34	23.27	25.64	47.21	51.00	54.44	58.62	61.58
37	18.58	19.96	22.11	24.08	26.49	48.36	52.19	55.67	59.89	62.88
38	19.29	20.69	22.88	24.88	27.34	49.51	53.38	56.90	61.16	64.18
39	19.99	21.43	23.65	25.70	28.20	50.66	54.57	58.12	62.43	65.47
40	20.71	22.16	24.43	26.51	29.05	51.81	55.76	59.34	63.69	66.77

附表 6 F 分布表

$\alpha=0.10$　　$P(F(n_1,n_2)>F_\alpha(n_1,n_2))=\alpha$

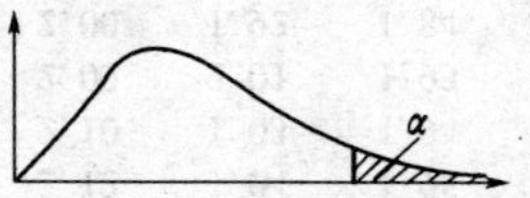

n_2 \ n_1	1	2	3	4	5	6	7	8	9	10	12	15	20	24	30	40	60	120	∞
1	39.86	49.50	53.59	55.33	57.24	58.20	58.91	59.44	59.86	60.19	60.71	61.22	61.74	62.06	62.26	62.53	62.79	63.06	63.33
2	8.53	9.00	9.16	9.24	6.29	9.33	9.35	9.37	9.38	9.39	9.41	9.42	9.44	9.45	9.46	9.47	9.47	9.48	9.49
3	5.54	5.46	5.39	5.34	5.31	5.28	5.27	5.25	5.24	5.23	5.22	5.20	5.18	5.18	5.17	5.16	5.15	5.14	5.13
4	4.54	4.32	4.19	4.11	4.05	4.01	3.98	3.95	3.94	3.92	3.90	3.87	3.84	3.83	3.82	3.80	3.79	3.78	3.76
5	4.06	3.78	3.62	3.52	3.45	3.40	3.37	3.34	3.32	3.30	3.27	3.24	3.21	3.19	3.17	3.16	3.14	3.12	3.10
6	3.78	3.46	3.29	3.18	3.11	3.05	3.01	2.98	2.96	2.94	2.90	2.87	2.84	2.82	2.80	2.78	2.76	2.74	2.72
7	3.59	3.26	3.07	2.96	2.88	2.83	2.78	2.75	2.72	2.70	2.67	2.63	2.59	2.58	2.56	2.54	2.51	2.49	2.47
8	3.46	3.11	2.92	2.81	2.73	2.67	2.62	2.59	2.56	2.54	2.50	2.46	2.42	2.40	2.38	2.36	2.34	2.32	2.29
9	3.36	3.01	2.81	2.69	2.61	2.55	2.51	2.47	2.44	2.42	2.38	2.34	2.30	2.28	2.25	2.23	2.21	2.18	2.16
10	3.20	2.92	2.73	2.61	2.52	2.46	2.41	2.38	2.35	2.32	2.28	2.24	2.20	2.18	2.16	2.13	2.11	2.08	2.06
11	3.23	2.86	2.66	2.54	2.45	2.39	2.34	2.30	2.27	2.25	2.21	2.17	2.12	2.10	2.08	2.05	2.03	2.00	1.97
12	3.18	2.81	2.61	2.48	2.39	2.33	2.28	2.24	2.21	2.19	2.15	2.10	2.06	2.04	2.01	1.99	1.96	1.93	1.90
13	3.14	2.76	2.56	2.43	2.35	2.28	2.23	2.20	2.16	2.14	2.10	2.05	2.01	1.98	1.96	1.93	1.90	1.88	1.85
14	3.10	2.73	2.52	2.39	2.31	2.24	2.19	2.15	2.12	2.10	2.05	2.01	1.96	1.94	1.91	1.89	1.82	1.83	1.80
15	3.07	2.70	2.49	2.36	2.27	2.21	2.16	2.12	2.09	2.06	2.02	1.97	1.92	1.90	1.87	1.85	1.82	1.79	1.76
16	3.05	2.67	2.46	2.33	2.24	2.18	2.13	2.09	2.06	2.03	1.99	1.94	1.89	1.87	1.84	1.81	1.78	1.75	1.72
17	3.03	2.64	2.44	2.31	2.22	2.15	2.10	2.06	2.03	2.00	1.96	1.91	1.86	1.84	1.81	1.78	1.75	1.72	1.69
18	3.01	2.62	2.42	2.29	2.20	2.13	2.08	2.04	2.00	1.98	1.93	1.89	1.84	1.81	1.78	1.75	1.72	1.69	1.66
19	2.99	2.61	2.40	2.27	2.18	2.11	2.06	2.02	1.98	1.96	1.91	1.86	1.81	1.79	1.76	1.73	1.70	1.67	1.63
20	2.97	2.50	2.38	2.25	2.16	2.09	2.04	2.00	1.96	1.94	1.89	1.84	1.79	1.77	1.74	1.71	1.68	1.64	1.61
21	2.96	9.57	2.36	2.23	2.14	2.08	2.02	1.98	1.95	1.92	1.87	1.83	1.78	1.75	1.72	1.69	1.66	1.62	1.59
22	2.95	2.56	2.35	2.22	2.13	2.06	2.01	1.97	1.93	1.90	1.86	1.81	1.76	1.73	1.70	1.67	1.64	1.60	1.57
23	2.94	2.55	2.34	2.21	2.11	2.05	1.99	1.95	1.92	1.89	1.84	1.80	1.74	1.72	1.69	1.66	1.62	1.59	1.55
24	2.93	2.54	2.33	2.19	2.10	2.04	1.98	1.94	1.91	1.88	1.83	1.78	1.73	1.70	1.67	1.64	1.61	1.57	1.53
25	2.92	2.53	2.32	2.18	2.09	2.02	1.97	1.93	1.89	1.87	1.82	1.77	1.72	1.69	1.66	1.63	1.59	1.56	1.52
26	2.91	2.52	2.31	2.17	2.08	2.01	1.96	1.92	1.88	1.86	1.81	1.76	1.71	1.68	1.65	1.61	1.58	1.54	1.50
27	2.90	2.51	2.30	2.17	2.07	2.00	1.95	1.91	1.87	1.85	1.80	1.75	1.70	1.67	1.64	1.60	1.57	1.53	1.49
28	2.89	2.50	2.29	2.16	2.60	2.00	1.94	1.90	1.87	1.84	1.79	1.74	1.69	1.66	1.63	1.59	1.56	1.52	1.48
29	2.89	2.50	2.28	2.15	2.06	1.99	1.93	1.89	1.86	1.83	1.78	1.73	1.68	1.65	1.62	1.58	1.55	1.51	1.47
30	2.88	2.49	2.22	2.14	2.05	1.98	1.93	1.88	1.85	1.82	1.77	1.72	1.67	1.64	1.61	1.57	1.54	1.50	1.46
40	2.84	2.41	2.23	2.00	2.00	1.93	1.87	1.83	1.79	1.76	1.71	1.66	1.61	1.57	1.54	1.51	1.47	1.42	1.38
60	2.79	2.39	2.18	2.04	1.95	1.87	1.82	1.77	1.74	1.71	1.66	1.60	1.54	1.51	1.48	1.44	1.40	1.35	1.29
120	2.75	2.35	2.13	1.99	1.90	1.82	1.77	1.72	1.68	1.65	1.60	1.55	1.48	1.45	1.41	1.37	1.32	1.26	1.19
∞	2.71	2.30	2.08	1.94	1.85	1.77	1.72	1.67	1.63	1.60	1.55	1.49	1.42	1.38	1.34	1.30	1.24	1.17	1.00

$\alpha=0.05$ （续）

n_2 \ n_1	1	2	3	4	5	6	7	8	9	10	12	15	20	24	30	40	60	120	∞
1	161.4	199.5	215.7	224.6	230.2	234.0	236.8	238.9	240.5	241.9	243.9	245.9	248.0	249.1	250.1	251.1	252.2	253.3	254.3
2	18.51	19.00	19.16	19.25	19.30	19.33	19.35	19.37	19.38	19.40	19.41	19.43	19.45	19.45	19.46	19.47	19.48	19.49	19.50
3	10.13	9.55	9.28	9.12	9.90	8.94	8.89	8.85	8.81	8.79	8.74	8.70	8.66	8.64	8.62	8.59	8.57	8.55	8.53
4	7.71	6.94	6.59	6.39	6.26	6.16	6.09	6.04	6.00	5.96	5.91	5.86	5.80	5.77	5.75	5.72	5.69	5.66	5.63
5	6.61	5.79	5.41	5.19	5.05	4.95	4.88	4.82	4.77	4.74	4.68	4.62	4.56	4.53	4.50	4.46	4.43	4.40	4.36
6	5.99	5.14	4.76	4.53	4.39	4.28	4.21	4.15	4.10	4.06	4.00	3.94	3.87	3.84	3.81	3.77	3.74	3.70	3.67
7	5.59	4.74	4.35	4.12	3.97	3.87	3.79	3.73	3.68	3.64	3.57	3.51	3.44	3.41	3.38	3.34	3.30	3.27	3.23
8	5.32	4.46	4.07	3.84	3.69	3.58	3.50	3.44	3.69	3.35	3.28	3.22	3.15	3.12	3.08	3.04	3.01	2.97	2.93
9	5.12	4.26	3.86	3.63	3.48	3.37	3.29	3.23	3.18	3.14	3.07	3.01	2.94	2.90	2.86	2.83	2.79	2.75	2.71
10	4.96	4.10	3.71	3.48	3.33	3.22	3.14	3.07	3.02	2.98	2.91	2.85	2.77	2.74	2.70	2.66	2.62	2.58	2.54
11	4.84	3.98	3.59	3.36	3.20	3.09	3.01	2.95	2.90	2.85	2.79	2.72	2.65	2.61	2.57	2.53	2.49	2.45	2.40
12	4.75	3.89	3.49	3.26	3.11	3.00	2.91	2.85	2.80	2.75	2.69	2.62	2.54	2.51	2.47	2.43	2.38	2.34	2.30
13	4.67	3.81	3.41	3.18	3.03	2.92	2.83	2.77	2.71	2.67	2.60	2.53	2.46	2.42	2.38	2.34	2.30	2.25	2.21
14	4.60	3.74	3.34	3.11	2.96	2.85	2.76	2.70	2.65	2.60	2.53	2.46	2.39	2.35	2.31	2.27	2.22	2.18	2.13
15	4.54	3.68	3.29	3.06	2.90	2.79	2.71	2.64	2.59	2.54	2.48	2.40	2.33	2.29	2.25	2.20	2.16	2.11	2.07
16	4.49	3.63	3.24	3.01	2.85	2.74	2.66	2.59	2.54	2.49	2.42	2.35	2.28	2.24	2.19	2.15	2.11	2.06	2.01
17	4.45	3.59	3.20	2.96	2.81	2.70	2.61	2.55	2.49	2.45	2.38	2.31	2.23	2.19	2.15	2.10	2.06	2.01	1.96
18	4.41	3.55	3.16	2.93	2.77	2.66	2.58	2.51	2.46	2.41	2.34	2.27	2.19	2.15	2.11	2.06	2.02	1.97	1.92
19	4.38	3.52	3.13	2.90	2.74	2.63	2.54	2.48	2.42	2.38	2.31	2.23	2.16	2.11	2.07	2.03	1.98	1.93	1.88
20	4.35	3.49	3.10	2.87	2.71	2.60	2.51	2.45	2.39	2.35	2.28	2.20	2.12	2.08	2.04	1.99	1.95	1.90	1.84
21	4.32	3.47	3.07	2.84	2.68	2.57	2.49	2.42	2.37	2.32	2.25	2.18	2.10	2.05	2.01	1.96	1.92	1.87	1.81
22	4.30	3.44	3.05	2.82	2.66	2.55	2.46	2.40	2.34	2.30	2.23	2.15	2.07	2.03	1.98	1.94	1.89	1.84	1.78
23	4.28	3.42	3.03	2.80	2.64	2.53	2.44	2.37	2.32	2.27	2.20	2.13	2.05	2.01	1.96	1.91	1.86	1.81	1.76
24	4.26	3.40	3.01	2.78	2.62	2.51	2.42	2.36	2.30	2.25	2.18	2.11	2.03	1.98	1.94	1.89	1.84	1.79	1.73
25	4.24	3.39	2.99	2.76	2.60	2.49	2.40	2.34	2.28	2.24	2.16	2.09	2.01	1.96	1.92	1.87	1.82	1.77	1.71
26	4.23	3.37	2.98	2.74	2.59	2.47	2.39	2.32	2.27	2.22	2.15	1.07	1.99	1.95	1.90	1.85	1.80	1.75	1.69
27	4.21	3.35	2.96	2.73	2.57	2.46	2.37	2.31	2.25	2.20	2.13	1.06	1.97	1.93	1.88	1.84	1.79	1.73	1.67
28	4.20	3.34	2.95	2.71	2.56	2.45	2.36	2.29	2.24	2.19	2.12	1.04	1.96	1.91	1.87	1.82	1.77	1.71	1.65
29	4.18	3.33	2.93	2.70	2.55	2.43	2.35	2.28	2.22	2.18	2.10	1.03	1.94	1.90	1.85	1.81	1.75	1.70	1.64
30	4.17	3.32	2.92	2.69	2.53	2.42	2.33	2.27	2.21	2.16	2.09	2.01	1.93	1.89	1.84	1.79	1.74	1.68	1.62
40	4.08	3.23	2.84	2.61	2.45	2.34	2.25	2.18	2.12	2.08	2.00	1.92	1.84	1.79	1.74	1.69	1.64	1.58	1.51
60	4.00	3.15	2.76	2.53	2.37	2.25	2.17	2.10	2.04	1.99	1.92	1.84	1.75	1.70	1.65	1.59	1.53	1.47	1.39
120	3.92	3.07	2.68	2.45	2.29	2.17	2.09	2.02	1.96	1.91	1.83	1.75	1.66	1.61	1.55	1.50	1.43	1.35	1.25
∞	3.84	3.00	2.60	2.37	2.21	2.10	2.01	1.94	1.88	1.83	1.75	1.67	1.57	1.52	1.46	1.39	1.32	1.22	1.00

$\alpha = 0.025$ （续）

n_2 \ n_1	1	2	3	4	5	6	7	8	9	10	12	15	20	24	30	40	60	120	∞
1	647.8	799.5	864.2	899.6	921.8	937.1	948.2	956.7	963.3	968.6	976.7	984.9	993.1	997.2	1001	1006	1010	1014	1018
2	38.51	39.00	39.17	39.25	139.30	39.33	39.36	39.37	39.39	39.40	39.41	39.43	39.45	39.46	39.46	39.47	39.48	39.49	39.50
3	17.44	16.04	15.44	15.10	14.88	14.73	14.62	14.54	14.47	14.42	14.34	14.25	14.17	14.12	14.08	14.04	13.99	13.95	13.90
4	12.22	10.65	9.98	9.60	9.36	9.20	9.07	8.98	8.90	8.84	8.75	8.66	8.56	8.51	8.46	8.41	8.36	8.31	8.26
5	10.01	8.43	7.76	7.39	7.15	6.98	6.85	6.76	6.68	6.62	6.52	6.43	6.33	6.28	6.23	6.18	6.12	6.07	6.02
6	8.81	7.26	6.60	6.23	5.99	5.82	5.70	5.60	5.52	5.46	5.37	5.27	5.17	5.12	5.07	5.01	4.96	4.90	4.85
7	8.07	6.54	5.89	5.52	5.29	5.12	4.99	4.90	4.82	4.76	4.67	4.57	4.47	4.42	4.36	4.31	4.25	4.20	4.14
8	7.57	6.06	5.42	5.05	4.82	4.65	4.53	4.43	4.36	4.30	4.20	4.10	4.00	3.95	3.89	3.84	3.78	3.73	3.67
9	7.21	5.71	5.08	4.72	4.48	4.32	4.20	4.10	4.03	3.96	3.87	3.77	3.67	3.61	3.56	3.51	3.45	3.39	3.33
10	6.94	5.46	4.83	4.47	4.24	4.07	3.95	3.85	3.78	3.72	3.62	3.52	3.42	3.37	3.31	3.26	3.20	3.14	3.08
11	6.72	5.26	4.63	4.28	4.04	3.88	3.76	3.66	3.59	3.53	3.43	3.33	3.23	3.17	3.12	3.06	3.00	2.94	2.88
12	6.55	5.10	4.47	4.12	3.89	3.73	3.61	3.51	3.44	3.37	3.28	3.18	3.07	3.02	2.96	2.91	2.85	2.79	2.72
13	6.41	4.97	4.35	4.00	3.77	3.60	3.48	3.39	3.31	3.25	3.15	3.05	2.95	2.89	2.84	2.78	2.72	2.66	2.60
14	6.30	4.86	4.24	3.89	3.66	3.50	3.38	3.29	3.21	3.15	3.05	2.95	2.84	2.79	2.73	2.67	2.61	2.55	2.49
15	6.20	4.77	4.15	3.80	3.58	3.41	3.29	3.30	3.12	3.06	2.96	2.86	2.76	2.70	2.64	2.59	2.52	2.46	2.40
16	6.12	4.69	4.08	3.73	3.50	3.34	3.22	3.12	3.05	2.99	2.89	2.79	2.68	2.63	2.57	2.51	2.45	2.38	2.32
17	6.04	4.62	4.01	3.66	3.44	3.28	3.16	3.06	2.98	2.92	2.82	2.72	2.62	2.56	2.50	2.44	2.38	2.32	2.25
18	5.98	4.56	3.95	3.61	3.38	3.22	3.10	3.01	2.93	2.87	2.77	2.67	2.56	2.50	2.44	2.38	2.32	2.26	2.19
19	5.92	4.51	3.90	3.56	3.33	3.17	3.05	2.96	2.88	2.82	2.72	2.62	2.51	2.45	2.39	2.35	2.27	2.20	2.13
20	5.87	4.46	3.86	3.51	3.29	3.13	3.01	2.91	2.84	2.77	2.68	2.57	2.46	2.41	2.35	2.29	2.22	2.16	2.09
21	5.83	4.42	3.82	3.48	3.25	3.09	2.97	2.87	2.80	2.73	2.64	2.53	2.42	2.37	2.31	2.25	2.18	2.11	2.04
22	5.79	4.38	3.78	3.44	3.22	3.05	2.93	2.84	2.76	2.70	2.60	2.50	2.39	2.33	2.27	2.21	2.14	2.08	2.00
23	5.75	4.35	3.75	3.41	3.18	3.02	2.90	2.81	2.73	2.67	2.57	2.47	2.36	2.30	2.24	2.18	2.11	2.04	1.97
24	5.72	4.32	3.72	3.38	3.15	2.99	2.87	2.78	2.70	2.64	2.54	2.44	2.33	2.27	2.21	2.15	2.08	2.01	1.94
25	5.69	4.29	3.69	3.35	3.13	2.97	2.85	2.75	2.68	2.61	2.51	2.41	2.30	2.24	2.18	2.12	2.05	1.98	1.91
26	5.66	4.27	3.67	3.33	3.10	2.94	2.82	2.73	2.65	2.59	2.49	2.39	2.28	2.22	2.16	2.09	2.03	1.95	1.88
27	5.63	4.24	3.65	3.31	3.08	2.92	2.80	2.71	2.63	2.57	2.47	2.36	2.25	2.19	2.13	2.07	2.00	1.93	1.85
28	5.61	4.22	3.63	3.29	3.06	2.90	2.78	2.69	2.61	2.55	2.45	2.34	2.23	2.17	2.11	2.05	1.98	1.91	1.83
29	5.59	4.20	3.61	3.27	3.04	2.88	2.76	2.67	2.59	2.53	2.43	2.32	2.21	2.15	2.09	2.03	1.96	1.89	1.81
30	5.57	4.18	3.59	3.25	3.03	2.87	2.75	2.65	2.57	2.51	2.41	2.31	2.20	2.14	2.07	2.01	1.94	1.87	1.79
40	5.42	4.05	3.46	3.13	2.90	2.74	2.62	2.53	2.45	2.39	2.29	2.18	2.07	2.01	1.94	1.88	1.80	1.72	1.64
60	5.29	3.93	3.34	3.01	2.79	2.63	2.51	2.41	2.33	2.27	2.17	2.06	1.94	1.88	1.82	1.74	1.67	1.58	1.48
120	5.15	3.80	3.23	2.89	2.67	2.52	2.39	2.30	2.22	2.16	2.05	1.94	1.82	1.76	1.69	1.61	1.53	1.43	1.31
∞	5.02	3.69	3.12	2.79	2.57	2.41	2.29	2.19	2.11	2.05	1.94	1.83	1.71	1.64	1.57	1.48	1.39	1.27	1.00

$\alpha = 0.01$ （续）

n_2 \ n_1	1	2	3	4	5	6	7	8	9	10	12	15	20	24	30	40	60	120	∞
1	4052	5000	5403	5625	5764	5859	5928	5982	6062	6056	6106	6157	6209	6235	6261	6287	6313	6339	6366
2	98.50	99.00	99.17	99.25	99.30	99.33	99.36	99.37	99.39	99.40	99.42	99.43	99.45	99.46	99.47	99.47	99.48	99.49	99.50
3	34.12	30.82	29.46	28.71	28.24	27.91	27.67	27.49	27.35	27.23	27.05	26.87	26.09	26.60	26.50	26.41	26.32	26.22	26.13
4	21.20	18.00	16.69	15.98	15.52	15.21	14.98	14.80	14.66	14.55	14.37	14.20	14.02	13.93	13.84	13.75	13.65	13.56	13.46
5	16.26	13.27	12.06	11.39	10.97	10.67	10.46	10.29	10.16	10.05	9.29	9.72	9.55	9.47	9.38	9.29	9.20	9.11	9.02
6	13.75	10.92	9.78	9.15	8.75	8.47	8.46	8.10	7.98	7.87	7.72	7.56	7.40	7.31	7.23	7.14	7.06	6.97	6.88
7	12.25	9.55	8.45	7.85	7.46	7.19	6.99	6.84	6.72	6.62	6.47	6.31	6.16	6.07	5.99	5.91	5.82	5.74	5.65
8	11.26	8.65	7.59	7.01	6.63	6.37	6.18	6.03	5.91	5.81	5.67	5.52	5.36	5.28	5.20	5.12	5.03	4.95	4.86
9	10.56	8.02	6.99	6.42	6.06	5.80	5.61	5.47	5.35	5.26	5.11	4.96	4.81	4.73	4.65	4.57	4.48	4.40	4.31
10	10.04	7.56	6.55	5.99	5.64	5.39	5.20	5.06	4.94	4.85	4.71	4.56	4.41	4.33	4.25	4.17	4.08	4.00	3.91
11	9.65	7.21	6.22	5.67	5.32	5.07	4.89	4.74	4.63	4.54	4.40	4.25	4.10	4.02	3.95	3.86	3.78	3.69	3.60
12	9.33	6.93	5.95	5.41	5.06	4.82	4.64	4.50	4.39	4.30	4.16	4.01	3.86	3.78	3.70	3.62	3.54	3.45	3.36
13	9.07	6.70	5.74	5.21	4.86	4.62	4.44	4.30	4.19	4.10	3.96	3.82	3.66	3.59	3.51	3.43	3.34	3.25	3.17
14	8.86	6.51	5.56	5.04	4.69	4.46	4.28	4.14	4.03	3.94	3.80	3.66	3.51	3.43	3.35	3.27	3.18	3.09	3.00
15	8.68	6.36	5.42	4.89	4.56	4.32	4.14	4.00	3.89	3.80	3.67	3.52	3.37	3.29	3.21	3.13	3.05	2.96	2.87
16	8.53	6.23	5.29	4.77	4.44	4.20	4.03	3.89	3.78	3.69	3.55	3.41	3.26	3.18	3.10	3.02	2.93	2.84	2.75
17	8.40	6.11	5.18	4.67	4.34	4.10	3.93	3.79	3.68	3.59	3.46	3.31	3.16	3.08	3.00	2.92	2.83	2.75	2.65
18	8.29	6.01	5.09	4.58	4.25	4.01	3.84	3.71	3.60	3.51	3.37	3.23	3.08	3.00	2.92	2.84	2.75	2.66	2.57
19	8.18	5.93	5.01	4.50	4.17	3.94	3.77	3.63	3.52	3.43	3.30	3.15	3.00	2.92	2.84	2.76	2.67	2.58	2.49
20	8.10	5.85	4.94	4.43	4.10	3.87	3.70	3.56	3.46	3.37	3.23	3.09	2.94	2.86	2.78	2.69	2.61	2.52	2.42
21	8.02	5.78	4.87	4.37	4.04	3.81	3.64	3.51	3.40	3.31	3.17	3.03	2.88	2.80	2.72	2.64	2.55	2.46	2.36
22	7.95	5.72	4.82	4.31	3.99	3.76	3.59	3.45	3.35	3.26	3.12	2.98	2.83	2.75	2.67	2.58	2.50	2.40	2.31
23	7.88	5.66	4.76	4.26	3.94	3.71	3.54	3.41	3.30	3.21	3.07	2.93	2.78	2.70	2.62	2.54	2.45	2.35	2.26
24	7.82	5.61	4.72	4.22	3.90	3.67	3.50	3.36	3.26	3.17	3.03	2.89	2.74	2.66	2.58	2.49	2.40	2.31	2.21
25	7.77	5.57	4.68	4.18	3.85	3.63	3.46	3.32	3.22	3.13	2.99	2.85	2.70	2.62	2.54	2.45	2.36	2.27	2.17
26	7.72	5.53	4.64	4.14	3.82	3.59	3.42	3.29	3.18	3.09	2.96	2.81	2.66	2.58	2.50	2.42	2.33	2.23	2.13
27	7.68	5.49	4.60	4.11	3.78	3.56	3.39	3.26	3.15	3.06	2.93	2.78	2.63	2.55	2.47	2.38	2.29	2.20	2.10
28	7.64	5.45	4.57	4.07	3.75	3.53	3.36	3.23	3.12	3.03	2.90	2.75	2.60	2.52	2.44	2.35	2.26	2.17	2.06
29	7.60	5.42	4.54	4.04	3.73	3.50	3.33	3.20	3.09	3.00	2.87	2.73	2.57	2.49	2.41	2.33	2.23	2.14	2.03
30	7.56	5.39	4.51	4.02	3.70	3.47	3.30	3.17	3.07	2.98	2.84	2.70	2.55	2.47	2.39	2.30	2.21	2.11	2.01
40	7.31	5.18	4.31	3.83	3.51	3.29	3.12	2.99	2.89	2.80	2.66	2.52	2.37	2.29	2.20	2.11	2.02	1.92	1.80
60	7.08	4.98	4.13	3.65	3.34	3.12	2.95	2.82	2.72	2.63	2.50	2.35	2.20	2.12	2.03	1.94	1.84	1.73	1.60
120	6.85	4.79	3.95	3.48	3.17	2.96	2.79	2.66	2.56	2.47	2.34	2.19	2.03	1.95	1.86	1.76	1.66	1.53	1.38
∞	6.63	4.61	3.78	3.32	3.02	2.80	2.64	2.51	2.41	2.32	2.18	2.04	1.88	1.79	1.70	1.59	1.47	1.32	1.00

$\alpha = 0.005$ （续）

n_2 \ n_1	1	2	3	4	5	6	7	8	9	10	12	15	20	24	30	40	60	120	∞
1	16211	20000	21615	22500	23056	2 437	23715	23925	24091	24224	24426	24630	24836	24940	25044	25148	25253	25359	25465
2	198.5	199.0	199.2	199.2	199.3	199.3	199.4	199.4	199.4	199.4	199.4	199.4	199.4	199.5	199.5	199.5	199.5	199.5	199.5
3	55.55	49.80	47.47	46.19	45.39	44.84	44.43	44.13	43.88	43.69	43.39	43.08	42.78	42.62	42.47	42.31	42.15	41.99	41.83
4	31.33	26.28	24.26	23.15	22.46	21.97	21.62	21.35	21.14	20.97	20.70	20.44	20.17	20.03	19.89	19.75	19.61	19.47	19.32
5	22.78	18.31	16.53	15.56	24.94	14.51	14.20	13.96	13.77	13.62	13.38	13.15	12.90	12.78	12.66	12.53	12.40	12.72	12.14
6	18.63	14.54	12.92	12.03	21.46	11.07	10.79	10.57	10.39	10.25	10.03	9.81	9.59	9.47	9.36	9.24	9.42	9.00	8.88
7	16.24	12.40	10.88	10.05	9.52	9.16	8.89	8.68	8.51	8.38	8.18	7.97	7.75	7.65	7.53	7.42	7.31	7.19	7.08
8	14.69	11.04	9.60	8.81	8.30	7.95	7.69	7.50	7.34	7.21	7.01	6.81	6.61	6.50	6.40	6.29	6.18	6.06	5.95
9	13.61	10.11	8.72	7.96	7.47	7.13	6.88	6.69	6.54	6.42	6.23	6.03	5.83	5.73	5.62	5.52	5.41	5.30	5.19
10	12.83	9.43	8.08	7.34	6.87	6.54	6.30	6.12	5.97	5.85	5.66	5.47	5.27	5.17	5.07	4.97	4.86	4.75	4.64
11	12.23	8.91	7.60	6.88	6.42	6.10	5.86	5.68	5.54	5.42	5.24	5.05	4.86	4.76	4.65	4.55	4.44	4.34	4.23
12	11.75	8.51	7.23	6.52	6.07	5.76	4.52	5.35	5.20	5.09	4.91	4.72	4.53	4.43	4.33	4.23	4.12	4.01	3.90
13	11.37	8.19	6.93	6.23	5.79	5.48	5.25	5.08	4.94	4.82	4.64	4.46	4.27	4.17	4.07	3.97	3.87	3.76	3.65
14	11.06	7.92	6.68	6.00	5.86	5.26	5.03	4.86	4.72	4.60	4.43	4.25	4.06	3.96	3.86	3.76	3.66	3.55	3.44
15	10.80	7.70	6.48	5.80	5.37	5.07	4.85	4.67	4.54	4.42	4.25	4.07	3.88	3.79	3.69	3.52	3.48	3.37	3.26
16	10.58	7.51	6.30	5.64	5.21	4.91	4.96	4.52	4.38	4.27	4.10	3.92	3.73	3.64	3.54	3.44	3.23	3.22	3.11
17	10.38	7.35	6.16	5.50	5.07	4.78	4.56	4.39	4.25	4.14	3.97	3.79	3.61	3.51	3.41	3.31	3.21	3.10	2.98
18	10.22	7.21	6.03	5.37	4.96	4.66	4.44	4.28	4.14	4.03	3.86	3.68	3.50	3.40	3.30	3.20	3.10	2.99	2.87
19	10.07	7.09	5.92	5.27	4.85	4.56	4.34	4.18	4.04	3.93	3.76	3.59	3.40	3.31	3.21	3.11	3.00	2.89	2.78
20	9.94	6.99	5.82	5.17	4.76	4.47	4.26	4.09	3.96	3.85	3.68	3.50	3.32	3.22	3.12	3.02	2.92	2.81	2.69
21	9.83	6.89	5.73	5.09	4.68	4.39	4.18	4.01	3.88	3.77	3.60	3.43	3.24	3.15	3.05	2.95	2.84	2.73	2.61
22	9.73	6.81	5.65	5.02	4.61	4.32	4.11	3.94	3.81	3.70	3.54	3.36	3.18	3.08	2.98	2.88	2.77	2.66	2.55
23	9.63	6.73	5.58	4.95	4.54	4.26	4.05	3.88	3.75	3.64	3.47	3.30	3.12	3.02	2.92	2.82	2.71	2.60	2.48
24	9.55	6.66	5.52	4.89	4.49	4.20	3.99	3.83	3.69	3.59	3.42	3.25	3.06	2.97	2.87	2.77	2.66	2.55	2.43
25	9.48	6.60	5.46	4.84	4.43	4.15	3.94	3.78	3.64	3.64	3.37	3.20	3.01	2.92	2.82	2.72	2.61	2.50	2.38
26	9.41	6.54	5.41	4.79	4.38	4.10	3.89	3.73	3.60	3.49	3.33	3.15	2.97	2.87	2.77	2.67	2.56	2.45	2.33
27	9.34	6.49	5.36	4.74	4.34	4.06	3.85	3.69	3.56	3.45	3.28	3.11	2.93	2.83	2.73	2.63	2.52	2.41	2.29
28	9.28	6.44	5.32	4.70	4.30	4.02	3.81	3.65	3.52	3.41	3.25	3.07	2.89	2.79	2.69	2.59	2.48	2.37	2.25
29	9.23	6.40	5.28	4.66	4.26	3.98	3.77	3.61	3.48	3.38	3.21	3.04	2.86	2.76	2.66	2.56	2.45	2.33	2.21
30	9.18	6.35	5.24	4.62	4.23	3.95	3.74	3.58	3.45	3.34	3.18	3.01	2.82	2.73	2.63	2.52	2.42	2.30	2.18
40	8.83	6.07	4.98	4.37	3.99	3.71	3.51	3.35	3.22	3.12	2.95	2.78	2.60	2.50	2.40	2.30	2.18	2.06	1.93
60	8.49	5.79	4.73	4.14	3.76	3.49	3.29	3.13	3.01	2.90	2.74	2.57	2.39	2.29	2.19	2.08	1.96	1.83	1.69
120	8.18	5.54	4.50	3.92	3.55	3.28	3.09	2.93	2.81	2.75	2.54	2.37	2.19	2.09	1.98	1.87	1.75	1.61	1.43
∞	7.88	5.30	4.28	3.72	3.35	3.09	2.90	2.74	2.62	2.52	2.36	2.19	2.00	1.90	1.79	1.67	1.53	1.36	1.00

附表 7 秩和临界值表

括号内数字表示样本容量(n_1, n_2)

	(2.4)			(4.4)			(6.7)	
3	11	0.067	11	25	0.029	28	56	0.026
	(2.5)		12	24	0.057	30	54	0.051
3	13	0.047		(4.5)			(6.8)	
	(2.6)		12	28	0.032	29	61	0.021
3	15	0.036	13	27	0.056	32	58	0.054
4	14	0.071		(4.6)			(6.9)	
	(2.7)		12	32	0.019	31	65	0.025
3	17	0.028	14	30	0.057	33	63	0.044
4	16	0.056		(4.7)			(6.10)	
	(2.8)		13	35	0.021	33	69	0.028
3	19	0.022	15	33	0.055	35	67	0.047
4	18	0.044		(4.8)			(7.7)	
	(2.9)		14	38	0.024	37	68	0.027
3	21	0.018	16	36	0.055	39	66	0.049
4	20	0.036		(4.9)			(7.8)	
	(2.10)		15	41	0.025	39	73	0.027
4	22	0.030	17	39	0.053	41	71	0.047
5	21	0.061		(4.10)			(7.9)	
	(3.3)		16	44	0.026	41	78	0.027
6	15	0.050	18	42	0.053	43	76	0.045
	(3.4)			(5.5)			(7.10)	
6	18	0.028	18	37	0.028	43	83	0.028
7	17	0.057	19	36	0.048	46	80	0.054
	(3.5)			(5.6)			(8.8)	
6	21	0.018	19	41	0.026	49	87	0.025
7	20	0.036	20	40	0.041	52	84	0.052
	(3.6)			(5.7)			(8.9)	
7	23	0.024	20	45	0.024	51	93	0.023
8	22	0.048	22	43	0.053	54	90	0.046
	(3.7)			(5.8)			(8.10)	
8	25	0.033	21	49	0.023	54	98	0.027
9	24	0.058	23	47	0.047	57	95	0.051
	(3.8)			(5.9)			(9.9)	
8	28	0.024	22	53	0.021	63	108	0.025
9	27	0.042	25	50	0.055	66	105	0.047
	(3.9)			(5.10)			(9.10)	
9	30	0.032	24	56	0.028	66	114	0.027
10	29	0.050	26	54	0.050	69	111	0.047
	(3.10)			(6.5)			(10.10)	
9	33	0.024	26	52	0.021	79	131	0.026
11	31	0.056	28	50	0.047	83	127	0.053

附表 8　随机数表

03474	37386	36964	73661	46986	37162	33261	68045	60111	41095
97742	46762	42811	45720	42533	23732	27073	60751	24517	98973
16766	22766	56502	67107	32907	97853	13553	85859	88975	41410
12568	59926	96966	82731	05037	29315	57121	01421	88264	98176
55595	63564	38548	24622	31624	30990	06184	43253	23830	13030
16227	79439	49544	35482	17379	32378	87352	09643	84263	49164
84421	75331	57245	50688	77047	44767	21763	35025	83921	20676
62016	37859	16955	56719	98105	07175	12867	35807	44395	23879
33211	23429	78645	60782	52420	74438	15510	01342	99660	27954
57608	63244	09472	79654	49174	60962	90528	47727	08027	34328
18180	79245	44171	65809	79838	61962	06765	00310	55236	40505
26623	89775	84160	74499	83114	63224	20148	58845	10937	28871
23432	06474	82977	77781	07453	21408	32989	40772	93857	91075
52362	81995	50922	61197	00567	63138	80220	25353	86604	20453
37859	43512	83395	00830	42340	79688	54420	68798	35852	94839
70291	71213	40332	03826	13895	10374	17763	71304	07742	11930
56621	83735	96835	08775	97122	59347	70332	40354	97774	64480
99495	72277	88429	54572	16643	61600	04431	86679	94772	42190
16081	50472	33271	43409	45593	46849	12720	73445	99277	25914
31169	33243	50278	98719	20153	70049	52856	66044	38688	81180
68343	01370	55743	07740	44227	88426	04334	60952	68079	70657
74572	56576	59299	76860	71913	86754	13581	82476	15545	59552
27423	78653	48559	06572	96576	93610	96469	24245	97604	90491
00396	82961	66373	22030	77845	70329	10456	50426	11049	66724
29949	89424	68496	91082	53759	19330	34252	05727	40487	35192
16908	26659	83626	41112	67190	07174	60472	12968	02023	70331
11279	47506	06091	97466	02943	73402	76709	03086	38459	43038
35241	01602	33325	12638	79784	50491	16925	35616	02755	09598
38231	68638	42389	70150	87756	68141	40017	49162	48518	40832
31962	59147	96443	34913	34868	25391	00524	34885	27552	68962

参 考 文 献

[1] 盛骤,谢式千,潘承毅.概率论与数理统计.4 版.北京:高等教育出版社,2008.
[2] 吴赣昌. 概率论与数理统计.3 版.北京:中国人民大学出版社,2009.
[3] 陈仲堂,赵德平,李彦平,等.应用数理统计.北京:国防工业出版社,2011.
[4] 庄楚强,吴亚森.应用数理统计基础.2 版.广州:华南理工大学出版社,2002.
[5] 吴翊,李永乐,胡庆军.应用数理统计.长沙:国防科技大学出版社,1995.
[6] 陈仲堂,赵德平.概率论与数理统计.北京:高等教育出版社,2012.
[7] 陈希孺. 概率论与数理统计. 合肥:中国科技大学出版社. 1992.
[8] 茆诗松,等. 概率论与数理统计教程.2 版. 北京:高等教育出版社. 2011.
[9] 勒中鑫. 应用统计信息分析与例题解. 北京:国防工业出版社,2006.
[10] 白雪梅,赵松山. 回归分析与方差分析的异同比较[J].江苏统计,2000.10,16-17.
[11] 乔克林,吕佳. 方差分析与回归分析之比较[J]. 延安大学学报(自然科学版),2009,28(2):34-36.
[12] 李文林. 数学史概论.北京:高等教育出版社,2002.
[13] 苏金明. 统计软件 SPSS 12.0 for Windows 应用及开发指南. 北京:电子工业出版社,2004.
[14] 薛定宇,陈阳泉. 高等应用数学问题的 MATLAB 求解.2 版. 北京:清华大学出版社,2008.